결혼과 가족

전귀연 전세송 배문조 임주영 권희선 곽경주 신현정 권혜민 박인아 송진아 공저

신정

머리말 PREFACE

"가족은 우리가 사랑을 배우고, 삶의 의미를 찾는 첫 번째 학교입니다."

결혼과 가족은 인류의 역사와 문화 속에서 가장 기본적이고 중요한 사회 단위입니다. 이 전문서적은 결혼과 가족의 다양한 측면을 탐구하며, 이들이 개인의 삶과 사회 전반에 미치는 깊은 영향을 살펴보는 것을 목표로 하고 있습니다. 결혼은 사랑과 동반의식을 나누는 아름다운 여정이며, 가족은 서로의 삶을 지지하고 함께 성장하는 소중한 공간입니다. 이러한 과정에서 변화하는 가치관과 사회적 환경, 그리고 가족 구조의 다변화는 우리 삶의 질을 결정짓는 중요한 요소로 작용하고 있습니다.

현대 사회에서는 가족관계의 정의가 점차 다양화되고 있습니다. 혈연관계뿐만 아니라 정서적 유대감, 경제적 연대감 등이 가족의 일원임을 규명하는 중요한 기준으로 부각되고 있습니다. 이러한 변화는 사회의 다양한 요구와 가치관의 변화에 기인하며, 그 결과 가족의 형태와 기능도 더욱 풍부해지고 있습니다. 오늘날 가족은 단순한 생계유지의 차원을 넘어 정신적 안정성과 사회적 지지의 역할을 수행하고 있으며, 이는 개인의 삶의 질을 높이는 데 기여합니다. 이렇듯 현대 사회에서 가족의 개념은 계속해서 진화하고 있으며, 이는 개인의 삶에 중요한 변화를 가져옵니다. 가족은 이제 생계를 유지하는 단위를 넘어, 정서적, 사회적, 경제적 지지망으로서의 역할을 강화해 나가고 있습니다. 저출산과 비혼 같은 현대적 이슈는 이러한 변화의 한 단면이며, 여러분이 이 전문서적을 통해 새로운 시각을 가질 수 있도록 돕고자 합니다.

본 저서는 결혼과 가족이라는 주제를 통해 인간의 삶과 사회를 깊이 이해하는 데 기여하고자 합니다. 총 13장으로 구성되어 있으며, 10명의 저자가 공동으로 집필하였습니다. 제1장은 전귀연과 전세송, 제2장과 제3장은 권희선, 제4장은 신현정, 제5장은 송진아, 제6장과 제7장은 임주영, 제8장과 제11장은 곽경주, 제9장과 제13장은 배문조, 제10장은 박인아, 제12장은 권혜민이 집필하였습니다. 각 장은 다양한 관점에서 가족의 의미를 탐구하고 있으며, 독자 여러분이 이 전문서적을 통해 결혼과 가족에 대한 깊이 있는 이해를 얻고, 자신의 삶에 적용할 수 있는 통찰을 얻기를 바랍니다. 우리는 앞으로도 사회 변화에 맞춰 이 전문서적의 내용을 지속적으로 업그레이드해 나갈 것입니다. 가족과 결혼의 의미는 시대와 함께 변화하기 때문에, 독자 여러분이 접하는 정보가 항상 최신의 가치와 통찰을 반영할 수 있도록 노력하겠습니다.

마지막으로, 이 전문서적의 출판을 위해 귀한 시간을 기다려주신 도서출판 신정의 최용구 사장님과 꼼꼼한 교정 작업을 해주신 편집부 여러분께 진심으로 깊은 감사를 드립니다.

2025년 1월

저자 일동

차례 CONTENTS

CHAPTER 01
결혼과 가족에 대한 기본적 이해

1. 결혼에 대한 기본적 이해
2. 가족에 대한 기본적 이해
3. 가족이론

결혼과 가족은 인간이 가진 제도 중에서 가장 오래된 것으로 다양한 방법으로 정의될 수 있다. 많은 인류학자, 사회학자, 심리학자, 가족학자들이 결혼과 가족을 어떻게 정의할 것인가에 관심을 갖고 각기 독특한 관점을 제공해 왔으나 가족에 대한 완전하고 널리 일치된 하나의 정의는 없고 현재에도 진행형이며 미래에도 변화될 것이라 본다.

이 장에서는 결혼의 의미, 결혼의 유형, 결혼과 관련된 다양한 용어 등을 통해 결혼에 대한 기본적 이해를 하고자 한다. 또한 가족의 정의, 가족의 형태 및 가족과 관련된 다양한 용어를 통해 가족에 대한 기본적 이해를 하고자 한다. 또한 가족을 연구하는 가족이론과 가족학의 학문 분류 및 가족학을 연구한 후 취업할 수 있는 진로분야를 살펴보고자 한다.

1. 결혼에 대한 기본적 이해

1) 결혼의 의미

(1) 결혼의 정의

결혼의 사전적 의미는 두 사람이 정식으로 부부관계를 맺는 것이다. 즉, 부부로서 법률적인 관계를 맺고, 서로 간에 사회적 구속력을 갖는 것이 결혼이라는 의미이다. 학자들은 결혼을 "적정한 연령에 도달한 남녀가 자유로운 이성교제를 통해 애정과 신뢰를 확인하고 자유의사에 의해 정신적 · 육체적으로 결합하는 것"으로 정의하였다(이정덕 외, 2002). 또한 결혼을 "정서적 · 육체적 친밀감과 다양한 과업, 경제적 자원 및 가치를 공유하기 위한 두 사람의 정서적 · 법적 책임관계"라고 정의하기도 하였다(Olson, DeFrain, & Skogrand,

2019). 이와 같은 개념적 정의를 통해 결혼은 다음과 같은 특성을 가진다(정옥분 · 정순화, 2020; Broderick, 1992, 1993; 전귀연 외, 2021 재인용).

첫째, 결혼은 법률적 계약이다. 결혼이란 사회적으로 규정된 권리와 의무를 따르겠다는 것에 동의한 법적 결혼(legal marriage)을 의미하는 것으로, 법적 구속력이 없는 동거(cohabitation)나 사실혼(common law of marriage)과 같은 사회적 결혼(social marriage)과는 뚜렷하게 구분된다.

둘째, 결혼은 경제적 측면을 공유하는 것이다. 경제적 책임은 결혼의 법적 계약 요소에서 가장 중요시되는 요인 중 하나이다.

셋째, 결혼은 상호 간에 친밀한 관계를 발전시켜 나가는 기회이다. 결혼은 정서적인 측면이 강하게 작용하며, 서로에 대한 사랑, 신뢰, 존중에 대한 약속이다.

넷째, 결혼은 부부상호 간에 성적 소유를 선언하는 것이다. 결혼을 통해 두 사람은 합법적으로 성적 욕구를 충족시킬 수 있다. 또한 자녀 출산을 통해 새로운 사회적 단위를 형성하며, 이를 통해 사회는 유지된다.

다섯째, 결혼은 재생산적 단위이다. 대부분의 결혼한 커플은 부부가 되며, 부모역할을 삶에 있어서 매우 중요하고 가치 있는 목적으로 생각한다.

여섯째, 결혼은 아이들을 사회화시키기 위한 하나의 단위이다. 비록 아이들이 한 부모, 확대가족 혹은 조부모나 다른 양육자에게서 키워질 수도 있지만 결혼은 자녀 양육의 기본단위이다.

일곱째, 결혼은 두 가족의 결합이며 사회적 네트워크이다. 두 개인이 결혼할 때, 파트너의 가족, 친구들과도 결혼하게 되는 셈이다.

이와 같이 결혼이란 두 남녀의 신체적 · 정서적 · 사회적 · 법적 결합을 의미한다. 대부분의 사람들은 결혼을 통하여 개인적 욕구를 충족하고, 법적 승인 및 사회적 인정을 받음과 동시에 이에 대한 책임과 의무를 지게 된다.

(2) 결혼의 동기

결혼의 동기란 결혼을 선택하는 이유 또는 결혼하고자 하는 목적을 의미한다. 어떤 동기로 결혼하였는가에 따라 결혼에서의 적응은 달라질 것이다. 특히 바람직하지 못한 결혼의 동기가 작용한 경우에는 결혼생활에 문제가 생길 수 있다. 일반적으로 사람들이 결혼하는 대부분의 동기는 다음과 같다(이기숙 외, 2007).

첫째, 사랑의 실현이다. 결혼을 결심하게 되는 가장 강한 동기는 바로 사랑하는 사람과 같이 살고 싶기 때문이다. 특히 오늘날의 결혼은 친밀감이나 동반자적 관계에 대한 욕구가 강해서 배우자에 대한 사랑이 식었다거나 대화가 거의 불가능하다고 생각되면 이혼을 감행할 정도로 사랑은 결혼의 중요한 동기로 작용한다.

둘째, 성적 욕구의 충족이다. 결혼을 통해 두 사람은 성적 욕구의 충족과 더불어 서로 간의 성적 배타성과 독점성을 합법적으로 인정받을 수 있기 때문에 결혼의 중요한 동기가 될 수 있다.

셋째, 정서적 · 경제적 안정이다. 결혼을 통해 두 사람은 개인으로서 자신의 성장과 욕구만을 생각하는 것이 아니라 서로를 인생의 동반자로서 이해해 주고 지지해줌으로써 정서적 안정감을 갖게 된다. 또한 남성의 직업이나 경제적 능력이 배우자 선택에서 우선순위를 차지하고, 최근의 맞벌이를 선호하는 현상은 경제적 안정이 결혼의 중요한 동기임을 보여준다.

넷째, 자녀 출산의 기회이다. 결혼을 통해 두 사람은 자녀 출산이라는 개인적 동기 외에 사회구성원 충원이라는 사회적 동기도 충족하게 된다. 그러나 최근 결혼을 하고도 출산을 선택하지 않거나 결혼을 하지 않고도 자녀를 출산하는 사례들을 쉽게 접할 수 있다. 과거에 비해 결혼과 출산을 동일시하는 경향은 약화되었지만, 아직도 많은 사람들은 결혼을 통해 자녀를 출산하기를 원한다.

다섯째, 성인으로서의 신분 획득이다. 우리나라는 법적으로 만 19세 이상된 자를 성년으로 인정한다. 하지만 혼인을 할 수 있는 연령은 남녀 만 18세로 부모의 동의가 있다면 미성년자라 하더라도 혼인할 수 있다(민법 제807조). 또한 미성년자가 혼인을 한 때에는 성년자로 인정하여(민법 제826조의2), 부모가 혼인한 미성년 자녀의 법적 대리인 역할을 하지 않도록 하고 있다. 이와 같이 결혼을 통해서 두 사람은 법적 · 사회적으로 성인임을 인정받고 부모로부터 독립된 생활을 할 수 있게 된다.

여섯째, 사회적 기대에 부합이다. 우리 사회의 규범이나 가치는 성인이 되면 결혼하는 것을 정상적인 것으로 간주한다. 특히 가족주의가 강한 우리나라에서는 적절한 시기에 결혼을 하지 않으면 주위 사람이나 사회로부터 압박을 받게 된다. 최근에는 이러한 압박이 다소 약화되긴 했지만 일정한 연령에 도달한 성인남녀가 결혼하기를 기대하는 것은 여전히 사회적 통념으로 존재하며, 이에 부합하기 위해 결혼을 선택하기도 한다.

이와 같은 결혼의 일반적인 동기와는 달리 바람직하지 못한 요인들이 결혼의 동기로 작용한 경우 결혼생활의 안정성이나 만족감은 위협받을 수 있다(정옥분 · 정순화, 2020). 예를 들어 혼전임신, 상대방에 대한 동정심, 순간적인 열정, 사회경제적인 지위 상승의 수단, 원가족으로부터의 도피 등이다. 성공적인 결혼생활을 위해서는 결혼 전에 자신이 결혼을 하고자 하는 명확한 이유와 결혼을 통해 충족하고자 하는 욕구에 대해 진지하게 고민해 보아야 한다. 따라서 구체적인 결혼동기를 점검하게 되면 결혼에 대해 가지고 있는 환상이나 비현실적인 기대에서도 벗어날 수 있게 된다.

(3) 결혼의 강점

결혼은 독신(미혼, 이별, 사별 등)이나 동거관계보다 관계적 측면에서 더 많은 긍정적인 경험을 하게 된다. 다음은 결혼의 주요 긍정적 영향에 대해 설명한 200개 이상의 연구를 요약한 결과이다(Waite & Gallagher, 2000; 전귀연 외, 2021 재인용).

- 결혼한 사람들이 이혼하거나 미혼자들보다 건강하게 더 오래 산다.
- 결혼한 사람들은 미혼자, 사별한 사람, 동거하는 커플들보다 더 행복하다.
- 결혼한 사람들은 독신, 사별한 사람, 동거 중인 사람보다 성관계를 더 빈번하게 가지며, 독신자들보다 정서적, 신체적으로 더 만족스럽다.
- 결혼한 사람들은 독신, 사별한 사람, 동거 중인 사람보다 자기 직업에서 더 성공하고 더 많이 벌며 더 많은 부를 축적한다.
- 결혼한 사람들, 특히 여성들은 동거 혹은 별거하는 여성들보다 가정학대를 덜 경험한다.
- 결혼한 부모에게서 자란 자녀들이 정서적으로 더 안정적이며 학업성취도 높다.

(4) 결혼에 대한 환상

결혼에 대한 환상이란 결혼에 대한 비현실적인 믿음 혹은 잘못된 통념을 의미한다. 연애가 이상이라면 결혼은 현실이라는 오래된 말이 있다. 그만큼 결혼생활이 쉽지 않다는 의미이다. 결혼은 연애와 달리 결혼으로 야기되는 출산과 자녀 양육, 부모세대와의 관계, 경제적인 문제, 부부갈등과 같은 현실적인 문제들을 직면하게 된다. 결혼생활은 부부를 연애시절의 꿈에서 깨어나게 하고 각자의 의도나 기대와는 다른 다양한 도전들을 마주하게 한다. 실제로 우리가 결혼생활을 경험하고 실망을 하게 되는 여러 이유 중 하나는 결혼의 실체에 대한 인식이 부족하기 때문이다. 사람들은 결혼의 현실과 전혀 다른 생각, 즉 결혼에 대한 환상을 가지고 있다(이기숙 외, 2009).

- 환상 1 : 우리의 결혼은 다를 것이다. 사람들은 자신의 결혼생활은 다를 것이라고 막연히 생각하면서도 다른 사람들의 결혼생활과 다르게 하기 위한 노력보다는 무의식적으로 타인의 결혼생활을 모방한다.
- 환상 2 : 우리는 상대방을 행복하게 만들 것이다. 사람들은 자신이 배우자를 행복하게 할 것이라고 생각한다. 그러나 결혼하게 되면 남편과 아내의 역할 외에 다른 많은 역할을 갖게 된다. 따라서 서로 노력하더라도 여러 역할과 환경이 그것을 어렵게 만들 수 있다.
- 환상 3 : 우리의 갈등은 심각하지 않다. 대다수의 부부들은 자신들이 문제를 가지고 있다고 인정하지만, 자신들의 문제는 하찮은 것이며 단지 결혼생활의 일부라고 생각한다. 그러나 해결되지 않은 '사소한' 갈등들이 실제로 결혼생활을 위협한다.
- 환상 4 : 배우자는 내가 원하는 모든 것을 충족시켜줄 것이다. 일반적으로 사람들은 타인으로부터의 지원을 받고자하는 욕구가 있다. 하지만 일시에 모든 욕구가 만족스럽게 달성되긴 어렵다. 서로 이해하고 배려하는 자세를 갖지 않는다면 이런 기대는 매우 비현실적이다.
- 환상 5 : 사랑이 깊을수록 갈등은 적을 것이다. 부부는 때때로 서로를 사랑하면 할수록 갈등이 적을 것이라고 생각한다. 하지만 강렬했던 사랑은 시간이 지남에 따라 오히려 갈등을 증가시킨다. 아마도 사랑에 매혹되어 배우자의 실상보다는 허상을 보는 경우가 많기 때문이다.

우리가 결혼에 대해 가지고 있는 여러 환상들을 현실적으로 조정한다면 안정적인 결혼생활을 유지하는 데 도움이 될 것이다(〈표 1-1〉 참고).

〈표 1-1〉 결혼에 대한 환상과 현실적 사고

결혼에 대한 환상	결혼에 대한 현실적 사고
1. 우리의 결혼은 다른 사람들의 결혼과 다를 것이다.	1. 우리의 결혼은 다른 사람들의 결혼과 다를 수 있다.
2. 우리는 상대방을 행복하게 만들어줄 것이다.	2. 우리는 배우자의 행복에 중요한 영향을 미치는 사람이 될 수 있다.
3. 우리의 갈등은 심각하지 않다.	3. 우리의 갈등은 심각하지 않을 수도 있다. 만일 심각하면 우리는 그것을 해결하기 위한 기술을 발전시킬 것이다.
4. 배우자는 내가 원하는 모든 것을 충족시켜줄 것이다.	4. 배우자는 나의 여러 가지 욕구를 충족시킬 수 있다.
5. 사랑이 깊을수록 갈등이 적을 것이다.	5. 사랑과 갈등은 불가분의 관계이다.

출처: 이기숙 등(2009). p. 50.

2) 결혼의 유형

(1) 배우자 수에 따른 결혼의 유형

가족의 형태를 분류할 때 부부의 결합방식에 따라 단혼제(單婚制)와 복혼제(複婚制)로 나눌 수 있다.

① 단혼제

단혼제인 일부일처제(monogamy)는 남편과 아내 각각 1인이 결합하여 가정을 이룬 형태다. 전 세계적으로나 역사적으로 일부일처제 형태가 가장 많이 나타나는데, 그 이유에 대해서는 일반적으로 다음과 같이 설명하고 있다.

첫째, 부부는 애정을 기초로 결합되는 것이므로 1남 1녀가 가족을 이루는 것이 가장 바람직하다. 둘째, 남녀의 성비 균형을 위해서 일부일처제가 이상적이다. 셋째, 경제적인 협력을 위해서도 1남 1녀의 결합형태가 가장 이상적이다. 넷째, 종교적으로 1남 1녀의 결합형태를 이상적이라고 생각하는 경향이 가장 일반적으로 나타난다(김춘경 외, 2016).

연속적 일부일처제(serial monogamy)는 현대사회에서 많이 나타나는 이혼과 재혼 때문에 한 사람의 일생에서 한 사람의 배우자와 결합하는 형태이며, 동시에 여러 사람의 배우자와 결합하는 복혼제와는 구분되는 개념이다.

② 복혼제

부부가 각각 1인으로 결합하는 단혼제와는 달리 복혼제(polygamy)는 부부 중 한쪽이 1인이고 다른 쪽이 다수로 결합하는 형태다. 이 중 남편이 1인이고, 아내가 다수인 경우를 일부다처제(polygyny), 아내가 1인이고 남편이 다수인 경우를 일처다부제(polyandry)라고 한다. 일부다처제는 다처의 지위를 규정하는 방식에 따라 우리나라 조선시대처럼 주처가 있고 첩이 있는 동양식 축첩제와 여러 명의 부인이 동등한 지위를 가지는 아랍식 다처제가 있다.

(2) 결혼제도의 변화

미국 사회에서의 가족의 변화에 대하여 Olson과 DeFrain(2000)이 설명한 것에 근거하여 정현숙(2019)은 결혼제도와 부부관계의 특성을 다음과 같이 정리하였다.

① 제도적(institutional) 결혼

- 가족의 가장 중요한 기능은 경제적 공동체로서의 기능
- 아버지에게 권위가 있으며, 친족 간 유대, 가족과 지역사회 간 유대가 강한 것이 특징임. 결혼과 부부관계는 기능적인 동반자로서 각자의 역할이 나뉘어 있으며, 조상숭배, 가족의 전통, 가족유대가 강조됨. 남편은 대외적 권위와 경제적 책임이, 아내는 도구적 역할의 책임이 강조됨
- 가장 중요한 부부의 책임은 결혼관계의 안정성 유지에 있음

② 심리적(psychological) 결혼

- 배우자 선택 시 우정, 사랑, 상호매력 등이 강조됨
- 부부관계에서도 개인적인 만족이 관계를 지속하게 하는 요인이 되며, 부부간 책임과 부부간의 만족이 부부관계에서 중요함

③ 다원적(pluralistic) 결혼

- 여성의 사회적 활동과 경제활동 참여가 증가하면서 결혼의 필요성은 약화되고, 여성이 더 독립적이 되면서 등장한 유형
- 부부관계에서는 성적 평등과 개인의 자유가 중요한 가치이며, 모든 가족에 공통적으로 적용되는 이상적인 부부관계가 있다는 인식보다는 다양한 가족에 적합한 부부관계가 있음이 강조됨

④ 의도적(intentional) 결혼

- 심리적 결혼과 다원적 결혼이 결합된 형태
- 부부관계는 동등성과 다양성을 중시하며, 유연성과 책임감도 중요한 가치로 인식
- 부부관계는 평등성을 바탕으로 한 동반자적 관계를 지향하며, 관계를 통한 개인의 성장이 중요한 과제로 이를 위해 두 사람의 파트너십이 강조됨

3) 결혼과 관련된 다양한 용어

결혼과 관련된 다양한 용어에 대한 개념을 살펴보면 다음과 같다.

- 사실혼(common law marriage): 사실혼이란 당사자 사이에 혼인의 의사가 있고 객관적으로 사회 관념상 가족 질서적인 면에서 부부의 공동생활

을 인정할 만한 혼인 생활의 실체가 있지만, 혼인신고가 없는 경우를 말한다. 민법은 법률혼주의를 채택하고 있으므로 혼인식 여부와 혼인생활 기간의 장단에 관계없이 혼인신고를 하지 않은 동안은 사실혼이 된다.

- 결혼의향(marriage intention): 결혼의향이란 결혼에 대한 의사결정에 영향을 미치는 개인의 생각이나 뜻으로, 결혼에 대한 안정감, 행복, 사랑 등 긍정적 정서를 통해 결혼의향을 가지게 되는 정서적 결혼의향, 결혼은 반드시 필요한 것, 당연히 해야 하는 것이라 인식하기 때문에 결혼의향을 가지게 되는 당위적 결혼의향, 결혼을 함으로써 얻게 되는 경제적 안정, 합법적인 성생활, 자녀 출산 등으로부터 결혼의향을 가지게 되는 기능적 결혼의향으로 구성되어 있다. 미혼남녀의 결혼의향은 하위요인 중에서도 정서적인 안정, 사랑 등을 기반으로 한 정서적 결혼의향이 가장 크게 나타났는데, 결혼이 갖는 당위성이나 기능적 이점, 편리함보다 정서적인 측면, 즉 개인 심리 · 정서적인 요소가 결혼의향에 더욱 중요하게 작용할 수 있음을 시사한다(박혜민 · 전귀연, 2018).
- 결혼경사(marriage gradient): 결혼경사는 일반적으로 사람들이 배우자를 선택할 때 여성들이 남성들이 자신보다 나이, 외모, 학력, 직업 등에서 더 나은 조건의 상대를 원하는 상향혼(hypergamy) 성향으로 남성들은 학력이나 직업 등에서 낮은 지위의 사람들, 즉 최하층의 사람들이 남게 되고, 여성들은 최상의 지위에 있는 사람들이 남게 되는 현상을 말한다.
- 동질혼(homogamy): 동질혼은 사람들이 자신과 비슷한 사람과 결혼을 하는 경향을 말한다. 대부분의 사람들은 연령, 지성, 태도, 도덕적 가치, 신체적 특성, 사회적 배경, 인종 등에서 자신과 가장 유사한 배우자를 선택한다는 것이 연구결과로 나타난다.
- 결혼준비교육(premarital education): 결혼준비교육은 젊은 미혼남녀를 대상으로 행복한 결혼과 건강한 가정생활에 필요한 지식, 기술 및 태도를

가르치고 적용함으로써 개인과 가족의 전반적인 삶의 질을 높이고, 결혼과 가족생활에서 발생할 수 있는 다양한 문제를 예방하기 위해 개인과 가족의 잠재력을 개발하고 강화시키고자 의도된 교육이다. 결혼준비교육의 핵심적인 세부 주제는 연구자마다 다르지만 결혼과 배우자 욕구충족, 한국가족의 변화, 이성교제와 배우자 선택, 사랑, 역할관계, 성격의 조화, 의사소통, 갈등관리, 안전하고 건강한 성생활, 자녀 출산과 부모역할, 친인척관계, 가계재무설계 등이다.

- 결혼만족도(marital satisfaction): 결혼 만족도는 결혼생활 전반에서 남편 또는 아내로서 추구하는 목표와 욕구를 어느 정도 달성했는지에 대한 부부의 주관적인 감정 또는 태도를 의미한다.
- 결혼안정성(marital stability): 결혼안정성은 부부가 현재의 결혼관계, 즉 부부관계를 유지하고자 하는 경향성을 의미한다.
- 졸혼(卒婚): 졸혼은 '결혼을 졸업한다'는 뜻으로 이혼하지 않고 혼인 관계는 그대로 유지한 채, 남편과 아내로서의 의무와 책임에서 벗어나 각자의 여생을 자유롭게 사는 것을 뜻한다. 즉, 나이 든 부부가 이혼하지 않으면서도 각자 자신의 여생을 자유롭게 살며 즐기기 위해 등장한 신풍속이다. 이는 결혼의 의무에서는 벗어나지만, 부부관계는 유지한다는 점에서 이혼, 별거와는 차이가 있다. 졸혼이라는 개념은 2004년 일본 작가 스기야마 유미코(杉山由美子)가 『졸혼을 권함(卒婚のススメ)』이란 책에서 처음 사용한 용어다. 졸혼을 결정한 부부들은 서로 간섭하지 않고 그동안 자녀 양육과 경제 활동 등으로 누리지 못했던 자신만의 시간을 갖는다. 이는 한 집에 함께 살면서도 서로 간섭을 하지 않거나 별거해 따로 살며 가끔 만나는 형태로도 나타난다.

2. 가족에 대한 기본적 이해

1) 가족이란 무엇인가?

가족을 어떻게 정의하고 어떤 시각으로 이해하는가는 개인적, 사회적으로 매우 중요한 문제이다. 개인의 가치기준에 따른 가족에 대한 정의의 차이는 가족원 간에 권리와 의무에 대한 갈등을 초래할 수도 있다. 또한 법이나 사회제도에서의 가족에 대한 정의는 정부기관이나 지역사회의 가족정책 및 서비스 결정에 직접적으로 영향을 미친다. 즉 의료보험이나 연금, 가계저축, 상속, 주택구입 등은 가족 정의에 따라 그 내용이 달라진다. 또한 이러한 법이나 사회제도에서의 가족에 대한 정의는 개인과 가족의 생활상에도 영향을 미친다.

(1) 가족 정의의 세 측면

가족은 구조적 측면, 과업지향적 측면, 교류과정적 측면의 세 측면에서 정의되고 있다(박경란 · 이영숙 · 전귀연, 2001; 이영숙 · 박경란, 2010).

첫째, 가족구조적 측면은 '가족구성원은 누구인가'라는 규정의 면에서 가족을 정의하는 관점이다. 일반적으로 가족은 결혼을 통해서 생성되는데, 가족구조적 측면의 정의에서는 최소한 두 가지 가족 용어가 사용된다. 하나는 배우자와 자녀를 의미할 때의 생식가족(family of procreation)이고, 다른 하나는 자기가 자라온 가족의 부모, 자매, 조부모 등을 의미할 때의 근원가족(family of origin)이다.

"가족은 공동의 거주, 경제적 협력, 그리고 재생산에 의해 특징되는 사회집단으로, 사회적으로 인정받은 성적 관계를 유지하는 최소한의 두 성인남녀, 한 명 또는 그 이상의 자녀들과 입양된 자녀를 포함한다."는 Murdock(1949)

의 정의와 “가족은 혼인, 혈연, 입양으로 이루어진 사회의 기본 단위”라는 「건강가정기본법」(2008) 제3조의 정의에 가족성원에 대한 규정이 있다. 또한 현행 「민법」 제779조(가족의 범위)에는 가족(가족원)의 범위를 기본적으로 자기를 중심으로 배우자, 직계혈족 및 형제자매를 포함하는 것으로 규정하고 있다. 또한 생계를 같이 하는 경우라면, 자기 직계혈족의 배우자, 배우자의 직계혈족, 배우자의 형제자매까지를 가족원으로 한다. 그러나 이는 법률상 가족(원)의 범위를 제시한 것으로 현실 가족의 상황과는 다를 수 있다.

보통 사람들은 자신의 가족원이 누구인지에 대해 질문을 받으면 자신의 가족성원에 대하여 명백히 답변을 하지만, 가족성원에 대한 기준은 개인, 집단, 문화, 법적 기준에 따라 다르다. 사람들이 누구를 가족원이라고 생각하는가 하는 측면에서 ‘주관적 가족의 범위’를 살펴볼 수도 있다.

여성가족부가 실시한 2020년 가족실태조사(여성가족부, 2021)에서 가족의 정의와 관련한 문항에 대한 답변을 살펴보면, ‘가족은 혈연관계(89.0%)’, ‘가족은 법적으로 연결된 관계(83.7%)’, ‘가족은 심리적으로 유대감을 느끼는 친밀한 관계(동거 여부 관계없음)(82.8%)’, ‘가족은 경제적으로 생계를 함께 하는 관계(68.8%)’, ‘가족은 함께 거주하며 생활을 공유하는 관계(64.7%)’의 순이며, ‘가족은 내가 선택하고 구성할 수 있는 관계’에 대한 동의 정도가 38.7%로 가장 낮다. 이는 가족이 외형적으로는 혈연과 혼인에 기반하여 발생되는 관계로 인식되는 동시에 속성적 측면에서는 경제적/물리적 생활보다는 정서를 공유하는 관계로 인식되고 있음을 보여준다.

또한 조사 참여자들이 생각하는 ‘우리 가족’의 범위를 살펴본 결과(복수응답), 부모(87.4%), 자녀(85.4%), 배우자(사실혼/비혼동거 포함, 83.5%), 형제자매(76.1%)로 응답한 비율이 높은 가운데, 배우자의 부모(55.8%), 배우자의 형제자매(42.1%), 친조부모(41.6%), 형제자매의 배우자(35.7%), 며느리(34.5%), 친손자녀(34.0%), 외조부모(32.2%), 사위(30.5%), 외손자녀(29.6%), 배우자의 형제자매의 배우자(27.2%), 조카(23.2%), 이모(23.1%), 고모(22.7%), 아버지의 형제 및 배우자(22.5%), 외삼촌(21.3%)의 순으로 나타난다. 함께 살고 있는 비혈연자를 가족이라고 응답한 비율은 전체 3.5%이다. 이러한 결과는 2015년 조사 결과와도 유사한 패턴으로, 여전히 가족은 부모와 자녀, 배우자, 형제자매 등 좁은 범위의 혈연/혼인관계를 중심으로, 가부장적, 남성중심적 가족관계의 순위에 따라 확장됨을 확인할 수 있다.

둘째, 과업지향적 측면은 '가족이 어떤 과업을 수행하는가'에 초점을 둔다. 과업 규정은 보통 가족기능과 관련되는데, 가족기능이란 "사회를 존속시키고 가족성원의 욕구를 충족시켜 주기 위하여 가족이 수행하는 활동이나 서비스"(오명근 · 이종수, 1989)라고 정의되며, 가족이 개인과 사회의 중간에 위치하므로 전체 사회에 대하여는 하위체계(대외적 기능)로, 개인에 대하여는 상위체계(대내적 기능)로서의 두 가지 기능을 모두 수행한다.

현대가족에서 기대되는 가족의 기능은 다음과 같다(김익균 외, 2012; 박경란 · 이영숙 · 전귀연, 2001; 이영숙 · 박경란, 2010; 조성연 외, 2017).

- 보호 및 돌봄의 기능: 가족은 가족구성원의 생명을 보호하고 가족원을 위해 신체적, 정서적 돌봄의 기능을 한다. 예를 들어 가족원을 위해 음식을 마련하는 것, 영유아와 노약자를 보호하고, 안전하고 건강한 환경을 조성하는 것 등이 이에 포함된다. 이러한 역할수행은 대내적으로는 가족원의 생활유지 및 삶의 질을 증진시키고 대외적으로는 사회의 안정에 기여한다.
- 성적 욕구 충족과 통제의 기능: 가족의 성적 욕구의 충족과 통제기능은 대내적으로는 부부의 잠재적인 성적 욕구를 충족시키며, 대외적으로는 성윤리의 질서를 유지시키는 통제기능을 갖는다. 성적 욕구를 충족시키는 방법과 통제의 정도는 사회마다 차이가 있는데 대부분의 사회에서는 결혼이라는 제도를 통해 부부 사이에서만 성관계를 허용하고, 부부 이외의

성관계에 대해서는 엄격하게 통제하며 배우자의 선택 범위도 한정하고 있다.

- 자녀 출산의 재생산 기능: 가족은 자녀를 출산하여 사회구성원을 충원하는 기능을 한다. 자녀를 출산하는 방식이 현저한 변화를 가져왔다고 할지라도 자녀 출산은 여전히 중요한 가족기능이다. 일부 부부들이 무자녀를 선택하기도 하지만, 대다수는 자녀를 갖기를 원한다. 이러한 가족의 자녀 출산 기능은 대외적으로 종족보존의 기능과 인구조절의 기능을 갖는다.
- 자녀 양육 및 사회화 기능: 가족은 가족원들이 생활유지활동을 효과적으로 할 수 있도록 가르치고 사회에서 효율적으로 기능하는 데 필요한 사회적, 대인 상호적 기술을 가르치는 대내적 기능을 수행한다. 대외적으로는 사회에 필요하고 적합한 사회인을 양성하는 역할을 수행한다. 오늘날에는 성인들 역시 자녀를 통해 사회 적응에 필요한 지식과 기술, 가치의식을 학습하고 배워나간다.
- 경제적 기능: 가족은 경제적 기본단위로 생산활동과 소비활동을 동시에 수행하고 있으며, 경제 활동을 통해서 구성원의 생계를 유지하고 재산을 소유한다. 가족은 대내적으로는 생산 및 소비의 기능을, 대외적으로는 노동력 제공과 생활보장의 기능을 수행한다.
- 정서적 지지 및 안식처의 기능: 가족은 대내적으로 가족원을 위해 친밀한 관계를 원하는 정서적 안정과 안식처로서의 기능을 수행하며, 대외적으로는 안정된 사회와 사회의 유지, 발전에 기여한다. 사회의 어떤 집단도 가족만큼 완전하게 사람들의 정서적 욕구를 충족시키는 데 초점을 두는 집단은 없다.
- 친척관계 유지의 기능: 오늘날은 과거처럼 친척들과 함께 동거하는 경향은 많이 약화되었지만, 여전히 정서적 · 물질적인 도움을 주고받으며, 이전과 다름없는 친밀한 유대관계를 지속하고 있다. 특히 친족은 출생, 졸업,

결혼, 장례 등과 같은 통과의례 시에는 여전히 중요한 기능을 제공한다.

가족 정의에 대한 마지막 측면은 교류적 과정에 초점을 두는 것이다. 이것은 과정적 개념으로 가족을 인지하는 것으로 가족원의 친밀감, 정서적 유대, 가족정체감, 가족의 역사 및 미래의 측면에서 가족을 정의한다(Fitzpatrik & Badzinski, 1994). 다시 말해서 가족을 제도로서만이 아니라 개인의 경험의 결과로서 보는 것이다. 따라서 가족원은 공통의 과거역사, 즉 한 가족단위로 공유된 경험, 이미지, 의미, 가치를 지니고, 현재 실재하며, 미래관계를 추구하는 상호의존적인 사람들의 체계로서 보는 관점이다(Berko, Rosenfeld, & Samovar, 1997). 즉, 상호의존적인 사람들의 교류과정의 결과로서 가족원의 친밀감, 정서적 유대, 가족정체성, 가족충성심, 가족의 역사 및 미래에 대한 의식이 생긴다.

교류과정적 측면에서는 가족을 구성원 간의 정서적 유대와 가족사의 공유 등으로 가족정체성을 갖는 친밀한 집단으로 정의한다. 이 관점은 가족의 유대와 정체감을 위한 상호 의존 및 헌신을 위한 도구로서의 의사소통을 강조함으로써 다양한 유형의 가족을 정의하는 데 유용하다(조성연 외, 2017). 이러한 교류과정적 측면에서 가족을 정의하면, 상호의존적인 사람들이 서로 친밀하게 상호교류하며 자신들이 친밀감, 정서적 유대 및 가족으로서 정체감과 충성심을 가지게 되면 이들은 혈연 여부와 관계없이 가족인 것이다.

(2) 가족에 대한 포괄적 정의

오늘날은 가족을 물체와 같은 시각으로 보는 고정된 집단이 아니라 사회의 변화와 더불어 변화되는 역동적인 집단으로 본다. 따라서 가족에 대한 정의도 시간에 따라 변화하고, 문화 간 그리고 심지어는 동일 문화 내에서도 변화한다.

많은 학자들은 전통적인 입장에서의 가족에 대한 개념이 현대 사회에서는 여러 면에서 부적합하므로, 가족을 정의함에 있어 가족(the family)에서 가족들(families)이라는 관점으로 변화가 있어야 한다고 주장한다(박경란 · 이영숙 · 전귀연, 2001). 가족이 현대적 시각에서 재정의되어야 하는 구체적인 이유를 살펴보면 다음과 같다.

첫째, 가족에 대한 전통적 정의는 현대의 다양한 가족을 포함할 수 없다. 예를 들어 가족의 동거를 강조하는 전통적인 정의는 주말부부 등 비동거가족을, 생물학적 결합이라는 전통적인 정의는 계부모가족을 제외시킬 수 있다. 둘째, 가족에 대한 전통적 정의는 가족에 대한 중요한 사회정책에서 많은 사람들을 제외시켜 사회복지 혜택을 받을 수 없게 될 수 있다. 셋째, 다양한 가족에 대한 올바른 이해와 지원방안을 수립하기 위해서이다. 다양한 가족을 인정하고 이러한 가족들에 대해 연구하는 것은 각 가족이 처할 수 있는 어려운 상황을 예견하여 사전예방 대책을 세우거나 사후대처방법을 강구하는 것이 가능하도록 한다. 넷째, 현대사회에서는 가족을 정의하는 데 있어 구조적 측면과 과업지향적 측면도 중요하지만 교류과정적 측면에서의 정의가 강조되고 있다. 그러므로 가족에 대한 정의는 대단히 주관적이고 가변적일 수 있다.

이상에서 살펴본 바와 같은 가족 정의에 대한 시대적 변화를 담아 Olson 등(2014)은 현대에는 가족에 대한 정의가 가족의 구조, 기능, 역동을 포함할 수 있을 정도로 넓어야 한다고 하면서, “가족은 친밀감, 자원, 의사 결정에 대한 책임 그리고 가치들을 공유하며 서로에게 헌신하는 둘 혹은 그 이상의 구성원”이라고 정의하였다. 또한 정현숙(2019)은 가족을 “두 명 이상의 개인이 상당히 지속적으로 서로 경제적 · 정서적으로 의존하며, 서로 발달 · 안정 · 보호에 책임을 지는 사회적 집단 혹은 제도” 혹은 “친밀하게 상호교류하며 상호의존적인 사람들의 단위”로 관계를 중심으로 정의하였다. 이처럼 가족은 가치, 목표, 자원, 의사결정의 책임은 물론 친밀한, 교류적인, 상호의존적인 사람들을 말한다.

2) 가족의 형태

인간 사회에는 여러 형태의 가족이 존재해왔고 존재하고 있다. 대부분의 유형은 오늘날에도 여전히 중요한 가족형태로 받아들여지고 있다. 이러한 가족형태는 가족 생성 방식, 세대관계 범위, 권력의 조직과 분배방식, 가계 계승방식, 혼인 후 거주방식 등에 따라 다르다. 또한 사회 변화에 따라 다양한 가족 유형이 생기고 있다.

(1) 가족 생성방식에 따른 유형

- 원가족(family of origin): 자신이 태어나서 자란 가족으로 방위가족, 근원가족이라고도 한다.
- 생식가족(family of procreation): 자신이 결혼해서 새롭게 형성한 가족으로 생성가족이라고 하기도 한다.

(2) 세대관계 범위에 따른 유형

- 핵가족(nuclear family): 부부와 그들의 미혼의 자녀만으로 이루어진 가족, 핵가족은 그 관계의 확장을 포함하지 않는 기본형이라 할 수 있다.
- 확대가족(extended family): 핵가족이 종적 또는 횡적으로 확대되어 형성된 가족이다.
- 직계가족(stem family): 결혼한 장자가 부모세대와 함께 가구를 형성하고 다른 자녀들은 혼인 후 출가하는 가족으로 우리 전통사회의 이상적인 가

족 유형이다.

- 합동가족(joint family): 방계가족이라고도 하는데 중국과 인도의 전통가족과 같이 결혼한 형제들이 부모세대와 함께 가구를 형성하는 유형으로, 중국의 전통가족은 부모가 돌아가시면 형제들이 재산을 균분상속하여 분가하는 점이 특징이다.
- 수정확대가족(modified extended family): 확대가족과 같은 가족구성이지만, 같은 지붕 밑에서 살지 않고 가까이 살면서 그들의 개별성과 자율성을 유지한다. 상호 긴밀한 관계를 가지며, 지원과 보호를 하며, 모든 가족원이 한 가족으로 느낀다.
- 수정핵가족(modified nuclear family): 같은 지붕 밑에서 살면서 생활단위는 핵가족 형태로 개별성과 자율성을 유지하고, 필요에 따라 지원과 보호를 하는 가족형태이다.

(3) 권력의 조직과 분배방식에 따른 유형

- 부권제 가족(patriarchal family): 남성이 강력한 가장권을 가지고 가족구성원을 통솔하는 가족형태이다. 권력과 통제가 부/남편에게 할당된다.
- 모권제 가족(matriarchal family): 어머니가 가족의 책임자인 사회조직의 형태로서, 자손과 그 관계는 어머니를 통해 형성된다. 완전한 의미의 모권제는 거의 예가 없으며, 어머니의 남자형제, 즉 외숙부가 대외적 기능을 하는 경우가 많다.
- 평등제 가족(equalitarian family): 남편과 부인이 권력을 공유한다. 어떤 경우에서는 가정생활의 모든 측면을 동등하게 공유하며, 또 다른 경우에서는 가정생활의 영역에 따라 남편과 부인이 각각 권력과 통제권을 나누어 갖는다.

(4) 가계 계승방식에 따른 유형

- 부계제가족(patrilineal family): 가족이름, 재산, 특권, 권력, 가족책임 및 역할 등이 할아버지 → 아버지 → 아들 → 손자의 계통으로 전수된다. 또는 어떤 사회에서는 아들 중에서도 첫 번째 태어난 아들인 장남, 장손으로 이어진다.
- 모계제가족(matrilineal family): 가계가 어머니 쪽의 계통에 의하여 상속되는 가족이다.
- 양계제가족(bilineal family): 남성과 여성의 양 계통을 통해 재산 및 특권이 계승되는 가족제도이다.

(5) 혼인 후 거주방식에 따른 유형

- 부거제 가족(patrilocal family): 혼인한 부인이 남편의 거주지로 옮겨와 남편의 가족과 함께 살거나, 아니면 남편의 친족들 가까이에서 산다면 부거제로 간주된다.
- 모거제 가족(matrilocal family): 혼인과 함께 남편이 부인의 거주지로 옮겨와 부인의 가족과 함께 사는 것이다. 어떤 모계사회에서는 아들이 혼인하면 그의 외삼촌댁으로 옮겨가서 살게 하는 외숙거제(外叔居制, avunculocal residence)의 관습을 가지고 있다.
- 양거제 가족(bilocal family): 부부가 남편 또는 부인 쪽의 어느 한쪽의 친척들과 함께 사는 관습이다.
- 신거제 가족(neolocal family): 혼인과 함께 양쪽의 친족집단이나 가족으로부터 독립하여 전혀 새로운 곳에서 살림을 차리는 경우이다.

(6) 기타 가족 유형

- 공동체가족(community family): 공동체는 일반적으로 공통의 생활공간에서 상호작용하며, 유대감을 공유하는 집단을 의미하는데, 공동체가족은 혈연중심의 가족을 넘어 서로 가족으로서 지속적인 관계를 유지하며 유대감을 가지고 생활하는 공동체를 의미한다. 혈연관계를 떠나 공동체를 이루며 살아가는 '공동체가족'은 종교 생활공동체, 이데올로기 생활공동체, 청소년 생활공동체, 노인생활공동체 등 여러 형태의 생활공동체가 있다. 과거엔 공동체가족이 혼자 사는 노인이나 보호가 필요한 아동 층에 한정되어 있었다면, 요즘은 직업, 취미, 혹은 '육아공동체'처럼 다양한 형태의 공동체가족이 생겼다.
- 다문화가족(multi-cultural family): 국적이 다른 남녀가 결혼하여 구성하는 가족으로 결혼이민자가족이라고도 한다.
- 동거가족(cohabiting family): 동거하고 있는 부부와 그들의 자녀로 구성되는 형태이다. 핵가족과 동거가족 간의 차이는 가족단위의 확립형태에 있다. 핵가족은 법률혼에 의해 이루어졌으며, 반면 동거가족은 사실혼에 의해 이루어졌다.
- 한부모가족(single parent family): 18세 미만의 미성년 자녀를 둔 가정에서 부모 중 어느 한쪽의 사망, 이혼, 별거, 미혼모 또는 미혼부 등으로 인해 혼자서 자녀를 키우며 부모역할을 담당하는 한부모와 자녀로 구성된 가족을 의미한다. 모자가족(fatherless family), 부자가족(motherless family)으로 분류할 수 있다.
- 재혼가족(remarried family): 배우자 한쪽이나 양쪽 모두가 재혼 이상의 결혼으로 자녀가 있거나 없으면서, 하나의 가구를 유지하는 남편과 아내로 구성된 가족이다. 계부모가족(stepfamily)은 부모의 한쪽이 친부모이

며 그 친부모가 재혼하기 전 배우자 사이에서 출생한 18세 이하의 자녀가 있는 가족을 의미한다. 재혼가족은 재결합가족(reconstituted family), 재구성가족(reconstructed family), 혼합가족(blended family), 두 개의 핵가족(binuclear family) 등의 용어들로 혼용되고 있다.

- 자궁가족(子宮家族): 남편의 집에 시집온 젊은 여성이 자기가 낳은 자식들이 집안에 더해지면서 점차 여성 자신의 세력권을 구축해 나가는 것으로, 전통사회에서 삼종지도와 부덕으로 상징되는 공식적 차원에서의 가부장제는 비공식적인 차원의 가부장제인 '자궁가족'으로 이념화되었다(박혜인, 1993; 정현숙, 2019).
- 동성애가족(homosexual family): 동성끼리 부부가 되어 이루는 가족을 의미한다. 동성애는 같은 성(性)을 가진 대상에게 감정적, 성적 매력을 느끼고 성적 행위 대상으로 같은 성을 가진 사람을 선택하는 성향을 의미하는데 성적 지향성은 주로 이성애, 양성애, 동성애로 대별할 수 있다. 여성 동성애자는 레즈비언(lesbian), 남성 동성애자는 게이(gay)라고 한다. 동성애자는 자신의 생물학적 성과 정신적 성이 일치하지 않음을 인식하는 트랜스젠더(trans-gender)와는 다르다.
- 홈대디가족(homedaddy family): 남편이 가사일을 돌보고 부인이 밖에서 일을 하는 가족 형태로 육아휴직을 사용하고 집에서 가정을 돌보는 남자를 보고 홈대디라고 말하기도 하고, 그러한 가족을 보며 홈대디가족이라고 하기도 한다. 맞벌이부부 중 어느 한쪽이 가사를 맡는다면 과거엔 당연히 아내 몫이었으나, 요즈음은 부부 중 소득이 적은 쪽이 일을 포기하는 경향이 있다. 이는 양성평등 가치관의 증대와 여성의 사회적 지위가 높아지고, 전문직, 고소득 여성이 많아진 것 등이 그 원인이다.
- 위성가족(satellite family): 부모 집 근처에서 살면서 육아 등의 도움을 받는 가족을 의미한다. 부모와 자녀 세대가 각각 별도의 핵가족을 이루면

서도 가까운 거리에 살며 대가족의 장점을 취하는 것이다. 부모는 손주들 재롱을 보며 외로운 노후를 달랠 수 있고, 자녀는 육아 도움을 받는 대신 용돈으로 사례를 하는 경우가 많다. 이와는 달리, 자녀가 부모에게 의존해 살아가는 위성 가족도 늘고 있다. 일명 '캥거루족'(가정을 꾸린 후에도 부모의 경제력에 얹혀사는 젊은 세대), '자라증후군'(유사시 부모의 보호 속에 숨어든다는 의미)으로 불리기도 한다(이영숙 · 박경란, 2010).

- 비동거가족(non-residential family): 취업 또는 자녀교육 등의 이유로 부부가 서로 다른 지역에서 거주하는 가족을 의미한다. 국내에서 비동거가족과 같은 의미로 사용된 용어는 주말가족, 분거가족이 있고, 외국에서는 통근결혼(commuter marriage), 장거리(long-distance)가족, 두 지역(two-location)가족, 또는 기혼독신(married single) 등이 사용된다. 비동거가족 중 세계 여러 지역에서 여러 다른 형태로 부부나 가족이 국경을 떨어져 지내는 가족은 초국적 가족(transnational family) 또는 다국적 가구(multinational household)로, 기러기가족은 국제 비동거가족으로 명명되기도 한다(이영숙 · 박경란, 2010).
- 기러기가족(goose family): 우리나라에서 자녀에게 보다 나은 교육환경을 제공하기 위해 어머니와 자녀는 학업을 위해 외국에서 생활하고 아버지는 학비와 생활비를 벌어 송금하기 위해 한국에 남아 거주하는 가족이다. 1990년대 과도한 교육열과 영어 중시 현상, 조기유학 열풍 등에 의해 생겨난 현상이다. 자녀의 교육을 위해 한국에 남아 일을 하다가 가끔씩 가족을 만나기 위해 가족이 있는 곳으로 날아간다는 것을 철새인 기러기에 빗대어 표현했다.
- 사이버가족, 사이버 팸(cyber-fam): 인터넷 동호회나 채팅 사이트를 중심으로 사이버 공간에서 실제 가족과 같은 형태로 만들어진 긴밀한 관계를 의미하는데, 인터넷을 이용한 온라인 공간에서 많은 시간을 보내는 사람

들이 나이 차와 성별 등에 따라 서로를 아빠, 엄마, 삼촌, 아들, 딸 등으로 부르면서 밀착된 가상의 가족관계를 형성하는 형태다. 하지만 사이버 팸은 실제 책임감과 의무를 가지고 있는 가족관계와는 달리 윤리적으로 해이해지기 쉽기 때문에 외도를 하거나 이혼을 하는 등의 행위가 아무런 망설임 없이 행해지기도 한다. 최근에는 단순히 사이버 공간에서만 가족을 형성하고 상호작용하는 관계를 넘어서서, 사이버 팸을 형성한 집단 가출 청소년들이 실제로 동거를 하거나 실제의 공간에서 만나 다양한 상호작용을 함으로써 원조교제나 청소년 탈선의 원인을 제공하기도 한다(김춘경 외, 2016).

- 맞벌이가족(dual career family): 맞벌이부부라고도 하며 남편과 아내가 고용근로자로서 취업하고 있는 가족을 말한다. 부부가 함께 임금수입을 얻고 있다는 의미에서 맞벌이가족이라고 부르는데, 취업은 단지 임금수입의 획득 또는 가계보충을 위한 것일 뿐만 아니라 생활의 질 향상, 사회참여나 능력발휘(자기실현) 등 사회적 · 정신적 동기에 의해서도 행해진다.
- 자발적 무자녀가족(voluntary childless family): 부부가 자발적으로 자녀를 갖지 않는 경우를 의미한다. 자신들이 부모가 되는 것이 부적합하거나 불편하다고 생각하거나 자녀를 가지는 것이 부부의 삶의 양식을 유지하는데 걸림돌이 된다고 생각하여 자녀를 갖지 않기로 결정하는 것으로 보인다.
- 딩크족(Double Income, No Kids): 정상적인 부부생활을 하면서 의도적으로 자녀를 두지 않는 맞벌이부부를 말한다. 딩크족은 넓고 깊은 사회적 관심과 국제감각을 지니고 상대방의 자유와 자립을 존중하며 일하는 삶에서 보람을 찾으려고 시작되었으나, 우리나라에서는 "집을 마련하고 경제적으로 안정된 후에 아이를 갖겠다"고 생각하는 경향으로 경제난에 기인한 것이라고 보인다. 이와는 반대로 가정을 중시하고 누에가 고치를 짓

듯이 가정을 재창조해 이를 소중히 여기는 현상을 가리키는 용어로 코쿠닝(cocooning)이 있다(두산백과).

- 라트(Living-Apart-Together, LAT): 비거주 동거형태로 거주를 같이 하지 않으면서 친밀한 관계(non-cohabiting 혹은 non-residential relationships)를 유지하여 따로 또 함께 가족이라 하기도 한다. 친밀한 관계에서 개인적 요구와 삶의 상황에서의 요구 간의 균형을 이루는 전략으로 보기도 한다.

3) 가족과 관련된 다양한 용어

- 가구: 가구는 주거단위에서 함께 생활하는 사람들의 집합체이다. 가구는 공간적 개념이고, 한 장소에 묶여 있는 일군의 사람들(혹은 개인)을 말한다. 반면에 가족은 어떤 가치, 목표, 자원, 의사결정의 책임은 물론 친밀한, 교류적인, 상호의존적인 사람들을 말한다. 따라서 공동주거에서 함께 생활하는 모든 가족들은 가구로 생각되지만, 반대로 모든 가구가 가족은 아니다.
- 집: 사전적 의미로 집은 '사람이 거처하는 건물'로 보는 공간적 개념과 '공동의 보금자리'로 보는 정서적 장소의 개념을 모두 포함한다. 그러나 현실적으로 가족원들이 공동생활을 한다고 하여 곧 집이 존재한다고 할 수 없다. 집은 과거의 시조로부터 조상을 거쳐 미래의 자손에 연결된다고 의식하는 초시간적인 관념적 집단이다(최재석, 1982).
- 가정: 가정은 '한 개인이나 가족이 생활하는 장소'를 뜻하는 주거적인 개념과 가족구성원의 몸과 마음이 쉴 수 있는 안식처의 개념을 모두 포함한다. 즉, 가정은 물질적인 환경만을 의미하는 것이 아니라, 휴식과 안정을 얻을 수 있는 따뜻한 사랑의 보금자리를 뜻한다.

- 친족: 친족이란 배우자, 혈족 및 인척을 말한다(민법 제767조). 배우자는 혼인신고를 마친 법률상의 배우자로 혼인의 상대방을 의미하며, 혈족은 혈연으로 연결되는 관계라고 볼 수 있지만, 입양을 통하여 혈족관계가 인정되기도 한다. 인척은 혼인을 통하여 연결되는 관계로 혈족의 배우자, 배우자의 혈족, 배우자의 혈족의 배우자를 의미한다. 보통 친족관계로 인한 법률상의 효력은 특별한 규정이 없는 한 8촌 이내의 혈족, 4촌 이내의 인척, 배우자에게 미치게 된다(민법 제777조).
- 가족관계: 가족구성원 상호 간의 인간관계를 의미한다. 가족관계에는 부부관계, 부모-자녀관계, 형제자매관계가 가장 기본이 되며, 이외에도 가족의 범위에 속하는 구성원들의 다양한 관계로 이루어진다. 정현숙(2019)은 가족관계는 가족 내 성과 세대의 구성에 따라 존재하는 다양한 관계에서의 역동성(dynamics)과 상호작용을 의미하며, 바람직한 가족관계를 "상호작용하는 가족구성원 각 개인의 자율성과 독특성이 인정되면서 관계의 상호작용이 융통성 있게 이루어지는 관계"로 정의하였다.
- 가족구조 분석의 기준: 가족구조를 분석하는 기준으로 정현숙(2019)은 성(sex), 성구성(sex-combination), 사회적 성(gender), 지위(status)와 역할(role), 세대(generation), 출생코호트(cohort), 가족생활주기(family life cycle), 가족 유형(family types), 가족의 사회경제적 지위(socio-economic status), 가족구성원의 수 등을 들었다.

3. 가족이론

가족이론(family theories)은 가족의 역학(dynamics), 구조(structure), 기능(functioning)을 이해하고 설명하는 데 사용되는 틀(frame) 또는 모델(model)이다. 이는 사회학(sociology), 심리학(psychology), 인류학(anthropology), 가족학(family studies) 등 다양한 분야의 학자들과 연구자들에 의해 발전되어 왔다. 여기서는 여러 주요 가족이론을 간략히 소개한 후, 각 이론이 건강한 가족관계와 기능을 촉진하기 위해 다양한 환경에서 어떻게 귀중한 통찰력을 제공할 수 있는지를 논의하고자 한다.

1) 구조-기능이론(structural-functional theory)

이 이론은 가족을 사회의 안정과 기능에 필요한 특정 기능을 수행하는 사회 기관으로 본다. 가족 내의 역할과 관계, 그리고 가족의 전반적인 안정과 안녕에 어떻게 기여하는지에 초점을 맞춘다.

[적용]

- 결혼 및 가족 상담(marriage and family counseling)

가족 내 역할과 기능을 이해하는 것은 가족 치료사가 기능 장애의 영역을 파악하고 균형과 조화를 회복하는 데 도움을 줄 수 있다.

- 정책 개발(policy development)

사회에서 가족의 기능을 인식하는 것은 육아휴직 정책이나 가족 지원 프로그램과 같이 가족을 지원하기 위한 정책을 알려줄 수 있다.

2) 갈등이론(conflict theory)

이 이론은 가족을 권력 투쟁과 불평등의 현장으로 본다. 성별, 인종, 사회경제적 지위와 같은 요소에 기초한 권력의 불균형과 불평등이 어떻게 가족 내에서 갈등으로 이어질 수 있는지를 강조한다.

[적용]

- 가정폭력 예방(domestic violence prevention)

가정 내 권력 불균형을 인식하면 가정폭력과 학대를 예방하고 해결하기 위한 개입을 알릴 수 있다.

- 가족 중재(family mediation)

권력 투쟁에서 발생하는 갈등을 이해하는 것은 조정자들이 가족구성원의 협상과 분쟁을 해결하는 데 도움을 줄 수 있다.

3) 상징적 상호작용주의(symbolic interactionism)

이 이론은 가족의 역동성을 형성하는 데 상징과 의미의 중요성을 강조한다. 가족구성원들이 서로 어떻게 상호작용하고 그들의 상호작용이 공유된 의미, 상징 및 해석에 의해 어떻게 영향을 받는지에 초점을 맞춘다.

[적용]

- 가족치료(family therapy)

가족 상호작용에 부여된 의미와 상징을 탐구하는 것은 가족치료사가 가족구성원 간의 의사소통과 이해를 촉진하는 데 도움이 될 수 있다.

- 부모교육(parenting education)

부모의 해석과 의미가 자녀와의 상호작용에 어떤 영향을 미치는지 이해하면 부모-자녀관계 개선을 위한 방법을 알 수 있다.

4) 가족체계이론(family systems theory)

이 이론은 가족을 서로의 행동과 기능에 영향을 미치는 상호 연결된 개인들의 복잡한 체계(시스템)로 본다. 개별 가족구성원에게만 초점을 맞추기보다 전체적으로 가족 역학을 이해하는 것의 중요성을 강조한다.

[적용]

- **가족치료(family therapy)**

가족을 하나의 체계로 보는 것은 가족치료사들이 체계 내 한 부분의 변화가 전체 가족에게 어떻게 영향을 미치는지를 고려함으로써 문제를 해결할 수 있게 한다.

- **가족 사업 컨설팅(family business consulting)**

체계이론을 적용하면 가족 소유 사업의 상호 연관된 역학을 이해하고 가족 관련 문제를 해결하기 위한 전략을 개발하는 데 도움이 될 수 있다.

5) 생태체계이론(ecological systems theory)

이 이론은 가족 역학에 대한 더 넓은 사회적 · 환경적 맥락의 영향을 강조한다. 가족을 미시체계(가족), 중간체계(가족과 다른 사회환경 간의 상호작용), 외부체계(가족에 간접적으로 영향을 미치는 외부환경), 거시체계(문화적 가치와 규범)를 포함한 여러 체계 내에 중첩된 것으로 본다.

[적용]

- **지역사회 발전(community development)**

가족 기능에 대한 광범위한 환경의 영향을 인식함으로써, 양질의 교육, 의료 및 사회 서비스에 대한 접근을 지원하는 지역사회 차원의 개입을 효과적으로 설계할 수 있다.

- **정책 옹호(policy advocacy)**

사회적 요인이 가족에 미치는 영향을 이해하는 것은 다양한 배경을 가진 가족을 위한 사회 정의와 형평성을 촉진하는 정책 옹호에 기여할 수 있다.

6) 사회적 교환이론(social exchange theory)

이 이론은 가족구성원들이 그들의 행동에 의해 인지된 비용과 이익에 기초하여 결정을 내린다고 가정한다. 가족관계를 형성하는 데 있어 호혜성과 자원 교환의 중요성을 강조한다.

[적용]

- 커플치료(couple therapy)

관계 내 행동의 인지된 비용과 이점을 탐구하는 것은 커플이 불만족스러운 부분을 이해하고, 서로에게 유익한 해결책을 찾아가는 데 도움이 될 수 있다.

- 가족 재무 계획(family financial planning)

사회적 교환 원칙을 적용하면 각 가족구성원이 인지한 혜택과 비용을 바탕으로 자원 할당과 재무 계획에 대한 결정을 내리는 데 도움이 될 수 있다.

7) 가족발달이론(family development theory)

이 이론은 결혼, 부모되기, 빈둥지단계 등 시간이 지남에 따라 가족이 경험하는 전환과 단계에 초점을 맞춘다. 이러한 발달 과제에 대응하여 가족이 어떻게 적응하고 진화하는지 강조한다.

[적용]

- 부모교육(parenting education)

단계별 가족의 발달 과업을 이해하면 다양한 연령대의 자녀를 둔 부모의 요구에 맞춘 부모교육 프로그램을 알 수 있다.

- 가족생활교육(family life education)

가족발달이론을 활용하면 교육자들이 가족이 전환과 단계를 효과적으로 탐색할 수 있도록 지원하는 커리큘럼과 콘텐츠를 개발하는 데 기여할 수 있다.

위에서 살펴본 바와 같이 각각의 이론은 가족생활과 관계의 복잡성에 대한 독특한 통찰력을 제공한다. 제시된 이론들은 몇 가지 예에 불과하며, 가족학 연구 분야에는 훨씬 더 많은 관점과 접근방식이 있다. 가족이론의 활용은 변화하는 사회적 역학, 연구의 발전, 가족이 직면한 새로운 도전에 대응하여 계속 발전하고 있다.

8) 가족이론 적용 경향

가족이론의 적용에 있어 최근의 몇 가지 경향은 다음과 같다.

(1) 상호교차성(intersectionality)

인종, 민족, 성별, 성적 지향, 사회경제적 지위, 능력 등 가족 경험을 형성하는 교차 요인에 대한 인식이 증가하고 있다. 다양한 가족의 고유한 도전과 강점을 이해하고 보다 포괄적인 개입과 정책을 개발하기 위해 교차렌즈를 통해 가족이론을 적용하고 있다.

(2) 기술과 가상 상담(technology and virtual counseling)

원격치료와 온라인 상담 플랫폼을 포함한 기술의 확산으로 가족이론에 기반한 전통적인 접근방식을 가상 환경에 적용하고 있다. 이 추세는 디지털 커뮤니케이션 도구를 활용하여 가족치료를 강화하고 서비스에 대한 접근성을 높이며 치료에 대한 장벽을 해결하는 방법을 탐구하는 것을 포함한다.

(3) 위기개입과 트라우마 정보 돌봄(crisis intervention and trauma-informed care)

코로나19 팬데믹, 자연재해, 사회정치적 격변 등 전 세계적인 사건에 비추어 볼 때 가족치료 내에서 위기개입과 트라우마 정보 접근에 대한 관심이 높아지고 있다. 가족이론은 트라우마 경험이 가족 역학 및 회복력에 미치는 영향을 이해하고 치유와 회복을 촉진하는 개입을 개발하기 위해 적용되고 있다.

(4) 예방적 및 강점기반 접근(preventive and strengths-based approaches)

가족치료의 경우, 예방적 및 강점기반 접근으로 변화하고 있으며, 이는 조기 개입과 가족의 기존 강점과 자원을 기반으로 한다. 가족이론은 가족의 회복력과 행복에 기여하는 보호 요인을 확인하고 이러한 요인을 개선하기 위한 개입을 개발하는 데 사용되고 있다.

(5) 문화적 역량과 다양성(cultural competence and diversity)

가족이론은 가족의 역동성을 형성하는 독특한 문화적 규범, 가치관, 신념을 설명하고 가족학자가 다양한 문화적 배경을 가진 가족들과 효과적으로 일할 수 있도록 문화적으로 민감한 방식으로 적용되고 있다.

(6) 정책 옹호와 사회 정의(policy advocacy and social justice)

가족이론은 시스템 불평등을 해소하고 가족을 위한 사회 정의를 촉진하기 위한 정책 옹호에 활용되고 있다. 이는 가족 친화적인 직장, 저렴한 의료 및 주택 접근, 그리고 교육 및 경제 발전을 위한 공평한 기회를 지원하는 정책을 옹호하는 것을 포함한다.

(7) 학제 간 협업(interdisciplinary collaboration)

복잡한 가족문제를 해결하는 데 학제 간 협업의 중요성에 대한 인식이 커지고 있다. 가족학자는 심리학, 사회학, 공중보건, 법률 및 교육 분야의 전문가들과 협력하여 가족과 함께 일하는 데 다양한 관점과 전문성을 적용하고 있다.

이러한 추세는 가족의 변화하는 요구와 더 넓은 사회적 맥락에 맞게 가족이론의 지속적인 진화와 적응을 반영한다. 연구와 실천이 지속적으로 발전함에 따라 앞으로 가족이론의 활용에 새로운 트렌드와 혁신이 나타날 것으로 보인다.

▌참고자료 1▐

장님들과 코끼리 – 섹스(J. G. Saxe)

코끼리가 어떻게 생겼는지를 알고 싶어 했던 인도스탄 지방의 6명의 장님에 관한 다음과 같은 재미있는 이야기가 있다.

6명의 눈 먼 인도스탄 사람들이 코끼리를 보러 갔다. 각자는 자신들의 관찰에 흡족해 했다. 첫 번째 사람이 코끼리에 다가갔는데, 코끼리의 넓고 단단한 옆구리에 부딪혀 넘어지게 되었다. 그러자 그는 당장 이렇게 외치기 시작했다. "오, 코끼리는 벽처럼 생겼구나!" 두 번째 사나이는 코끼리의 상아를 만지게 되었다. 그러자 그는 이렇게 외쳤다. "오, 이렇게 둥글고 부드러우면서도 날카로운 것이 대체 무엇일까? 그건 아주 분명해, 코끼리는 마치 창 같은 거구나!" 세 번째 사람이 다가와서 손으로 꿈틀거리는 코끼리의 코를 우연히 잡게 되었다. 그러자 그는 용감하게 외쳤다. "코끼리는 꼭 뱀처럼 생겼구나!" 네 번째 사람이 열심히 손을 뻗어 코끼리의 무릎을 만지기 시작했다. 그는 말했다. "이 이상한 동물은 아주 든든하군. 코끼리는 나무처럼 생긴 것이 분명해!" 코끼리의 귀를 우연히 만지게 된 다섯 번째 사람은 말했다. "눈 먼 사람이라도 이 동물이 무엇을 닮았는지 말할 수 있어. 코끼리가 꼭 부채처럼 생겼다는 걸 누가 모를까!" 여섯 번째 사람은 시작하자마자 흔들거리는 꼬리를 잡게 되었다. 그는 말했다. "알겠다. 코끼리는 꼭 밧줄처럼 생겼구나!"

이 6명의 눈 먼 인도스탄 사람들은 매우 긴 논쟁을 벌였는데, 그들 모두 자신이 옳다고 주장하였다. 각자는 옳다고 할 수도 있지만 사실 그들 모두는 조금씩 틀렸다고도 할 수 있다. 크든 작든 머리를 써서 일을 하려는 모든 사람들은 자신과 다른 사람의 의견을 함께 고려해야 한다. 사물을 보는 하나의 관점은 도움이 되지만, 모든 것을 다 말해 준다고 할 수는 없다.

출처: 최연실 등(1995). pp. 5-7.

▌참고자료 2▌

가족학 학문 분류

가족학은 다음과 같이 분류되고 있다. 한국연구재단의 학술연구분야분류표와 국가과학기술표준분류체계를 참고하여 학문을 분류할 수 있는데, 학술연구분야분류표는 학술연구지원사업의 효율적 추진 및 관리 운영 등을 목적으로 활용되고 있고, 국가과학기술표준분류체계는 국가과학기술의 기획, 평가, 관리의 기본체계로 활용되고 있다.

❑ 학술연구분야분류표

중분류	소분류
가족학 (Family Studies)	가족관계(Family Relations) 가족생활사(History of Family Life) 가족상담 및 교육(Family Counseling and Education) 가족복지 및 정책(Family Welfare and Policy) 성인 및 노년학(Adults and Older)
아동학 (Child Studies)	아동발달(Child Development) 아동상담/치료(Children Counseling/Therapy) 청소년학(Adolescence Science) 아동보육(Child Care)
국가과학기술표준분류체계	
가족	SE0201. 가족정책 SE0202. 가족관계 SE0203. 가족생활사 SE0204. 가족상담/가족문제 SE0205. 가족생활교육 SE0206. 가족발달/노년학 SE0299. 달리 분류되지 않는 가족
아동/청소년	SE0301. 아동/청소년정책 SE0302. 영유아보육 SE0303. 아동/청소년 발달 SE0304. 아동/청소년 상담/치료 SE0305. 청소년 활동/문화 SE0306. 부모교육 SE0399. 달리 분류되지 않는 아동/청소년

▌참고자료 3▐

졸업 후 진로

아동가족학 전공은 아동발달, 가족관계, 복지 등에 대한 학문적 이해와 실천적 능력을 배양하는 것을 목표로 하며 졸업 후 다양한 분야에서 활동할 수 있다. 졸업생들이 주로 취업하는 분야를 정리하면 다음과 같다.

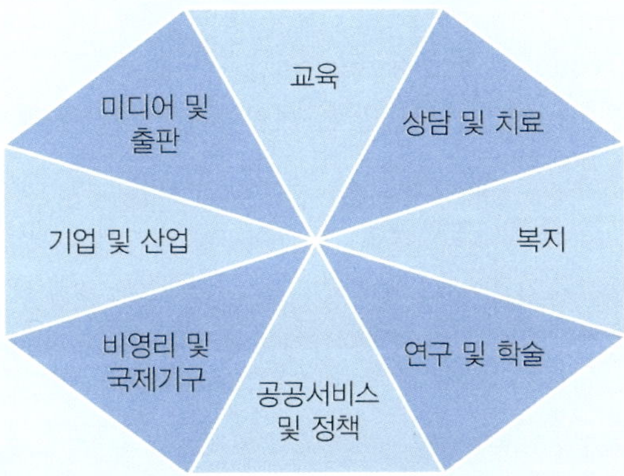

1) 교육(education)

- 방과 후 프로그램 코디네이터: 초등학교에서 방과 후 프로그램 기획 및 운영
- 가정 방문 교사: 가정에서 부모와 자녀를 대상으로 교육 및 지원

2) 상담 및 치료(counseling and therapy)

- 가족상담사: 지역 내 가족센터, 가정법원 등에서 가족 내 문제 해결을 위한 상담 제공
- 아동 및 청소년상담사: 청소년상담사 자격증을 취득 후, 정신건강의학과, 지역아동센터, 초등 및 중고교 내 Wee센터, 대안학교 등에서 행동치료, 놀이치료, 인지치료 등 아동 및 청소년의 정서적, 행동적 문제를 상담 및 치료
- 정신건강상담사: 학교 내 학생상담센터, 종교기관, 개인 상담센터 등에서 개인의 정신건강 문제를 다루는 상담 제공

3) 복지(welfare)

- 사회복지사: 사회복지사 자격증을 취득 후 다양한 사회복지기관(예, 종합사회복지관, 지역아동센터 등)에서 취약계층을 지원
- 아동보호전문요원: 아동 학대 예방 및 보호활동(예, 임시보호시설 운영, 법적 대리인으로서의 법적 보호, 가정방문 등)
- 노인복지사: 노인을 대상으로 한 복지 프로그램 운영 및 지원(예, 치매 예방 및 관리, 주거지원, 경제적 지원 등)

4) 연구 및 학술(research and academics)

- 연구원: 대학, 연구소(예, 리서치 업체, 여성가족개발원 등)에서 아동 발달, 가족 연구 수행
- 교수: 대학[1])에서 교육 및 연구활동
- 정책분석가: 아동 및 가족 관련 정책 연구 및 분석(예, 저출산 대책 연구, 아동학대 예방 정책 연구, 가족 지원 정책의 경제적 영향 분석, 다문화가족 지원 정책 연구 등)

5) 공공서비스 및 정책(public services and policies)

- 정책 기획자: 정부 출연 기관(예, 육아정책연구소, 한국보건사회연구원, 전국의 가족센터 등)에서 아동 및 가족 관련 정책 기획 및 실행
- 공무원: 아동, 가족 복지 관련 정부 부서(예, 보건복지부, 고용노동부, 국민건강보험공단, 국민연금공단 등)에서 근무
- 공공보건전문가: 공공보건 프로그램 기획 및 운영(예, 임신 출산 지원-모자보건 프로그램, 금연클리닉 등)

6) 비영리 및 국제기구(non-profit and international organizations)

- NGO(non-government organization)/NPO(non-profit organization) 활동가: 사회복지공동모금회(사랑의 열매), 초록우산 어린이재단 등 비영리 기구에서 아동 및 가족 지원 활동
- 국제기구 근무: UNICEF, Save the Children(세이브더칠드런) 등의 국제 아동 및 가족 지원 기구에서 활동

- 프로그램 코디네이터: 사회적 프로그램 기획 및 운영(예, 아이돌봄서비스, 드림스타트 등)

7) 기업 및 산업(companies and industries)

- 인사 및 복지 담당자: 기업 내 직원 복지 및 가족 지원 프로그램(예, 유연근무제, 육아지원 등) 운영
- HR(human resources) 전문가: 인사 관리 및 직원 지원 활동(예, 심리상담 서비스)
- 기업 교육 트레이너: 직원 교육 및 개발 프로그램 운영(예, 직무교육, 멘토링 프로그램)

8) 미디어 및 출판(media and publication)

- 콘텐츠 제작자: 방송국 PD나 방송작가, 유튜버 등이 되어 아동 및 가족 관련 콘텐츠 제작(예, 캐리와 장난감 친구들)
- 출판 기획자: 아동 및 가족 관련 출판물 기획 및 제작(예, EBS 교육 도서, 잡지 등)
- 미디어 전문가: 아동 및 가족 관련 미디어 프로그램 기획 및 제작(예, 뽀롱뽀롱 뽀로로, 딩동댕 유치원, 슈퍼맨이 돌아왔다, 요즘 육아 금쪽같은 내 새끼, 결혼지옥 등)

---

1) 현재 2024년 6월 기준 아동가족학과가 존재하는 4년제 학교는 다음과 같다.
경북대학교(아동학부 아동가족학전공); 경상국립대학교(아동가족학과); 경희대학교(아동가족학과); 군산대학교(아동가족학과); 덕성여자대학교(아동가족학과); 동아대학교(아동가족학과); 부산대학교(아동가족학과); 서울대학교(소비자아동학부 아동가족학 전공); 연세대학교(아동가족학과).
그 외 유사한 전공명을 가지고 있는 대학은 다음과 같다.
성균관대학교(소비자가족학과); 건국대학교(소비자정보학 전공); 경희사이버대학교(청소년/가족전공); 한국방송통신대학교(생활과학부 가정복지학전공); 이화여자대학교(소비자학과); 충남대학교(소비자생활정보학과); 충북대학교(소비자학과); 영남대학교(가족주거학과); 인천대학교(소비자아동학과); 인하대학교(소비자아동학전공); 인제대학교(소비자가족학과); 수원대학교(건강과학대학 아동가족복지학과).

참고문헌

김익균, 고선옥, 김사라, 유수정, 이미정 (2012). **가족관계론**. 정민사.

김춘경, 이수연, 이윤주, 정종진, 최웅용 (2016). **상담학 사전**. 학지사.

두산백과 (https://terms.naver.com/entry.naver?docId=1167808&cid=40942&categoryId=31614)

박경란, 이영숙, 전귀연 (2001). **현대가족학**. 신정.

박혜민 (2017). 미혼남녀의 결혼의향에 영향을 미치는 변인 연구. 경북대학교 석사학위논문.

박혜민, 전귀연 (2018). 미혼남녀의 정서적 · 당위적 · 기능적 결혼의향에 영향을 미치는 변인 연구. **한국가족관계학회지, 22**(4), 53-80.

박혜인 (1993). **한국가족의 역사적 변천**. 한국가족학연구회 (편), 가족학 (pp. 85-137). 하우.

여성가족부 가족정책과 (2021). **2020년 가족실태조사 분석 연구**. 한학문화.

오명근, 이종수 (1989). **사회학**. 대영사.

이기숙, 공미혜, 김득성, 김은경, 손태홍, 오경희, 전영주 (2007). **결혼의 기술**. 신정.

이영숙, 박경란 (2010). **현대 가족관계학**. 신정.

전귀연, 이지민, 이순복, 임지영, 박혜란, 배문조, 임주영, 정유진, 김은지, 신현정 (2021). **결혼준비교육**. 신정.

정옥분, 정순화 (2020). **결혼과 가족**. 학지사.

정현숙 (2019). **가족관계**. 신정.

조성연, 백경숙, 옥경희, 전효정, 전연진 (2017). **가족관계론**. 양서원.

최연실, 남영주, 배희분, 이춘희, 조은숙, 진미정 역 (1995). **새로 보는 가족관계학**. Burr, W. R., Day, R. D., & Bahr, K. S. (1993). Family Science. 하우.

최재석 (1982). **현대가족연구**. 일지사.

Berko, R. M., Rosenfeld, L. B., & Samovar, L. A. (1997). *Connecting: A Culture-Sensitive Approach to Interpersonal Communication Competency* (2nd ed.). Harcourt Brace College Publishers.

Broderick, C. B. (1992). *Marriage and the family* (4th ed.). Prentice Hall.

Broderick, C. B. (1993). *Understanding family process: Basics of family systems theory*. Sage.

Fitzpatrik, M. A., & Badzinski, D. M. (1994). All in the family: Interpersonal Communication in kin relationships. In Knapp, M. L. & Miller, G. R. (Eds.). *Handbook of Interpersonal Communication* (2nd ed., pp. 726-771). Sage.

Olson, D. H., & DeFrain, J. (2000). *Marriage and the family: Diversity and strength* (3rd ed.). Mayfield Publishing Company.

Olson, D. H., DeFrain, J., & Skogrand, L. (2014). *Marriages and Families: Intimacy, diversity, and strengths* (8th ed.). McGraw-Hill Education.

Olson, D. H., DeFrain, J., & Skogrand, L. (2019). *Marriage and Families: Intimacy, diversity, and strengths* (9th ed.). McGraw-Hill Education.

Waite, L. J., & Gallagher, M. (2000). *The Case for Marriage: Why married people are happier, healthier, and better off financially*. Doubleday.

CHAPTER 02
결혼의 변화 및 대안

1. 결혼의 변화 추이
2. 결혼의 대안
3. 결혼의향에 관한 연구동향
4. 미래연구전망

오늘날 우리 사회는 젊은 세대의 결혼과 관련하여 다양한 변화를 경험하고 있다. 혼인율이 지속적으로 감소하고 있고 평균초혼연령은 꾸준한 상승세를 보이고 있다. 더구나 성인기의 통과의례로 생각했던 결혼은 개인의 선택이 되었고, 더 나아가 부담으로 인식되기도 한다. 이에 따라 결혼이행이 지연되고 비혼이나 동거와 같은 대안적 파트너십을 선택하는 사람들이 늘어나고 있다. 그러나 가족을 이루는 방법과 형태가 과거에 비해 다양해졌다고는 하지만, 아직도 많은 사람들이 결혼을 선택하고 있고 가족은 여전히 우리에게 중요한 의미를 가진다. 이 장에서는 결혼의 변화 추이, 결혼의 대안 및 결혼의향에 관한 연구동향을 살펴봄으로써 우리 사회가 당면하고 있는 결혼의 변화에 대해서 숙고해 보고자 한다.

1. 결혼의 변화 추이

과거 결혼은 개인의 선택보다는 가계를 계승하고 사회를 유지하기 위해 남녀가 성인이 되면 따라야 할 통과의례였다. 그러나 최근에는 결혼에 대해서 '반드시 해야 한다'는 필수나 의무가 아니라 개인이 선택하는 하나의 삶의 양식이 되었다. 또한 개인적인 여건이 충족되지 않을 경우에는 '반드시 하지 않아도 된다'는 생각으로 빠르게 변화하고 있다. 이러한 인식이나 태도의 변화는 결혼 관련 통계나 결혼의향에서 그대로 드러나고 있다.

1) 결혼 통계 추이

우리 사회의 결혼과 관련된 최근의 가장 주목할 만한 변화는 혼인율 감소와 초혼연령 상승에 따른 만혼화, 그리고 결혼을 하지 않는 비혼의 경향이 두드러진다는 것이다. 이러한 변화된 양상을 최근 통계자료를 통해 구체적으로 살펴보면 다음과 같다.

(1) 혼인건수

최근 10년 간 혼인건수는 지속적으로 감소하고 있다. 전체 혼인건수는 [그림 2-1]에서 보듯이 2012년 약 33만 건이었던 것에 비해 2022년에는 약 19만 건으로 크게 줄었다. 인구 1,000명당 혼인 건수를 의미하는 조혼인율 역시 크게 떨어져 2012년 6.5건에서 2022년 3.7건으로 줄었다. 혼인건수와 조혼인율 모두 통계 작성을 시작한 1970년 이후 가장 낮은 수치를 보이고 있다.

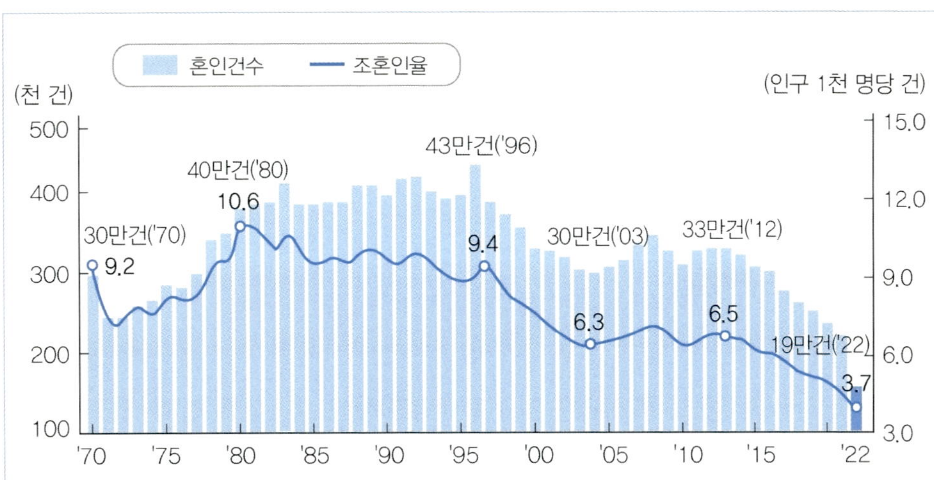

[그림 2-1] 혼인건수 및 조혼인율 추이(1970~2022)

출처: 통계청 (2023a).

(2) 혼인연령

우리나라에서 초혼연령이 늦어지는 만혼화는 장기간에 걸쳐 점진적으로 진행되어 왔다. 특히 1998년 경제위기 이후에 크게 증가하여 평균초혼연령이 2002년 남자 29.8세, 여자 27.0세에서 2022년에는 남자 33.7세, 여자 31.3세로 성별 평균초혼연령이 4.1세 상승하였다. 이러한 현상은 청년들의 취업난 가중으로 인한 경제적 부담과 결혼적령기에 대한 사회적 규범의 약화에 기인한 것으로 볼 수 있다.

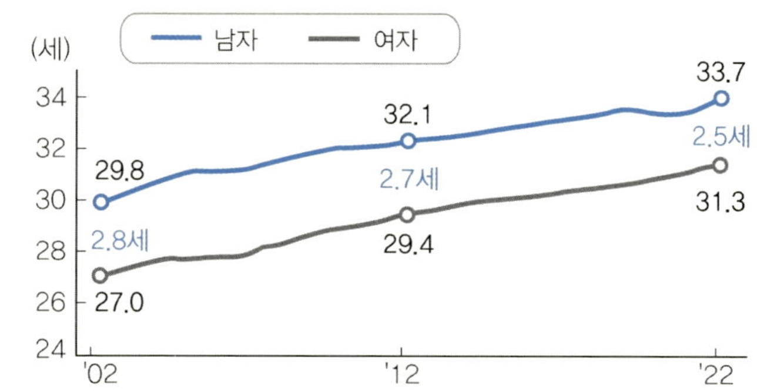

[그림 2-2] 성별 평균초혼연령, 2002~2022년

출처: 통계청 (2023a).

(3) 미혼인구비율

초혼연령의 상승과 함께 우리나라의 미혼인구비율은 지속적으로 증가하고 있다([그림 2-3] 참조). '2020년 인구주택총조사 표본 집계 결과 인구 · 가구 기본 항목'에 따르면 2015년에 비해서 미혼인구 비율은 전 연령대에서 증가하였다. 그중에 30대(30~39세)의 증가폭이 가장 큰 것으로 나타났다. 30대 미혼인구의 비율은 2000년에 13.4%였으나 2010년에 29.2%로 증가하였고, 2020

년에는 42.5%까지 증가하였다. 이러한 현상은 결혼적령기 세대의 미혼 추세를 더욱 강화하고 있다.

한편 미혼인구비율의 증가 추세는 남녀 모두에게서 나타나지만, 연령집단별로 나누어 보면 성별에도 차이가 있었다. 2015년 기준 30대 여자의 미혼인구비율은 28.1%, 남자의 미혼인구비율은 44.2%였다. 이것이 2020년에는 여자는 33.6%, 남자는 50.8%로 5년 사이에 여자 5.5%, 남자 6.6% 증가하여 여자보다 남자의 증가폭이 컸다. 이러한 현상은 결혼연령이 남녀 모두에게서 높아지고 있으나, 결혼적령기 연령규범에 대한 압박으로부터 남자가 더 자유로울 수 있고, 결혼 시에도 대개 남자가 연상인 점이 복합적으로 작용한 것임을 알 수 있다(통계청, 2021).

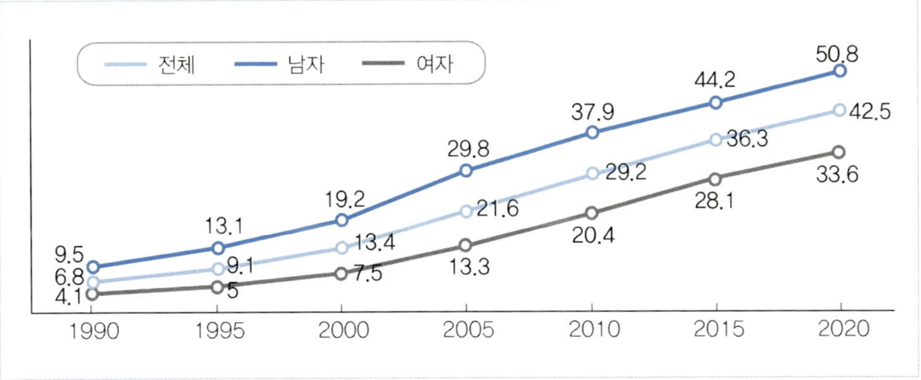

[그림 2-3] 30~39세 성별 미혼인구비율(%)

출처: 통계청 (2021).

2) 결혼의향

결혼의향(marriage intention)은 결혼에 대한 생각이나 태도로 향후 결혼하고자 하는 의사와 결혼 이행 가능성을 포함하는 개념이다. 즉, 결혼의향이 높을수록 실제 결혼 가능성이 커진다는 의미이다. 우리나라에서 결혼의향이 주목을 받게 된 배경에는 저출산현상과 관련이 있다. 특히 혼외자녀가 많지 않은 우리나라에서는 혼인율 저하가 저출산의 중요한 원인이 된다. 혼인율의 저하는 곧 결혼을 지연하거나 기피하는 추세, 즉 결혼의향의 감소 추세를 의미하기도 한다.

(1) 결혼의향의 변화

실제로 전체 인구 대상 '2022년 사회조사' 결과에 의하면, 결혼을 '반드시 해야 한다' 또는 '하는 것이 좋다'라고 생각하는 사람의 비율이 50.0%로 절반 수준이었다. 2012년에 62.7%에 비하면 최근 10년 사이에 12.7%나 낮아졌다. 성별에 따라서는 여성의 비율(44.3%)이 남성의 비율(55.8%)에 비해 11.5%나 낮았으며, 미혼여성(22.1%)과 미혼남성(36.9%)의 차이가 14.8%로 더 벌어졌다(통계청, 2022).

결혼이 선택되는 경향은 청년층의 결혼의향 조사결과에서도 알 수 있다. '2022 사회조사로 살펴본 청년의 의식 변화'에 따르면, 청년(청년기본법 기준 19~34세)들 가운데 '결혼을 긍정적으로 생각하는' 사람의 비율은 절반에 한참 못 미치는 36.4%에 불과하였다. 이 수치는 10년 전(56.5%)보다 20.1%p 감소한 것이며 전체 인구(50.0%)에 비해서는 13.6%p 낮았다. 성별로 보면 남자는 43.8%, 여자는 28.0%로 여자가 남자보다 15.8%p 낮으며, 남녀 모두 10년 전보다 각각 22.3%p, 18.9%p 감소하였다(통계청, 2023b).

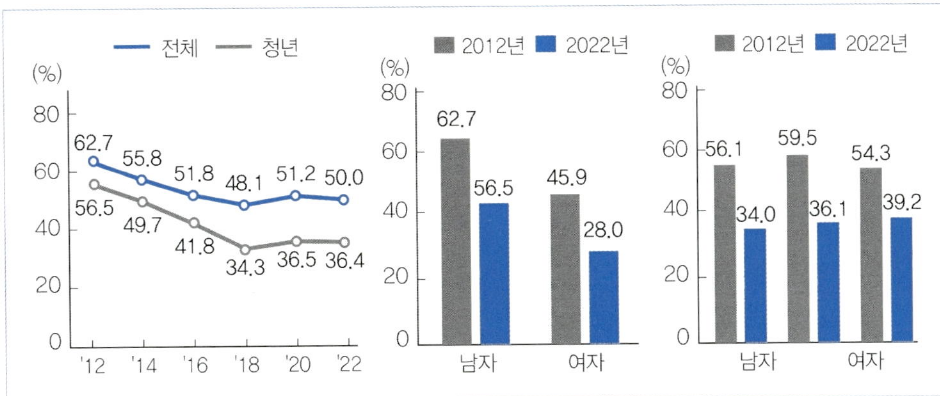

[그림 2-4] 결혼 '긍정', 결혼 '긍정' 성별, 결혼 '긍정' 연령계층별 조사

출처: 통계청 (2023b).

(2) 결혼하지 않는 이유

한국 청년이 결혼하지 않는 이유는 무엇일까? '2022 사회조사로 살펴본 청년의 의식 변화'에 따르면, 청년들이 생각하는 결혼하지 않는 주된 이유는 '결혼 자금 부족(33.7%)'을 1순위로 꼽았다. 그리고 '결혼의 필요성을 못 느낌(17.3%)', '출산 · 양육 부담(11.0%)', '고용 상태 불안정(10.2%)' 등이 그 뒤를 이었다.

성별로 보면 미혼 남자는 '결혼 자금 부족(40.9%)'이 가장 많으며, 미혼 여자는 '결혼 자금 부족(26.4%)'과 '결혼의 필요성을 못 느낌(23.7%)'이 절반을 차지하였다(통계청, 2023b). 혼인 감소에 영향을 주는 요인은 다양하겠으나, 결혼은 현실이라는 말처럼 결혼 자금 부족과 같은 경제적인 문제와 결혼 가치관의 변화가 주요한 요인으로 작용한 것 같다. 또한 '결혼의 필요성을 못 느낌'의 비율이 남성(13.3%)보다 여성(23.7%)이 높은 것으로 보아 결혼하지 않는 이유에서 성별의 차이가 있음도 알 수 있다.

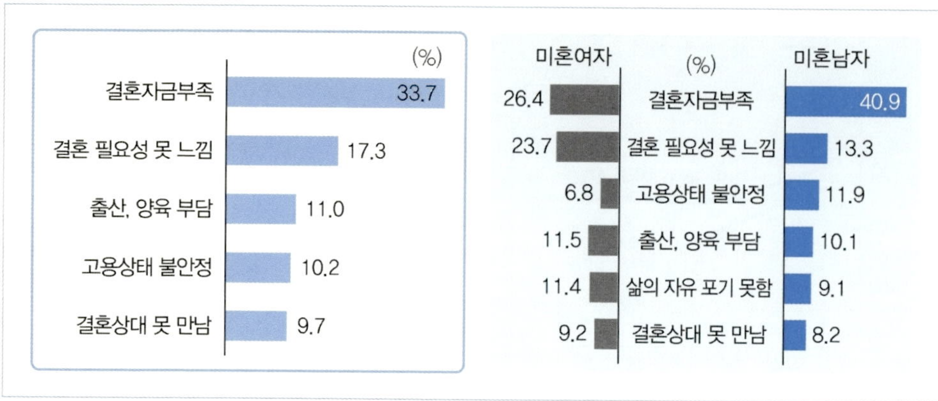

[그림 2-5] 미혼남녀의 결혼하지 않는 주된 이유(2022)

출처: 통계청 (2023b).

2. 결혼의 대안

결혼이 제도로서의 의미에서 개인적인 선택과 자기계발에 중점을 둔 개인적 의미로서 전환되는 것을 결혼의 탈제도화(deinstitutionalization of marriage)라고 한다(Cherlin, 2004; 박혜민, 2017 재인용). 결혼이라는 제도가 점차 쇠퇴하고 가구나 가족의 형태가 독신, 동거, 동성결혼 등으로 다양하게 나타나고 있다. 이에 결혼에 대한 대안으로 선택하는 비혼동거와 독신 등에 대하여 살펴본다.

1) 비혼동거에 대한 이해

비혼(非婚)은 결혼을 하지 않음을 의미한다. 다시 말해 결혼을 원하지 않으며 결혼을 선택하지 않겠다는 의미이다. 결혼을 한다는 전제를 두고 아직 결혼을 하지 않은 상태인 미혼(未婚)과는 다소 차이가 있다. 동거(同居)는 법적으로 부부관계를 맺지 않고 남녀가 함께 사는 것을 의미하는데, 간략하게 비혼동거와 미혼동거로 구분할 수 있다. 그중 동거에 대해 자발적이고 주체적인 선택을 강조한 개념이 비혼동거이다.

최근 통계청에서 발표한 '혼인 · 이혼 통계'나 '사회조사' 결과를 살펴보면, 결혼의 개인화 경향이 강해지면서 더 이상 결혼만이 가족을 형성하는 근간이 되지 않는 것으로 보인다. 청년들 가운데에는 법적인 결혼을 중요하게 생각하지 않거나, 결혼의 대안으로 비혼동거를 선택하는 사례가 증가하고 있다. 우리나라의 비혼동거에 대한 태도는 전반적으로 허용적인 방향으로 변화하고 있다.

통계청 '사회조사'에서 '남녀가 결혼을 하지 않더라도 함께 살 수 있다'고 응답한 비율이 2008년 42.3%에서 2022년에는 65.2%로 증가하여 절반을 훨씬 넘었다(통계청, 2022). 또한 여성가족부가 실시한 '가족 다양성에 대한 국민여론조사'에서도 비혼동거에 대해서 응답자의 69.8%가 동의했다. 연령집단별로 좀 더 구체적으로 살펴보면 20대에서는 89.7%, 30대에서는 85.6%, 40대에서는 77.2%가 동의한 것으로 나타났다. 이처럼 연령이 낮은 집단에서 동거를 찬성하는 비율이 전체 평균보다 더 높게 나타났다(여성가족부, 2021a).

2) 동거 유형 및 동거 사유

비혼동거를 분류하는 방식은 학자에 따라 매우 다양하다. 먼저 Kiernan (2001)은 한 사회에서 동거가 확산되는 과정을 네 가지 단계로 구분했다.

1단계는 동거가 드러나지 않는 소수의 현상으로 머물러 있으며 동거에 대한 사회적 편견이 강하게 작동하는 단계이다.

2단계는 결혼의 서막이자 결혼에 대한 시험(test)으로서 동거가 확산되는 단계로, 결혼의 불안정성이 증대되는 가운데 상대가 자신에게 맞는 파트너인가를 탐색하고 확인하는 과정이 요구되면서 나타난다.

3단계에서 동거는 결혼의 대안으로 등장하며 자녀 출산이 결혼과 분리되어 사고되는 경향이 늘어난다.

4단계는 동거의 제도화과정으로 결혼과 동거의 구분이 불분명해지는 단계, 즉 동거관계에서 자녀를 낳아 기르는 것이 결혼관계와 크게 다르지 않아, 동거가 결혼을 대체하거나 결혼의 한 형태로 자리 잡는 단계이다. 프랑스나 스웨덴, 덴마크 등이 이 단계의 나라로 분류된다(변수정 외, 2016).

이와 같이 서구에서 이루어진 동거의 시대적 전이에 비춰보면 동거의 유형과 사유가 계속 변화되고 다양화되고 있다. 현대의 동거 유형을 분류하는 가장 간단한 방식은 결혼과정의 한 단계로서의 동거(cohabitation as a stage in the marriage process)와 결혼의 대안으로서의 동거(cohabitation as an alternative to marriage)이다. 좀 더 세부적으로 구분해 보면 결혼과정의 한 단계로서의 동거는 결혼의 서막(prelude to marriage), 시험적 결혼(a trial marriage), 경제적인 이유로 인한 동거, 그리고 결혼제도에 대해서는 불만이지만 결혼 의도는 있는 동거 등으로 분류할 수 있다. 결혼의 대안으로서의 동거는 결혼을 거부하거나 결혼과 관계없이 하는 동거로 구분할 수 있다.

한편 정부차원에서 최초로 실시한 여성가족부의 '비혼동거 실태조사'에 의하면 우리나라의 동거 사유는 전 연령대에 걸쳐 '별다른 이유 없이 자연스럽게(38.6%)' 동거하게 됐다는 응답이 가장 많았다. 다만 20~30대는 결혼 전의 과도기로서, 40~50대는 적극적 선택의 결과로서 비혼동거를 선택하는 경향이 있었다. 20대는 '아직 결혼하기에는 이르다고 생각(38.6%)'해서, 30대는 '집이 마련되지 않아서(29.6%)' 동거를 한다고 응답한 비율이 높았다. 반면 40~50대는 '형식적인 결혼제도에 얽매이기 싫어서'라는 응답이 각각 33.7%와 48.4%를 차지했다. 60세 이상은 '결혼하기에는 나이가 많아서(43.8%)'라고 응답한 비율이 높았다. 그 외에도 '데이트 비용이나 생활비를 줄이기 위해서(24.4%)', '곧 결혼할 것이라서(23.3%)' 동거를 한다고 응답한 비율이 20~30대에서 특히 높았다. 또한 '상대방에 대하여 확신이 서지 않아서(12.6%)', '결혼보다 헤어질 때 부담이 적어서(12.6%)', '기존 결혼과 다른 파트너십 등 결혼의 대안으로 생각해서(10.6%)' 등 다양한 동거 사유가 있었다(여성가족부, 2021b).

〈표 2-1〉 동거 사유(중복응답) - 현재 동거하는 경우 (단위: %)

구분	전체	성별		연령				
		남성	여성	29세 이하	30~39세	40~49세	50~59세	60세 이상
별다른 이유 없이 자연스럽게	38.6	39.2	37.9	41.3	35.2	33.7	54.8	50.0
아직 결혼하기에는 이르다고 생각하여	27.4	26.9	28.1	38.6	27.3	10.2	8.1	12.5
집이 마련되지 않아서	25.6	26.9	24.1	26.9	29.6	19.9	14.5	0.0
형식적인 결혼제도에 얽매이기 싫어서	22.6	22.1	23.2	14.6	22.0	33.7	48.4	12.5
결혼하기에는 나이가 많아서	8.6	11.0	5.7	4.4	5.8	15.1	25.8	43.8

출처: 여성가족부 (2021b).

3) 동거의 장단점

일반적인 동거의 장점은 첫째, 결혼과 같은 법적·행정적 절차나 결혼에서와 같은 책임감 없이도 동거를 시작할 수 있다는 점이다. 둘째, 연애와는 달리 함께 살아가면서 수반되는 여러 가지 문제를 겪으면서 상대를 더 잘 파악할 수 있다는 점이다. 셋째, 동거의 경험이 개인적인 성장의 기회가 된다는 점이다. 반면 동거의 단점으로는 첫째, 동거에 대한 일반인들의 부정적인 인식이다. 둘째, 동거 자체가 가지고 있는 관계의 모호성으로 인해 주변의 지원이 부족하고 법적인 보호를 받을 수 없다는 점이다. 셋째, 서로에 대한 책임감의 부족으로 인해 일시적인 관계가 되기 쉽다는 점이다.

그러면 여성가족부에서 현재 동거하고 있거나 과거 동거한 경험이 있는 사람을 대상으로 실시한 '비혼동거 실태 조사' 결과에 따라 좀 더 구체적으로 동거의 긍정적인 면, 동거로 인한 불편함 그리고 동거생활의 어려움 등을 살펴보면 다음과 같다(여성가족부, 2021b).

(1) 동거의 긍정적인 면

동거의 긍정적인 면에 대한 응답 결과를 보면, 대부분의 항목에 대하여 동의 비율이 높게 나타났다. 그중에서 '상대방과 함께 함으로써 정서적 유대감과 안정감을 느낀다(88.4%)'라고 응답한 비율이 가장 높았다. 그다음은 '상대방의 생활습관 및 라이프스타일 파악을 통해 결혼 여부의 결정에 도움이 된다(84.9%)', '주거비, 생활비 등을 공동 부담함으로써 경제적 부담이 적다(82.8%)'라고 응답한 비율도 높게 나타났다. 그 외에 '자녀를 낳아야 한다는 부담감을 느끼지 않았다(75.4%)', '헤어짐을 위한 별도의 법적 절차가 없어 자유롭다고 느꼈다(74.2%)', '명절 및 가족행사 시 부담감을 덜 느꼈다(72.0%)', '상대방과 집안일을 명확하게 구분하여 분담한다(66.4%)', '각자의 독립적인 생활을 존중했다(65%)'의 순으로 동거의 긍정적인 면이라고 응답했다.

성별로 동의 비율 차이가 큰 항목을 보면 '명절 및 가족행사 등 가족관계에 대한 의무감과 부담감을 덜 느낀다'는 남성 17.0%, 여성 31.4%가 '매우 그렇다'고 하였고, '자녀를 낳아야 한다는 부담감을 느끼지 않는다'는 남성 18.9%, 여성 35.3%가 '매우 그렇다'고 응답하였다. 이로써 결혼을 통해 암묵적으로

부과되는 확대가족에 대한 의무와 자녀 출산에 대한 부담을 남성에 비해 여성이 상대적으로 많이 가지고 있다고 생각할 수 있다.

(2) 동거로 인한 불편함

동거로 인한 불편함으로는 '주택청약, 주거비 대출 등 주거지원제도를 이용하는 데 어려움을 겪은 적이 있다(50.5%)'라고 응답한 비율이 가장 높았다. 그다음으로 '동거가족에 대한 부정적 시선을 경험한 적이 있다(50.0%)'고 응답하였다. 동거에 대한 인식이나 태도는 긍정적으로 변하고 있지만 일상생활에서는 절반의 사람들에게는 여전히 동거에 대한 거부감이 남아 있는 것으로 보인다. 그 외에 '법적인 보호자로 인정받지 못한 적이 있다(49.2%)', '출산휴가, 배우자 출산휴가, 육아휴직을 사용하는 데 어려움을 겪은 적이 있다(36.2%)', '재산상속인으로 인정받지 못한 적이 있다(28.9%)'의 순으로 동거로 인한 불편함을 겪고 있다고 응답하였다.

(3) 동거생활의 어려움

동거로 인한 생활의 어려움으로는 '민간기관(통신사, 보험회사 등)에서 제공하는 가족 혜택을 사용하지 못한 적이 있다(60.4%)'라고 응답한 비율이 가장 높았다. 그다음으로는 '세제 혜택(소득공제 등)을 받지 못한 적이 있다(60.0%)', '직장에서 제공하는 가족수당, 복지 포인트 등을 받지 못한 적이 있다(56.0%)', '공공기관에서 대리 민원 처리 등 보호자로 인정받지 못한 적이 있다(50.4%)' 등의 응답비율이 과반 이상이었다. 그 외에 '공적 가족복지서비스나 연금 등의 수혜를 받지 못한 적이 있다(47.1%)', '동거인의 의료수술이나 응급상황에서 보호자로 인정받지 못한 적이 있다(37.7%)', '동거인의 사망 시 시신을 인도받지 못하거나 장례를 치르지 못한 경험이 있다(25.8%)'의 순으로 동거생활의 어려움이 있다고 응답하였다. 이는 법적 혼인상태를 유지하지 않고 있기 때문에 경험하고 있는 불이익이다. 실질적인 “보호자”임에도 “보호자”로 인정받지 못하는 현실적 한계를 개선하기 위한 조속한 논의가 필요하다.

4) 동거커플을 위한 지원제도

서구의 국가 중에는 신고절차를 거치면 비혼동거커플에게 법적 가족과 유사한 권리와 의무를 보장해 주는 제도가 있다. 스웨덴의 동거법(1988), 네덜란드의 동반자등록법(1998), 프랑스의 시민연대계약(PACS, 1999), 독일의 생활동반자법(2001), 영국의 시민동반자법(2004) 등이 대표적이다. 그중 프랑스의 PACS를 중심으로 동거커플을 위한 지원제도를 살펴보고, 아울러 현재 우리나라에서 생활동반자법에 관한 논의가 어디까지 진행되고 있는지 알아본다(송민영, 2016; 박준혁, 2022; 조은희, 2022).

(1) 프랑스

PACS(pacte civil de solidarité, 시민연대계약)는 결혼을 하지 않고 함께 사는 동거커플을 새로운 가족 형태로 받아들이기 위한 제도다. 실제로 1999년 프랑스에서는 결혼하지 않고 동거부터 시작하는 커플의 비율이 87%, 혼외출산 비율이 40%까지 상승하여, 동거커플 자체뿐만 아니라 그들로부터 태어난 아이들을 법의 틀 안에서 보호해야 할 필요성이 점차 커진 상황이었다. 동시에 동성애자들의 사회경제적 권리도 이성애자들과 마찬가지로 보장해야 한다는 주장이 제기되었다. 이에 따라 PACS는 성별에 상관없이 동반자의 파트너십을 법적으로 보장하기 위해 등장하였다.

프랑스 민법에서는 PACS를 공동생활을 위해 동성 또는 이성의 성인 2명에 의해 체결되는 계약으로 정의하고 있다. 커플이 법원에 사실혼 관계임을 인정받기 위한 몇 가지 서류를 제출하면, 법률혼 관계의 부부와 동일한 세제 및 사회보장 혜택을 받을 수 있다. 따라서 동거관계 출산에서도 결혼한 가정과 마찬가지로 아이를 낳고, 키우고, 교육시킬 수 있도록 보장해 준다. 다만 출생한 자녀는 혼외자로 표기되는데, 프랑스에서는 출생아의 약 60% 이상이 혼외자이다. 또한 커플의 개인 호적에는 커플 관계가 기록되지 않고 독신으로의 지위가 유지된다. 나중에 헤어질 때도 이혼을 하는 것처럼 까다로운 법적 절차를 밟지 않아도 된다. 이러한 영향으로 이성커플들 사이에서 대중적인 제도로 자리 잡았다. 특히 2013년 프랑스에서 동성혼이 합법화되면서 현재는 PACS 커플 중 90% 이상이 이성커플이다. 이는 PACS가 동성커플의 결합만이 아니라 혼인 관계를 원치 않는 이성커플 또는 연인이 아닌 친밀한 관계의 결합을 법적으로 보장하는 데 큰 기여를 하고 있음을 보여준다. 주목할 것은 PACS가 도입된 이후 프랑스의 혼외출산 비율이 지속적으로 늘어나고 있고 이는 곧 합계출산율에도 긍정적인 영향을 미치고 있다는 것이다.

(2) 우리나라

이미 서구의 여러 나라에서는 다양한 생활공동체를 법적으로 보호해 오고 있다. 우리나라의 경우는 2014년 진선미 의원이 '생활동반자관계에 관한 법률안'을 준비한 적이 있었으나 거센 반대에 부딪히기도 하였다. 국가인권위원회에서도 국회에 생활동반자법의 제정을 지속적으로 권고하고 있다. 그러나 지금까지 이에 대한 아무런 결과물을 내지 못하고 있다. 또한 여성가족부에서도 2021년 가족을 '혼인 · 혈연 · 입양으로 이뤄진 사회의 기본단위'라고 정의한 「건강가정기본법」 제3조 제1호 등을 삭제하고 '가족의 형태를 이유로 차별 받지 아니한다.'는 내용을 추가하여 결혼 외의 다양한 생활동반자관계를 법제도 안의 가족에 포함시키고자 하였으나 무산되었다. 혼인신고를 하지 않은 동거커플을 제도적으로 인정하는 문제는 성별이 같은 동성커플의 혼인을 합법화하는 문제와 연결되기 때문에 더욱 쟁점이 될 수밖에 없다.

우리나라에서 생활동반자법이 주목을 받은 것은 2022년 합계출산율이 0.78명(통계청, 2023c)으로 떨어질 정도로 심각한 저출산 문제 때문이다. 합계출산율이 1.80명(2021년 기준)으로 유럽연합(EU) 내에서 최고 다산국인 프랑스는, 2022년 출생아 중 혼외 출생 비율이 무려 63.8%를 기록하였다. 반면 한국의 혼외 출생 비율은 2022년 기준 3.9%로 합계출산율 0.78명과 함께 세계에서 가장 낮은 수준이다(통계청, 2023c; 한국일보, 2023.6.22). 프랑스의 예를 통해 확인했듯이 혼외출생율과 합계출산율이 어느 정도 비례한다. 즉, 비혼출산이 많을수록 전체 출산율이 높다는 점은 시사하는 바가 크다.

한편 통계청이 발표한 2022년 '사회조사'에서 '결혼하지 않고도 자녀를 가질 수 있다'는 응답비율이 34.7%로 10년 전 22.4%에 비해 높아지고 있다(통계청, 2022). 또한 2021년 여성가족부의 '가족 다양성에 대한 국민인식조사'에서 '사실혼, 비혼동거 등 법률혼 이외의 혼인에 대한 차별을 폐지해야 한다'는 질문에 대해 '필요하다'고 동의한 비율이 2021년 70.3%로 조사가 처음 시작된 2019년 이후 매년 상승하고 있다(여성가족부, 2021a). 이러한 결과, 현재 다양한 방식의 가족 형태에 관하여 폭넓은 수용적 가치관이 형성되고 있음을 확인할 수 있다.

이와 같이 결혼과 가족에 대한 인식이 달라지면서 다양한 형태의 생활동반자관계가 등장하고 있다. 더불어 사회에 존재하고 있는 다양한 관계들을 보호하기 위한 생활동반자법의 필요성이 계속해서 언급되고 있다. 현재 우리나라는 '생활동반자관계에 관한 법률안'이 국회에 발의된 상태이다.

관련 동영상

EBS 다큐프라임 〈결혼의 진화 3부 새로운 가족이 온다〉

5) 독신

독신은 배우자가 없는 미결혼 상태 또는 그 상태에 있는 사람을 가리킨다. 과거에는 독신자는 주로 배우자와 헤어지거나 사별한 사람들이 대부분이었으나 오늘날에는 결혼은 선택이라는 가치관으로 인해 독신을 결혼의 한 대안으로 간주하는 인식이 높아지고 있다. 그리하여 최근에는 학업이나 취업 준비를 위해서 일시적으로 독신을 선택하거나 고학력의 전문직 종사자 등 독신을 생활의 한 스타일로 선택하는 사람들의 수가 늘어나고 있다.

현재 독신으로 있는 것이 자발적인가, 비자발적인가 그리고 일시적인가, 안정적인가에 따라 독신을 네 유형으로 나눌 수 있다(Stein, 1988; 박경란 · 이영숙 · 전귀연, 2001).

- 자발적-일시적 독신: 자발적으로 일시적 독신을 선택하는 사람들은 현재 배우자를 찾고 있지는 않지만 결혼을 반대하지 않는 젊은 미혼의 사람들이나 일정기간 재혼을 미루고 있는 미혼자들이다. 이들은 결혼할 의사는 갖고 있으나 배우자를 찾는 것보다는 학업, 일, 직업, 정치, 자아발달 등과 같은 다른 활동에 더 우선순위를 둔다. 그러나 이 유형의 독신자들이 모두 '적당한 때'에 결혼하는 것은 아니다. 일부 사람들은 적합한 배우자를 발견하지 못해서, 또 다른 사람들은 결혼을 계속 미루다가 시기를 놓치기도 한다.
- 자발적-안정적 독신: 자발적-안정적 독신자들은 자발적으로 지속적인 독신 생활을 선택한 사람들이며 여러 이유로 결혼에 뜻이 없는 사람들이다. 자발적-안정적 독신자들에는 한 번도 결혼하지 않았으며 그러한 선택에 만족하는 사람들, 결혼 경험이 있지만 재혼하기를 원치 않는 사람들, 신앙생활로 결혼의 가능성이 배제되는 사람들(예: 신부) 등이 해당된다.

- 비자발적-일시적 독신: 비자발적-일시적 독신자들은 짧은 기간 동안 또는 오랜 동안 적극적으로 배우자를 찾았지만 아직 성공하지 못한 사람들이다. 이 유형은 어느 일정 기간 내에 결혼하기를 원하고 기대하는 사람들로서, 독신이 되는 것을 원치 않고 적극적으로 배우자를 찾고 있는 미혼의 젊은이들, 이전에는 별 관심이 없었지만 지금은 적극적으로 배우자를 찾고 있는 사람들, 재혼을 원하는 사별자, 이혼자 및 한부모들이 포함된다.
- 비자발적-안정적 독신: 비자발적-안정적 독신자들은 결혼하기를 원하나 배우자를 발견하지 못하고, 독신을 잠정적인 생활양식으로 수용하고 있는 사람들이다. 이 유형에는 결혼을 원하지만 배우자를 발견하지 못하고 있는 주로 나이든 미혼자들, 이혼자, 사별한 사람들 및 자신이 신체적, 심리적으로 결혼하기 어렵다고 생각하는 사람들이 포함된다. 이들은 잠재적인 장기 독신 상황을 받아들이고 있다.

결혼이 일반화된 사회에서 독신으로 살아간다는 것은 일종의 도전이다. 그만큼 독신생활에 적응해 나간다는 것이 쉽지 않다는 의미이다. 성공적인 독신생활이 되기 위해서는 다음의 요소가 충족되어야 할 것이다(Olson & DeFrain, 1994; 박경란 외, 2001).

- 경제적으로 자립할 수 있어야 한다.
- 자신의 의지로 독신을 선택한 사람들이 그렇지 않은 사람들보다 더욱 성공적이다. 선택에 의한 독신은 외로움의 기회를 줄이고 넓은 친구관계를 발달시킬 기회를 즐긴다. 또한 자신의 직업에 시간을 투자하는 것만큼 자신이 원하는 것에 투자하며, 자신이 원할 때 돈을 소비하는 자유를 즐긴다.
- 독신으로서 긍정적인 자아상을 발달시키는 것이 중요하다. 혼자 충분히 살 수 있도록 독립적이 되고, 편안해지기 위해서는 자기 자신을 좋아해야 한다.

- 좋은 지지체계와 신뢰할 수 있는 친구를 가지는 것은 정신적 건강에 필수적이다.
- 사회적 · 심리적 자립심을 발달시켜야만 한다. 독신들에게 좋은 친구 관계망도 매우 소중하지만, 자신의 두발로 꼿꼿이 설 수 있는 의지력이 반드시 필요하다. 혼자서 만족할 수 있는 자신만의 방법을 개발하는 것이 중요하다.
- 독신남녀는 양성적 역할을 수행할 수 있어야 한다. 즉 독신여성은 전통적으로 차 수리, 집 수리 등과 같은 남성적인 일에 유능해야 할 필요가 있으며, 독신남성은 전통적으로 요리, 세탁 등과 같은 여성적인 일에 유능해야 한다.

3. 결혼의향에 관한 연구동향

최근 우리나라에서는 젊은 세대의 결혼에 대한 인식과 태도에서 다양한 변화를 경험하고 있다. 이에 따라 결혼이행 지연, 결혼의향, 비혼, 동거 등 결혼의 변화와 관련된 다양한 연구가 진행되고 있다. 그중에서도 결혼을 미루거나 비혼을 지향하는 경향이 두드러지고 있는데 이는 곧 초저출산 위기로 이어지고 있다. 특히 우리나라에서는 결혼 안에서 출산이 대부분 이루어지기 때문에 성인남녀의 결혼의향에 대해 중점적으로 살펴볼 필요가 있다. 이에 결혼의향에 관한 연구동향을 살펴봄으로써 우리 사회의 결혼에 대한 태도나 결혼이행에 실제적으로 영향을 미치는 변인들을 알아보고 현재의 혼인율 저하와 저출산 문제에 대한 시사점을 찾고자 한다. 대다수의 선행연구에서 결혼의향에 중요한 영향을 미치는 변인으로 제시한 인구학적 변인, 경제적 변인, 가치관 변인 그리고 정책적 변인을 중심으로 결혼의향에 관한 연구동향을 살펴보고자 한다. 단 각 변인과 유의미한 관련이 있는 연구는 그중 일부만 제시한다.

1) 인구학적 변인

결혼의향은 결혼에 대한 개인의 생각이나 태도라는 점에서 그 개인의 인구학적 변인을 검토할 필요가 있다. 선행연구에서 결혼의향에 영향을 미치는 것으로 보고된 주요 변인은 성별, 연령, 교육수준, 가족관계 등이다.

(1) 성별

일반적으로 여성이 남성에 비해 전통적인 결혼생활 풍습과 가부장적 사고로부터 받을 수 있는 부담감을 더 크게 인식하기 때문에 성별은 결혼의향에 유의미한 영향을 미치게 된다. 실제로 미혼인구를 대상으로 한 사회조사에서 '결혼을 해야 한다'고 생각하는 사람의 비율이 남성 36.9%, 여성 22.1%로 남녀 간 상당한 차이가 있는 것으로 나타났다(통계청, 2022). 대다수의 선행연구에서도 남성의 결혼의향이 여성의 결혼의향보다 높았다(김정석, 2006; 황광훈, 2023). 특히 가족배경, 사회경제적 지위, 결혼관 등의 조건이 같다고 가정하였을 경우에도 미혼남성의 결혼의향이 여성에 비해 높게 나타났다(김중백, 2013). 또한 결혼에 대한 안정감, 행복, 사랑 등 긍정적인 정서로부터 결혼의향을 가지는 정도인 '정서적 결혼의향'과, 결혼은 반드시 필요한 것, 해야 하는 것이라는 인식으로 결혼의향을 가지는 정도인 '당위적 결혼의향', 결혼이 가져다주는 기능적인 측면(경제적 안정, 합법적 성생활, 독립, 자녀 출산 등)으로부터 결혼의향을 가지는 정도인 '기능적 결혼의향' 모두에서 남성의 결혼의향이 여성보다 높은 것으로 밝혀졌다(박혜민, 2017). 그리고 이러한 성별 차이는 결혼과 관련된 여러 변인에서도 다시 뚜렷한 차이를 보인다.

(2) 연령

최근 우리 사회의 만혼화 현상이 두드러지고 있지만, 기본적으로 결혼 기대 연령이 존재하는 사회적 배경에서 개인의 연령은 결혼의향에 중요하게 작용한다. 대체로 연령이 낮은 집단이 연령이 높은 집단에 비해 결혼의향이 높은 것으로 나타났으며(김정석, 2006; 황인자, 2021), 연령의 효과가 여성에게서 더 높게 나타난 연구도 있었다. 남성은 연령이 높아질수록 결혼의향이 낮아지지 않는데 비해, 여성은 연령이 높아질수록 결혼의향이 낮아졌다(어성연 · 조희금 · 고선강, 2010). 또한 연령은 남성의 결혼의향에는 영향을 미치지 않고, 연령이 높아지면서 미혼여성의 결혼의향에만 부정적인 영향을 미쳤다(진달래, 2013). 반면 연령이 높을수록 결혼의향이 높게 나타난 연구결과도 있었다(김은정, 2018; 황인자, 2020). 이와 같이 연령은 결혼의향에 유의미한 영향을 미치는 변인으로 확인되었지만 그 양상은 다르게 나타났으며, 성별에서도 그 차이가 확인되었다.

(3) 교육수준

교육수준은 일반적으로 경제자원 및 사회경제적 지위와 연관되기 때문에 결혼의향에 유의미한 영향을 미치는 것으로 보고되고 있으나, 연구에 따라 일관적인 결과를 보이지는 않았다. 대체로 교육수준이 높을수록 결혼의향이 높게 나타났다(임병인 · 서혜림, 2021; 황광훈, 2023). 예를 들어 고졸 이하와 그 이상을 비교했을 때, 고졸 이하인 경우 결혼의향이 더 낮았다(이소영 외, 2018). 또한 학력이 대학 졸업인 집단과 대학 졸업 미만의 학력을 가진 집단 비교에서도 대학을 졸업한 집단의 결혼의향이 더 높았다(진미정 · 정혜은,

2010). 반면 교육수준이 낮을수록 결혼의향이 더 높게 나타난 연구도 있었다(황인자, 2020).

한편 교육수준에 따른 결혼의향의 차이에서도 성별의 차이를 확인할 수 있었다. 남성의 경우, 미혼직장인 남성은 고졸 학력보다 전문대 졸업으로, 다시 4년제 대학과 대학원 졸업으로 수준이 증가할수록 결혼의향이 높아졌다(진달래, 2013). 즉, 남성은 교육수준과 결혼의향이 비례하는 것으로 나타났다. 여성의 경우, 전문대 졸업 여성의 결혼비율이 고졸 여성에 비해 훨씬 낮았고, 대학과 대학원 졸업 이상인 경우 취업여성이 미취업여성에 비해 결혼의 비율이 높았다(오지혜 · 임정재, 2016). 20대에는 이른 시기에 노동시장에 진입한 저학력자가 결혼의향이 높고, 30대는 많은 고학력자들이 노동시장에 진출하게 되면서 결혼의향이 높아지게 된다는 것이다. 결혼의향에 20대와 30대가 다른 양상을 보이는 것은 학력-취업 간의 상호작용 효과로 볼 수 있다. 이로써 여성의 경우 교육수준과 고용상태, 임금수준 등이 연관되어 결혼의향에 영향을 주는 것임을 확인할 수 있다.

(4) 가족관계

결혼에 대한 태도와 의사결정은 개인이 성장하는 과정에서 경험한 환경에 영향을 받기 마련이다. 특히 결혼의향은 결혼하지 않은 미혼자의 의향을 묻고 있기 때문에 가족관계는 중요한 변수가 된다. 선행연구에서는 부모의 부부관계에 대한 인식이 긍정적일수록(박아현, 2020), 긍정적인 부모-자녀관계를 가질수록(윤태실 · 민주홍, 2020), 가족건강성이 높을수록(원아름 · 박정윤, 2016) 결혼의향이 높게 나타났다. 이는 가족관계의 질이 일관되게 결혼의향에 긍정적인 영향을 미치고 있음을 보여주고 있다.

부모의 혼인상태는 부모가 초혼인 경우가 초혼이 아닌 경우보다 결혼의향이 높게 나타났다(김중백, 2013; 윤태실 · 민주홍, 2020). 대개 이혼은 엄청난 갈등 끝에 최종적으로 선택하는 것이다. 따라서 부모의 갈등상황을 많이 경험한 자녀일수록(Jennings, Salts, & Smith, 1992), 부모가 이혼한 경우에(Riggio & Weiser, 2008) 자녀의 결혼 태도에 부정적인 영향을 미치게 된다. 하지만 김정석(2006)의 연구에서는 부모의 이혼 경험과 형제자매의 이혼 경험 모두 결혼의향에 영향을 미치지 않고 있어 부모의 혼인상태는 연구마다 상이한 결과를 보여준다.

전반적으로 성별, 연령, 교육수준은 결혼의향에 유의미한 영향을 미치고 있으며, 두드러진 특징은 각 변인과 결혼의향의 차이에 다시 성별에 의한 차이가 있다는 것이다. 또한 가족관계의 질은 일관되게 결혼의향에 정적인 영향을 미치고 있으나 부모의 혼인상태는 결혼의향에 상반된 영향을 미치고 있다.

2) 경제적 변인

결혼에 대한 결정을 내리기 위해서는 결혼생활을 유지하는 데 필요한 자원을 획득할 수 있는지 여부가 무엇보다 중요하다. 특히 한국 사회에서 결혼이라는 것은 개인의 안정성과 밀접한 관계가 있어 사회에 진출해 직장을 갖고 주거공간을 마련하는 등 여러 환경이 마련된 후 결혼 결정을 내리는 경향이 있다. 선행연구에서 결혼의향에 영향을 미치는 것으로 알려진 경제적 변인은 '경제상황'과 '고용상황'으로 분류할 수 있다. 그 중 경제상황의 주요 변인은 본인의 소득과 자산, 부채 등을 나타내는 개인의 경제상황과 가구의 총 소득과 부모의 소득 등을 포함하는 가족의 경제상황이다. 고용상황의 주요 변인은 취업 여부와 정규직 여부 등이다.

(1) 경제상황

먼저 개인의 경제상황과 관련하여 소득 및 자산 수준이 높을수록 결혼의향이 높게 나타났고(곽윤철, 2017; 조진영, 2016), 소득이 높을수록 결혼의향이 높은 것이 남성에게서만 나타나기도 하였다(고선강 · 어성연, 2013; 조성호 · 변수정, 2020). 고선강과 어성연(2013)에 의하면 30대 여성은 소득이 높은 경우에 오히려 결혼의향이 낮은 반면, 30대 남성은 소득이 없는 경우에 결혼의향이 낮았다. 또한 30대 남성 비취업자는 취업자에 비해 결혼의향이 현저히 낮았다. 마찬가지로 대학생을 대상으로 한 박주희(2016)의 연구에서도 미래 자신의 소득이 높을 것으로 기대하는 경우 남성은 결혼의향이 높아졌으나 여성은 결혼의향이 낮아지는 반대의 결과가 나타났다. 이로써 미혼남성들에게는 개인근로소득이 결혼을 결정하는 중요한 변인임이 확인되었다. 한편 미혼 직장인이 부채에 대한 부담감을 가지고 있고, 이는 결혼의향에도 부정적 영향을 미치고 있다는 사실이 밝혀졌다(김정석, 2006; 황인자, 2021). 학자금과 생활비 충당을 위해 받은 대출 상환에 대한 부담감이 크게 작용한 것으로 보인다. 그러나 소득과 결혼의향 간의 관계가 없다는 연구도 있다(윤태실 · 민주홍, 2020; 황인자, 2020).

다음으로 가족 경제상황과 관련하여 다수의 연구에서 가족의 소득이나 자산이 많을수록, 또한 부모의 주택 및 결혼비용 지원 가능성이 높을수록 결혼의향이 높게 나타났다(고선강 · 어성연, 2013; 박혜민 · 전귀연, 2018; 황인자, 2021). 게다가 미혼남녀의 결혼의향은 본인의 주관적 경제수준보다 부모님의 주관적 경제수준에 더 영향을 받는 것으로 나타났다(변수정 · 조성호 · 이지혜, 2018). 이는 최근의 비현실적 주택가격에 따른 신혼주거비용의 부담 및 결혼비용의 증가 등으로 부모의 경제적 지원 없이는 독립적인 결혼생활을 시작하기 어려운 상황을 반영하고 있는 결과이다.

(2) 고용상황

먼저 취업 여부의 경우는 대체로 결혼의향에 유의미한 영향을 미치고 있으나, 그 양상은 연구마다 다르게 나타났다. 취업을 한 경우가 그렇지 않은 경우보다 미혼남녀의 결혼의향이 높았다(이소영 외, 2018; 황광훈, 2023). 구체적으로 살펴보면 남녀 모두에게서 취업 여부와 결혼의향 간의 유의한 관계가 있거나(홍성희, 2020), 그 영향이 여성보다 남성에게서 크게 나타난 경우도 있었다(조성호 · 변수정, 2020). 특히 여성의 경우, 취업을 한 여성이 하지 않은 여성보다 낮은 결혼의향을 보였다(김중백, 2013). 이는 가부장적 남성 위주의 가치관이 완전히 사라지지 않은 상황에서 여성의 사회적 참여와 사회경제적 지위의 상승은 여성의 결혼시장 참여를 망설이게 하는 주요한 원인으로 작용하였다고 볼 수 있다. 이와 상반된 결과로 취업을 한 여성이 하지 않은 여성보다 높은 결혼의향을 보이기도 하였다(문선희, 2012; 임병인 · 서혜림, 2021). 이는 경제활동이 결혼 결정에 오히려 긍정적인 효과로 작용하였음을 확인한 결과라고 할 수 있다. 하지만 취업 여부가 결혼의향에 영향을 미치지 않은 결과도 있었다(원아름 · 박정윤, 2016).

다음으로 정규직 여부는 직업의 안정성과 관련되는 것인데, 취업 여부와 마찬가지로 다양한 연구결과가 나왔다. 여성에게만 결혼의향에 유의한 영향을 미치는(황인자, 2020)가 하면, 남성에게만 결혼의향에 유의한 영향을 미치기도 하고(조성호 · 변수정, 2020), 남녀 모두에게 결혼의향에 유의한 영향(박혜민, 2017; 주휘정 · 김민석, 2018)을 미치기도 하였다. 반면에 정규직 여부에 따른 결혼의향의 차이가 없다는 연구도 있었다(고선강 · 어성연, 2013; 조진영, 2016). 구체적으로 보면 정규직이면서 대기업, 고임금의 청년들은 결혼할 의향이 높게 나타나고 있는 반면, 비정규직이면서 중소기업, 저임금의 고용상태가 취약한 청년들은 결혼에 대한 의향도 낮게 나타나고 있다(황광훈,

2023). 그 외에도 정규직과 관련하여 직종은 미혼여성의 경우 화이트칼라 직업군이 블루칼라 직업군에 속한 여성보다 결혼의향이 높았으며(김혜영 · 선보영, 2011), 서비스 · 판매직이 관리 · 전문직보다 결혼의향이 높게 나왔다(박혜민, 2017).

전반적으로 연구결과가 일관적이지는 않았지만 경제적 변인은 결혼의향에 중요한 영향을 미치고 있음을 확인할 수 있었다.

3) 가치관

오늘날과 같이 결혼이 개인적 선택 영역으로 전환될수록 가치관은 결혼의향에 더 중요한 영향요인이 될 수 있다. 선행연구에서 결혼의향에 영향을 미치는 것으로 보고된 가치관 변인은 '결혼관', '자녀관', '성역할관' 등으로 분류할 수 있다.

(1) 결혼관

결혼관은 결혼, 동거, 배우자 선택, 이혼 등과 관련된 개인의 신념 또는 태도를 의미하며, 결혼을 선택하는 기준이 되기 때문에 결혼의향에 유의미한 영향을 미치게 된다. 선행연구에서 살펴본 결혼관의 주요 변인으로는 '전통적 결혼관'과 '대안적 결혼관', '자기지향적 결혼관'으로 분류할 수 있다.

대다수 연구에서 전통적 결혼관에 동의할수록 결혼의향이 높게 나타났다(박주희, 2016; 최연주 · 안정신, 2020). 세부적으로 살펴보면 긍정적 결혼관이 미혼여성의 결혼의향에 가장 큰 영향을 미치는 것으로 보고되었고(소미현 · 강현숙, 2021), 사회적 규범으로서 결혼을 중시할수록(문선희, 2012), 긍정적인 결혼 이미지를 가질수록(원아름 · 박정윤, 2016) 결혼의향이 높았다. 또한 전통적인 가부장적 가치에 순응할수록 결혼의향이 높게 나타났다(윤태실 ·

민주홍, 2020; 황인자, 2020).

반면 혼전동거와 혼외자식, 이혼 등 대안적 결혼관에 부정적일수록 결혼의향이 높게 나타났다(이지나 · 황명진, 2019; 임병인 · 서혜림, 2021). 즉, 혼전성관계나 동거에 대해 부정적으로 생각할수록(문선희, 2012; 임선영 · 박주희, 2014), 미혼 출산 및 육아와 동거에 부정적일수록(황인자, 2020) 결혼의향이 높았다. 또한 이혼에 대한 태도가 긍정적일수록 결혼의향도 높게 나타나는 경향을 보였다(오세비 · 박성철, 2018).

한편 결혼의향이 개인주의적 태도와 자아실현을 중시하는 태도에 영향을 받으면서 자기지향적 결혼관과 관련된 연구도 증가하였다. 성취에 대한 욕구와 독립적인 성향으로 자기계발 및 자유로운 생활을 선호할수록(최연주 · 안정신, 2020), 결혼보다 자신의 성취가 중요하며 결혼을 구속이라고 생각할수록(김은정, 2018; 윤태실 · 민주홍, 2020) 결혼의향이 낮은 경향을 보였다.

(2) 자녀관

자녀관은 부모가 되는 것을 선택하는데 중요한 영향을 미치는 심리적 변인으로, 자녀와 부모역할에 대한 태도나 신념을 의미한다. 실제 '사회조사로 살펴본 청년의 의식 변화'에서 과반의 청년(53.5%)이 결혼 후 자녀를 가질 필요가 없다고 생각하고 있으며, 비혼 출산에 동의하는 비율은 증가하고 있다(통계청, 2023b). 이러한 상황에서 자녀관은 결혼의향에 유의미한 영향을 미치게 된다.

자녀관의 경우 출산의향이 높을수록 결혼의향이 높았으며(김혜정, 2010; 이지나 · 황명진, 2019) 자녀의 필요성을 높게 인식할수록 결혼의향이 높게 나타났다(박혜민 · 전귀연, 2018; 최연주 · 안정신, 2020). 한편 박주희(2016)는 남자대학생의 결혼의향에 가장 영향력 있는 변인이 전통적 자녀관이었으며,

김한곤(2018)은 긍정적 자녀가치관을 가진 여성일수록 비혼의향이 낮다고 하였다. 이러한 결과로 결혼을 통한 출산의 비율이 압도적인 한국의 상황이 반영되고 있는 것을 확인할 수 있다.

(3) 성역할관

성역할관은 여성과 남성의 역할에 대한 가치 의식을 의미하는 것으로, 결혼의향에 중요한 영향을 미치는 변인으로 보고되고 있다. 선행연구에서는 전통적 성역할관을 가질수록 결혼의향에 긍정적이었고(이삼식, 2006; 임병인 · 서혜림, 2021), 부부관계에서의 평등한 역할에 대한 인식이 증가할수록 결혼의향에 부정적이었다(문선희, 2012). 반면 상반된 결과도 있었다. 미혼여성의 경우 부부가 평등한 성역할관을 가질수록 결혼의향에 긍정적이었다(김은정, 2018). 즉, '맞벌이하는 부부는 가사 일을 공평하게 분담해야 한다'라고 생각할수록 결혼의향을 갖게 된다는 의미이다.

전반적으로 가치관 변인은 결혼관, 자녀관, 성역할관이 전통적인 태도를 취할수록 결혼의향에 긍정적인 것으로 나타났다.

4) 정책 관련 변인

저출산현상이 심각해지면서 국가에서는 혼인율을 올리기 위한 다양한 결혼지원정책을 확대해 나가고 있다. 선행연구에서는 미혼남녀의 결혼의향에 영향을 미치고 있는 변인으로 결혼정책의 '필요성', '만족도', '효율성' 등에 관해서 살펴보고 있었다. 먼저 결혼정책의 필요성과 관련하여, 정책의 필요성을 높게 인식할수록 미혼여성의 결혼의향이 높았다(임병인 · 서혜림, 2021). 특히 결혼정책 중 주택자금정책의 필요성을 높게 인식할수록 결혼의향이 높게 나타났다(황인자, 2021). 다음으로 결혼정책만족도와 관련하여, 직접적인 정책만족도가 높을수록 결혼의향이 높았다(박주희, 2017). 특히 결혼준비 유급휴가제도, 신혼부부주택마련지원, 결혼자금융자 등 실질적인 지원이 미혼남녀의 결혼의향에 긍정적인 영향을 미치는 것으로 보고되었다(김혜영 · 선보영, 2011). 마지막으로 결혼정책의 효율성과 관련하여, 결혼정보제공 정책의 유용성을 높게 인식할수록, 당위적 결혼의향이 높게 나타났으며(박혜민, 2017), 또한 출산지원제도, 유연근무제, 부양가족지원제도 등 결혼장려 관련 정책효율성을 높게 인식할수록 결혼의향이 높아졌다(진달래, 2013). 이로써 미혼남녀의 결혼의향은 결혼정책에 유의미한 영향을 받고 있음을 확인할 수 있다.

종합해 보면, 결혼의향에 영향을 미치는 변인들의 두드러진 특징은 다음과 같다.

첫째, 미혼남녀의 결혼의향에 남녀 간 차이가 있었다. 특히 여성들의 결혼의향이 남성들에 비해 낮았다. 그 이유로 먼저 여성의 교육수준 향상과 노동시장 참여 증가로 인해 남성에 대한 경제적 의존과 결혼에 대한 압력은 감소하고, 자신에 대한 투자와 삶의 자유를 중요시하여 결혼을 선택하지 않는 것으로 생각할 수 있다. 다음으로 전통적인 성역할규범이 지배적인 결혼생활과 일 · 가정 양립이 어려운 현실은 미혼여성들에게 결혼이 부담으로 작용하여 결혼에 대해 소극적인 태도를 가지는 것으로 생각할 수 있다.

둘째, 미혼남녀의 결혼의향은 부모의 경제자원, 부모의 주택 및 결혼비용 지원 가능성에 큰 영향을 받는 것으로 확인되었다. 먼저 부모의 소득이나 자산이 많을수록 필요할 때 도움받을 가능성이 있고, 부양 부담감도 낮아 결혼의향이 높아지는 것으로 생각할 수 있다. 다음으로 주거공간 마련과 예식비용이 결혼이행에 필수적 요소이고, 고비용이 소요되므로, 이에 대한 부모의 지원 가능성이 높다고 인식할 경우 결혼의향도 높아진다고 볼 수 있다. 이러한 결과는 미혼남녀의 경제적 자립이 용이하지 않은 현실을 그대로 보여준다.

셋째, 미혼남녀는 결혼관, 자녀관, 성역할관이 전통적일수록 결혼의향이 높았다. 그러나 결혼의 개인화 경향이 높아지면서 비혼동거 및 비혼 출산에 대한 태도가 호의적으로 변화하고 있다. 결국 이러한 다양한 관계를 법적으로 보호해 주는 것에 저출산문제의 해법이 있을 수 있다는 주장이 제기되고 있다.

넷째, 미혼남녀의 결혼의향은 결혼정책에 영향을 받는 것으로 확인되었다. 우리나라 미혼남녀가 결혼을 늦추거나 포기하는 주된 이유들 중 안정적인 일자리 진입에의 실패와 주택 마련의 어려움 등이 지적되고 있다. 따라서 미혼남녀의 결혼의향을 높이기 위해서는 이들이 가진 문제해결에 실질적으로 도움이 되는 정책을 추진해야 할 것이다.

〈표 2-2〉 자기진단: 결혼의향 척도

아래는 결혼에 대한 의사결정에 영향을 미치는 당신의 생각이나 뜻을 물어보는 결혼의향에 대한 문항이다. 각 문항을 읽고 평소 당신의 생각을 잘 나타낸다고 여겨지는 한 곳에 ㅇ표하시오.

전혀 아니다		보통이다		매우 그렇다
1	2	3	4	5

1.	결혼은 사랑하는 사람과 함께 살 수 있는 것이라 생각하기 때문에 나는 결혼할 의향이 있다.
2.	결혼은 평생의 동반자를 만나는 일이라 생각하기 때문에 나는 결혼할 의향이 있다.
3.	결혼을 하면 더욱 행복해질 것이라 생각하기 때문에 나는 결혼할 의향이 있다.
4.	결혼은 심리적인 안정감을 주는 것이라 생각하기 때문에 나는 결혼할 의향이 있다.
5.	결혼은 인생을 풍요롭게 하는 것이라 생각하기 때문에 나는 결혼할 의향이 있다.
6.	결혼한 후가 결혼하기 전보다 행복할 것이라 생각하기 때문에 나는 결혼할 의향이 있다.
7.	결혼은 사람을 성숙시켜 주는 것이라 생각하기 때문에 나는 결혼할 의향이 있다.
8.	결혼은 인생에서 중요한 의미를 갖는 것이라 생각하기 때문에 나는 결혼할 의향이 있다.
9.	결혼은 사랑의 완성이라고 생각하기 때문에 나는 결혼할 의향이 있다.
10.	결혼은 당연히 하는 것이라고 생각하기 때문에 나는 결혼할 의향이 있다.
11.	결혼은 인생에 있어서 반드시 필요한 것이라 생각하기 때문에 나는 결혼할 의향이 있다.
12.	결혼은 바람직한 제도라고 생각하기 때문에 나는 결혼할 의향이 있다.

13.	무조건적으로, 반드시 나는 결혼을 할 의향이 있다.
14.	결혼은 빨리 할수록 좋다고 생각하기 때문에 나는 결혼할 의향이 있다.
15.	인생에서 일보다는 결혼과 가정이 우선이기 때문에 나는 결혼할 의향이 있다.
16.	결혼은 경제적 안정을 가져다주는 것이라 생각하기 때문에 나는 결혼할 의향이 있다.
17.	결혼은 노후의 경제적 안정과 의지하는데 도움 된다고 생각하기 때문에 나는 결혼할 의향이 있다.
18.	결혼은 합법적인 성생활을 가능하게 한다고 생각하기 때문에 나는 결혼할 의향이 있다.
19.	결혼은 부모님께 효도하는 방법이라 생각하기 때문에 나는 결혼할 의향이 있다.
20.	결혼은 아이를 낳아 기를 수 있는 방법이라 생각하기 때문에 나는 결혼할 의향이 있다.
21.	결혼은 생활의 편리함을 가져다줄 것이라 생각하기 때문에 나는 결혼할 의향이 있다.
22.	결혼은 부모로부터 독립하는 것이라 생각하기 때문에 나는 결혼할 의향이 있다.

■ 점수 계산

- 1번 문항에서 9번 문항까지의 점수를 합산하여 9로 나누시오.
- 10번 문항에서 15번 문항까지의 점수를 합산하여 6으로 나누시오.
- 16번 문항에서 22번 문항까지의 점수를 합산하여 7로 나누시오.

총점이 가장 큰 점수에 해당하는 결혼의향이 당신의 결혼의향이라 할 수 있다.

문항번호	점수	결혼의향 요인
1번 문항 ~ 9번 문항	점	정서적 결혼의향
10번 문항 ~ 15번 문항	점	당위적 결혼의향
16번 문항 ~ 22번 문항	점	기능적 결혼의향

- **정서적 결혼의향**: 결혼에 대한 안정감, 행복, 사랑 등 긍정적 정서를 통해 결혼의향을 가지게 되는 결혼의향
- **당위적 결혼의향**: 결혼은 반드시 필요한 것, 당연히 해야 하는 것이라 인식하기 때문에 결혼의향을 가지게 되는 결혼의향
- **기능적 결혼의향**: 결혼을 함으로써 얻게 되는 경제적 안정, 합법적인 성생활, 자녀 출산 등으로부터 결혼의향을 가지게 되는 결혼의향

✤ 더 알아보기

경북대학교 대학원 가족학 연구실에서 대학생들의 결혼의향에 대하여 조사해 본 결과, 정서적 결혼의향이 가장 높게, 당위적 결혼의향이 가장 낮게 나타났다. 또한 '결혼준비교육' 강좌가 대학생들의 결혼의향에 미치는 효과를 검증해 본 결과, '결혼준비교육'을 수강한 집단이 기능적 결혼의향에서 유의한 증가를 보였다.

출처: 전귀연 등 (2021). pp. 23-25.

4. 미래연구전망

결혼은 인류의 역사 속에서 항상 중요한 사회적인 이벤트였다. 그러나 현대 사회에서 결혼의 양상은 빠르게 변화하고 있다. 과거에는 부모님의 결정에 따라 결혼하던 것이 일반적이었지만, 오늘날에는 개인의 선택과 자유가 더욱 중요시되고 있다. 따라서 앞으로는 비혼, 비혼동거, 동성결혼 등 결혼의 변화가 더욱 두드러질 것이다. 우리는 이러한 변화에 대해 열린 마음으로 받아들이고, 다양성과 포용성을 존중하는 사회를 만들어 나가야 할 것이다.

결혼 변화와 관련된 후속연구는 다음과 같이 진행될 필요가 있다.

첫째, 혼인율과 출산율 저하로 인한 인구 감소가 이미 사회문제로 자리 잡아 해마다 관련 정책과 많은 비용이 투입되고 있지만, 갈수록 그러한 현상은 심화되고 있으며 뚜렷한 해결책이 없는 상황이다. 그러나 지속 가능한 사회를 위한 실질적인 해결책의 하나로 미혼남녀의 결혼의향을 높일 수 있는 방안을 모색하고자 하는 연구는 계속되어야 할 것이다. 그러기 위해서는 결혼의향과 각 영향변인 간의 인과관계 규명이 명확히 이루질 수 있도록 먼저 결혼의향과 각 영향변인에 대한 타당한 개념 설정과 정교한 측정도구의 개발이 필요하다.

둘째, 앞선 동향연구결과 우리나라 미혼남녀는 경제적 문제나 결혼비용과 같은 현실적인 문제로 인해 결혼으로 이행하지 못하는 것으로 확인되었다. 따라서 결혼이행에 따른 경제적 부담을 낮추기 위한 범국가적 노력이 요구된다. 구체적으로 지자체 및 공공기관, 언론매체가 중심이 되어 바람직한 결혼문화에 대한 홍보 및 결혼 준비교육 프로그램을 활성화시켜야 한다. 그리고 결혼 관련 프로그램의 참여도 및 만족도와 관련된 연구를 통해 미혼남녀가 실질적으로 필요한 프로그램을 파악해야 할 필요가 있다.

셋째, 결혼가치관이 다양해지면서 비혼동거에 대한 시선은 점점 관대해지고 있다. '2022 사회조사로 살펴본 청년의 의식 변화'에 의하면 결혼을 하지 않더라도 함께 살 수 있다고 생각하는 청년의 비중은 80.9%로 나타났다(통계청, 2023b). 그러나 조사결과와는 달리 여전히 우리 사회에 동거에 대한 부정적 인식과 그로 인한 불편함이 남아 있는 것으로 나타났다. 따라서 동거가족뿐 아니라 다양한 상황에 있는 가족들에 대한 사회적 편견과 부정적인 인식을 개선하기 위해 다양한 가족에 대한 이해 교육 및 캠페인 등을 확대할 필요가 있다. 아울러 앞으로 동거와 관련된 보호장치 마련에 대해 장기적으로 접근할 필요가 있다. 이를 위해서 기본이 되는 비혼동거 인구에 대한 통계자료 구축 및 세부적인 연구가 우선시되어야 할 것이다(변수정 외, 2016).

넷째, 동성결혼에 대한 논의도 계속되고 있다. 2001년 10%대에 불과했던 동성결혼 지지율이 2017년에는 40%대까지 오른 점을 고려해 본다면 머지않은 시기에 동성결혼 입법화에 대한 논의가 진행될 가능성도 존재한다고 볼 수 있다. 이와 관련하여 2023년 2월, 동성부부가 배우자의 건강보험 피부양자 자격을 인정해 달라며 국민건강보험공단을 상대로 행정소송을 내 1심을 뒤엎고 승소했다. 또한 2023년 4월 26일, 기본소득당 용혜인 국회의원 등 11인이 '생활동반자관계에 관한 법률안'을 국회에 발의한 상태이다(나무위키, 2024). 따라서 동성애, 동성부부 입양, 동성결혼, 동성가족 등 세부적 연구가 시작되어야 할 것이다. 또한 동성결혼의 법적 인정 이후에 나타날 다양한 개인적, 사회적 현상에 대한 연구의 필요성도 제기된다. 이를 위해 동성결혼이 합법화된 나라의 연구결과도 들여다볼 필요가 있다.

참고문헌

고선강, 어성연 (2013). 30대 미혼남녀의 결혼의향에 대한 경제자원의 효과. **한국가족자원경영학회지, 17**(1), 63–79.

곽윤철 (2017). 경제적 요인이 가구형성에 미치는 영향: 상대임금과 주거비 부담을 중심으로. 서울대학교 박사학위논문.

김은정 (2018). 미혼 여성의 일반적 특성, 결혼 가치관과 성역할 가치관이 결혼의향에 미치는 영향. **인문사회 21, 9**(4), 1291–1306.

김정석 (2006). 미혼남녀의 결혼의향 비교분석. **한국인구학, 29**(1), 57–70.

김중백 (2013). 미혼남녀의 결혼의향 차이에 미치는 조절변수의 연구. **사회과학연구, 39**(1), 1–24.

김한곤 (2018). 여성들의 비혼 결정에 영향을 미치는 요인. **민족문화논총, 69**, 273–301.

김혜영, 선보영 (2011). 여성의 만혼화와 결혼의향–결정요인을 중심으로. **한국 사회, 12**(2), 3–35.

김혜정 (2010). 미혼남녀별 결혼 및 자녀 출산 인식에 영향을 미치는 요인. 경희대학교 석사학위논문.

나무위키 (2024). 동성결혼/국가별 현황.

문선희 (2012). 미혼여성의 결혼과 가족에 대한 가치관이 결혼의향과 기대결혼연령에 미치는 영향. **한국가족복지학, 17**(3), 5–25.

박경란, 이영숙, 전귀연 (2001). **현대가족학**. 신정.

박아현 (2020). 미혼남녀가 인식한 부모의 부부관계, 부모자녀관계, 성인애착의 유형화와 결혼의향과의 관계. 영남대학교 석사학위논문.

박주희 (2016). 가족가치관과 사회적 지지에 대한 기대가 남녀대학생의 결혼의향에 미치는 영향. **가정과 삶의 질 연구, 34**(4), 21–35.

박주희 (2017). 취업미혼남녀의 결혼지원정책 만족도가 결혼의향에 미치는 영향–서울시 및 수도권 결혼적령기 취업 미혼남녀를 중심으로. **한국가족자원경영학회지, 21**(4), 1–15.

박준혁 (2022). 프랑스의 PACS에 관한 연구(Étude sur le PACS de droit français)–2006, 2016년 개정을 반영하여. **법학논총, 34**(3), 115–147.

박혜민 (2017). 미혼남녀의 결혼의향에 영향을 미치는 변인 연구. 경북대학교 석사학위논문.

박혜민, 전귀연 (2018). 미혼남녀의 정서적 · 당위적 · 기능적 결혼의향에 영향을 미치는 변인 연구. **한국가족관계학회지, 22**(4), 53–80.

변수정, 김혜영, 백승흠, 오정아, 기재량 (2016). 다양한 가족의 출산 및 양육실태와 정책과제–비혼동거가족을 중심으로. 한국보건사회연구원 연구보고서.

변수정, 조성호, 이지혜 (2018). 청년층의 주거특성과 결혼 간의 연관성 연구. 한국보건사회연구원 연구보고서.

소미현, 강현숙 (2021). 여대생의 결혼관 및 결혼의향에 영향을 미치는 요인: 경기지역 일부 여대생을 중심으로. **한국학교지역보건교육학회지, 22**(2), 53-64.

송민영 (2016). 비혼동거커플의 증가와 프랑스의 시민연대계약(PACS). **글로벌사회정책브리프, 13**, 1-4.

어성연, 조희금, 고선강 (2010). 전문직 미혼 남녀의 만혼현상에 대한 연구. **한국가족자원경영학회지, 14**(2), 1-19.

여성가족부 (2021a). 2021 가족 다양성에 대한 국민여론조사.

여성가족부 (2021b). 2020 비혼동거 실태조사.

오세비, 박성철 (2018). 후기여자청소년의 가족가치관이 결혼의향에 미치는 영향. **가족과 가족치료, 26**(2), 279-300.

오지혜, 임정재 (2016). 한국 미혼 남녀의 결혼 시기와 결혼 가능성에 관한 연구. **한국 사회학, 50**(5), 203-245.

원아름, 박정윤 (2016). 이성교제 중인 미혼남녀가 지각하는 가족건강성 및 이성교제 관계의 질과 결혼 이미지가 결혼의향에 미치는 영향. **가족과 가족치료, 24**(1), 145-166.

윤태실, 민주홍 (2020). 부모-자녀 쌍(dyad) 자료를 활용한 가족가치관과 미혼 성인자녀의 결혼의향과의 관련성: 세대관계의 질의 조절효과를 중심으로. **한국가족관계학회지, 25**(3), 105-124.

이기숙, 공미혜, 김득성, 김은경, 손태홍, 오경희, 전영주 (2007). **결혼의 기술**. 신정.

이삼식 (2006). 가치관의 변화가 결혼 및 출산 행태에 미치는 영향. **보건사회연구, 26**(2), 95-140.

이소영, 김은정, 박종서, 변수정, 오미애, 이상림, 이지혜 (2018). 2018년 전국 출산력 및 가족보건 · 복지 실태조사.

이지나, 황명진 (2019). 미혼남녀의 결혼에 관한 가치관이 결혼의향에 미치는 영향에 관한 연구. **민족문화논총, 71**, 117-151.

임병인, 서혜림 (2021). 여성의 가족가치관과 결혼 및 출산의향. **보건사회연구, 41**(2), 123-140.

임선영, 박주희 (2014). 미혼자의 가족가치관, 부모의 자원 제공 요소가 결혼의향에 미치는 영향. **한국가족자원경영학회지, 18**(3), 177-193.

전귀연, 이지민, 이순복, 임지영, 박혜란, 배문조, 임주영, 정유진, 김은지, 신현정 (2021). **결혼준비교육**. 신정.

정옥분, 정순화 (2020). **결혼과 가족**. 학지사.

정현숙 (2019). **가족관계**. 신정.

조성호, 변수정 (2020). 미혼인구의 이성교제와 결혼의향에 영향을 미치는 요인에 대한 분석. **보건사회연구, 40**(4), 82-114.

조은희 (2022). 생활동반자법 제정을 위한 소고-생활동반자법 제정의 필요성과 입법내용을 중심으로. **법과정책, 28**(3), 151-190.

조진영 (2016). 30대 미혼 성인의 가족주의 가치관, 부모관계 특성이 결혼의향에 미치는 영향. **21세기사회복지연구, 13**, 59–86.

주휘정, 김민석 (2018). 청년층의 결혼 이행 여부에 대한 경제적 배경 요인의 영향. **사회적경제와 정책연구, 8**(2), 59–88.

진달래 (2013). 미혼직장인의 결혼의향에 관한 연구: 직장의 가족친화제도와 결혼장려 관련 정책을 중심으로. 성신여자대학교 석사학위논문.

최연주, 안정신 (2020). 미혼 남녀의 결혼관과 자녀관 유형에 따른 결혼의향과 가족건강성. **한국가족관계학회지, 25**(2), 143–159.

통계청 (2021). 2020년 인구주택총조사 표본 집계 결과 인구 · 가구 기본 항목.

통계청 (2022). 2022년 사회조사.

통계청 (2023a). 2022 혼인 · 이혼 통계.

통계청 (2023b). 2022 사회조사로 살펴본 청년의 의식 변화.

통계청 (2023c). 2022 출생통계.

홍성희 (2020). 20–30대 남녀의 결혼제도 인식과 결혼의향. **가족자원경영과 정책, 24**(1), 1–19.

황광훈 (2023). 청년층의 주거와 취업특성이 결혼의향에 미치는 영향. **LHI 저널, 14**(1), 1–16.

황인자 (2020). 미혼여성의 일 만족도와 가족가치관, 건강과 여가생활만족도가 결혼의향에 미치는 영향. **21세기사회복지연구, 17**, 77–102.

황인자 (2021). 부모의 지원과 조직문화, 결혼지원정책이 미혼직장인의 결혼의향에 미치는 영향. **가족자원경영과 정책, 25**(1), 15–34.

Cherlin, A. J. (2004). The Deinstitutionalization of American marriage. *Journal of Marriage and Family, 66*(4), 848–861.

Jennings, A. M., Salts, C., & Smith, T. A. (1992). Attitudes toward marriage: Effects of parental conflict, family structure, and gender. *Journal of Divorce & Remarriage, 17*(1–2), 67–80.

Kiernan, K. (2001). The rise of cohabitation and childbearing outside marriage in Western Europe. *International journal of law, policy and the family, 15*(1), 1–21.

Olson, D. H., & DeFrain, J. (1994). *Marriage and the Family: Diversity and Strengths*. Mayfield Publishing.

Riggio, H. R., & Weiser, D. A. (2008). Attitudes toward marriage: Embeddedness and outcomes in personal relationships. *Personal relationships, 15*(1), 123–140.

Stein, P. J. (1988). Understanding single adulthood. In Wells, J. G. (ed.), *Current Issues in Marriage and the Family* (4th ed., pp. 19–30). Macmillan.

CHAPTER 03
가족평가모델

1. 가족평가모델의 이론적 틀
2. 가족평가모델
3. 가족기능에 관한 연구동향
4. 미래연구전망

현대 가족은 사회의 변화와 함께 지속적으로 변화해 왔다. 가족 규모가 축소되고 가족 형태는 다양화되었으며 가족에 대한 가치관도 달라지면서 가족은 과거와는 다른 복합적인 문제를 경험하게 되었다. 이러한 영향으로 건강하게 기능하는 가족과 역기능적인 가족에 대한 관심이 고조되었고 나아가 가족의 강점과 자원을 개발하여 가족건강성을 증진시키고자 하는 노력이 잇따랐다. 이는 가족의 건강성을 평가하는 방법에 관한 요구로 이어졌고, 그 결과 국내외에서 다양한 평가모델들이 개발되었다. 이 장에서는 가족의 건강성 여부를 평가할 수 있는 가족평가모델에 대해 알아보고자 한다. 그러기 위해 먼저 가족평가모델의 이론적 틀인 가족체계적 관점에 대해 살펴본다. 다음으로 가족평가모델에 대한 이해와 각 모델에서 개발한 자기보고식 척도를 살펴본다. 마지막으로 행복한 개인과 건강한 사회의 기초가 되는 가족의 기능과 관련된 연구동향을 살펴본다. 이를 통해 건강가족의 특성을 이해하고 가족의 건강성을 증진하는 방법을 탐색함으로써 행복한 가족을 형성하기 위한 기본적 소양을 쌓는 데 도움이 되고자 한다.

1. 가족평가모델의 이론적 틀

가족의 심리와 사회적 건강을 연구하는 국내외 학자들이 제시한 건강가족의 개념은 대체로 '가족체계적 관점(Family Systems Perspective)'과 '건강가족적 관점(Family Strengths Perspective)'의 시각에 의해 구분한다. 가족체계적 관점에 기반한 '가족기능성'은 가족과정이 역기능적인 가족과 기능적인 가족을 판별하는데 초점을 둠으로써 가족문제를 진단하고 치료하는 가족상담 및 치료분야에 보다 활용되는 개념이다. 반면에 건강가족적 관점에 기반한

'가족건강성'은 가족의 병리적 측면보다 건강한 가족의 특성을 파악하는 데 초점을 둠으로써 가족문제를 예방하고 가족생활을 증진하는 가족생활교육(family life education) 및 가족 향상(family enrichment) 분야에서 보다 활용되는 개념이다(유계숙, 2004).

가족평가는 주로 가족 내 역동을 사정하기 위한 접근으로서 다양한 모델을 포함하며, 각 모델들은 가족체계적 관점을 강조한다는 공통점을 가지고 있다(조흥식 외, 2010). 가족평가모델의 이론적 틀인 가족체계적 관점에 대해서 살펴보면 다음과 같다.

1) 가족체계적 관점의 이해

가족은 기본적인 욕구를 충족하고 항상성을 유지할 목적으로 서로 영향을 주고받는 구성원들의 복합체라는 점에서 하나의 체계로 간주된다. 또한 가족체계 안에 있는 가족구성원 각각은 각자가 하나의 하위체계이며, 부부, 부모와 자녀, 형제 및 자매 등 다양한 양자관계는 또 다른 하위체계로 존재한다. 이러한 하위체계들이 일정한 위계를 이루며 결과적으로는 전체적인 하나로 유지된다. 이처럼 가족을 하나의 체계로 보는 가족체계적 관점은 Bertalanffy(1968)가 제시한 일반체계이론(General System Theory)을 가족에 적용해 가족치료분야에 활용되면서 발전되었다. 선구적인 가족치료자 Whitaker(1976)는 극단적으로 '세상에 개인은 없다. 단지 가족의 부분만 존재할 뿐이다'라고 말하기도 했다. 즉, 사람들이 생각하고 행동하는 방식은 가족환경에 의해 영향을 받게 되며, 한 개인을 이해하고자 할 때는 그 가족을 살펴보면 가장 잘 이해할 수 있다는 것이다. 따라서 가족체계적 관점에서 개인의 적응과 부적응은 개인차원이 아닌 가족이라는 체계 속에서 이해되고, 개인의 증상은 개인만의 문제가 아니라 가족체계 역기능의 결과로 간주하게 된다. 다시 말해 개인의 발전과 행복은 가족의 기능에 의해 영향을 받게 된다는 것이다. 이에 가족체계적 관점은 가족체계가 얼마나 효율적으로 기능하는지 판별하는 데 유용한 이론적 틀이 되고 있다.

2) 주요 개념

가족체계적 관점에서는 가족이 어떤 유형의 상호관계를 맺고 있는지에 대한 통찰력을 제공한다. 가족체계적 관점의 주요 개념은 다음과 같다(김유숙 · 전영주 · 김수연, 2013; 정문자 외, 2011).

(1) 전체성

전체성(wholeness)이란 '전체는 부분들의 단순한 합 그 이상'이라는 의미이다. 이는 구성요인 각각을 고려할 때 파악하지 못한 체계의 특성을 보여준다는 뜻이기도 하다. 가족을 이해하기 위해서는 개별 가족원의 특성보다는 가족원 간의 상호작용 또는 의사소통 패턴에 주의를 기울여야 한다.

(2) 상호의존성

상호의존성(interdependency)이란 체계를 이루고 있는 부분들은 서로 연결되어 있으며, 한 부분의 변화는 다른 모든 부분의 변화를 가져오게 된다는 것이다. 가족체계 또한 모든 가족구성원이 상호 연결되고 의존되어 있어 한 개인의 태도나 행동은 필연적으로 다른 모든 가족구성원에게 영향을 미치게 된다. 그러나 가족구성원 간의 상호의존성이 지나치게 높으면 밀착 또는 속박된 관계로 역기능이 발생할 수 있으며, 의존성이 너무 낮으면 소원한 관계가 되어 개인이나 체계가 필요로 하는 지원을 받기 어렵게 된다. 따라서 가족체계가 기능적이기 위해서는 적절한 분리와 연결성의 균형이 유지되어야 한다.

(3) 경계

경계(boundary)는 가족 하위체계 간의 분리나 소속을 구분해 주는 규정이며, 경계를 통해 부부 하위체계, 부모 하위체계, 부모-자녀 하위체계, 형제자매 하위체계 등으로 구분된다. 개인과 체계 간에는 서로 정보와 에너지, 감정 등을 교환하게 되므로 경계는 어느 정도 투과성을 가지게 된다. 투과성은 그 정도에 따라 개방체계와 폐쇄체계로 구분되는데, 가족은 기본적으로 개방체계를 지닌다. 단 가족경계의 투과성이 적절한 경우에는 가족체계가 기능적이지만 경계가 지나치게 경직되거나 느슨하면 역기능이 발생할 수 있다.

(4) 항상성

항상성(homeostasis)은 유기체가 일정한 상태로 균형을 유지하려는 작용이나 성질을 의미한다. 지속적으로 상호작용하는 가족체계는 안정된 상태를 유지하기 위해 규칙을 만들거나 강화함으로써 항상성을 유지하려고 한다. 이때 모든 가족구성원은 상호영향을 주는 피드백 고리(feedback loop)에 따라 항상적인 균형에 기여한다. 건강한 가족은 변화와 안정 사이의 역동적인 균형을 유지하는데, 때로는 변화를 성장의 기회라기보다 가족에 대한 위협으로 지각하여 완고하게 기존의 가족과정의 방식에 집착하는 경우 가족 안에서 역기능이 발생할 수 있다.

(5) 가족규칙

가족규칙(family rule)은 가족구성원 간에 지켜야 할 의무나 태도에 대한 지침이나 권리 등을 말한다. 가족규칙은 가족끼리 합의하에 만들어진 의식적이고 확실히 드러나는 명시적 규칙부터 오랜 기간 동안 반복되는 가족교류를 통해 성립되는 암묵적인 규칙까지 다양하다. 대부분의 역기능적 가족의 경우 가족규칙이 한정되어 있으며, 역기능 정도가 심할수록 적은 수의 규칙에 의해 운영되는 경우가 많다. 가족규칙은 가족의 질서와 안정성을 유지하도록 돕는 일을 하면서 동시에 변화하는 상황에 따라 유연하게 바뀔 수 있는 것이 바람직하다.

(6) 가족신화

가족신화(family myth)는 가족구성원 모두가 공유하는 가족에 대한 왜곡된 신념이나 기대를 의미한다. 가족신화는 때로 역기능적인 가족이 상호작용을 유지하는 과정에서 이를 합리화하는 데 조직적인 신념으로 활용되기도 한다. 대표적인 예로 가족신화의 희생양이다. 가족이 문제의 책임을 공유하기보다는 특정 가족구성원에 대해 '우리 가족의 문제아'라고 비난하고 그에게 책임을 몰아버림으로써 다른 가족구성원은 스스로 정상적이라고 인식하려 한다는 것이다. 흔히 가족신화에 집착하게 되면 가족은 새로운 시도를 하기보다는 오히려 관계가 변화되는 것을 방어하면서 기존의 패턴을 답습하려고 한다.

(7) 위계와 가족권력

위계(hierarchy)는 가족 내 구성원이나 하위체계가 갖는 권력과 관련된 개념이다. 권력은 가족구성원이 갖는 재정적 · 사회적 · 정서적 자원에 따라 결정되며, 권력에 따라 하위체계 간에 위계질서가 조직화된다. 가족은 권력이 집중되어 있는 가족원에게 대항하기 위해 다른 가족원들 간에 동맹을 맺기도 한다. 따라서 가족체계 내 적절한 위계질서가 유지될 때 가족이 최적으로 기능할 수 있다.

2. 가족평가모델

1970년대 중반부터 미국에서는 가족의 기능화 정도를 사정하기 위한 도구들을 개발하기 시작했는데, 가족체계론적 관점을 토대로 한 Olson과 Russel, Sprenkle(1983)의 순환모델(Circumplex model), Beavers와 Voller(1983)의 Beavers 체계모델, 그리고 Epstein과 Bishop, Levin(1978)의 McMaster 모델 등이 대표적이다. 국내에서는 1990년 이후 건강가족적 관점을 토대로 가족건강성을 측정하기 위한 다양한 도구들이 개발되었는데 어은주와 유영주(1995)가 제작하였고, 유영주(2004)가 재수정한 가족강화를 위한 한국형 가족건강성 척도(KFSS)와 이를 간단하고 명료한 문항으로 수정 · 보완한 유영주 등(2013)의 한국형 가족건강성 척도 Ⅱ(KFSS-Ⅱ)가 대표적이다. 여기서는 가족기능성과 가족건강성을 평가하는 대표적인 모델과 자기보고식 척도에 대해 알아보기로 한다.

1) 순환모델

Olson과 그의 동료들은 여러 가지 문헌을 연구한 결과 가족체계의 역동성을 이해하기 위하여 응집성, 적응성 그리고 의사소통의 세 가지 차원이 중요하다는 사실을 밝혀냈다. 이 중 응집성과 적응성을 주축으로 가족기능을 평가하는 순환모델을 발전시켰다. 의사소통은 순환모델에 직접 도식화하지 않고 촉매역할을 하는 것으로 제시하였다(Olson, Sprenkle, & Russel, 1979; Olson, Russel, & Sprenkle, 1983).

(1) 응집성

순환모델의 첫 번째 차원인 응집성은 가족구성원들이 서로에게 가지는 정서적 유대 또는 가족이 결속되는 정도를 의미한다. 응집성은 외부세계에 대한 가족경계선의 침투성은 물론 가족 내부구성원 간의 친밀감을 평가한다. 응집성을 측정하기 위한 변인은 정서적 유대, 연합, 경계, 시간, 공간, 친구, 의사결정, 관심 및 여가의 여덟 가지 영역이 고려된다. 응집성은 각 영역의 정도에 따라 응집성이 아주 낮은 과잉분리된(disengaged), 적당히 낮게 분리된(separated), 적당히 높게 연결된(connected), 너무 높은 속박된(enmeshed)의 네 수준으로 구분된다.

분리와 연결로 나타나는 중간 수준의 가족은 독립과 연결이 균형을 이루게 되어 가족기능이 원활하고 개인의 발전도 최적의 수준을 이룬다. 그러나 과잉 분리된 가족은 자율성이 너무 강조되므로 가족원 간의 접촉과 유대감이 제한된다. 반대로 속박된 가족은 과도한 동일시로 인해 가족원의 자율성은 무시되고 지나친 소속감과 충성심을 요구하게 된다. 가족은 개별화와 소속감 사이에 적절한 균형을 유지할 때 가장 이상적인 가족기능을 보인다(Olson, Russel, & Sprenkle, 1983). 따라서 너무 적거나 너무 많은 정서적 유대는 가족이 제대로 기능하지 못하게 한다는 점에서 응집성은 양방향적, 즉 곡선적인 개념이다(전귀연, 1993).

(2) 적응성

순환모델의 두 번째 차원인 적응성은 가족의 변화를 허용하는 정도와 균형을 유지하려는 정도를 말한다. 즉, 가족이 상황적 혹은 발달적 스트레스에 대응하여 자체의 권력구조나 역할관계, 관계적 규칙을 융통성 있게 변화시킬 수 있는 가족체계의 능력이다. 적응성을 측정하기 위한 변인은 주장, 통제,

훈육, 협상, 역할, 규칙의 여섯 가지 영역이 고려된다. 적응성은 각 영역의 정도에 따라 적응성이 지나치게 낮은 경직된(rigid), 적당히 낮은 구조적(structured), 적당히 높은 융통적(flexible), 지나치게 높은 혼돈된(chaotic)의 네 수준으로 구분된다.

적응성이 중간 수준인 구조적인 가족과 융통적인 가족은 가족원들 간에 상호 주장적인 대화를 하고 지도력이 공유되며 훈육은 민주적이고 역할과 규칙도 안정적이다. 그러나 경직된 가족은 가족체계의 변화가 요구되는 상황임에도 불구하고 기존의 권위적이고 전통적인 지도력과 엄격한 훈육이 유지되고 역할과 규칙에는 변화가 없다. 또한 혼돈된 가족은 가족체계가 혼란스럽게 조직되어 지도력이 부재하고 훈육은 일관성이 없으며 역할과 규칙이 쉽게 변한다. 이와 같이 적응성 수준이 적절하면 기능적인 가족이 되지만 적응성이 너무 높거나 너무 낮으면 문제를 가진 역기능적인 가족이 된다. 적응성도 응집성과 마찬가지로 극단적인 수준보다는 중간 수준의 가족이 기능적이라고 보는 측면에서 곡선적인 개념이다.

(3) 의사소통

의사소통은 의미가 교환되는 상징적인 상호방향적인 과정으로 가족은 의사소통을 통해 정서적인 결속과 변화에 대한 적응 능력을 발전시킨다. 의사소통은 순환모델에서 직접 도식화되지는 않으나 응집성과 적응성의 기능을 촉진시키는 촉매역할을 한다. 효율적 의사소통은 가족체계가 응집성과 적응성의 균형을 유지하도록 하여 최적으로 기능하도록 돕는다. 반면 비효율적인 의사소통은 가족체계가 응집성과 적응성의 균형상태로 가려는 움직임을 축소시키고 방해할 수 있다. 의사소통기술을 측정하기 위해서는 듣기 기술, 말하기 기술, 자기개방, 주제에 초점 맞추기, 존경과 배려의 여섯 가지 영역이 고려된다.

순환모델에서는 응집성과 적응성을 교차시켜 16개의 가족관계로 분류하고, 이는 다시 두 차원이 모두 중간 수준인 가족을 균형가족(balanced family), 한 차원은 극단에 위치하고 다른 차원은 중간 수준에 있는 중간범위 가족(mid-range family), 두 차원 모두가 높거나 낮은 극단적인 가족(extremed family)으로 분류하였다. 응집성과 적응성 모두 중간 수준인 균형가족일수록 가족기능을 잘 수행하는 반면, 극단적인 가족일수록 역기능적인 특징이 있다고 보았다.

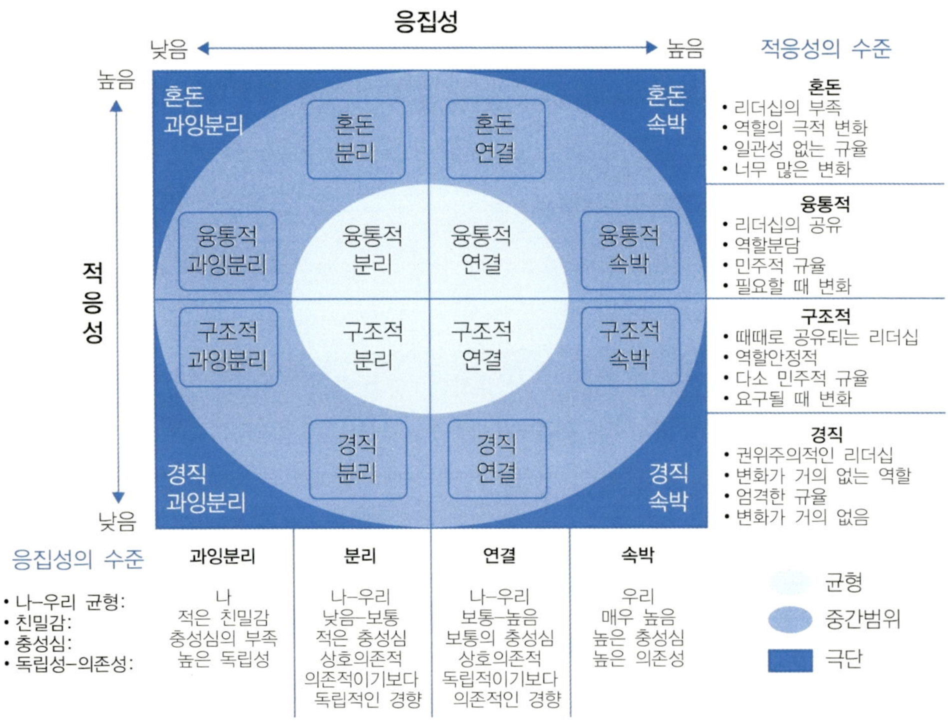

[그림 3-1] Olson의 Circumplex Model

출처: 박경란, 이영숙, 전귀연 (2008). p. 376.

(4) 순환모델의 자기보고식 척도

순환모델의 자기보고식 척도인 FACES(Family Adaptability and Cohesion Evaluation Scale)는 수십 년간 수정 · 보완되면서 현재 FACES-Ⅳ까지 개발되어 있다. 여기에서는 FACES-Ⅲ를 한국 실정에 맞게 번안한 전귀연(1993)의 척도를 소개하기로 한다. FACES-Ⅲ는 원래 양방향성의 응집성과 적응성을 측정하기 위한 척도였으나 FACES-Ⅲ를 사용한 경험적 연구들이 순환모델의 곡선적 가설을 지지하지 않는 결과를 보였다. 따라서 FACES-Ⅲ에서는 응집성과 적응성의 점수가 높을수록 균형을 이루는 가족이며 점수가 낮을수록 극단적인 가족이라고 해석해야 한다.

FACES-Ⅲ는 총 20문항으로 되어 있으며 척도의 홀수 번호 문항은 응집성에 관한 문항이고, 짝수 번호 문항은 적응성에 관한 문항이다. 홀수 문항의 합이 높을수록 응집성, 짝수 문항의 합이 높을수록 적응성이 높음을 의미한다. FACES-Ⅲ의 질문지는 〈표 3-1〉과 같다.

〈표 3-1〉 순환모델의 자기보고식 척도(FACES-Ⅲ)

※ 다음은 여러분이 평소에 가족생활에서 느끼고 있는 점들에 관한 것입니다. 각 문항을 잘 읽고 여러분의 가족에 가장 가깝다고 생각되는 곳에 ○표하세요.

	문항 내용	전혀 그렇지 않다	그렇지 않다	보통이다	그렇다	항상 그렇다
1	어려울 때 서로 도움을 요청한다.	1	2	3	4	5
2	문제를 해결할 때 자녀의 제안을 받아들인다.	1	2	3	4	5
3	서로의 친구를 인정한다.	1	2	3	4	5
4	자녀도 자신에 대한 규율에 대해서 발언권이 있다.	1	2	3	4	5
5	가족끼리만 함께 일(여행, 외식, 집안문제 결정 등)하기를 좋아한다.	1	2	3	4	5
6	어느 한 사람만이 아니라 가족원 중 누구라도 가족 내 주도적인 역할(지도자)을 할 수 있다.	1	2	3	4	5
7	다른 사람들보다는 가족끼리 더 친하다.	1	2	3	4	5

8	일을 처리하는 방법을 변화시킨다.	1	2	3	4	5
9	가족끼리 여가시간을 함께 보내는 것을 좋아한다.	1	2	3	4	5
10	부모와 자녀가 벌 받는 일에 대해서 토론한다.	1	2	3	4	5
11	가족끼리 매우 친하게 느낀다.	1	2	3	4	5
12	자녀들도 의사결정을 할 수 있다.	1	2	3	4	5
13	행사(명절, 제사, 생일)가 있을 때 모두 참여한다.	1	2	3	4	5
14	규칙을 바꿀 수 있다.	1	2	3	4	5
15	가족이 함께 할 수 있는 일(취미, 오락)을 쉽게 생각해낸다.	1	2	3	4	5
16	집안일에 대한 책임을 한 사람이 전적으로 맡아 하지 않고 바꾸어 가면서 한다.	1	2	3	4	5
17	각자의 일을 결정할 때 가족들과 상의한다.	1	2	3	4	5
18	누가 주도적인 역할(지도자 역할)을 하는지 분명히 알기는 어렵다.	1	2	3	4	5
19	단합을 매우 중요하게 생각한다.	1	2	3	4	5
20	어떤 집안일을 누가 하는지를 말하는 것은 어렵다.	1	2	3	4	5

출처: 전귀연 (1993).

■ 점수 계산

- 전혀 그렇지 않다 1점
- 그렇지 않은 편이다 2점
- 때때로 그렇다 3점
- 대체로 그런 편이다 4점
- 거의 항상 그렇다 5점

2) McMaster 모델

(1) McMaster 모델의 특성

캐나다의 McMaster 대학교 정신과에 재직하던 Epstein 등(1978)에 의해 개발된 McMaster 모델은 가족기능을 평가하고 진단하는 데 뛰어난 준거 틀을 제공하고 있다는 평가를 받고 있다(정수경, 1993; 김유숙 · 전영주 · 김수연, 2013). McMaster 모델은 가족기능을 문제해결, 의사소통, 가족의 역할, 정서적 반응성, 정서적 관여, 행동통제의 6가지 영역으로 보고, 가족이 기본적인 과업, 발달과업 그리고 위기과업을 어떻게 다루는지를 각 영역에 따라 조사해 가족기능을 평가한다. 기본적인 과업은 의식주의 문제를 말하며, 발달과업은 가족의 발달 단계 변화에 따르는 문제들, 위기과업은 가족의 질병, 사고, 실직 등으로 발생되는 문제들을 말한다. 이 세 가지 과업에 효과적으로 대처할 수 없는 가족이 임상적으로 문제를 갖고 있을 가능성이 높다고 한다. 가족기능의 여섯 가지 영역을 정리해 보면 다음과 같다(김유숙 · 전영주 · 김수연, 2013).

① 문제해결

가족의 존재나 유지를 위협하는 문제를 해결하기 위한 가족의 능력을 말한다. 모든 가족이 유사한 범위의 문제에 부딪히게 되지만, 대처하고 해결하는 능력은 차이가 있다. 건강한 가족은 가족구성원이 새로운 문제상황에 직면하게 되면 체계적으로 접근하여 그 문제를 해결하려는 노력을 보인다.

② 의사소통

정보가 가족 내에서 어떻게 교환되는가 하는 것이며 주로 언어적인 것에 국한된다. 실제의 의사소통에서는 목소리, 얼굴표정, 몸짓언어 등 비언어적 의사소통도 매우 중요하나 구체적인 자료수집에 어려움이 있기 때문에 제외되었다.

③ 가족의 역할

개인이 가족기능을 충족시키기 위해 반복적으로 일어나는 행동 유형이다. 건강한 가족일수록 가족기능이 대부분의 가족을 충족시킬 수 있으며 역할분담과 책임도 명백하다.

④ 정서적 반응성

가족이 주어진 자극에 따라 적절한 내용과 적절한 양의 감정으로 반응할 수 있는 능력을 의미한다. 건강한 가족은 적절한 강도와 지속성을 가지고 다양한 정서로 반응할 수 있는 능력을 가지고 있다.

⑤ 정서적 관여

가족 서로에 대한 관심과 배려의 양과 질의 문제로 가족 전체가 각 개인의 관심사, 활동, 가치관에 얼마나 관심을 보이는가를 의미한다. 관여의 정도는 '관여하지 않음', '감정이 배제된 관여', '자기도취적 관여', '공감적 관여', '과잉관여', '공생적 관여'의 6가지 유형으로 분류된다. 그중에서 가장 효과적인 유형은 '공감적 관여'이고 가장 효과적이지 못한 유형은 양극단의 것이다.

⑥ 행동통제

가족이 현재의 상태를 유지하거나 어떤 새로운 상황에 적응하기 위해 다른 가족원에게 영향을 주게 되는데, 이 과정에서 가족원의 행동을 통제하는 방법이 필요하며, 행동통제 유형으로 경직, 유연, 방임, 혼돈이 있다. 그중에서 유연한 통제가 가장 기능적이라고 보며 경직, 방임, 혼돈 순으로 효과성이 떨어진다.

(2) McMaster 모델의 자기보고식 척도(FAD)

McMaster 모델에 기초하여 가족기능을 평가하기 위한 목적으로 개발된 FAD(The Family Assessment Device)는 원래 53문항으로 제작되었지만, 여기서는 FAD 원 문항을 한국 문화에 맞게 수정한 정수경(1993)의 척도를 소개하기로 한다. 4점 리커트 척도이며, 전체 문항에서 얻을 수 있는 점수 분포는 최저 34점에서 최고 136점으로 점수가 높을수록 기능적인 가족을 의미한다. FAD의 질문지와 하위영역은 〈표 3-2〉와 같다.

〈표 3-2〉 McMaster 모델의 자기보고식 척도(FAD)

※ 다음은 귀하의 가족을 나타낸 질문입니다. 해당되는 곳에 ✔표해 주세요.

	문항 내용	매우 그렇다	그렇다	그렇지 않다	전혀 그렇지 않다
1	서로를 잘 이해하지 못하기 때문에 우리가 해야 할 일을 계획하지 못한다.	1	2	3	4
2	누군가가 기분이 나쁘면 왜 그런지를 안다.	1	2	3	4
3	위기가 닥치면 서로에게 도와달라고 부탁할 수가 있다.	1	2	3	4
4	갑자기 큰일을 맞게 되면 어떻게 할 바를 모른다.	1	2	3	4
5	서로에 대한 애정표현을 하지 않으려고 한다.	1	2	3	4
6	슬픈 일이 있어도 서로에게 그런 얘기를 하지 않는다.	1	2	3	4
7	자신에게 중요한 일일 때만 서로에게 관심을 가진다.	1	2	3	4
8	집에서 할 일이 충분히 나누어져 있지 않다.	1	2	3	4
9	규칙을 어겨도 그냥 지나친다.	1	2	3	4
10	빗대서 말하기보다는 직접 솔직하게 얘기한다.	1	2	3	4
11	감정적으로 반응하지 않는 식구들이 있다.	1	2	3	4
12	우리가 두려워하는 일이나 걱정에 대해 얘기하기를 꺼린다.	1	2	3	4
13	각자의 역할을 다하지 못한다.	1	2	3	4
14	집단문제를 해결하려고 애쓴 후에 그것이 잘 되었는지 아닌지에 관해 얘기하곤 한다.	1	2	3	4
15	지나치게 자기중심적이다.	1	2	3	4
16	서로에게 감정을 표현할 수가 있다.	1	2	3	4
17	화장실을 사용하는 방식이 정해져 있지 않다.	1	2	3	4
18	서로에 대한 사랑을 표현하지 않는다.	1	2	3	4
19	우리에게 관계있는 일에만 서로 관여하게 된다.	1	2	3	4
20	식구들이 개인적인 관심사를 알아볼 시간이 별로 없다.	1	2	3	4
21	개인적으로 얻는 것이 있다고 생각할 때 서로에게 관심을 보인다.	1	2	3	4
22	(나쁜) 감정 문제가 나타나면 거의 풀고 지나간다.	1	2	3	4
23	다정다감한 편은 아니다.	1	2	3	4

24	어떤 이득이 있을 때만 서로에게 관심을 보인다.	1	2	3	4
25	서로에게 솔직하다.	1	2	3	4
26	어떤 규칙이나 기준을 고집하지 않는다.	1	2	3	4
27	어떤 일을 부탁하고 나서 나중에 다시 일러 줘야 한다.	1	2	3	4
28	집에서 지켜야 할 약속을 어기면 어떻게 되는지 잘 모른다.	1	2	3	4
29	함께 있으면 잘 지내지 못한다.	1	2	3	4
30	가족으로서 각자가 해야 할 일에 대해 불만을 품고 있다.	1	2	3	4

출처: 정수경 (1993).

■ 하위영역

하위영역	해당하는 문항	점수
문제해결	14, 22, 34	
의사소통	2,10, 25, 33	
역할	8, 13, 20, 25, 33	
정서적 반응성	5, 11, 18, 23	
정서적 관여	15, 17, 19, 21, 24, 31	
행동통제	4, 9, 17, 26, 28	
일반적 기능	1, 3, 6, 12, 16, 29, 32	

3) 가족건강성 척도

(1) 건강가족적 관점의 이해

가족을 연구하는 한 방법인 건강가족적 관점은 가족이 가진 문제와 부정적인 측면에 집중하기보다는 가족의 강점, 자원 등 긍정적인 측면에 초점을 두었다. 모든 가족은 가족만의 강점이 있기 때문에 보유한 강점을 지지하고, 극대화시켜 궁극적으로 건강한 가족으로 변화할 수 있도록 유도하는 것이다.

그러면 건강가족의 특성은 무엇일까? 전 세계 27개국의 21,000여 가족을 조사한 연구에서 제시한 건강가족의 여섯 가지 특성을 살펴보면 다음과 같다

(Stinnett & DeFrain, 1985).

① 헌신: 건강한 가족은 가족활동에 시간과 에너지를 먼저 투자함으로써 가족의 안녕과 행복을 위해 헌신하는 모습을 보인다.

② 감사와 애정: 건강한 가족은 언어적 혹은 비언어적으로 서로에게 감사와 애정을 적극적으로 표현한다.

③ 긍정적인 의사소통: 건강한 가족은 듣기를 많이 하며, 의견차이가 있어도 서로 비난하지 않고, 직접적이며 솔직한 방식으로 대화를 나눈다.

④ 함께 시간 보내기: 건강한 가족은 식사나 집안일 함께 하기, 캠핑이나 산책 등과 같은 일상적이고 평범한 활동을 공유하며 질적으로 좋은 시간을 보내려고 한다.

⑤ 영적 안녕: 건강한 가족은 신앙심뿐만 아니라 희망이나 낙관주의적 인생관, 윤리적 가치, 세상과의 일체감 등 영적인 신념을 공유한다.

⑥ 스트레스와 위기의 성공적인 대처능력: 건강한 가족은 문제가 일어나기 전에 적절하게 예방하고, 위기가 닥치면 함께 해결하기 위해 노력한다. 만약 가족 내에서 문제를 해결하기 어려울 경우에 외부의 도움을 요청하기도 한다.

(2) 한국형 가족건강성 척도 II(KFSS-II)

1990년대 이후로 우리나라에서는 건강가족에 대한 학문적 · 사회적 관심이 높아지면서 많은 연구들이 수행되어 왔다. 그러나 대부분의 연구에서 가족의 건강성을 측정하는 도구는 외국의 척도를 수정 · 번안하여 사용하였다. 외국의 척도들은 서구적인 문화와 가족생활을 반영한 것이어서 한국 문화 및 가족의 특수성을 제대로 반영하지 못한다는 문제점이 제기되었다.

이에 유영주(2004)는 Stinnett과 DeFrain(1985)이 제시한 여섯 가지 세계 공통적인 건강가족의 특성을 바탕으로 개발한 American Family Strengths Inventory에 기초하여 우리나라 가족에 적합한 '한국형 가족건강성 척도(KFSS)'를 개발하였다. 그 후 계속된 연구결과, 현대 우리 사회의 특성을 반영하고 연령별, 성별 특성을 고려하여 간단하고 명료한 문항으로 가족건강성을 측정할 수 있도록 고안된 '한국형 가족건강성 척도 Ⅱ(KFSS-Ⅱ)'를 개발하였다. KFSS-Ⅱ는 한국 가족의 건강성을 신속하고 정확하게 측정할 수 있는 도구로 활용된다(유영주 외, 2013).

KFSS-Ⅱ는 총 22문항, 5점 리커트 척도로, 총점이 높을수록 가족건강성이 높음을 의미한다. KFSS-Ⅱ의 질문지와 하위요인은 〈표 3-3〉과 같다.

〈표 3-3〉 한국형 가족건강성 척도 II(KFSS-II)

※ 다음 문항은 당신의 가족에 관련된 질문입니다. 가장 일치하는 번호에 ○표하세요.

	문항 내용	전혀 그렇지 않다	대체로 그렇지 않다	보통 이다	대체로 그렇다	매우 그렇다
1	우리 가족은 서로 신뢰한다.	1	2	3	4	5
2	우리 가족은 가족구성원으로서 소속감이 있다	1	2	3	4	5
3	우리 가족은 서로 터놓고 이야기한다.	1	2	3	4	5
4	우리 가족은 삶에 대해 긍정적인 태도를 가지고 있다.	1	2	3	4	5
5	우리 가족은 먹고 살만한 수입이 있다.	1	2	3	4	5
6	우리 가족은 서로를 존중하고 수용한다.	1	2	3	4	5
7	우리 가족은 함께 하는 활동(외식, 여가, 취미생활 등)을 즐긴다.	1	2	3	4	5
8	우리 가족은 여러 가지 이슈에 대해 논의하는 것을 중요시한다.	1	2	3	4	5
9	우리 가족은 각자의 역할을 잘 수행한다.	1	2	3	4	5
10	우리 가족만의 전통과 문화가 있다.	1	2	3	4	5
11	우리 가족은 자기 입장을 표현할 기회를 준다.	1	2	3	4	5
12	우리 가족은 어려운 문제를 함께 해결한다.	1	2	3	4	5
13	우리 가족은 미래의 경제적 안정을 위해 준비하고 있다.	1	2	3	4	5

14	우리 가족은 서로 잘 돕는다.	1	2	3	4	5
15	우리 가족은 서로에게 감사와 사랑하는 마음을 표현한다.	1	2	3	4	5
16	우리는 서로의 이야기를 주의 깊게 듣는다.	1	2	3	4	5
17	우리 가족은 사회활동(봉사, 모임 등)에 참여한다.	1	2	3	4	5
18	우리 가족은 함께 하는 시간을 많이 가진다.	1	2	3	4	5
19	우리 가족은 함께 대화하는 것을 즐긴다.	1	2	3	4	5
20	우리 가족은 상황에 따라 유연하게 대처한다.	1	2	3	4	5
21	우리 가족은 여가와 문화생활을 할 만한 경제적 여유가 있다.	1	2	3	4	5
22	우리 가족은 지역사회에서 일어나는 일에 관심이 있다.	1	2	3	4	5

■ 하위영역

가족건강성 구성요소	문항번호	점수
가족탄력성(7)	9, 11, 12, 14, 15, 16, 20	
상호존중과 수용(5)	1, 2, 3, 4, 6	
질적 유대감(4)	7, 8, 18, 19	
경제적 안정과 협력(3)	5, 13, 21	
가족문화와 사회참여(3)	10, 17, 22	

3. 가족기능에 관한 연구동향

가족은 구성원들의 양육, 보호, 사회화는 물론이고 정서적 발달과 인격 형성에 있어 일차적인 역할을 담당하고 있다. 그러므로 가족이 기능적인가 역기능적인가의 문제는 가족구성원들의 삶에 커다란 영향을 미치게 되며 동시에 사회의 안정과 유지에도 상당한 기여를 하게 된다. 그러나 오늘날 급격한 사회 변화로 인해 가족의 고유기능이 점차 약화되면서 개인뿐만 아니라 사회에 복합적인 문제를 유발시키고 있다. 이러한 이유로 가족기능에 관심이 집중되었고 관련 연구가 활발히 이루어지고 있다. 이에 가족기능에 관한 연구동향을 살펴봄으로써 행복한 개인과 건강한 사회의 기초가 되는 가족의 기능을 향상시킬 수 있는 방법을 탐색해 보고자 한다.

가족기능은 가족구성원 간의 상호작용이 얼마나 원만하고 적절하게 이루어지는지를 의미하며, 가족응집성과 가족적응성을 포함하고 있다. 또한 가족기능은 가족체계적 관점을 바탕으로 구성된 개념이기 때문에 관련된 변인으로 가족하위체계로서 부모변인, 자녀변인 그리고 가족체계로서 가족변인, 가족건강변인 등을 중심으로 선행연구를 살펴보고자 한다. 단 각 변인과 유의미한 관련이 있는 연구는 그 중 일부만 제시한다.

1) 부모변인

가족을 하나의 체계로 보는 관점에서 부모변인은 가족의 상호작용과 기능에 커다란 영향을 미치게 된다. 선행연구에서 살펴본 부모변인으로 '부모의 인구학적 변인'과 '부모의 심리사회적 특성 변인'이 있다.

(1) 부모의 인구학적 변인

부모의 인구학적 변인으로 성별, 연령, 학력, 소득수준 등의 변인을 중심으로 선행연구를 살펴보았다. 먼저 '부모의 성별', '부모의 연령'과 가족기능과의 관계를 살펴본 선행연구들은 다양하게 있었다. 그러나 부모의 성별에 따라 가족기능에 차이가 나타났다는 연구(정영숙, 1990)와 유의한 차이가 나타나지 않았다는 연구(안경숙, 2006)가 있었다. 마찬가지로 부모의 연령에 따라 가족기능에 차이가 나타났다는 연구(박호란 외, 2001)와 유의한 차이가 나타나지 않았다는 연구(김혜련, 2002)가 있었다. 이와 같이 대체로 일치하지 않은 연구결과를 보인 것은 유아, 대학생, 장애아, 환아 등 각 연구의 대상 차이에서 기인한 것으로 생각해 볼 수 있다.

한편 '부모의 학력'은 비교적 대부분의 연구에서 가족기능에 유의한 영향을 미치고 있으며(안경숙, 2006; 이상길, 2004), '부모의 소득수준'도 가족기능에 긍정적인 관련이 있음을 보고하고 있다(안경숙, 2006; 이상길 2004). 부모의 학력과 소득수준이 높을수록 가족의 응집성 및 적응성이 높다는 것이다. 이는 부모의 학력과 소득수준이 높은 가족은 보다 화목하고 단합이 잘 되며, 가족의 규율과 역할이 합리적이고 탄력적으로 적용되는 것으로 해석할 수 있다.

그 외에도 아버지의 실직 여부는 가족기능에 영향을 미치지 않았으나, 전업주부의 자녀가 가족적응성과 가족응집성을 더 높게 지각하는 것으로 나타났다(이상길, 2004). 이는 어머니가 가족 내에서 심리적 · 정서적 구심적 역할을 수행하며 가족체계를 변화시키는 데 주도적인 역할을 하고 있음을 반증한다. 통계청에서 발표한 2022년 우리나라 맞벌이가구의 비율이 46.1%(통계청, 2023)로 전체 가구의 절반에 육박하는 상황에서 가정이 보다 잘 기능하기 위해 취업모의 일 · 가정 양립을 위한 다양한 지원이 필요함을 시사하고 있다.

(2) 부모의 심리사회적 특성 변인

부모의 심리사회적 특성 변인으로 부모의 우울, 양육 스트레스, 양육태도 등의 변인을 중심으로 선행연구를 살펴보았다.

먼저 '부모의 우울'과 가족기능의 관계를 살펴본 연구에서는 대체로 부모의 우울이 가족기능에 부정적인 영향을 미치는 것으로 나타났다(서고운, 2018; 양진희, 2016; 연은모 · 윤해옥 · 최효식, 2016). 무기력, 불안, 슬픔 등으로 표현되는 우울은 특정 시간에만 그 증상이 나타나는 것이 아니라 개인의 전반적인 삶을 통하여 지속적으로 표현된다. 구체적으로 우울감이 높은 어머니는 방임적 · 강압적 양육태도를 보이며(Goodman & Brand, 2011), 우울수준이 높은 아버지 역시 강압적인 양육방식을 가지고 있고 자녀의 내재화 및 외현화 문제행동을 유발시킨다고 보고하고 있다(김한나, 이미선, 2013). 이와 같이 우울증상이 있는 부모는 자녀의 건강한 성장발달을 저해하고 문제행동을 유발시킴으로써 가족기능에 악영향을 미치게 되는 것이다.

'부모의 양육 스트레스'와 가족기능과의 관계를 살펴본 연구에서도 대체로 부모의 양육 스트레스가 가족기능에 부정적인 영향을 미치는 것으로 보고되었다(옥경희, 2017; 양진희 · 김영철, 2016; 연은모 · 윤해옥 · 최효식, 2016). 과도한 양육 스트레스는 부모로서의 효능감에 회의를 갖게 되고, 결국 아동의 정서적 · 행동적 문제를 야기한다. 이러한 부모-자녀 하위체계 내의 긴장과 부담은 가족 내의 다른 하위체계로 전이되며, 더 나아가서 가족 전체의 체계에 심각한 부정적 영향을 가져올 수 있게 되는 것이다. 즉, 부모의 건강하고 행복한 심리상태는 자녀를 양육함에 있어 긍정적인 역할을 하며 결국 가족의 전반적인 기능 향상에 기여하게 된다고 볼 수 있다.

'부모의 양육태도'는 자녀의 정서와 사회성, 인지, 심지어는 신체발달에도 직간접적 영향을 주는 변인이며, 가족기능과도 관련이 깊다(Baumrind, 1991). 가족응집성과 가족적응성을 합해서 살펴본 가족기능의 수준이 높을수록 긍정적 혹은 온정적 양육태도에 정적인 영향을 미치는 것으로 나타났다(연은모 외, 2016; 양진희, 2016). 부모양육태도의 중요성을 강조한 Baumrind(1991)도 가족들이 서로 연결되어 있고 부모역할에 융통성을 가질 때, 부모는 민주적 혹은 권위적 양육을 한다고 주장하였다. 좀 더 구체적으로 살펴보면, Olson과 DeFrain(2000)은 응집성과 적응성에서 균형을 이룰 때 민주적 양육태도를, 응집성이 매우 높으면서 적응성이 매우 높은 가족체계에서는 허용적 양육태도를, 응집성이 매우 높으면서 적응성은 매우 낮은 가족체계에서는 권위주의적 양육태도를 갖게 된다고 설명하였다. 실제로 부모의 응집성과 적응성이 높을 때, 부모는 애정이나 공감과 같은 돌봄행동에 더 많이 참여하였고, 과도한 보호나 심한 간섭을 덜 하는 것으로 보고되었다(McFarlane et al., 1995).

2) 자녀변인

가족 하위체계로 자녀변인도 가족기능에 유의미한 영향을 미치게 된다. 선행연구에서 살펴본 자녀변인으로 '자녀의 인구학적 변인'과 '자녀의 심리사회적 특성 변인'이 있다.

(1) 자녀의 인구학적 변인

'자녀의 인구학적 변인'으로 자녀의 학년, 자녀의 성별 등의 변인을 중심으로 선행연구를 살펴보았다. 먼저 '자녀의 학년'과 가족기능의 관계를 살펴본 선행연구들은 학년이 올라갈수록 가족응집성과 가족적응성이 높게 나타난 연구(안경숙, 2006)가 있었지만 대부분 유의한 관련을 보이지 않았다(최명숙, 2013). 다음으로 '자녀의 성별'과 가족기능과의 관계를 살펴본 선행연구들은 유의한 관련을 보이지 않은 연구(최명숙, 2013)와 여학생들이 남학생들보다 가족응집성과 가족적응성을 더 높게 지각하는 것으로 보고한 연구(이상길, 2004; 김효정 · 정미애, 2010)로 결과가 일관적이지 않았다.

(2) 자녀의 심리사회적 특성 변인

'자녀의 심리사회적 특성 변인'으로 자녀의 자아존중감, 학교생활적응, 자살생각 등의 변인을 중심으로 선행연구를 살펴보았다. 먼저 '자아존중감'은 자신을 얼마나 가치 있게 생각하는가를 의미하며, 사회적 관계 경험 속에서 자신의 역할을 긍정적으로 검증한 결과 발달되는 것이다. 그러므로 자녀의 사회적 관계의 가장 큰 부분을 차지하는 가족은 자녀의 자아존중감과 밀접한 관련이 있는 것으로 연구되었다. 대부분의 선행연구에서는 가족응집성과 가족적응성이 높은 가정의 자녀일수록 자아존중감이 높았다(전귀연, 1993; 최명숙, 2013). 즉, 친밀하고 유연한 가족관계 경험이 자녀의 자아존중감 향상에 긍정적인 기여를 하는 것이다. 특히 자녀의 자아존중감은 가족적응성보다 가족응집성에 의해 훨씬 많은 영향을 받는 것으로 나타났다(안경숙, 2006). 이는 자녀의 자아존중감 발달을 위해서는 가족원의 사랑과 격려, 지지가 보다 더 필요하다는 것을 입증한 것이다.

다음으로 가족기능은 자녀의 '학교생활 적응'을 예측할 수 있는 주요 변인으로 연구되었다. 자녀의 적응과 부적응은 개인 차원이 아닌 가족이라는 체계 속에서 이해되기 때문이다. 따라서 많은 선행연구에서 가족기능이 학교생활적응에 정적인 영향을 미치고 있음을 밝히고 있다(권수정 · 이현주, 2014). 가족의 응집성 및 적응성이 높을수록 학교생활을 잘한다는 것이다. 학교는 제2의 가정이라고 할 만큼 자녀가 가족 이외에 가장 많은 시간을 보내는 곳이자 자녀의 성장과 발달에 있어 중요한 곳이다. 그러므로 자녀의 학교생활 적응을 위해서 무엇보다 중요한 것은 가족체계가 기능적이어야 한다는 것이다. 그밖에 가족응집성이 자녀의 학교생활 적응에 더 직접적인 영향을 미친 것으로 나타난 연구(권태우 · 조규판, 2015), 남학생의 경우 가족응집성만이 학교생활 적응에 영향을 미친 것으로 나타난 연구(안윤정 · 현진희, 2015) 등 가족응집성의 영향이 부각된 결과도 있었다. 가족원 간의 친밀감, 정서적 지지로 표현되는 가족응집성은 자녀가 학교생활을 잘할 수 있는 토대가 되는 것임을 보여주고 있다.

마지막으로 '자살생각'은 아동 · 청소년 사망 원인으로 '극단적 선택에 의한 사망'이 수년 째 1위를 차지하고 있다는 점에서 가족기능과 관련하여 살펴볼 필요성이 있다. 선행연구에서는 가족응집성과 가족적응성이 높아질수록 자녀의 자살생각이 감소하였으며(김효정 · 정미애, 2010), 특히 가족응집성을 높게 지각할수록 자녀의 자살생각이 감소한 것으로 나타났다(황희정 · 이주영, 2016). 한편 자살생각을 많이 하는 아동일수록 부모로부터 정서적 지지를 더 적게 받고 있다고 느끼고 가족응집성이 약하다고 지각하는 것으로 나타났다(이정윤 · 허재홍, 2003). 실제로 가족응집성은 청소년의 자살생각에 영향을 주는 가장 중요한 예언지표 중의 하나로 밝혀졌다(Choquet, Kovess, & Poutignat, 1993). 가족응집성이 낮으면 학업 스트레스나 문제가 발생하더라도 도움을 청할 사람이 없어 자신의 문제에 대해 무기력하고 희망이 없는 것으로 판단하여 자살행동을 할 수 있다고 한다(한국자살예방협회, 2008). 이러한 결과로 가족 간의 사랑, 이해 그리고 관심 등으로 표현되는 가족응집성은 자녀의 자살생각을 감소시키는 보다 중요한 예측변인임을 확인할 수 있다.

3) 가족변인

지금까지 부모와 자녀 각각의 특성이 가족기능에 미치는 영향에 관한 연구를 살펴보았다면, 가족 전체의 특성인 가족체계변인으로 '가족변인'이 가족기능에 미치는 영향을 살펴볼 필요가 있다. 가족변인으로는 의사소통, 가족식사, 가족여가경험 등의 변인을 중심으로 선행연구를 살펴보았다.

'의사소통'은 순환모델의 특징에서 살펴보았듯이 가족기능, 즉 가족의 응집성 및 적응성의 수준을 높여주는 촉매역할을 한다. 그러므로 의사소통은 가족기능과 관련된 연구에서 가장 중요하게 다루어진 변인이라고 할 수 있다. 대다수의 연구에서 부모와 자녀 간에 개방적인 의사소통이 이루어질수록 가족응집성과 가족적응성이 높았다(장갑수, 2014). 구체적으로 살펴보면 청소년 자녀와 부모, 특히 아버지와의 의사소통은 가족의 응집성 및 적응성의 강력한 예측변인인 것으로 밝혀졌으며(조은경, 1992), 청소년 자녀와 아버지 사이에 개방적이고 지지적인 의사소통이 이루어질 때 가족응집성이 높아지는 것으로 보고되었다(전천운, 2009). 청소년기는 자신의 독립적 자아를 탐색해 나가는 시기여서 부모와 자녀 간의 대화가 줄어드는 반면 세대 간의 의견 차이는 심해진다. 이러한 상황 변화 속에서 부모와 자녀 사이의 원활한 의사소통은 더욱 중요한 역할을 하게 된다. 특히 청소년기에는 아버지 역할의 중요성이 더욱 부각되고 있음을 확인할 수 있다.

한편, 디지털 미디어의 발달로 오프라인 커뮤니케이션 외에 온라인 커뮤니케이션을 통한 가족 간 의사소통과 가족기능과의 관계에 대한 논의도 빠질 수 없다. 선행연구에서는 가족단체 채팅방을 통한 가족의사소통 만족도가 가족응집성에 강한 긍정적인 영향을 미친 것으로 보고되었다(주남 외, 2023). 즉, 비대면이지만 효과적인 의사소통은 가족구성원 간의 친밀감과 결속력을 증진시킨다는 것을 입증한 것이다. 더구나 이미 절반 이상의 가족이 가족단체 채팅방을 이용하고 있는(한국언론진흥재단, 2021) 시점에서 카카오톡을 통한 온라인 상호작용의 역할을 규명했다는 점에서 의미가 있다. 이러한 결과로 의사소통은 가족기능의 중요한 영향변인임이 입증되었다.

'가족식사'는 가족과의 공유시간을 확보하기 어려운 현대가족에게 섭식의 차원을 넘어 가족원들의 상호작용을 촉진하는 가족활동으로서 의미가 있다. 먼저, 가족식사 빈도가 높을수록 가족응집성이 높은 것으로 나타났다(Utter et al., 2013). 가족식사의 효과에 있어 식사 빈도는 중요한 변인이 된다. 즉, 가족식사에 자주 참여할수록 구성원 간에 친밀함이 쌓이고, 정서적 결속도 다지게 된다는 것이다. 다음으로, 가족식사에 의례로서의 의미를 높게 부여할수록 가족응집성과 가족적응성이 높은 것으로 나타났다(최배영, 2018). 여기서 가족의례(family ritual)란 가족식사와 같이 일상적으로 자주 일어나는 활동을 포함하여 가정 내 관습, 가족행사, 기념일 등 가족이 공유하는 활동을 의미한다. 구체적으로 가족식사의 다차원적 영역과 가족기능과의 관련성을 살펴보면 가족식사에 의례로서의 의미를 높은 수준으로 부여할수록, 식사 중에 대화 주제가 다양하고 활발할수록, 가족식사를 중요하게 인식하고 어머니의 식사준비 스트레스 정도가 낮을수록 가족응집성과 가족적응성 수준이 높게 나타났다(김은주, 2020). 반면 아동이 제때 가족과 함께 식사하지 못하는 것은 가족 상호 간의 관심과 유대감을 약화시키고 나아가 가족의 응집성 및 적응성을 저하시키는 변인이 되는 것으로 밝혀졌다(이혜원 · 최경옥, 2010). 이러한 결과로 가족식사와 가족기능은 밀접한 관련이 있음을 확인할 수 있다.

가족과 함께하는 '여가' 경험 또한 가족기능과 밀접한 관련이 있다. 다수의 연구에서 여가 경험은 가족기능에 긍정적인 영향을 미치는 것으로 확인되었으며(권민혁, 2012), 가족응집성과 가족적응성이 높을수록 여가만족도가 높은 것으로 나타났다(김경식, 2012; 하헌국 · 전귀연, 1998). 특히 가족의 여가활동(최주환 · 이제행, 2017)과 스포츠 활동참여(홍유미, 2014)는 가족의 기능 중 응집성을 높이는 것으로 밝혀졌다. 즉, 가족이 함께 산책하고, 여행을 가며, 스포츠를 즐기면서 서로 간에 친밀감을 쌓고 결속력을 다지게 되는 것이다.

4) 가족의 건강관련 변인

가족의 건강관련 변인은 물질중독, 인터넷중독을 중심으로 선행연구를 살펴보았다.

먼저 '물질중독'은 쾌락을 추구하기 위하여 술, 담배, 흡입제, 마약류와 같은 중독성 물질을 과도하게 사용하거나 중독성 행위에 지나치게 몰입함으로서 다양한 부적응적인 증상을 일으키게 되는 것을 말한다. 그중 알코올은 가장 흔하게 남용되는 물질 가운데 하나이다. 음주는 술을 마신 사람의 건강에 피해를 주는 것으로 그치지 않고 가족구성원들에게 매우 유해한 가족역동을 나타나게 하며, 가족의 기능에 악영향을 미치게 된다. 일반적으로 알코올중독 부모를 가진 아동 · 청소년은 행동장애, 물질사용, 우울과 같은 정신과적인 문제를 가질 경향이 높은 것으로 알려져 있다. 선행연구에서도 알코올중독 환자가족이 일반 환자가족보다 가족응집성과 가족적응성이 모두 낮게 나타났다(김희경 · 이미형, 2014). 또한 가족기능은 부모의 문제음주와 자녀의 우울과의 관계에서 매개역할을 하였다(안윤정 · 현진희, 2015). 즉, 자녀의 우울을 예방하기 위해서는 가족기능을 높여주는 것이 효과적이라는 것이다.

한편, 가족의 응집성 및 적응성이 낮을수록 청소년의 약물남용 수준이 높았으며(홍윤경, 2008), 청소년의 흡연양이 많을수록 가족의 응집성 및 적응성이 낮았다(손정남, 2002). 가족은 청소년들이 도덕적 규범을 내면화하고 적합한 행위 유형을 습득하도록 하는데 결정적 역할을 할뿐만 아니라 청소년들을 감독하고 통제하는 기능을 수행한다. 그러나 가족이 제 기능을 발휘하지 못하면 청소년의 물질남용 경향성은 높아지게 되는 것이다.

다음으로 '인터넷중독'은 인터넷(게임중독, 스마트폰중독 포함)을 하지 않을 경우 행동이 조절되지 않고 금단증상을 보이며 일상생활을 정상적으로 유지할 수 없는 상태를 말한다. 대다수 연구에서 가족기능과 인터넷중독은 부적 관련이 있음을 보고하였다(이경희 · 이경숙, 2017). 구체적으로 살펴보면 가족응집성과 가족적응성이 낮을수록 인터넷중독 경향이 높았으며(김기리, 2007), 가족응집성이 낮을수록 게임중독 경향이 높았다(주석진 · 좌동훈, 2011). 또한 가족응집성에 비해 가족적응성이 인터넷중독 수준을 높이기도 하였으며(서미아, 2011), 높은 가족응집성과 낮은 가족적응성이 자녀의 게임중독을 낮추게 하는 변인이 되기도 하였다(강선경 · 차유정, 2022). 이러한 다양한 결과는 인터넷중독과 가족기능과의 강력한 연관성을 내포하고 있다.

한편 스마트폰중독과 가족기능과의 관련성을 살펴본 많은 선행연구에서는 가족응집성과 가족적응성의 수준이 높아짐에 따라 스마트폰중독 수준이 낮아짐을 밝히고 있다(박순아 · 박근우, 2017). 역으로 가족기능이 떨어질수록 스마트폰중독 수준이 높아진다는 의미이다. 최근 코로나19 장기화로 외부 활동이 줄고 스마트폰 이용자의 콘텐츠 이용량이 대폭 늘면서 모든 연령대에서 스마트폰 과의존 위험성이 높아진 것으로 나타났다(한국지능정보사회진흥원, 2021). 선행연구에서는 가족의 응집성 및 적응성이 자녀의 인터넷게임중독에 영향을 미치는 과정에서 부모의 스마트폰 과의존이 자녀의 인터넷게임중독에 유의한 영향을 미치며 부분 매개역할을 하였다(강선경 · 차유정, 2022). 이는 부모의 생활습관이나 행동이 자녀의 문제행동을 촉발시킬 수 있음을 입증한 것이다. 따라서 자녀의 건강한 성장 발달을 위해 부모의 바람직한 모델링이 선행되어야 할 것이다.

이와 같이 선행연구를 살펴본 결과 가족기능과 관련된 변인들의 두드러진 특징은 다음과 같다.

첫째, 부모의 우울은 가족기능에 강한 부정적 영향을 미치는 것으로 나타났다. 우울로 인해 부모가 제 역할을 못하게 되면서 자녀는 여러 가지 문제행동을 일으키게 되고, 이로 인해 가족원 간의 갈등이 계속되면서 가족기능에 심각한 손상을 가져오게 되는 것이다. 따라서 가족의 기능 회복을 돕기 위해서 우선 부모의 정신건강을 관리해 줄 수 있는 다각적인 지원이 필요함을 시사하고 있다.

둘째, 자녀의 자아존중감은 가족기능의 수준에 의해 영향을 받는 것으로 나타났다. 가족응집성과 가족적응성이 높은 가정의 자녀일수록 자아존중감이 높다는 것이다. 자아존중감은 어릴 적 가족관계에서 경험한 긍정적인 평가를 통해서 형성되고, 이후 자녀가 삶에 적응해 나가는 힘이자 잠재력을 발휘하게 해주는 뿌리가 된다. 따라서 자녀의 자아존중감 발달에 결정적인 변인인 가족의 상호작용이 기능적이 되도록 노력해야 할 것이다.

셋째, 가족원간의 개방적 의사소통은 가족기능의 수준을 높여주는 것으로 나타났다. 가족원간에 의사소통이 원활하게 이루어질수록 가족응집성과 가족적응성 수준이 높아진다는 것이다. 특히 청소년 자녀와 아버지 간의 의사소통이 부각되었는데, 이는 맞벌이부부가 증가하면서 자녀 양육에서 아버지

역할이 확대되고 있는 현상을 반영한 결과라고 할 수 있다. 한편 디지털 미디어의 발달로 오프라인 커뮤니케이션 외에 온라인 커뮤니케이션의 중요성도 강조되고 있다. 가족단체 채팅방을 통한 가족 의사소통 만족도가 가족응집성을 높여주는 것으로 나타났는데, 이는 비대면이라도 효율적인 의사소통은 가족원 간의 친밀감과 결속력을 증진시킬 수 있음을 보여준 것이다.

넷째, 자녀의 스마트폰중독은 가족기능의 수준에 의해 영향을 받는 것으로 나타났다. 가족응집성과 가족적응성이 높을수록 스마트폰중독 수준을 낮출 수 있다는 것이다. 아동 · 청소년기에는 가족환경의 영향을 많이 받는 시기이다. 자녀의 스마트폰중독을 예방하기 위해 자녀에게 늘 관심을 가지고 격려와 지지를 해주며 자녀의 역할수행에 있어서도 유연함을 유지할 필요가 있다. 또한 가족기능과 자녀의 게임중독과의 관계에서 부모의 스마트폰 과의존이 매개역할을 하는 것으로 나타났다. 따라서 부모의 잘못된 미디어 사용습관은 자녀의 인터넷게임중독에 강력한 영향을 미치게 됨을 명심해야 할 것이다.

다섯째, 다수의 연구에서 적응성보다 응집성에서 가족기능의 특성이 더 잘 드러났다. 이는 개인을 강조하는 서구의 가족문화와 달리 우리나라는 개인보다는 가족을 중시하는 가족문화의 영향으로 응집성이 높을수록 가족이 더 기능적일 수 있음을 보여준 것이라고 해석할 수 있다.

4. 미래연구전망

현대사회에서 가족 변화의 가장 두드러진 특징은 과거에 비해 가족의 규모는 작아지고 가족의 형태는 다양해지고 있다는 것이다. 먼저, '2023 통계로 보는 1인 가구'에 따르면 2022년 1인 가구 비중은 34.5%로 2인 가구(28.8%)와 3인 가구(19.2%), 4인 이상 가구(17.6%)를 훌쩍 웃돌아 모든 가구형태 중 1인 가구가 대세인 시대를 맞고 있다(통계청, 2023.12.12). 따라서 현재 1인 가구는 더 이상 임시적이거나 일시적인 단계로 볼 것이 아니라 그 자체로 하나의 보편적인 생활단위로 접근해야 하며, 나아가 1인 가구의 일상생활을 들여다 보고 그들의 기능 증진에 필요한 요소들을 도출하는 연구가 필요할 것이다.

1인 가구는 생애과정이 길어지면서 노년기에 혼자 사는 기간이 연장되고, 가족가치관의 약화와 개인화 현상이 심화되는 등 복합적인 원인에 의해 증가되고 있기 때문에 연령대별, 성별, 계층별 다양성을 띠고 있다. 즉, 1인 가구라 하더라도 직장이나 교육 등으로 인한 청년 1인 가구, 혼인율 감소와 초혼연령 지체에 따른 미혼 1인 가구, 이혼이나 별거 등으로 인한 중장년 1인 가구, 자녀독립이나 사별로 인한 노인 1인 가구 등 다양한 형태의 1인 가구를 형성하고 있다.

이러한 각기 다른 배경을 가지고 있는 1인 가구가 기능적이고 건강한 삶을 살아가기 위해선 가족체계적 관점에서 나아가 생태체계적 관점을 적용한 보다 폭넓은 환경변인과 가족기능과의 관련성 연구가 필요할 것이다. 인간은 사회적 동물이다. 혼자서는 살아갈 수 없다. 1인 가구로서 혼자서도 잘 살아가기 위해서는 개인과 가족, 그리고 이를 둘러싼 환경과의 상호작용이라는 차원에서 개인으로서의 일상적인 삶, 원가족과의 관계 그리고 지역사회 환경을 통합적으로 고려하는 연구가 이루어져야 할 것이다.

다음으로 현재 우리나라는 생활양식과 가족가치관의 변화로 이혼 및 재혼, 국제결혼 등이 증가함에 따라 다양한 가족 형태가 나타나고 있다. 여성가족부에서 조사한 '2021 다양한 가족에 대한 사회적 수용도'에 의하면 '외국인과 결혼하는 것(92.3%)', '이혼이나 재혼하는 것(85.8%)'에 대한 수용은 80% 이상으로 높게 나타났다(여성가족부, 2021). 이와 같이 가족 다양성의 인정과 확산의 맥락에서 다양한 가족들이 건강하게 기능하고 행복하게 살아가기 위해 필요한 요소가 무엇인지를 찾는 연구가 더욱 필요해 보인다. 특히 한부모가족은 부모 중 한 사람의 부재 속에서 혼자 부모역할을 수행해야 하는 점, 게다가 모자가족 혹은 부자가족 등 가족구성에 따라 상이한 특성을 나타내고 있다는 점 등을 고려한 보다 세부적이고 심층적인 연구가 이루어져야 할 것이다. 또한 현재 우리나라의 다문화가족은 2018년 이후 100만명이 넘은 상황이다. 저출생과 고령화에 따른 인구절벽 상황에서 다문화가족은 인구안정화에 기여하는 바가 크다고 볼 수 있다. 따라서 다문화가족이 우리 사회에 든든하게 뿌리 내리고 행복하게 살아가기 위해 요구되는 실제적인 영향변인이 무엇인지에 대한 다각적인 연구가 필요할 것이다. 나아가 재혼가족, 무자녀가족 등 우리 사회에 존재하는 다양한 가족의 특성을 반영한 가족기능에 관한 연구가 지속되어야 할 것이다.

참고문헌

강선경, 차유정 (2022). 가족의 응집 · 적응력과 자녀의 인터넷게임중독 관계에서 부모의 스마트폰 과의존 매개효과 분석. **열린부모교육연구, 14**(3), 63-81.

권민혁 (2012). 청소년의 가족여가활동 참여와 가족 기능의 관계. **한국 사회체육학회지, 47**(1), 519-526.

권수정, 이현주 (2014). 가족기능이 학교생활적응에 미치는 영향: 자아정체성의 매개효과를 중심으로. **한국콘텐츠학회논문지, 14**(7), 188-195.

권태우, 조규판 (2015). 학업적 자기효능감, 가족의 응집성 및 적응성, 학급풍토가 아동의 학교생활적응에 미치는 영향. **학습자중심교과교육연구, 15**(7), 205-225.

김경식 (2012). 가족기능 및 부모와의 의사소통과 한국 청소년의 여가제약 및 여가만족에 관한 구조모형 분석: 국가통계자료 이용. **한국여가레크리에이션학회지, 36**(2), 1-13.

김기리 (2007). 청소년의 인터넷중독과 가족의사소통 및 가족기능에 관한 연구. 전남대학교 석사학위논문.

김유숙, 전영주, 김수연 (2013). **가족평가 핸드북**. 학지사.

김은주 (2020). 학령기 가족식사의 다차원성과 가족건강성. 서울대학교 석사학위논문.

김한나, 이미선 (2013). 어머니의 우울과 어머니가 지각한 부부관계가 자녀의 문제행동에 미치는 영향에 관한 연구-어머니 양육행동의 매개효과를 중심으로. **아동복지연구, 11**(3), 73-92.

김혜련 (2002). 주의력결핍 과잉행동 유아의 가족기능에 관한 연구: circumplex model을 중심으로. **정서 · 학습장애 연구, 18**, 183-206.

김효정, 정미애 (2010). 대학생의 가족기능과 자기효능감이 자살생각에 미치는 영향. **한국간호교육학회지, 16**(1), 43-50.

김희경, 이미형 (2014). 용서치료가 알코올 의존자 부인의 극복력, 자존감 및 영성에 미치는 효과. Journal of Korean Academy of Nursing, **44**(3), 237-247.

박경란, 이영숙, 전귀연 (2008). **현대가족학**. 신정.

박순아, 박근우 (2017). 가족의 기능과 스마트폰중독과의 관계에서 자아분화의 매개효과. **한국산학기술학회 논문지, 18**(4), 325-333.

박호란, 박선남, 정경희, 김혜자 (2001). 암 환아 어머니의 희망, 부담감과 가족기능. **자녀간호학회지, 7**, 51-61.

서고운 (2018). 아버지와 어머니의 우울과 음주 행동이 아동의 발달에 미치는 영향: 가족 기능의 매개효과와 아동 성별의 조절 효과. **한국가족관계학회지, 23**(2), 3-28.

서미아 (2011). 가족기능, 부모-자녀 의사소통, 가족만족도와 청소년의 게임사용 간의 상관성. **보건교육건강증진학회지, 28**(1), 37-47.

손정남 (2002). 흡연행위에 따른 남고생의 가족기능 및 가족 유형에 관한 조사연구. **정신간호학회지, 11**(1), 78-88.

안경숙 (2006). 대학생들이 지각한 가족응집성, 가족응집성과 자아존중감과의 관계. 인제대학교 대학원 석사학위논문.

안윤정, 현진희 (2015). 청소년의 우울 및 가족기능이 학교적응에 미치는 영향: 성별차이를 중심으로. **학교사회복지, 31**, 111-135.

양진희 (2016). 유아기 자녀를 둔 아버지와 어머니의 가족 상호작용, 온정적 양육방식, 우울 간의 자기효과와 상대방효과 분석. **유아교육학논집, 20**(4), 409-433.

양진희, 김영철 (2016). 유아부모의 가족 상호작용, 양육분담, 양육 스트레스 간 관계의 자기효과와 상대방 효과. **아시아교육연구, 17**(3), 81-106.

어은주, 유영주 (1995). '가족의 건강도' 측정을 위한 척도 개발에 관한 연구. **한국가정관리학회지, 13**(1), 145-155.

여성가족부 (2021). 2021 가족 다양성에 대한 국민인식조사.

연은모, 윤해옥, 최효식 (2016). 부모의 우울, 지각된 가족기능, 양육태도, 유아의 내재화 및 외현화 문제행동 간의 구조적 관계 분석: 자기효과와 상대방효과를 중심으로. **유아교육연구, 36**(2), 243-269.

옥경희 (2017). 유아기 자녀가족의 가족체계 기능과 부모의 양육행동, 양육분담, 양육 스트레스. **한국가족관계학회지, 22**(2), 99-117.

유계숙 (2004). 건강가족의 요소에 관한 연구-가족체계와 건강성을 중심으로-. **한국가족관계학회지, 9**(2), 25-42.

유영주 (2004). 가족강화를 위한 한국형 가족건강성 척도개발연구. **한국가족관계학회지, 9**(2), 119-151.

유영주, 이인수, 김순기, 최희진 (2013). 한국형 가족건강성척도 II (KFSS-II) 개발 연구. **가정과 삶의 질 연구, 31**(4), 113-129.

이경희, 이경숙 (2017). 초등학생의 인터넷게임중독, 가족기능성, 또래폭력 가해경험, 피해경험이 또래폭력 행위가능성에 미치는 영향. **한국콘텐츠학회논문지, 17**(7), 425-436.

이상길 (2004). 가정배경 변인에 따른 일반계 고교생이 지각한 가족적응성과 가족응집성의 차이. **한국심리학회지: 상담 및 심리치료, 16**(3), 435-448.

이정윤, 허재홍 (2003). 아동의 자살생각에 영향을 미치는 가족 위험요인. **청소년상담연구, 11**(2), 85-95.

이혜원, 최경옥 (2010). 아동의 결식이 심리사회적 적응과 가족기능에 미치는 영향. Korean Journal of Family Social Work, 28(4), 37-60.

장갑수 (2014). 부모-자녀 의사소통의 유형이 청소년 인터넷 게임중독에 미치는 영향-가족기능의 매개 효과를 중심으로. **한국컴퓨터게임학회논문지, 27**(1), 181-188.

전귀연 (1993). 청소년이 지각한 가족응집성, 가족적응성 및 가족체계유형이 청소년의 적응에 미치는 영향. 경북대학교 박사학위논문.

전천운 (2009). 청소년의 인터넷중독에 영향을 미치는 요인에 관한 연구. **한국자치행정학보, 23**(2), 141-166.

정문자, 정혜정, 이선혜, 전영주 (2011). **가족치료의 이해**. 학지사.

정수경 (1993). 정신분열증환자의 질병기간에 따른 가족기능의 효과성 연구. 연세대학교 박사학위논문.

정영숙 (1990). 일부지역 주민의 가족기능과 관련요인 분석연구. **대한간호학회지, 20**, 5-15.

조은경 (1992). 父母 · 靑少年子女간의 대인거리. 심리적 거리. 의사소통이 家族의 응집성과 적응력에 미치는 영향. 한양대학교 석사학위논문.

조흥식, 김인숙, 김혜란, 김혜련, 신은주 (2010). **가족복지학**. 학지사.

주남, 김지영, 김민지, 조재희 (2023). 카카오톡을 통한 가족 간 상호작용 동기가 가족관계 만족도에 미치는 영향: 가족 간 의사소통 만족도, 가족 응집성, 가족 단체채팅방 이용 여부를 중심으로. **한국언론정보학회, 118**, 218-256.

주석진, 좌동훈 (2011). 청소년들의 인터넷 게임중독에 미치는 예측모형: 인구사회학적 특성과 가족관련 특성을 중심으로. **청소년학연구, 18**(5), 165-190.

최명숙 (2013). 대학생의 가족응집성 및 적응성, 자아존중감과 생활 스트레스와의 관계. **지역사회발전학회논문집, 38**(2), 31-37.

최배영 (2018). 중년기가족저녁식사의례의 가족역할중요도와 가족건강성 간 매개효과. **차문화산업학, 42**, 237-275.

최주환, 이제행 (2017). 초등학생이 인지한 가족여가활동이 가족응집력과 스마트폰중독에 미치는 영향. **경인교육대학교 교육연구원 교육논총, 37**(2), 155-173.

통계청 (2023). 2022년 하반기 지역별고용조사 맞벌이가구 및 1인 가구 취업 현황.

통계청 (2023). 2023 통계로 보는 1인 가구.

하헌국, 전귀연 (1998). 가족기능이 여가만족에 미치는 영향에 관한 연구. **관광레저연구, 10**(1), 193-211.

한국언론진흥재단 (2021). 2021년도 언론수용자조사.

한국자살예방협회 (2008). **자살의 이해와 예방**. 학지사.

한국지능정보사회진흥원 (2021). 2021년 스마트폰 과의존 실태조사.

홍유미 (2014). 초등학생의 가족 스포츠 활동 참여가 가족응집력과 인성에 미치는 영향. 이화여자대학교 교육대학원 석사학위논문.

홍윤경 (2008). 가족의 기능적 결손이 청소년 약물남용에 미치는 영향에 관한 연구. 서울여자대학교 석사학위논문.

황희정, 이주영 (2016). 초등학생이 지각한 가족응집성 및 가족적응성이 자살생각에 미치는 영향: 회복탄력성의 매개효과. **한국심리학회지: 상담 및 심리치료, 28**(3), 777–800.

Baumrind, D. (1991). The influence of parenting style on adolescent competence and substance use. *The journal of early adolescence, 11*(1), 56–95.

Beavers, W. R., & Voeller, M. N. (1983). Family models: Comparing and contrasting the Olson circumplex model with the Beavers systems model. *Family process, 22*(1), 85–97.

Bertalanffy, L. V. (1968). *Generals systems theory: Foundations, development and application* (Rev. ed.). George Brazeller Company.

Choquet, M., Kovess, V., & Poutignat, N. (1993). Suicidal thoughts among adolescents: An intercul-tural approach. *Adolescence, 28*(111), 649–659.

Epstein, N. B., Bishop, D. S., & Levin, S. (1978). The McMaster model of family functioning. *Journal of marriage & family counselling, 4*, 19–31.

Goodman, S. H., & Brand, S. R. (2011). Infants of depressed mothers: Vulnerabilities, risk factors, and protective factors for the later development of psychopathology. In C. H. Zeanah (Ed.), *Handbook of infant mental health* (pp. 153–170). The Guilford Press.

McFarlane, A. H., Bellissimo, A., & Norman, G. R. (1995). Family structure, family functioning and adolescent well-being: The transcendent influence of parental style. *Journal of Child Psychology and Psychiatry, 36*(5), 847–864.

Olson, D. H., & DeFrain, J. (2000). *Marriage and the family: Diversity and strengths*. Mayfield Publishing Co.

Olson, D. H., Russel, C. S., & Sprenkle, D. H. (1983). Circumplex model VI: Theoretical update. *Family process, 22*, 69–83.

Olson, D. H., Sprenkle, D., & Russel, C. (1979). Circumplex model of marital and family system: Cohesion and adaptability dimensions. *Family process, 18*, 3–28.

Stinnett, N., & DeFrain, J. (1985). *The Secrets of Strong Families*. Little, Brown.

Utter, J., Denny, S., Robinson, E., Fleming, T., Ameratunga, S., & Grant, S. (2013). Family meals and the well-being of adolescents. *Journal of Paediatrics and Child Health, 49*(11), 906–911.

Whitaker, C. A. (1976). The Technique of Family Therapy. In G. P. Sholevar (Ed.), *Changing sexual values and the family*. Charles C. Thomas.

CHAPTER 04

가족탄력성

1. 가족탄력성의 이해
2. 가족탄력성 모델
3. 가족탄력성 연구동향
4. 미래연구전망

가족은 사회를 구성하는 가장 기본단위로 인간의 성장과 발달에 중요한 영향을 미친다. 그러나 가족이 가족구성원을 보호하면서 사회가 요구하는 역할을 수행해왔던 과거와 달리, 현대에 이르러 전통적 가족주의의 쇠퇴, 핵가족화와 개인주의적 가치관의 형성, 장기화된 경기침체 등과 같은 급격한 사회변동으로 인해 가족체계에 도전을 받게 된 가족이 증가하고 있다. 이처럼 현대의 가족은 사회 변화에 대한 적응과 더불어 각 생활주기 전환에 따른 상황적 요구, 예기치 않게 발생할 수 있는 위기나 역경까지 다양한 강도의 어려움에 노출될 수 있다. 그러나 혼란과 위기상황을 관리하고 극복하는 능력은 각 가족마다 다르게 나타난다. 즉 동일한 수준의 스트레스를 경험하더라도 어떤 가족은 부적응적인 결과를 나타내는 반면 어떤 가족은 적응하는 모습을 보인다는 것이다.

개인과 마찬가지로 가족 역시 평생 끊임없이 극복해야 할 크고 작은 어려움과 역경을 경험하면서 살아간다. 그러므로 위기를 긍정적인 관점으로 직면하여 함께 해결할 수 있는 탄력성을 지닌 가족의 특성을 이해하는 것은 가정의 행복과 건강한 사회 발전을 위해 매우 중요하다. 따라서 이 장에서는 가족탄력성의 개념과 구성요인 및 가족탄력성 모델을 살펴보고, 비발달적 스트레스와 발달적 스트레스에 직면한 가족의 탄력성과 가족탄력성 척도개발연구 및 가족탄력성과 관련한 미래연구전망에 대해 살펴보기로 한다.

1. 가족탄력성의 이해

1) 가족탄력성의 개념

가족탄력성(family resilience)은 개인의 탄력성 개념이 가족에게 적용된 것으로 고위험에 직면한 상황에서도 성공적으로 적응하는 가족을 설명하는 개념이다(Hawley & Dehaan, 1996). 개인을 하나의 기능적 단위로 두고 이들의 보호요인과 위험요인에 초점을 두었던 탄력성과는 달리 가족을 하나의 역동적인 단위로 간주하여 가족 안에서 일어나는 가족원의 스트레스에 대한 대처와 적응에 주된 관심을 두고 있다.

가족탄력성은 가족 스트레스와 대처에 관한 연구에서 그 기원을 찾아볼 수 있다(McCubbin & McCubbin, 1988; Hawley & Dehaan, 1996). 1990년대 가족학자들은 고위험상황에서조차 잘 적응하는 가족을 발견하고, 개인의 연구에만 적용되던 '탄력성' 개념을 가족 대상으로 확장하여 연구하기 시작했다. 연구의 주된 관심은 고위험에서도 적응적으로 기능적일 수 있는 가족의 능력은 무엇인가였다. 그 과정 속에서 가족의 부적응 요인을 밝히고자 하는 과거의 병리적 관점에서 벗어나 강점관점이 주요 관점으로 제기됨에 따라 가족탄력성이라는 새로운 이론적 개념이 구성되게 되었다(김미옥, 2001; Hawley & Dehaan, 1996).

가족탄력성의 출현은 위기와 스트레스를 경험하고 있는 가족이라 할지라도 가족체계 내에서 극복할 수 있는 내적 자원과 외적 자원을 지니고 있다고 강조함으로써 가족의 실패에 초점을 두는 것이 아니라 어떻게 성공할 수 있는지에 관심을 돌리게 하였다(Walsh, 1998, 양옥경 · 김미옥 · 최명민 역, 2002). 이에 따라 가족탄력성에 대한 관심이 급격히 늘어나면서 가족탄력성을 정의하려는 학자도 다양해졌다. McCubbin과 McCubbin(1988)은 가족탄력성을 위기에 직면했을 때 적응적이게 되고, 새로운 변화로 인한 혼란에 저항함으로써 기능적인 가족이 되도록 돕는 가족의 특성, 차원, 자원으로 정의하였다. 또한 Patterson(2002)은 고난 또는 위기에 노출되었을 때 가족이 적응하고 성공적으로 기능하기 위하여 활용하는 적응적 과정이라 하였으며, Walsh(2002)는 단순히 스트레스 상황에서 잘 적응하고 극복할 수 있는 것뿐만 아니라 인격이 변화되고 관계적인 성장을 이루는 능력으로 정의를 확장시켰다.

이러한 정의에서 공통적으로 나타나는 특성을 정리하면 다음과 같다(김고은, 2006).

첫째, 가족탄력성은 곤경에 직면하여 표면화된다. 즉, 평상시에는 잠재되어 있다가 가족이 위기를 경험할 때 외부로 나타나 가족기능의 평형화를 유지할 수 있도록 돕는다. 이는 체계의 변화지향성(morphogenesis)과 유사하다. 가족이 생존하기 위해서는 그들 규칙과 과정 안에서 기본적인 대응방식을 만들어 내야 한다는 것이다. 이때 체계는 가족을 둘러싼 환경과의 조절을 통해 균형유지를 위한 변화를 시도한다. 따라서 가족탄력성은 어려움을 마주하였을 때 겉으로 나타나 변화를 수행하지만 어려움이 없을 경우에는 잠재되어 있다.

둘째, 가족탄력성은 탄성의 속성을 가진 개념이다. 일시적인 스트레스 상태 안에서도 회복할 수 있는 능력 또는 이전의 상태로 다시 돌아갈 수 있는 탄성의 특성을 갖는다.

셋째, 가족탄력성은 병리학적 관점(pathology)이 아닌 잠재력(potential)을 가진 가족으로 조명한다. 이는 그동안 손상되고 고위험에 노출된 가족으로 바라보던 시각을 회복과 성장의 잠재력을 가진 가족으로 전환시켰다(김미옥, 2001). Stinnett과 DeFrain(1985)은 연구에서 상처와 절망 가운데서도 약 75%의 가족이 긍정적인 결과를 경험하였다고 보고하면서, 많은 가족들은 협력적으로 위기를 극복하는 과정을 통해 더욱 돈독해지고 가족강점이 강화될 수 있을 것이라 하였다.

이상에서 살펴본 것과 같이 가족탄력성은 가족이 역경으로부터 긍정적, 성공적 적응을 이루어내는 역동적 과정으로 이전의 상태로 되돌아가는 것을 뛰어넘어 통찰을 통하여 성장과 발전해 나가는 힘이라고 할 수 있다. 그러므로 건강한 가족이란 문제가 없는 가족이 아니라 위기상황에 함께 대처하고 문제해결능력이 있는 가족이라 이해되어야 할 것이다. 덧붙여 가족탄력성은 이 같은 대처노력과정들을 통하여 더욱 강화될 수 있을 것이다.

2) 가족탄력성의 구성요인

가족탄력성의 정의만큼이나 가족탄력성의 요인과 그에 다른 측정방식 역시 학자들에 따라 다양하게 제시되고 있다. 이는 학자들마다 관심을 가지는 주제에 따라 강조되는 부분이 다르기 때문인데, 용어의 선택, 구성 내용, 요인의 수에서 조금씩 차이는 있지만 대개 가족탄력성이 정신적, 물질적, 경제적 차원 등과 같은 여러 요인이 종합적으로 관여되어 있다는 점에서는 이견을 보이지 않고 있다(Hawley & DeHaan, 1996).

몇몇 학자들을 중심으로 간략히 살펴보면 다음과 같다. Cowan과 Hetherington(1991)은 가족탄력성의 기본요인으로 응집성, 유연성, 개방적인 의사소통, 문제해결과 신념체계를 제시하였다. 이때 응집성은 가족구성원이 서로를 향하여 집결되는 정서적 결속을 의미한다. Singer와 Power(1993)는 장애아동가족에 대한 연구를 통해 유연한 의미 해석, 균형잡힌 대처, 유연한 상호의존을 주요 요인으로 보았다. McCubbin 등(1993)은 가족 스트레스 이론을 발전시켜 가족스키마(family scheme), 가족기능, 가족자원, 가족형태, 문제해결과 대처, 사회적 지지를 가족탄력성 요인으로 규정하고, 가족 내 긴장이 발생하면 구성요인들의 상호작용 수준에 따라 스트레스에 대한 가족적응이 결정된다고 보고하였다. 이때 가족 스키마란 가족기능을 변화시키려고 하는 중요한 노력의 하나로 가족이 기본적으로 가지는 가치나 신념을 말한다. Silliman(1994)은 헌신, 의사소통, 응집성, 적응성, 연결성(유대감), 영성, 시간공유, 효율성, 가족강점을 가족탄력성의 구성요인으로 보았다. 이때 적응성은 한 가족이 가족의 규칙, 역할 및 전략을 내 · 외적인 필요와 목표에 반응하여 변화시킬 수 있는 정도를 말한다. Walsh(1998)는 가족탄력성이 신념체계, 조직 패턴, 의사소통과정의 세 가지 상위 핵심요인과 각 요인마다 세분화된 하위요인으로 구성되어 있다고 제시하면서 이러한 세 가지 핵심요인들은 서로 상호작용하며 시너지 효과를 가질 수 있다고 하였다.

한편 Black과 Lobo(2008)는 가족탄력성과 관련된 여러 문헌고찰을 통해 긍정적인 조망, 영성, 일치성, 유연성, 의사소통, 재정관리, 함께 보내는 시간, 가족여가, 관례와 의식, 사회관계망을 건강하고 유연한 가족들에게서 공통적이고 반복적으로 나타나는 속성임을 밝혀낸 바 있다. 국내 연구의 경우, 박혜란과 전귀연(2014)은 한국 중년기가족탄력성 척도(Korea Midlife Family Resilience Scale: KMFRS)의 구성요인으로 가족유대 및 문제해결, 역경에 대한 가족의 긍정적 인식, 가족의 경제적 안정, 가족 종교 및 영성, 확대가족지지, 친구이웃지지를 제시하였다.

가족탄력성의 구성요인을 간략히 정리한 내용은 〈표 4-1〉과 같다.

〈표 4-1〉 가족탄력성의 구성요인

학자	가족탄력성 요인
Cowan & Hetherington (1991)	cohesion, flexibility, open communication, problem solving, belief system
Singer & Power (1993)	flexible meaningfulness, balanced coping, flexible interdependence
McCubbin 등 (1993)	family scheme, family function, family resources, family types, problem solving & coping, social support
Silliman (1994)	commitment, communication, cohesion, adaptability, connectedness, spirituality, time together, efficacy, family strength
Walsh (1998)	belief system, organizational patterns, communication processes
Black & Lobo (2008)	positive outlook, spirituality, family member accord, flexibility, family communication, financial management, family time, shared recreation, routines and rituals, support network
박혜란 · 전귀연 (2014)	가족유대 및 문제해결, 역경에 대한 가족의 긍정적 인식, 가족의 경제적 안정, 가족 종교 및 영성, 확대가족지지, 친구이웃지지

학자별로 다양하게 제시된 가족탄력성 요인들은 표현의 차이는 있지만 내용적인 면에서는 일정 부분 공통성을 가지고 있거나 중첩되는 측면이 있는 것으로 보인다. 이는 궁극적으로는 제시된 요인들 모두 가족의 적응과 성장을 목적으로 하고 있기 때문이다. 일례로 가족탄력성 연구의 양대 축으로 꼽히는 McCubbin 등(1993), Walsh(1998)의 이론모델만 하더라도 개별 하위요인들의 분류와 명칭은 다르지만 개념적인 차원에 있어서는 큰 차이를 보이고 있지 않음을 발견할 수 있다. McCubbin 등(1993)의 가족 스키마에 대한 개념은 Walsh(1998)의 신념체계에 해당되며, McCubbin 등(1993)의 가족기능, 가족자원, 가족형태, 사회적 지지는 Walsh(1998)의 조직 패턴, McCubbin 등(1993)의 문제해결과 대처에 대한 개념은 Walsh(1998)의 의사소통과정에 해당되는 것으로 볼 수 있다(이주희 · 정현주, 2009). 이러한 이유로 가족탄력성

연구들은 비교적 일관된 결과를 보이는 것으로 나타났다.

그럼에도 불구하고 Walsh(1998)의 이론모델은 다른 학자들이 제시한 요인과는 구별되는 유용성을 보인다. 첫째, 다수의 학자들이 가족 스트레스와 대처이론을 크게 벗어나지 못한 채 구성요인을 제시한 것과는 달리 Walsh는 강점관점을 기반으로 취약성보다 가족 적응을 강조하면서 구성요인과 요인별 특성에 대한 구체적 · 이론적 근거들을 명시하였다는 점이다. 즉 다양한 가정을 대상으로 어떤 요인들이 가족탄력성으로 작용하는지에 대한 변인중심적 연구를 통해 가족 내 인지적, 구조적, 기능적 핵심기능을 밝혀내고 이를 세 가지 요인으로 설명하였다(김송희 · 장석진, 2021). 따라서 잘 구별된 효과적인 요인들을 바탕으로 가족을 위한 실질적인 서비스와 구체적인 개입 프로그램에 쉽게 적용할 수 있다는 이점이 있다.

둘째, 한 가지 위기에 대한 순간적인 가족반응이 아닌 시간을 통한 진행에 초점을 두고(박혜란 · 전귀연, 2014) 이를 가족과정(family process)의 차원에서 설명하였다는 점이다. 이러한 점에서 Walsh(1998)의 이론은 역동적 실체인 가족의 특징을 잘 반영하여 가족을 다차원에서 조명하는 이점을 보이고 있다(양옥경 · 김연수, 2003). 따라서 이 장에서는 이러한 이유로 Walsh(1998)의 가족탄력성 모델을 자세히 소개하고자 한다.

2. 가족탄력성 모델

Walsh(1998)는 체계적 관점, 생태학적 관점, 발달적 관점에 근거하여 신념체계, 조직 패턴, 의사소통과정을 가족의 탄력성을 구성하는 세 개의 핵심 요인으로 제시하였다. 구체적으로 체계적 관점은 가족을 복잡하게 얽혀 있는 관계망으로 이루어진 하나의 역동적 체계로 보는 관점을 의미한다. 생태학적 관점은 가족을 둘러싼 다양한 환경과의 상호작용 속에 존재하는 하나의 체계로 보고, 가족이 그 상호작용 속에서 유지, 성장, 발전된다고 보는 관점이다. 발달적 관점이란 가족탄력성을 위기에도 불구하고 시간의 흐름에 따라 발달해가는 역동적인 변화의 과정으로 보는 관점을 말한다. 이러한 세 가지 요인은 위기에 대처하는 가족의 능력을 강화하고 강조함을 보여준다.

1) 신념체계

신념체계(belief system)는 세상을 인식하는 가장 중요한 틀이며, 내 · 외적 환경을 보는 하나의 렌즈 역할을 함으로써 개인의 경험을 해석하고 재조직하는 틀을 제공한다. 특히 가족은 함께한 문화와 비슷한 경험에 기초하여 유사한 신념을 갖게 되는데(장용주, 2006), 이는 가족원들이 위기상황에 접근하고 처리하는 방식에 큰 영향을 미치게 된다. 즉 가족의 신념체계는 응집력을 제공하고 통제감을 만드는 기초가 되며, 하나의 기능적 단위로서 가족이 사건과 행동을 결정하는 데 많은 영향을 준다(Walsh, 1998, 양옥경 · 김미옥 · 최명민 역, 2002). 따라서 가족이 어떠한 신념체계를 갖는지에 따라 적절한 대처와 역경의 극복을 가져올 수도 있고, 역기능과 절망을 가져올 수도 있음을 의미한다. 그러므로 가족의 신념체계가 어떻게 조직되며, 가족체계에 어떠한 방식으로 영향을 미치는지를 이해하기 위해서는 각각의 하위개념을 이해하는 것이 필요하다. 신념체계는 역경에 대한 의미부여, 긍정적 관점, 초월과 영성의 세 가지로 구성된다.

(1) 역경에 대한 의미부여(giving meaning to adversity)

가족들이 직면한 위기상황을 어떻게 해석하고 의미를 부여하는지와 관련된 과정을 말한다. 역경의 의미는 가족의 상호작용을 통해 여과될 수 있으므로 가족이 위기상황에 대해 공유된 해석을 하는 것이 중요하다. 이를 위해서는 가족구성원 간의 강한 신뢰와 결속감이 필요하다. 탄력적인 가족은 상호작용을 통하여 위기를 하나의 도전으로 받아들이고 도전에 따른 변화의 필요성을 더 잘 수용할 수 있다(김미옥, 2001).

(2) 긍정적 관점(positive outlook)

가족들이 직면한 위기상황에 대해 극복할 수 있다는 희망적이고 낙관적인 믿음을 가지고 이를 인생에 다가온 새로운 도전으로 바라보는 시각을 말한다. 긍정적인 관점은 가족구성원들이 무력감, 실패감을 이겨낼 수 있도록 도와주며, 시련 속에서도 흔들리지 않는 자신감과 해낼 수 있다는 생각을 강화시킨다. 따라서 역경에 대한 긍정적인 시각을 가진 가족은 구성원의 장점과 잠재력에 초점을 두고, 삶에 대해 희망적인 태도를 유지하며 상황에 대한 인식과 수용성이 높은 가족을 의미한다.

(3) 초월과 영성(transcendence and spirituality)

인생의 의미와 같이 더 큰 가치와 목적을 지향하는 것으로, 가족들이 위기를 극복하는 것을 넘어 이를 통해 학습하고 성장하려는 자세를 취하는 것을 말한다. 이러한 초월적인 믿음은 고통스럽고 불확실한 현실에서 가족들에게 희망을 가지게 만들고, 바뀔 수 없는 상황에 대한 수용을 가능하게 함으로써, 고통 안에서 위안을 준다(Walsh, 1998). 탄력적인 가족은 그들의 문화와 전통, 종교를 통해 편안함을 얻고 의존하여 역경을 극복하는 힘으로 사용한다. 그러므로 어려운 상황에서 도움이 필요한 경우, 자신의 힘으로 해결할 수 없음에 좌절하기보다는 종교적인 의지를 통해 힘을 얻거나 친척, 전문가 자원,

사회적 지지 등의 사회적 자원을 찾아 활용하는 특성을 가진다.

2) 조직 패턴

조직 패턴(organizational patterns)은 가족이 하나의 체계로서 통합되어 있는 정도를 의미하는 것으로 변화하는 조건에 적합하도록 가족을 재조직하며 가족 내 · 외의 주변 자원을 활용할 수 있는 능력을 말한다. 다양한 형태로 살아가는 현대의 가족들은 그들이 직면하는 과제와 위기를 효과적으로 다루기 위해 자원을 동원하고 스트레스를 중재하며 변화하는 환경에 맞춰 가족구조를 잘 적응시킬 수 있어야 한다. 따라서 효과적인 가족의 조직 패턴은 유연성, 연결성, 사회 · 경제적 자원을 통해 형성된다.

(1) 유연성(flexibility)

가족이 삶 속에서 안정과 변화 사이의 균형을 이루면서 변화하는 발달적 환경요구에 적응하는 능력을 말한다. 즉 필요할 때 변화할 수 있는 능력으로 가족생활주기의 주요 전환점이나 긴장이 유발되는 상황에서 중요한 요소가 된다. 탄력적인 가족은 스트레스와 위기상황에 적응하기 위해 스프링처럼 기존의 모양이나 표준형태로 돌아가는 것이 아니라, 새로운 변화에 적응할 수 있도록 가족구성원의 역할을 재분배하거나 가족규칙의 수정을 통해 위기를 슬기롭게 대처할 수 있다(Walsh, 2003).

(2) 연결성(connectedness)

응집성 개념과 유사한 것으로 가족구성원 간의 정서적 유대감을 말한다(Olson, 2000). 즉 가족구성원 개인에게 부여된 자율성과 가족이 함께하는 정도의 균형을 의미한다. 기능적인 가족은 구성원 사이의 명확한 경계를 유지하면서도 개인의 사고, 감정, 행동에 대한 책임감을 가지며, 서로의 관심을 나눌 수 있다(김미옥, 2001).

(3) 사회 · 경제적 자원(social and economic resources)

당면한 위기상황에서 가족 외부의 자원을 잘 동원하고 활용하는 것을 말한다. 즉 가족 주변의 유용한 인적 · 사회적 네트워크를 확보하여 이를 통한 실제적 도움을 지원받거나 재정적 수단을 세움으로써 일과 가족의 부담에 대한 균형을 갖는 것을 의미한다(Walsh, 2003). 따라서 기능적인 가족은 개방체계를 유지하고 적극적으로 외부로부터의 도움을 구하여 유용한 사회경제적 자원을 적절히 사용할 수 있다.

3) 의사소통과정

의사소통과정(communication processes)은 신념의 전달, 정서표현, 정보의 교환, 문제해결과정을 포함하는 것(Walsh, 2016)으로, 좋은 의사소통은 가족기능과 가족탄력성의 모든 측면에서 중요한 핵심적 요소가 된다. 이러한 의사소통과정은 모든 가족기능을 활성화시킬 수 있다는 점에서 위기나 장기간 노출된 스트레스와 같이 원활한 의사소통이 어려운 상황에서 가장 중요하게 다루어져야 한다. 따라서 가족구성원들 상호 간의 건강하고 기능적인 의사소통은 명확성, 개방적인 정서표현, 상호협력적인 문제해결로 구성된다.

(1) 명확성(clarity)

말과 행동에 혼란을 주지 않는 명확하고 일관성 있는 메시지 전달을 말한다. 불명확한 의사소통은 가족구성원들에게 불안과 갈등을 불러일으키거나 잘못된 가정이나 마음읽기 시도를 하게 함으로써 오해와 혼돈을 줄 수 있다. 따라서 위기와 스트레스 상황에서 가족구성원 간 서로의 의사와 감정을 명확히 전달하는 것은 상황을 이해하고 관리하는 데 도움이 된다. 즉 명확한 의사소통은 역경 속에서도 가족구성원 간 동일한 정보를 공유하고 이해하고 있다는 확신을 주며 가족 적응과 안정적 분위기 형성에 매우 중요한 요소가 된다.

(2) 개방적인 정서표현(open emotional expression)

정서에 대한 선택적인 반응이 아닌 긍정적인 정서뿐만 아니라 부정적인 정서도 수용하고 가족구성원이 함께 공유하고 지지하는 것을 말한다. 상호 간의 신뢰, 공감, 수용적 분위기에서 일어나는 개방적인 대화는 가족구성원들의 긴장과 근심을 완화시키고, 심리적으로 안정감을 주어 서로의 차이에 대한 인정과 대화를 촉진시키는 긍정적 역할을 한다. 따라서 탄력적인 가족은 위기에 대한 다른 관점을 가지고 있더라도 서로의 의견 차이를 이해하고 자신의 정서와 행동에 대해 책임을 질 수 있다.

(3) 상호협력적인 문제해결(collaborative problem-solving)

가족이 당면한 문제나 갈등을 민주적이고 합리적인 의사소통과정과 행동을 통해 해결해 나가는 것을 말한다. 탄력적인 가족들은 명확한 목표와 우선사항을 설정하고 이를 달성하기 위한 구체적인 단계를 밟아나간다. 따라서 탄력적인 가족은 문제가 없는 가족이 아니라 갈등을 잘 다룰 수 있는 가족이라 할 수 있다.

종합해 보면 Walsh(1998)의 가족탄력성 관점에서의 건강하고 기능적인 가족이란 위기가 전혀 없는 평화로운 가족이 아니라, 역경에도 불구하고 이를 극복하고자 하는 노력과 회복할 수 있다는 잠재력에 대한 확신 그리고 가족의 안녕과 건강성을 잃지 않는 가족이라면 어떠한 가족이든지 간에 될 수 있음을 의미한다. 즉, 가족탄력성이 높은 가족은 특정한 가족형태를 설정하는 것에 의미가 있는 것이 아니라 가족이 어떻게 기능하는지에 따라 결정된다는 점에서 가족탄력성을 이끌 수 있는 조건과 환경이 무엇인지에 대한 구체적인 시사점을 제공하고 있다.

3. 가족탄력성 연구동향

가족탄력성 연구는 탄력성 개념의 발전과 함께 가족이라는 사회적 단위로 연구가 확장되면서 대두되기 시작하였다. 즉 개인의 삶에 가족이 미치는 영향에 대한 이해가 높아짐에 따라 가족탄력성이 학계의 본격적인 조망을 받기 시작한 이래로 여러 학문 분야에서 다양한 주제와 함께 활발한 연구가 진행되고 있다(박혜란 · 전귀연, 2014).

이 책에서는 비발달적 스트레스에 직면한 가족 유형별 가족탄력성과 생애주기별 발달적 스트레스에 따른 가족탄력성에 대한 국내 연구동향을 살펴보기 위해 한국교육학술정보원(Research Information Sharing Service: RISS)을 이용하여 2000년부터 2023년 12월까지 한국연구재단의 등재 및 등재후보 학술지에 게재된 논문들을 중심으로 살펴보았다. 연구대상별 가족탄력성과 관련되어 검색된 논문 중 프로그램 개발, 문헌고찰, 정책담론, 치료관련 연구는 제외하였다. 비발달적 스트레스에 직면한 가족 유형 중 장애 및 신체질병가족의 경우 45편, 사회 변화에 따른 다양한 유형의 가족의 경우 21편, 경제문제가족 3편, 외상경험가족은 8편이 검색되었고, 이를 분석에 사용하였다. 발달적 스트레스에 직면한 가족의 경우 가족구성원의 생애주기에 따라 유아 및 아동 3편, 청소년기 13편, 성인기 20편, 노년기 2편이 검색되었고 이를 분석에 사용하였다.

역경에 처한 가족이 평형상태를 유지해 가도록 하는 가족탄력성은 위기에 처한 취약한 가족을 지지하고 강화하기 위한 예방과 개입을 안내하는 데 중요한 변인으로 주목받았다(Walsh, 2002). 이러한 개념적 정의에 기반하여 가족탄력성 관련 선행연구들은 장애, 질병, 경제적 어려움 등 다양한 위기에 처한 가족을 대상으로 이들의 가족적응에 주된 관심을 가져왔다. 이때 가족적응이란 가족 개개인이나 가족집단에 가족체계 내의 변화를 일으킬 수 있거나 일으키는 생활 사건에 직면하였을 때, 이로부터 오는 스트레스를 감소시키거나 해결하려는 노력을 통해 가족 간의 통합성이 잘 유지되는 것을 말한다(강혜원, 2004). 그러나 가족탄력성은 위기로 인한 가족 내 구조적인 문제에 의해서만 발현되는 것이 아니라 가족의 생활주기에 따라서도 다양하게 나타날 수 있다. 모든 가족은 생활주기를 영위함에 따라 다양한 변화와 생활사건을 경험하게 되고 이는 가족 내 긴장과 스트레스를 가져올 수 있기 때문이다.

가족이 생활주기에 따라 경험할 수 있는 발달적 스트레스와 사고, 질병 등 예측 불가능한 사건으로부터 경험하게 되는 비발달적 스트레스에 따라 가족유형을 나누어 살펴보고자 하였다. 이에 비발달적 스트레스를 경험하는 가족유형으로는 장애 및 신체질병가족, 사회 변화에 따른 다양한 유형의 가족, 경제문제가족, 외상경험가족으로 구분하여 관련 연구동향을 살펴보고자 하였으며, 발달적 스트레스를 경험할 수 있는 가족으로는 특별한 어려움이 언급되지 않은 일반가족을 대상으로 가족구성원의 생애주기, 즉 유아/아동기, 청소년기, 성인기(청년기, 중년기), 노년기에 따라 관련 연구동향을 고찰하였다.

1) 비발달적 가족 스트레스와 가족탄력성

(1) 장애 및 신체질병가족

장애 및 신체질병가족은 신체적 · 정신적 장애나 질환으로 오랫동안 일상생활이나 사회생활에서 상당한 제약을 받는 가족구성원이 있는 가족 유형을 말한다. 장애 및 신체질병가족은 가족탄력성 연구의 초기부터 현재까지 지속적으로 가족학, 복지학, 간호학 분야에서 가장 빈번하게 연구되는 대상이다. 크게 정신 및 신체장애가족(구본경 · 최희철, 2019; 김미옥, 2001; 송순인, 2010; 이유리 · 최희철, 2017; 조혜련, 2009; 홍정하, 2008), 만성질환가족(이선애, 2004), 치매노인 부양가족(김승돈 · 김용환, 2009; 윤수희, 2004; 이희세, 2015), 알코올중독자가족(전혜정 · 안연선, 2010)으로 나뉜다. 검색결과, 장애 및 신체질병가족 관련 연구 총 45편 중 정신 및 신체장애가족을 대상으로 한 연구가 35편으로 주를 이루었고, 만성질환가족을 대상으로 한 연구가 4편, 치매가족을 대상으로 한 연구가 3편, 알코올중독자가족을 대상으로 한 연구가 3편으로 나타났다.

장애 및 신체질병가족 전체를 대상으로 한 연구들의 경우 가족탄력성이 가족 적응에 직접적인 영향을 미친다는 결과가 주를 이루고 있다(김계숙, 2016; 송순인, 2010; 이희세, 2015; 정무순 · 김동주, 2011). 그중에서도 몇몇 연구들을 중심으로 살펴보면 뇌성마비가족을 대상으로 한 Lin(2000)의 연구에서는 가족탄력성의 요인 중에서도 자기수용과 영적 지지, 긍정적인 대처전략이 가족적응을 활성화한다고 보고하였다. 또한 알코올중독자 가족단위 전체를 대상으로 한 연구(김지연, 2010)에서는 가족탄력성 요인 중 신념체계, 의사소통과정이 알코올중독자가족의 위기상황 대처 및 정서적인 문제 극복에 유의한 영향을 주는 것으로 나타났다. 한편 직접적인 효과 외에도 가족탄력성은 스트레스와 가족적응에서 이를 완충하는 조절변인으로도 기능하여 조절효과를 나타내는 것으로 나타났다. 조절효과(moderating effect)는 종속변인(결과)에 대한 독립변인(원인)의 관계 방향이나 강도에 영향을 미치는 조절변인을 포함하는 경우를 말한다. 독립변인과 상호작용하여 종속변인에 효과를 미치는 변인을 조절변인이라고 한다. 따라서 상호작용효과가 유의하면 조절효과가 있다는 의미이다(김기태 · 박미진, 2005). 강효경과 유장순(2012)은 장애아가족의 스트레스와 문제해결능력과의 관계에서 가족탄력성의 조절효과를 알아본 결과, 장애아가족의 스트레스와 가족탄력성의 상호작용변인이 장애아가족의 스트레스가 문제해결능력에 미치는 부적인 영향을 감소시키는 조절효과를 보였다고 밝혔다. 즉 장애아동의 양육으로 인해 가족의 스트레스 수준이 높다 할지라도 가족탄력성이 높을 경우 스트레스가 문제해결능력에 미치는 부정적인 영향을 감소시킬 수 있음을 의미한다.

장애 및 신체질병가족의 부부관계를 살펴본 연구의 경우 정신장애인 배우자로 인한 스트레스와 부부적응의 관계에서 가족탄력성 하위요인 중 신념체계 내의 역경에 대한 의미부여, 영성이 부부적응을 높이는 데 도움이 되는 것으로 밝혀졌다(전혜성, 2007). 이때 부부적응은 결혼생활에서 생기는 여러 가지 갈등을 부부가 함께 해결해 나감으로써 바람직한 결혼 생활을 유지하고 보다 행복한 부부관계를 위해 끊임없이 노력하는 동적인 과정을 의미하며 부부간 일치도, 만족도, 응집도를 포함하는 개념을 뜻한다(최성일, 2004). 또한 가족탄력성의 하위요인인 신념체계와 의사소통과정은 치매환자 배우자의 부양부담이 주관적 건강상태에 미치는 영향을 완충하는 조절효과를 보이는 것으로 나타났다(정화철, 2022). 다시 말해 신념체계와 의사소통과정이 높은 가족집단일수록 치매환자를 부양하는 배우자의 부양부담이 주관적 건강상태에 미치는 부정적인 영향을 감소시킬 수 있음을 의미하는 결과이다.

다음으로 장애 및 신체질병가족의 부모-자녀관계에 대한 연구를 살펴보면 가족탄력성이 높을수록 장애아동 아버지의 양육 참여에 긍정적인 영향을 미치는 것으로 나타났다(김고은, 2006). 또한 가족탄력성의 구성요인 중에서도 조직 패턴은 장애아동 가족의 양육 스트레스와 양육효능감 사이에서 매개효과를 보이는 것으로 나타났다(최장원 · 장대연, 2022). 매개효과란 독립변인이 종속변인에 영향을 미치는 데 제3의 변인이 두 변인의 관계를 매개하는 것을 포함하는 경우를 말한다. 매개변인은 독립변인의 결과로서 그리고 종속변인의 원인으로서 동시적으로 생각된다(최미례 · 이인혜, 2003). 즉, 위의 연구(최장원 · 장대연, 2022)에서 장애아 양육 스트레스가 부모의 양육효능감에 직접적으로 부적인 영향을 미칠 수도 있지만 양육 스트레스를 경험할 때 가족탄력성의 하위요인인 조직 패턴을 통하여 간접적으로 부모의 양육효능감에 영향을 미칠 수 있음을 말한다. 따라서 장애아 양육이라는 스트레스에 노출되더라도 가족 간 정서적 연대감을 유지하면서 유연한 역할분담과 주변의 자원들을 적절하게 활용하려는 노력을 기울인다면 부모의 양육효능감 또한 증진될 수 있다는 것을 나타내는 결과라 할 수 있다.

마지막으로 장애 및 신체질병가족의 형제관계에 대한 연구를 살펴보면 가족탄력성이 높을수록 비장애형제 · 자매들이 장애아동에게 더 긍정적으로 반응하고 수용하는 태도를 보였으며(배선영 · 조남주 · 박선자, 2013), 성인 비장애형제 · 자매의 성인 발달장애인에 대한 관여와 미래 돌봄 책임감 역시 증가되는 것으로 나타났다(장미희 · 최영, 2011).

이상의 연구들을 종합해 보면, 장애 및 신체질병과 같은 특수한 상황이 가족에게 항상 부정적인 영향만을 미친다고 할 수는 없지만 장기간에 걸쳐 가족들의 노력이 요구되는 상황이라는 점에서 스트레스를 극복하고 가족의 강점을 찾아내어 강화시킬 수 있는 가족탄력성 접근이 효과적이라는 것을 알 수 있다. 또한 다수의 선행연구에서 일관되게 신념체계가 이들 가족의 적응에 영향을 미친다고 보고된 결과는 가족이 장애 및 신체질병을 어떻게 해석하는가에 따라 가족의 적응이 달라질 수 있다는 점을 시사하고 있다.

(2) 사회 변화에 따른 다양한 유형의 가족

다문화가족, 한부모가족, 재혼가족, 위탁가족, 입양가족 등의 가족 유형들은 변화하는 사회환경으로 인해 지속적으로 증가하고 있는 가족 유형이다. 특히 이러한 가족 유형들은 서로 다른 문화적 배경 차이, 가정의 붕괴 및 해체, 낯설고 새로운 환경에 대한 적응과 같은 특수한 상황으로 인해 스트레스에 노출되기 쉬움에도 불구하고 이들의 가족탄력성을 살펴본 연구는 비교적 최근에서야 이루어지기 시작하였다. 이에 사회 변화에 따른 다양한 유형의 가족 관련 연구 총 21편 중 다문화가족을 대상으로 한 연구가 10편, 한부모가족을 대상으로 한 연구가 8편, 재혼가족, 위탁가족, 입양가족을 대상으로 한 연구가 각각 1편으로 나타났다.

먼저 다문화가족부터 살펴보면 다문화가족은 서로 다른 국적 또는 문화의 사람이 만나 구성된 가족을 의미한다. 다문화가족 전체를 대상으로 한 연구는 다음과 같다. 가족탄력성은 다문화가족의 부부적응(양명숙 · 이혜선, 2011), 즉 일상생활에서 중요한 문제들을 결정하는 부부간의 일치도, 갈등을 잘 관리하여 상대방에 대한 신뢰가 구축된 정도를 의미하는 만족도, 부부가 활동에 같이 참여하는 정도인 응집도에 직접적인 영향을 미치는 것으로 나타났다. 또한 다문화가족의 가족탄력성은 결혼만족도에 직접적인 영향을 미치는 것으로 보고되었으며, 결혼이주여성가족의 스트레스와 가족적응의 관계를 중재하는 조절효과를 보이기도 하였다. 즉 가족탄력성은 결혼이주여성가족의 높은 스트레스가 가족적응에 미치는 부정적인 영향을 감소시키는 조절효과를 보이는 것으로 나타났다(이수연, 2008). 다문화가족의 구성원을 대상으로 한 연구의 경우 가족탄력성이 국제결혼한 남성의 자아탄력성과 결혼행복에 유의한 정적영향을 미치는 것으로 보고되었으며(김민경, 2012), 가족탄력성 요인 중에서도 조직 패턴은 국제결혼한 남성의 스트레스와 가족적응과의 관계에서 매개효과와 조절효과 모두 보이는 것으로 나타났다(김진희, 2011). 즉 매개효과의 경우 국제결혼한 남성의 스트레스가 높더라도 가족 내 조직 패턴이 잘 이루어지는 경우 가족적응 수준이 높아질 수 있음을 의미하며, 조절효과의 경우 국제결혼한 남성의 스트레스가 가족적응에 미치는 부적인 영향을 스트레스와 조직 패턴의 상호작용 변인이 중재할 수 있음을 의미하는 결과라 할 수 있다. 또한 결혼이주여성의 가족탄력성은 가족적응(강현옥 · 황혜원, 2009), 심리적 안녕감과 사회적응력(이미애 · 손명희, 2012)을 강화하는 것으로 나타났으며, 조직 패턴은 결혼안정성에 긍정적인 영향을 미치는 것으로 보고되었다(선희라 · 전귀연, 2013). 다문화가족 아동을 대상으로 한 연구에서는 가족탄력성이 아동의 정서적 지지에 많은 영향을 미치는 것으로 나타났으며 정신건강에도 긍정적인 영향을 주는 것으로 보고되었다(곽정심 · 정문경, 2020).

한부모가족은 이혼, 별거, 사망, 유기 등의 이유로 양친 중 한쪽과 만 18세 미만의 자녀로 이루어진 가족을 말한다. 한부모가족 전체를 대상으로 한 연구들의 경우 가족탄력성 구성요인의 전체 또는 일부가 직접적으로 영향을 미치거나(천혜정 · 임유미, 2007; 현은민, 2008) 조절역할(현은민, 2007)을 하여 가족적응에 긍정적인 영향을 미치거나 한부모가족의 스트레스를 감소시키는 것으로 보고되었다. 특히 한부모가족의 부모-자녀관계와 관련한 연구결과의 경우 인구사회학적 배경 변인보다 경제적 요인과 가족탄력성이 이혼 여성 한부모의 심리적 안녕 및 자녀와의 관계를 향상시키는 데 가장 큰 영향을 미치는 요인인 것으로 나타났으며(김경순, 2010), 한부모 부자가족을 대상으로 한 연구에서도 가족탄력성이 부자가족의 스트레스보다 가족적응에 더 큰 영향력을 미치는 것으로 보고되었다(현은민, 2019). 덧붙여 가족탄력성은 한부모의 양육 스트레스를 감소시켰으며(김행섭, 2010), 양육 스트레스가 정신건강에 미치는 부정적인 영향을 완화시키는 것으로 나타났다(최윤정, 2019). 마지막으로 한부모가족 자녀를 대상으로 한 연구의 경우 가족탄력성은 사회적 지지와 함께 청소년 자녀의 생활만족도에 긍정적인 영향을 주는 것으로 밝혀졌다(박주연, 2011).

재혼가족과 위탁가족, 입양가족을 대상으로 한 연구는 각 1편씩 있었다. 재혼가족은 부부 중 한 사람 혹은 두 사람 모두가 결혼의 경력이 있고, 이혼과 사별을 경험한 사람이 결혼을 통해 새롭게 형성한 가족을 말한다. 재혼가족을 대상으로 가족탄력성이 부부적응에 미치는 영향을 살펴본 연구에서는 가족탄력성 하위요인 중 조직 패턴, 의사소통과정이 재혼가족 부부적응에 유의한 영향을 주는 것으로 나타났다(안순옥, 2008). 이는 재혼가족 부부가 예측가능하며 일관적이지만 상황에 따라 유연하게 변할 수 있는 규칙과 역할, 솔직하고 개방적인 상호작용능력을 가질수록 부부적응 또한 높아짐을 의미하는 결과라 할 수 있다.

위탁가족은 일정기간 동안 다른 사람의 자녀를 위탁 양육하는 가정을 말한다. 가족탄력성이 위탁가족 아동의 심리사회적 적응에 미치는 영향을 살펴본 연구(김은정 · 김형모, 2010)에서는 가족탄력성 하위요인 중 조직 패턴만이 위탁아동의 심리사회적 적응에 유의미한 영향을 미치는 것으로 나타났다. 즉 위탁가족의 조직 패턴이 통합적일수록 위탁아동의 행동문제는 낮은 것으로 나타났으며 위탁아동의 사회적 능력은 높은 것으로 보고되었다.

입양가족은 출생에 의하지 않고 법적 · 사회적 과정을 통해 친부모-친자와 같은 동등한 관계를 형성하게 된 가족을 의미한다. 입양가족의 아동을 대상으로 한 연구에서는 가족탄력성 하위요인 중 조직 패턴이 입양아동의 자아개념에 유의한 영향을 미치는 것으로 나타났다(조민혜 · 강현아, 2010). 이러한 결과는 입양가족의 경계와 역할이 안정되고 변화를 수용하면서도 균형을 유지할 수 있는 내적인 힘을 가질수록 입양아동이 자아개념을 확립하는 데 긍정적인 영향을 미친다는 것을 시사하고 있다.

(3) 경제문제가족

빈곤가족과 퇴직가족, 실직가족은 현대사회 고령화로 인한 생산인구의 감소, 경기침체에 따른 경제문제로 나타나게 된 가족 유형이다. 검색결과, 경제문제가족 관련 연구 총 3편 중 빈곤가족을 대상으로 한 연구가 1편, 퇴직가족을 대상으로 한 연구가 1편, 실직가족을 대상으로 한 연구가 1편으로 나타났다. 각 가족 유형별 연구들을 살펴보면 먼저 빈곤가족을 대상으로 한 연구에서는 신념체계 안의 역경에 대한 의미부여와 긍정적 관점과 조직 패턴 안의 사회 · 경제적 자원이 이들 가족의 사회적 역량에 유의한 영향을 주는 것으로 보고되었다(김은한 · 유서구, 2012). 또한 퇴직가족을 살펴본 연구에서는 174쌍의 퇴직한 남편과 부인 모두 가족탄력성이 높을 때 부부의 퇴직 적응도가 높다고 밝혀졌다(김명자, 2003). 실직자를 대상으로 한 연구에서는 가족탄력성의 구성요인에 따라 외상 후 성장에 유의한 차이를 보이는 것으로 나타났다. 여기서 '외상'이란 주관적으로 '인생의 위기'라 지각되는 다양한 사건 경험을 말하며(Tedeschi & Calhoun, 2004), '성장'이란 외상 이전의 수준을 넘어서는 새로운 것으로, 단순히 회복이나 재적응 수준을 넘어서는 진정한 변화를 말한다. 즉, 외상 후 성장(posttraumatic growth: PTG)이란 외상 사건이나 위기를 경험하고 난 후 이를 대응하고 대처해 나가는 과정에서 개인이 주관적으로 지각하는 긍정적인 심리 변화를 말한다(Maercker & Zoellner, 2004). 즉, 실직에서 오는 경제적 위기와 스트레스 상황에 처하더라도 가족탄력성 수준이 높은 실직자 집단의 경우 가족탄력성 수준이 중간이거나 낮은 실직자 집단보다 외상 후 성장을 더 많이 경험하는 것으로 나타났다(김현정 · 함경애 · 이동훈, 2014). 이는 실직자의 가족탄력성이 높을수록 역경상황을 긍정적으로 해석하고 위기를 발판으로 삼아 현재보다 더욱 성장할 수 있는 밑바탕이 될 수 있음을 의미하는 결과라 할 수 있다.

(4) 외상경험가족

외상경험가족은 폭력가족, 사별가족, 실종가족 등과 같이 삶을 뒤흔드는 다양한 외상을 경험한 가족 유형을 말한다. 이때 외상이란 전술한 바와 같이 주관적으로 지각한 삶의 위기나 삶을 뒤흔드는 사건을 말하며 부정적인 심리적 결과를 유발하는 아주 높은 수준의 스트레스 사건으로 정의된다(Tedeschi & Calhoun, 2004).

외상경험가족 관련 연구 총 8편 중 폭력가족을 대상으로 한 연구가 3편, 사별가족을 대상으로 한 연구가 4편, 실종가족을 대상으로 한 연구가 1편으로 나타났다. 먼저 폭력가족부터 살펴보면 다음과 같다. 폭력가족의 부부를 대상으로 한 연구에서는 기혼 남녀의 가족탄력성 요인과 부부폭력 예측성을 탐색한 결과 신념체계 내의 긍정적 관점이 높을수록, 조직 패턴 내의 유연성과 연결성이 높을수록 의사소통과정 내의 상호협력적인 문제해결이 높을수록 부부간의 폭력발생률이 낮은 것으로 예측되었다(방현주 · 윤경자, 2006). 폭력가족의 가족구성원을 대상으로 한 연구에서는 가족탄력성이 학대 경험으로 낮아진 청소년의 자아존중감과 자살계획 간의 관계를 조절하는 것으로 나타났다(류보순 · 김용섭, 2012). 즉 학대 경험으로 낮아진 자아존중감이 가족탄력성과의 상호작용함으로써 자살계획 감소에 영향을 미치는 것을 말한다. 이와 같은 결과는 가족 중에서도 가장 중요한 부모로부터 받는 학대가 청소년의 자아존중감을 낮춰 자살과 같은 극단적 상황을 불러일으킬 수 있지만 가족탄력성이 이에 대한 완충작용을 함으로써 자살을 예방할 수 있음을 의미한다, 또한 대학생의 가족학대 경험과 행복과의 관계에서 가족탄력성의 매개효과를 살펴본 연구에서는 가족탄력성이 가족학대 경험과 행복을 매개하는 것으로 나타나 가족학대 경험이 있더라도 가족탄력성이 높을 경우 행복에 미치는 부정적인 영향을 상쇄하는 것으로 나타났다(김민경, 2011).

마지막으로 가족구성원 중 한쪽이 먼저 사망하여 헤어진 사별가족을 대상으로 한 연구들을 살펴보면 다음과 같다. 배우자 사별을 경험한 중년여성의 경우 가족탄력성이 높을수록 사별 경험에서 발생하는 스트레스에 적극적으로 대처하여 외상 후 성장이 높아지는 것으로 나타났다(양준석 · 유지영, 2018). 중년여성을 대상으로 관계상실과 관련한 또 다른 연구(김송희 · 장석진, 2021)에서도 가족탄력성은 외상 후 성장에 직접적인 영향을 미쳤으며 감사성향을 매개하여 외상 후 성장에도 영향을 미치는 것으로 나타났다. 즉, 가족탄력성과 감사 성향은 중년여성의 사별 경험 후 겪게 되는 심리적 · 정서적 어려움을 극복하고 성장하는데 중요한 역할을 하는 것으로 나타났다. 또한 부모사별을 경험한 대학생의 경우에도 가족탄력성과 외상 후 성장이 유의한 정적 상관을 보이는 것으로 나타났다(박선정 · 정규석, 2016).

한편 실종가족을 대상으로 한 연구를 살펴본 결과 장기실종아동을 둔 가족 45사례를 분석한 연구(박은숙 · 김형모, 2009)에서는 가족탄력성의 구성요인 중 신념체계와 조직 패턴이 가족의 스트레스에 통계적으로 유의한 영향을 미치는 것으로 나타났다. 그 중에서도 조직 패턴 내의 연결성이 가장 큰 영향을 미치는 것으로 나타났다. 이러한 결과는 가족구성원 상호 간의 지지와 협력을 통한 높은 연결성을 보일수록 실종아동가족이 겪는 스트레스 정도를 감소시킬 수 있음을 의미한다.

2) 발달적 가족 스트레스와 가족탄력성

가족은 생활주기를 경험하면서 예측되거나 예측되지 못한 생활사건을 경험하게 되는데, 이는 가족구성원 전체 또는 개인에게 스트레스원으로 작용하여 가족의 기능 수행을 어렵게 만들기도 하고 때로는 더욱 강화시키기도 한다. 특별한 어려움이 언급되지 않은 가족의 생활주기별 연구대상에 따른 연구결과는 다음과 같다.

먼저 유아 및 아동을 대상으로 살펴본 연구에서는 가족탄력성 요인 중 신념체계와 조직 패턴이 유아의 정서조절능력을 향상시키는 데 도움을 주는 것으로 나타났다(박진성 · 박은희, 2010). 또한 학령기 아동의 공격성과 관련 변인 간의 관계를 탐색한 연구의 경우(김순호, 2012) 가족탄력성은 아동의 정서조절능력과 아동의 자아탄력성에 직접적인 영향을 미치는 것으로 보고되었다. 또한 아동이 지각한 가족탄력성은 아동의 정서조절능력을 매개하여 아동의 공격성에 간접적인 영향을 미치는 것으로 나타났다. 이는 아동이 가족탄력성이 높다고 지각할수록 정서적으로 안정되어 자신의 감정을 조절하는데도 긍정적인 영향을 미치게 됨으로써 공격성이 낮아지게 되는 결과라 할 수 있다.

청소년을 대상으로 한 연구의 경우 가족탄력성은 초기 청소년의 문제행동을 감소시키고(신현정 · 전귀연, 2019), 자살생각을 감소시키는 데 직접적인 영향을 주는 것(김한나, 2015)으로 보고되었다. 또한 가족탄력성은 청소년이 지각하는 스트레스와 학교생활적응과의 관계에서 매개효과를 보이는 것으로 나타났다(김현주 · 이성애, 2011). 이는 스트레스가 높더라도 가족탄력성이 부정적인 영향을 완화함으로써 학교생활적응에 정적인 영향을 미치는 결과를 말한다. 가족탄력성은 스트레스와 삶의 만족도 간의 관계에서도 매개효과를 보이는 것으로 나타났는데(유영아 외, 2018), 이와 같은 결과는 스트레스가 삶의 만족도에 미칠 수 있는 부정적인 영향을 가족탄력성의 매개를 통해 경감시킴으로써 삶의 질을 높이는 것을 의미한다. 게다가 가족탄력성은 특성화고등학교 청소년들의 자살생각에 부적인 영향을 미치기도 하였다(김미림, 2018).

한편 대학생을 대상으로 한 연구의 의하면 가족탄력성이 높은 대학생일수록 자기결정적으로 진로결정에 몰입할 수 있고, 진로행동에도 적극적인 것으로 나타났다(이지혜 · 이재신 · 류진숙, 2011). 게다가 부정적 정서가 높은 대학생이라도 가족탄력성을 통해 스스로 존중하는 심리기제가 작용된다면 자살생각을 지연시키거나 예방할 수 있는 것으로 보고되었다(김민경, 2012).

일반 성인을 대상으로 한 연구는 다음과 같다. 먼저 남녀 맞벌이부부를 대상으로 한 연구에서는 일 · 생활 균형이 심리적 소진에 미치는 영향에서 가족탄력성의 매개효과를 살펴보고자 하였다. 그 결과 맞벌이 남녀 모두 일 · 생활 균형이 높을수록 가족탄력성이 증가하고, 가족탄력성이 높을수록 심리적 소진이 감소하는 것으로 나타났다(한지수 · 최연실, 2018). 소방공무원을 대상으로 직무 스트레스와 삶의 만족도의 관계에서 가족탄력성의 조절효과를 살펴본 연구에서는 가족탄력성이 직무 스트레스가 삶의 만족도에 미치는 부정적인 영향을 중재하는 조절효과가 있음을 밝혔다(김사라 · 김유숙, 2017). 연구결가에서는 개인이 지속적으로 직무 스트레스에 노출되더라도 그 개인을 지지하고 보호하는 가족구성원이 건강한 가족특성을 지닌다면 이를 완화시킴으로써 삶의 만족도에 긍정적인 영향을 줄 수 있음을 나타내고 있다. 또한 학부모를 대상으로 가족탄력성과 학대행위인식 간의 관계를 살펴본 연구에서는 가족탄력성의 증진이 아동학대예방에 적극적인 대안이 될 수 있다는 새로운 관점을 제시하기도 하였다(황환 · 이병록, 2019).

중년을 대상으로 한 연구에서는 중년남성의 가족탄력성이 높을수록 이성적인 스트레스 대처행동을 보이며(이희윤 · 박정윤, 2011) 가족 스트레스에 대한 극복과 문제해결능력 수준이 높은 것으로 나타났다(박지현 · 김태현, 2011). 중년여성을 대상으로 한 연구에서도 가족탄력성은 가족 스트레스로 낮아진 사회적 문제해결능력을 향상시키는 매개효과를 보였다(송유미, 2016).

마지막으로 노인을 대상으로 한 연구에서는 가족탄력성이 높을수록 부모와 성인자녀 간의 갈등이 적은 것으로 나타났으며(황철수, 2005), 일상적 스트레스와 성공적 노화의 관계에서 가족탄력성의 매개효과를 살펴본 결과, 노인의 생활 스트레스에 의한 위기상황 시 가족탄력성이 스트레스에 대한 부정적인 영향을 경감시켜 노인의 성공적 노화에 영향을 주는 것으로 나타났다(남기민 · 이정은, 2012).

이처럼 가족탄력성 관련 연구들의 최근 동향은 초기 고난과 역경에 처한 가족들에서 점차 일반가족을 대상으로 확장되어 이루어지고 있다. 이상과 같은 선행연구결과들을 통하여 가족탄력성은 가족의 문제들과 어려움을 극복하게 함으로써 가족적응에 도움을 주는 강점요인이 됨을 확인할 수 있다.

3) 가족탄력성 척도개발연구

가족탄력성의 기제를 더 잘 이해하기 위해서는 다양한 문화적 배경을 가진 가족들의 탄력성 역시 면밀히 살펴볼 필요가 있다. 이는 가족탄력성을 구성하는 요인들이 사회 · 문화적 맥락에 따라 다르게 구성될 수 있기 때문이다. 여러 학자들이 다양한 관점에서 구성요인을 조합하고 산출하였듯이, 각기 다른 구성요인들은 공통성을 나타내는 부분도 있지만, 생물학적, 사회학적, 현상학적 맥락에 따른 독특성을 보이기도 한다. 이러한 이유로 가족탄력성은 특정 하나의 이론이나 단순한 요인만으로는 이해하기가 곤란하다고 볼 수 있다. 즉 가족탄력성은 인종, 문화, 사회계층별 다양한 차원에서 복합적으로 나타날 수 있기 때문에 문화적 특수성을 고려하지 않고 그대로 적용할 경우 타당성의 문제가 생기게 된다.

이와 같은 한국의 문화적 특수성과 청소년기 자녀를 둔 중년기라는 발달주기를 고려하여 개발된 가족탄력성 척도 관련 연구의 예로는 박혜란과 전귀연(2014)이 개발한 중년기가족 레질리언스 척도(Korea Midlife Family Resilience Scale: KMFRS)를 들 수 있다. 박혜란과 전귀연은 'family resilience'가 가족탄력성, 가족회복력, 가족적응유연성 등 다양한 용어로 사용되고 있으나 척도의 개발과 명명에 있어 본래의 의미에 충실하고자 가족 레질리언스라는 원어를 그대로 사용하였다. KMFRS는 한국문화와 가치관에 맞는 가족탄력성을 기술하기 위해 개발된 척도로 구성요인의 탐색 및 신뢰도, 타당도가 다각도로 검증된 바 있다. 즉 척도개발을 위해 국내외 문헌연구 및 개인면담결과를 종합하여 잠정적인 구성요인을 설정하였고 이를 측정하기 위해 국내외 기존 가족 관련 척도문항들과 개인면담내용을 기초로 새로운 문항을 개발하였다. 최초 문항에 대해 전문가들의 내용타당도 검증, 사전조사를 거쳐 예비문항 설문지가 구성되었으며, 문항선정을 위한 예비조사 실시를 통한 예비척도가 만들어졌다. 이를 이용하여 척도개발을 위한 본조사를 실시하였으며 수집된 자료에 대한 문항분석, 탐색적 요인분석과정 결과 최종적으로 가족유대 및 문제해결, 역경에 대한 가족의 긍정적 인식, 가족의 경제적 안정, 가족종교 및 영성, 확대가족지지, 친구이웃지지의 6개 요인과 40문항을 확정하였다.

KMFRS는 가족유대 및 문제해결, 역경에 대한 가족의 긍정적 인식, 가족의 경제적 안정, 가족종교 및 영성, 확대가족지지, 친구이웃지지의 6개의 요인으로 구성되어 있으며, 아래에는 저자가 원저의 논의를 기초로 각 요인별 핵심적 특성을 정의 및 요약하였다. 〈표 4-2〉에는 한국 중년기가족 레질리언스 척도(KMFRS)의 요인별 문항을 소개하였다.

① 가족유대 및 문제해결(family connectedness & problem solving): 가족이 정서적 친밀감을 바탕으로 서로의 생각과 감정을 교환하는 개방형 의사소통을 통해 당면한 문제를 효율적이고 합리적으로 해결해 나가는 것을 말한다.

② 역경에 대한 가족의 긍정적 인식(family's positive perception of adversity): 역경에 대한 가족의 유연한 해석과 의미부여를 통해 긍정적인 관점을 유지하여 이를 이겨낼 수 있다는 가족에 대한 강한 믿음을 말한다.

③ 가족의 경제적 안정(family's economic stability): 현재 가족의 경제적인 상황과 노후의 경제적인 안정을 위해 재정적 도움이 되는 자원을 준비하고 관리하는 가족의 노력 정도를 말한다.

④ 가족 종교 및 영성(family religion & spirituality): 가족들의 신앙 및 영적인 생활을 포함하여 위기상황에서 갖는 믿음이나 종교에 의지하는 정도를 말한다.

⑤ 확대가족지지(support of extended family): 자신과 배우자의 형제자매, 친인척과의 친밀한 유대 정도와 고통스러운 상황에서 이들이 제공하는 실질적인 도움 정도를 말한다.

⑥ 친구이웃지지(support of friends & neighbors): 평소에 친밀하게 지내면서 역경에 직면했을 때 의지할 수 있는 가족 외 타인들의 보살핌과 지지 정도를 뜻한다.

〈표 4-2〉 한국 중년기가족 레질리언스 척도(KMFRS) – 요인별

	가족유대 및 문제해결
1	우리 가족은 사랑하고 관심이 있다는 것을 서로 표현한다.
2	우리 가족은 함께 시간을 보내는 것을 좋아한다.
3	우리 가족은 서로 매우 가깝게 느낀다.
4	우리 가족은 문제해결에 적극적으로 협조한다.
5	우리 가족은 기쁨, 고통, 희망, 절망 등 어떠한 감정도 서로 나눈다.
6	우리 가족은 서로에게 격려와 칭찬을 많이 한다.
7	우리 가족은 서로 떨어져 있을 때 전화, 문자 등으로 자주 연락한다.
8	우리 가족은 어려운 일이 생기면 함께 의논하여 만족스러운 해결책을 찾는다.
9	우리 가족은 서로에게 고맙다는 말을 자주 한다.
10	우리 가족은 가족행사나 활동을 통해서 '우리'라는 느낌을 갖는다.
11	우리 가족은 일일이 말하지 않아도 서로의 감정과 생각을 잘 이해한다.
12	우리 가족은 문제해결에 대한 의견이 다를 때 타협하여 결정한다.

	역경에 대한 가족의 긍정적 인식
13	우리 가족은 역경을 겪으면 얻는 것도 많다고 생각한다.
14	우리 가족은 역경이 가족에게 삶의 지혜를 가르쳐 준다고 생각한다.
15	우리 가족은 모든 역경은 그 나름대로 의미가 있다고 본다.
16	우리 가족은 또 다른 문제가 생겨도 견뎌낼 수 있다.
17	우리 가족은 어려움을 겪을 때 우리보다 더 나쁜 상황에 있는 사람들에 비해 다행이라고 생각한다.
18	우리 가족은 지금의 위기로 겪는 시련은 앞으로의 삶에 도움을 줄 것이라고 생각한다.
19	우리 가족은 우리가 겪는 여러 가지 역경은 견뎌내야 할 삶의 과정이라고 생각한다.
20	우리 가족은 어려운 일이 있으면 지금보다 더 나쁜 상황과 비교하며 이만하길 다행이라고 생각한다.
21	우리 가족은 역경을 통해 가족의 소중함을 느끼게 된다고 생각한다.
22	우리 가족은 문제를 피하지 않고 정면으로 대응한다.
	가족의 경제적 안정
23	우리 가족은 물질적으로 안정되어 있다고 생각한다.
24	우리 가족은 원하는 것을 할 수 있는 만큼의 경제력을 가지고 있다.
25	우리 가족은 생활해 나가는데 경제적으로 어려움이 별로 없다.
26	우리 가족은 여가와 문화생활을 할 만한 경제적 여유가 있다.
27	우리 가족은 노후를 위해 경제적인 준비를 적극적으로 하고 있다.
28	우리 가족은 재정관리를 잘 해나가고 있다.
	가족종교 및 영성
29	우리 가족은 종교 생활을 열심히 하고 있다.
30	우리 가족이 어려울 때 종교적 믿음은 큰 힘이 된다.
31	우리 가족은 종교활동에 열심히 참여한다.
32	기도나 명상은 우리 가족이 역경을 이겨내는데 도움이 된다.
	확대가족지지
33	나의 (부모, 형제자매 이외의) 친인척은 우리 가족이 어려울 때 큰 힘이 된다.
34	우리 가족이 어려울 때 큰 힘이 되는 배우자의 (부모, 형제자매 이외의) 친인척이 있다.
35	우리 가족이 어려울 때 큰 힘이 되는 배우자의 형제자매들이 있다.
36	나의 형제자매들은 우리 가족이 어려울 때 큰 힘이 된다.
	친구이웃지지
37	우리 가족이 힘들어 할 때 격려와 용기를 주는 친구와 이웃이 있다.
38	우리 가족이 사랑과 보살핌을 받고 있다고 느끼게 해주는 친구와 이웃이 있다.
39	우리 가족은 서로의 가까운 친구를 잘 알고 있다.
40	우리 가족의 문제를 자신의 문제처럼 생각하는 친구와 이웃이 있다.

출처: 박혜란, 전귀연 (2014). pp. 1013-1033.

KMFRS의 하위요인에는 가족기능 강화에 범문화적으로 중요시되는 요인과 더불어 한국 가족문화만의 특수성이 반영된 요인을 찾아볼 수 있다. 이를 구체적으로 살펴보면 먼저 Walsh(1998)의 가족탄력성 모델에서는 조직 패턴 내의 연결성과 의사소통과정 내의 개방적인 정서표현, 상호협력적인 문제해결이 서로 다른 개념으로 제시되고 있으나, KMFRS에서는 가족유대와 문제해결이라는 하나의 요인으로 통합되어 나타났다. 이는 의사소통 및 관계 내에서 자신의 의견을 분명하게 드러내는 것을 바람직하게 여기는 서구와는 달리 직접적으로 반대의견을 표현하거나 체면을 손상시킬 수 있는 표현은 회피하고 눈치를 통해 상대방의 마음을 읽어 조화로운 관계를 유지해 나가려는 한국 사회의 문화적 경향성이 반영됨을 보여준다. 게다가 Walsh(1998)의 모델에서는 사회적 자원과 경제적 자원이 통합되어 조직 패턴 내의 사회경제적 자원의 개념으로 제시되었으나, KMFRS에서는 사회적 자원의 경우 확대가족지지와 친구이웃지지, 경제적 자원의 경우 가족의 경제적인 안정으로 분리되어 나타났다. 즉 친족과 사회적 네트워크를 동일선상의 사회적 자본으로 인식하는 서구와는 달리 '가족'과 같은 사회관계를 중시하는 집단중심의 문화적 가치관이 남아 있는 한국 사회의 특성이 구성요인에 반영됨에 따라 보다 세분화된 척도상의 차이를 보이고 있다. 또한 KMFRS의 가족의 경제적인 안정의 경우 외부자원 활용능력을 제외한 가족의 경제관리 및 준비에 대한 개념만 제시되었는데, 이는 사회복지제도를 하나의 가족경제적 자원으로 인식하고 활용함에 있어 서구와 한국 사회의 문화적 의식 차이가 가족탄력성 구성요인에 반영된 것이라 할 수 있다. 또 다른 측면으로는 자신이 속한 가족과 가족이 아닌 범주의 경계가 분명한 한국 가족의 특성상 가족 내의 어려움이나 곤경상황을 외부에 알리지 않으려는 경향성과 체면의식으로 인해 가족지원 서비스의 접근성이 떨어짐에 따라 서구사회의 가족탄력성 구성요인과 개념적인 차이를 나타내는 것으로도 볼 수 있을 것이다.

종합해 보면, 박혜란과 전귀연(2014)의 척도에서 높은 가족탄력성을 지닌 청소년기 자녀를 둔 중년기가족은 가족 간의 건강한 유대와 소통, 친척 및 친구와 이웃과의 지속적인 친밀감 유지, 경제적 안정, 영성, 인생 및 인간에 대한 긍정적 관점 및 시각을 갖기 위해 노력해 나가는 가족을 의미하고 있다. 즉, 이 같은 요인들은 한국 중년기가족의 가족기능을 강화하고 안내할 수 있는 지표로 활용될 수 있다는 점에서 큰 의미가 있을 뿐만 아니라 이들 집단이 외적인 면과는 달리 위기 시 회복과 안정에 필요한 특성은 여전히 한국 사회 내의 고유한 특성을 보였다는 점에서 가족탄력성을 이해할 때 각 맥락이 고려되어야 한다는 중요한 시사점을 제공하고 있다. 덧붙여 가족탄력성을 구성하는 요인들은 자연발생적으로 생겨나는 것이 아니므로 가족체계에서 일어나는 문제에 대해 잘 대처하고 적응해 나가기 위해서는 평상시 위와 같은 가족의 힘을 꾸준히 강화시켜야 한다는 시각을 강조하고 있다.

4. 미래연구전망

현대 사회는 가족, 결혼, 자녀 등에 대한 가치관 및 가족을 둘러싼 제반환경의 지속적인 변화를 경험하면서 다양하고 독특한 유형의 가족 유형을 출현시키고 있다. 이처럼 세계가 점점 더 복잡해지고 예측할 수 없게 되고, 가족들이 전례 없는 도전들에 직면하게 되면서 가족탄력성은 더욱 시의적절한 것이 되었다. 특히 개인주의적 가치관의 팽배나 1인 가구의 출현, 이혼이나 사별 등 가족 붕괴에 대한 관심이 날로 증가하는 시기에 가족 전체 및 구성원이 스트레스를 극복하고 강화할 수 있도록 주요 과정을 규명하는 것은 그 어느 때보다 중요하다.

이후 미래연구전망과 관련한 내용은 다음과 같다.

첫째, 가족탄력성 연구의 연구대상을 확장할 필요가 있다. 지금까지의 가족탄력성 연구는 주로 장애, 질병, 경제적 어려움 등 다양한 위기에 처한 가족을 대상으로 이루어져 왔다. 앞으로의 연구에서는 늘어나는 맞벌이가족, 한부모가족, 1인가족, 자발적 비혼모가족, 노인가족, 공동체가족, 동성애가족 등을 포함한 다양한 가족의 존재를 인정하고 이들 가족구성원을 대상으로 가족탄력성 연구를 확장할 필요가 있다. 이미 현대 사회에서는 비혈연가족을 포함한 특수한 가족의 형태가 증가하고 있고 그 안에서의 새로운 가족관계를 추구하고자 하는 형태 역시 나타나고 있다(전은혜 · 최희경, 2023). 최근 1인 가족 간의 느슨하지만 친밀한 가족집단의 등장과 같이 변화하는 시대의 흐름을 반영하여 앞으로의 가족탄력성 연구는 전통적으로 정의된 가족에 한정할 것이 아니라 좀더 다양한 형태의 가족을 대상으로 진행할 필요가 있을 것이다. 따라서 여러 연구방법을 동반하여 다양한 형태의 가족 유형을 대상으로 작금의 가족 유형을 형성하게 된 원인 등과 같은 여러 가지 내용과 주제를 함께 탐색해 봄으로써 보다 확장된 가족탄력성 연구를 진행해 볼 수 있을 것이다.

둘째, 향후 가족탄력성 연구는 가족 내 개인의 다양한 변인들과의 관계를 탐색할 필요가 있다. 실제로 몇몇 연구결과들은 가족탄력성이 단순히 가족 내의 역경과 위기를 극복하는 것뿐만 아니라, 개인의 적응과 관련한 문제에서도 효과적으로 작용할 수 있음을 보고하였다(강나린, 2021; 배기원 · 박기영, 2024; 송유희, 2017). 게다가 탄력성의 발달 기저에는 가족환경이 가장 크다는 것을 고려할 때 이들의 심리 · 사회적 적응과 관련된 다양한 변인들을 탐색하여 가족탄력성의 영향을 살펴보는 것은 보다 의미 있는 가족탄력성 연구가 될 수 있을 것이다. 이러한 관점에서 스트레스(박지현 · 김태현, 2011), 자살생각(김민경, 2012) 등의 개인의 심리 · 사회적 적응과 관련한 부정적 변인으로부터 보호하는 역할에서 더 나아가 심리적 안녕감(김지은, 2014), 자기

결정성(이지혜 · 이재신 · 류진숙, 2011) 등의 여러 긍정적인 변인들을 탐색하여 가족탄력성과의 관련성을 검증함으로써 긍정적인 시너지 효과를 살펴보는 연구도 진행해 볼 수 있을 것이다.

셋째, 다양한 생애주기별 가족탄력성 척도가 필요하다. 이는 가족이 살아가는 모습의 경우 같은 사회 안에서도 세대별로 다르고, 같은 가족 안에서도 연령에 따라 다양하기 때문이다. 그로 인해 정서와 문화 역시 다를 수 있으므로 본문에서 소개한 중년기 가족탄력성 척도 외에도 다양한 생애주기별 가족탄력성 척도를 개발하고 탐색하는 연구도 진행해 볼 수 있을 것으로 기대된다. 덧붙여 가족탄력성은 구성원 간의 상호작용 속에서 역동적으로 변화한다는 점에서 종단연구의 통한 더욱 정확하고 구체적인 연구 역시 진행되기를 기대해 본다.

넷째, 가족탄력성 발달에 기여하는 다양한 변인의 탐색이 필요하다. 지금까지는 역경이나 어떤 어려움을 겪는 가족을 대상으로 가족탄력성이 이들 가족에게 미치는 영향에 대한 연구가 주를 이루어왔다. 이를 통해 가족탄력성이 가족적응에 지대한 영향을 미치는 요인임은 이미 충분히 확인되었다. 그러나 가족의 긍정적인 적응을 돕기 위해서는 궁극적으로 가족탄력성을 높이는 것이 필요하다, 이러한 관점에서 각 가족은 가족 주변의 생태체계환경 속에서 직간접적인 영향을 받고 있으므로 개인체계, 가족체계, 사회체계 내에서 가족탄력성 발달에 기여하는 다양한 변인들의 탐색이 필요하다. 이러한 변인들을 고려하는 것은 가족탄력성 발달에 유용할 하나의 방안이 될 것이다.

참고문헌

강나린 (2021). 어머니의 가족탄력성과 양육 스트레스가 아동문제행동에 미치는 영향. 목포대학교 대학원 석사학위논문.

강현옥, 황혜원 (2009). 여성결혼이민자가 인지하는 가족 스트레스와 가족탄력성이 가족적응에 미치는 영향: 충북지역을 중심으로. **한국지역사회복지학회지, 31**, 55-78.

강혜원 (2004). 소아암 환아 가족의 적응에 관한 연구: 가족탄력성(Family resilience) 개념을 중심으로. 숭실대학교 대학원 석사학위논문.

강효경, 유장순 (2012). 장애아동가족의 스트레스가 문제해결능력에 미치는 영향-가족탄력성 조절효과 중심으로. **초등상담연구, 11**(3), 427-446.

곽정심, 정문경 (2020). 다문화가정 가족탄력성이 아동 정신건강에 미치는 영향 연구-정서적 지지의 매개효과를 중심으로. **한국 사회복지경영학회, 7**(1), 1-24.

구본경, 최희철 (2019). 가족탄력성이 가족의 우울에 미치는 영향: 정신장애인 가족을 중심으로. **보건과 복지, 21**(4), 129-147.

김경순 (2010). 이혼 여성 한부모가족의 가족레질리언스가 모의 심리적 안녕 및 모-자녀관계에 미치는 영향: 모자보호시설 입소자 중심으로. 가톨릭대학교 대학원 박사학위논문.

김계숙 (2016). 가족탄력성이 장애아동의 가족관계에 미치는 영향: 장애 예후에 관한 기대감의 조절효과. **한국장애인복지학, 31**, 163-192.

김고은 (2006). 가족탄력성이 장애아동 아버지의 양육참여에 미치는 영향에 관한 연구. 이화여자대학교 대학원 석사학위논문.

김기태, 박미진 (2005). 여성노인의 부정적인 생활스트레스와 탄력성과의 관계: 사회적 지지의 중재효과와 매개효과. **노인복지연구, 29**, 71-90.

김명자 (2003). 퇴직한 남편과 그 부인의 탄력성과 적응분석. **한국가정관리학회지, 21**(6), 117-127.

김미림 (2018). 특성화고등학교 청소년의 생활스트레스가 자살생각에 미치는 영향: 가족탄력성의 매개효과를 중심으로. 서울한영대학교 대학원 박사학위논문.

김미옥 (2001). 장애아동가족의 적응에 대한 가족탄력성(Family Resilience)의 영향력 분석. **한국가족복지학, 8**, 9-23.

김민경 (2011). 대학생의 가족학대 경험, 가족 스트레스와 행복의 관계: 사회적 지지와 가족탄력성의 매개효과를 중심으로. **가정과삶의질연구, 29**(6), 41-54.

김민경 (2012). 국제결혼한 농촌남성의 가족탄력성, 자아탄력성과 결혼행복과의 관계. **인간발달연구, 19**(2), 1-23.

김민경 (2012). 대학생의 부정적 정서, 가족탄력성 및 자존감이 자살생각에 미치는 경로모형 분석. **한국가족복지학, 17**(1), 61-83.

김사라, 김유숙 (2017). 소방공무원의 직무 스트레스와 삶의 만족도와의 관계: 가족탄력성과 사회적 지지의 조절효과. **가족과 가족치료, 25**(4), 815-837.

김송희, 장석진 (2021). 관계 상실 경험이 있는 중년 여성의 가족탄력성이 외상 후 성장에 미치는 영향: 감사성향을 매개변인으로. **한국가족관계학회지, 26**(2), 113-133.

김순호 (2012). 학령기 아동의 공격성과 관련변인들 간의 관계 구조분석. 대구가톨릭대학교 대학원 박사학위논문.

김승돈, 김용환 (2009). 가족탄력성이 치매노인 부양가족의 삶의 만족도에 미치는 영향. **노인복지연구, 45**, 7-31.

김은정, 김형모 (2010). 가족 레질리언스가 위탁아동의 심리사회적 적응에 미치는 영향. **아동과 권리, 14**(4), 633-655.

김은한, 유서구 (2012). 가족탄력성이 빈곤아동의 사회적 역량에 미치는 영향. **한국가족복지학, 35**, 145-171.

김지연 (2010). 알코올 중독과 가족개입. **한국인간복지실천연구, 4**, 101-119.

김지은 (2014). 중학생이 인지한 가족탄력성이 심리적 안녕감에 미치는 영향. 제주대학교 대학원 석사학위논문.

김진희 (2011). 국제결혼한 한국남성이 지각하는 가족탄력성이 가족적응에 미치는 영향. **한국가족관계학회지, 16**(3), 85-107.

김한나 (2015). 청소년의 자아정체성, 학교생활적응도 및 가족탄력성이 자살생각에 미치는 영향. 삼육대학교 대학원 석사학위논문.

김행섭 (2010). 여성한부모의 양육 스트레스와 우울과의 관계: 성인애착과 가족탄력성 및 실존적 영성의 매개효과. 경북대학교 대학원 박사학위논문.

김현정, 함경애, 이동훈 (2014). 실직자의 가족탄력성과 외상 후 성장의 관계에서 적극적 대처방식의 매개효과 검증. **한국심리학회지: 상담 및 심리치료, 26**(3), 787-806.

김현주, 이성애 (2011). 청소년의 스트레스와 학교생활적응간의 관계에서 가족탄력성의 매개효과: 한부모가족과 양부모가족의 비교. **청소년복지연구, 13**(3), 215-241.

남기민, 이정은 (2012). 노인의 일상생활 스트레스와 성공적 노화의 관계: 가족탄력성의 매개효과를 중심으로. **노인복지연구, 57**(1), 85-112.

류보순, 김용섭 (2012). 청소년의 학대 경험이 자살에 미치는 영향: 정책적 시사점 도출을 중심으로: 정책적 시사점 도출을 중심으로. **한국컴퓨터정보학회논문지, 17**(10), 193-202.

박선정, 정규석 (2016). 부모상실경험 대학생이 지각한 사회적 지지가 외상 후 성장에 미치는 영향: 가족탄력성, 의도적 반추, 적극적 대처의 매개효과를 중심으로. **청소년복지연구, 18**(2), 115-140.

박은숙, 김형모 (2009). 실종아동 가족의 레질리언스가 가족 스트레스에 미치는 영향. **아동과 권리, 13**(4), 453-480.

박주연 (2011). 가족탄력성과 사회적 지지가 한부모와 청소년기 자녀의 심리적 복지에 미치는 영향. 전남대학교 대학원 박사학위논문.

박지현, 김태현 (2011). 중년기의 가족 스트레스 및 가족탄력성이 사회적 문제해결능력에 미치는 영향. **한국가족관계학회지, 16**(1), 229-257.

박진성, 박은희 (2010). 유아 · 가족 배경변인과 가족탄력성이 유아의 정서조절에 미치는 영향. **유아교육학논집, 14**(1), 203-225.

박혜란, 전귀연 (2014). 한국 중년기가족 레질리언스 척도 개발 및 타당화. **한국생활과학회지, 23**(6), 1013-1033.

방현주, 윤경자 (2006). 기혼 남녀의 레질리언스(Resilience) 예측성 연구: 부부폭력을 중심으로. **대한가정학회지, 44**(12), 127-137.

배기원, 박기영 (2024). 대학생 애착유형과 진로결정자기효능감의 관계: 가족탄력성과 정서지능의 매개효과. **청소년학연구, 31**(4), 153-182.

배선영, 조남주, 박선자 (2013). 장애아동 가족의 가족탄력성이 장애아동에 대한 비장애형제 자매의 긍정적 태도에 미치는 영향. **디지털융복합연구, 11**(9), 239-246.

선희라, 전귀연 (2013). 여성결혼이민자의 자아탄력성과 가족탄력성이 결혼안정성에 미치는 영향. **한국가족관계학회지, 18**(3), 233-253.

송순인 (2010). 정신장애인 가족적응에 관한 연구—가족탄력성의 조절효과를 중심으로. **사회복지개발연구, 16**(2), 133-155.

송유미 (2016). 중년기 여성 사회복지사의 가족 스트레스와 사회적 문제해결능력 간 가족탄력성의 매개효과. **한국콘텐츠학회논문지, 16**(10), 235-254.

송유희 (2017). 가족탄력성이 중학생의 자아분화에 미치는 영향. 광운대학교 상담복지정책대학원 석사학위논문.

신현정, 전귀연 (2019). 초기 청소년이 지각한 부모감독이 문제행동에 미치는 영향: 가족탄력성의 매개효과. **한국생활과학회지, 28**(4), 305-318.

안순옥 (2008). 가족탄력성이 재혼가족 부부 적응에 미치는 영향. 중앙대학교 대학원 석사학위논문.

양명숙, 이혜선 (2011). 다문화가정 부부의 가족탄력성과 부부 적응에 대한 연구, 대전 · 충남 지역을 중심으로. **상담학연구, 12**(2), 431-445.

양옥경, 김미옥, 최명민 역 (2002). **가족과 레질리언스**. Walsh, F. (1998). Strengthening family resilience. 나남.

양옥경, 김연수 (2003). 가족탄력성 증진을 위한 부모역할 프로그램 개발연구. **사회과학연구논총, 11**, 115-147.

양준석, 유지영 (2018). 가족사별 중년여성의 애착유형이 역경 후 성장에 이르는 과정: 가족탄력성, 스트레스 적극대처의 매개효과를 중심으로. **가족과 가족치료, 26**(1), 49-76.

유영아, 김은하, 김성수 (2018). 청소년의 스트레스가 삶의 만족도에 미치는 영향에서 가족탄력성과 자아탄력성의 매개효과 비교. **한국웰니스학회지, 13**(3), 305-319.

윤수희 (2004). 가족탄력성이 치매노인 부양가족의 적응에 미치는 영향. 중앙대학교 대학원 석사학위논문.

이미애, 손명희 (2012). 여성결혼이민자의 가족레질리언스가 심리적 안녕감에 미치는 영향. **사회복지실천과 연구, 9**, 5-28.

이선애 (2004). 만성질환아동가족의 가족탄력성이 가족적응에 미치는 영향. 부산대학교 대학원 박사학위논문.

이수연 (2008). 결혼이민여성 가족의 스트레스가 가족적응에 미치는 영향. 서울대학교 대학원 석사학위논문.

이유리, 최희철 (2017). 정신장애인 가족의 보호부담과 삶의 질과의 관계에서 가족탄력성과 사회적 지지의 조절효과. **한국콘텐츠학회논문지, 17**(11), 229-241.

이주희, 정현주 (2009). 가족 스트레스가 자폐성 장애아동의 사회적응에 미치는 영향: 가족탄력성과 사회적 지지의 조절효과 검증: 가족탄력성과 사회적 지지의 조절효과 검증. **아동학회지, 30**(4), 15-31.

이지혜, 이재신, 류진숙 (2011). 가족탄력성, 자기결정성, 진로결정 몰입의 구조적 관계 분석. **한국가정과교육학회지, 23**(4), 19-34.

이희세 (2015). 치매노인 가족 스트레스가 가족적응에 미치는 영향: 가족 레질리언스의 조절효과를 중심으로. 한영신학대학교 대학원 석사학위논문.

이희윤, 박정윤 (2011). 기혼중년남성의 가족탄력성이 스트레스 대처행동에 미치는 영향. **한국가족관계학회지, 16**(2), 169-192.

장미희, 최영 (2011). 가족탄력성이 성인 발달 장애인 형제자매의 관여에 미치는 영향. **사회과학연구, 27**(4), 1-24.

장용주 (2006). 장애아동가족의 가족탄력성과 아동의 사회적 능력과의 관계. 대구가톨릭대학교 사회복지대학원 석사학위논문.

전은혜, 최희경 (2023). 1인 가구 청년 여성의 커뮤니티 경험에 대한 사례연구–가족 경험과 인식을 중심으로. **젠더와사회, 34**, 55-81.

전혜성 (2007). 정신장애인 배우자 스트레스가 부부적응에 미치는 영향. **한국 사회복지학회 국제학술발표대회지, 2007**(5), 425-428.

전혜정, 안연선 (2010). 알코올 중독자 가족의 가족탄력성이 가족적응에 미치는 영향. **한국가족관계학회지, 15**(3), 155-174.

정무순, 김동주 (2011). 성인 지적장애인 가족의 가족탄력성이 가족적응에 미치는 영향. **직업재활연구, 21**(1), 1-20.

정화철 (2022). 치매노인 배우자의 부양부담이 우울에 미치는 영향: 주관적 건강의 매개효과와 가족 레질리언스의 조절된 매개효과. 경기대학교 대학원 박사학위논문.

조민혜, 강현아 (2010). 공개입양가정의 가족 레질리언스가 입양아동의 자아개념에 미치는 영향. **아동학회지, 31**(3), 99-116.

조혜련 (2009). 가족탄력성이 뇌졸중환자 가족의 적응에 미치는 영향. 동국대학교 대학원 석사학위논문.

채명옥 (2004). 만성질환아 가족의 기능 회복력 측정도구 검증. **Health & Nursing (구 간호과학), 16**(2), 51-59.

천혜정, 임유미 (2007). 모자보호시설에 거주하는 이혼여성 한부모가족의 가족탄력성이 가족적응에 미치는 영향. **가족과 문화, 19**(3), 123-146.

최미례, 이인혜 (2003). 스트레스와 우울의 관계에 대한 자아존중감의 중재효과와 매개효과. **한국심리학회지: 임상, 22**(3), 363-383.

최성일 (2004). 개정판 부부적응척도(Dyadic Adjustment Scale)의 신뢰도 및 타당도에 대한 연구. **고황논집(경희대학교), 35**, 97-114.

최윤정 (2019). 여성 한부모의 양육 스트레스가 정신건강에 미치는 영향과 가족 레질리언스의 매개효과. **한국정책연구, 19**(2), 49-66.

최장원, 장대연 (2022). 사물인터넷시대에 장애아동을 둔 가족의 양육 스트레스가 양육효능감에 미치는 영향: 가족조직 패턴의 매개효과를 중심으로. **사물인터넷융복합논문지, 8**(3), 47-54.

한지수, 최연실 (2018). 남, 녀 맞벌이부부의 일-생활 균형이 심리적 소진에 미치는 영향: 가족탄력성의 매개효과. **가족과 가족치료, 26**(3), 425-453.

현은민 (2007). 한부모가족의 적응: 가족탄력성의 완충효과. **가정과삶의질연구, 25**(5), 107-126.

현은민 (2008). 스트레스와 가족탄력성이 여성 한부모가족의 적응에 미치는 효과 연구. **한국가족복지학, 13**(4), 59-84.

현은민 (2019). 부자가족의 가족 스트레스와 가족적응의 관계: 가족탄력성의 매개효과. **한국지역사회생활과학회지, 30**(1), 101-115.

홍정하 (2008). 가족 레질리언스가 장애아동 아버지의 양육효능감에 미치는 영향. 중앙대학교 사회개발대학원 석사학위논문.

황철수 (2005). 가족레질리언스가 노부모와 성인자녀간 갈등에 미치는 영향. 경기대학교 대학원 박사학위논문.

황환, 이병록 (2019). 학부모의 가족탄력성, 아동학대예방교육경험, 학대행위인식의 구조적 관계 분석. **디지털융복합연구, 17**(10), 519-526.

Black, K., & Lobo, M. (2008). A conceptual review of family resilience factors. *Journal of family nursing, 14*(1), 33-55.

Cowan, P. A., & Hetherington, E. M. (Eds.). (1991). *Family transitions. Advances in Family Research*. Lawrence Erlbaum Associates.

Hawley, D. R., & DeHaan, L. (1996). Toward a definition of family resilience: Integrating life span and family perspectives. *Family process, 35*(3), 283-298.

Lin, S. L. (2000). Coping and adaptation in families of children with cerebral palsy. *Exceptional children, 66*(2), 201-218.

Maercker, A., & Zoellner, T. (2004). The Janus face of self-perceived growth: Toward a two-component model of posttraumatic growth. *Psychological inquiry, 15*(1), 41-48.

McCubbin, H. I., & McCubbin, M. A. (1988). Typologies of Resilient Families: Emerging Roles of Social Class and Ethnicity. *Family Relations, 37*(3), 247-54.

McCubbin, H. I., Thompson, E. A., Thompson, A. I., McCubbin, M. A., & Kaston, A. J. (1993). Culture, ethnicity, and the family: Critical factors in childhood chronic illnesses and disabilities. *Pediatrics, 91*(5), 1063-1070.

Olson, D. H. (2000). Circumplex model of marital and family systems. *Journal of family therapy, 22*(2), 144-167.

Patterson, J. M. (2002). Integrating family resilience and family stress theory. *Journal of marriage and family, 64*(2), 349-360.

Silliman, B. (1994). *Rationale for Resilient Families: Concept Paper.* National Network for Family Resiliency.

Singer, G. H. S., & Powers L. E. (1993). *Families, Disability, and Empowerment.* Paul H. Brookes Publishing Co.

Stinnett, N., & DeFrain, J. (1985). *The Secrets of Strong Families.* Little, Brown.

Tedeschi, R. G., & Calhoun, L. G. (2004). Posttraumatic growth: conceptual foundations and empirical evidence. *Psychological inquiry, 15*(1), 1-18.

Walsh, F. (2002). A family resilience framework: Innovative practice applications. *Family relations, 51*(2), 130-137.

Walsh, F. (2003). Family resilience: A framework for clinical practice. *Family process, 42*(1), 1-18.

Walsh, F. (2016). *Family resilience: A developmental systems framework. European journal of developmental psychology, 13*(3), 313-324.

CHAPTER 05
결혼만족도

1. 결혼만족도 개념
2. 결혼만족도 추세
3. 결혼만족도 관련 변인에 따른 연구동향
4. 미래연구전망

결혼을 선택하고 관계를 유지하는 데에 부부 두 사람 간의 친밀감, 정서적 상호작용 등과 같이 배우자 각각이 경험하는 주관적인 가치가 핵심적인 요인으로 작용하는 시점이다. 점차 유연화되는 결혼제도에 개인적인 의미가 강조되는 변화를 반영하여, 한국 부부들이 행복하고 만족스러운 결혼생활을 영위할 수 있도록 돕기 위한 전반적인 지표로서 결혼만족에 대한 이해는 지속적으로 다루어져야 한다.

이 장에서는 한국 부부의 결혼만족에 대한 연구동향을 검토하여 결혼만족에 대한 이해를 도모하고, 다양한 영향요인들이 결혼만족에 이르는 경로를 파악하여 체계적인 연결성을 살펴보기로 한다. 그리고 현대 부부관계의 행복과 만족스러운 결혼생활 유지에 이바지하기 위한 앞으로의 연구전망을 제안해 보고자 한다.

1. 결혼만족도 개념

1) 결혼만족도 정의

결혼만족도(marital satisfaction)는 여러 문헌에서 공통적인 키워드에 의해 정의됨으로써 대개 동질한 개념으로 다루어지고 있다(〈표 5-1〉). 일부 선행연구에서 제시한 개념적 키워드를 종합하면, 결혼만족도는 부부 두 사람의 상호관계 속에서 개인이 결혼생활 전반에 대해 경험하는 주관적인 태도라는 연속적 개념으로 정의할 수 있겠다.

따라서 결혼만족도는 개인적인 특징이면서도 배우자 및 부부생활에 의한 영향력을 반영하고 있는 관계에 대한 개념으로, 부부라는 양자관계(dyadic relationship)에서 부부 양쪽 모두에게 관찰된다.

〈표 5-1〉 결혼만족도 정의

구분	정의
Burr (1971)	결혼생활 전반에 대한 주관적으로 경험하는 만족감 변화
Roach 등 (1981)	특정한 시점에 자신의 결혼에 대해 호의적으로 인식하는 수준으로서 시간에 따라 변할 수 있는 태도로, 높거나 낮은 단일차원의 연속적 개념
최규련 (1995)	개인이 결혼생활과 배우자에 가지는 기대에 대해 현재의 결혼생활이 일치하는 정도로서 결혼생활과 배우자에 대한 주관적인 평가
정현숙 (1997)	결혼생활 전반에 대한 주관적인 평가에 의한 만족의 정도
조혜선 (2003)	사회적 맥락 속에 존재하는 개인이 부부라는 이자적 관계에서 느끼는 주관적 선호
김민녀 · 채규만 (2006)	결혼생활 전반에 대한 지극히 개인적이고 주관적으로 경험되는 선호의 정도
신현주 · 전귀연 (2008)	결혼생활 전반에 있어서의 부부 각자가 갖게 되는 주관적인 태도
유계숙 등 (2011)	부부가 결혼생활 전반에 걸쳐 경험하는 즐거움, 만족, 행복, 기쁨 등과 같은 주관적인 감정 또는 태도

결혼만족도는 가족학을 비롯한 여러 학계에서 오랜 기간 다루어진 주제로서 다양한 연구 성과를 통해 학술적인 발전을 거친 개념이다. Bradbury와 동료들(2000)에 따르면, 결혼만족도의 개념과 측정에 있어 다음과 같이 의미 있는 관점의 변화를 거치면서 현재의 개념이 정리되었다고 볼 수 있다.

첫째, 결혼만족이 단순히 불만족하지 않은 상태(nondistressed)로 특징되지 않는다는 관점이다. 즉 결혼생활에 대한 만족을 초래하는 요인과 불만족(distress)을 초래하는 요인이 단순하게 상반되는 것은 아님을 의미한다.

둘째, 결혼만족도를 결혼에 대한 전반적인 평가라는 단일차원의 개념으로 정의한다는 관점이다. 결혼불만족은 부정적인 특징이 두드러지고 긍정적인 특징이 상대적으로 적은 결혼에 대한 평가를 반영하고, 결혼만족은 긍정적인 특징이 두드러지고 부정적인 특징이 상대적으로 적은 결혼에 대한 평가를 반영한다.

셋째, 결혼만족을 단순히 한 시점에서 내린 판단이 아니라 시간이 지남에 따라 변화하는 결혼에 대한 평가를 반영한 궤적으로 개념화하는 관점이다. 이러한 관점은 결혼생활 및 부부관계의 변화와 관련된 변인에 대한 접근으로 연구를 확장한다. Roach와 동료들(1981)은 결혼만족 개념을 변할 수 있는 인식(perception)이나 의지(readiness)로 강조하며 결혼만족도 측정도구(Marital Satisfaction Scale: MSS)를 개발하였다.

넷째, 사회인지적(social-cognitive) 관점을 적용하여 결혼만족을 배우자나 관계에 대한 태도(attitude)로 재개념화하는 관점이다. 이와 같은 개념은 배우자의 행동에 대한 반응을 예측하며, 태도 접근성(attitude accessibility)에 의한 결혼만족도 유지를 설명한다. 간단히 말하자면, 특정한 스트레스 상황에서 의도적인 인지 변화를 방해하여 친사회적인 상호작용을 저해함으로써 관계에 부정적인 영향을 미치는 결과를 시사한다.

한편 결혼은 긍정적인 평가와 부정적인 평가로 구성된 2차원 구조의 개념이라는 관점도 제기된다. 즉, 부부는 결혼생활에 대하여 긍정적인 감정과 부정적인 감정을 모두 가질 수 있어, 좋게 평가하는 동시에 나쁘게도 평가할 수 있다는 것을 의미한다. 이러한 구조에 따라 나타나는 부부 유형은 크게 4가지로, 높은 긍정적 평가와 낮은 부정적 평가의 행복한(happy) 부부, 낮은 긍정적 평가와 높은 부정적 평가의 불만족스러운(distressed) 부부, 긍정적 평가와 부정적 평가가 모두 높은 양면적인(ambivalent) 부부, 긍정적 평가와 부정적 평가가 모두 낮은 무관심한(indifferent) 부부로 구분된다(Fincham & Linfield, 1997).

Fincham과 Linfield(1997)의 연구에서 양면적인 부부와 무관심한 부부는 결혼의 질에 유의한 차이가 없으나, 아내의 경우 부정적인 행동과 귀인(attribution)에서 유의한 차이가 나타났는데 양면적인 아내 유형이 무관심한 유형에 비해 부정적인 행동과 귀인에 대한 보고를 상대적으로 더 많이 보였다. 이는 결혼만족 혹은 불만족 이상으로 부부관계의 질적 차원에서 결혼생활을 설명하는 영역이 있음을 나타낸다(Fincham & Linfield, 1997).

2) 결혼만족도 측정

결혼만족도를 측정하기 위해 다양한 척도가 개발 및 활용되고 있다. 여러 가지 측정도구가 활용되는 만큼 결혼만족도를 어떻게 측정하였느냐가 기존 선행연구 간의 상이한 결과를 유의미하게 설명하는 주요한 부분이 된다. 이에 따라 현존하는 결혼만족도 관련 도구를 살펴볼 필요가 있다.

대표적인 결혼만족도 척도를 몇 가지 살펴보면 Locke와 Wallace(1959)의 Marital Adjustment Test(MAT), Spanier(1976)의 Dyadic Adjustment Scale (DAS), Snyder(1979)의 Marital Satisfaction Inventory(MSI), Roach와 동료들(1981)의 Marital Satisfaction Scale(MSS), Schumm 등(1983)의 Kansas Marital Satisfaction Scale(KMSS), Olson과 동료들(1981)의 Evaluation and Nurturing Relationship Issues, Communication and Happiness(ENRICH) 및 Funk와 Rogge(2007)의 Couple Satisfaction Index(CSI) 등이 있다.

Locke와 Wallace(1959)의 Marital Adjustment Test(MAT)는 고전적인 결혼만족 측정도구로, 부부적응도를 측정하기 위한 15개 문항으로 이루어져 있다. 연구자들은 기존 척도들의 문항 수가 너무 많다는 점을 지적하며, 가장 기본적이고 기초적인 문항을 선별하여 짧지만 신뢰할 수 있고 타당성 있는 도구를 개발하고자 하였다. 구체적으로 결혼생활 속 다양한 영역에서 부부간의 의견일치도와 부부가 공동으로 소통하고 합의하는 수준을 확인하고, 결혼 상태에 대한 선호와 관련된 내용을 측정한다.

〈표 5-2〉 Marital Adjustment Test

※ 다음 문항은 당신의 결혼생활과 관련된 질문입니다. 가장 일치하는 곳에 ○표하세요.

항목						
1. 현재 결혼생활의 모든 것을 고려했을 때, 행복의 정도를 가장 잘 설명하는 지점은 어디인가?						
매우 불행			행복			완벽히 행복
0	2	7	15	20	25	35

다음 항목에 대해 귀하와 배우자 간의 의견일치 정도는 어떠한가?	항상 일치	거의 항상 일치	가끔식 불일치	자주 불일치	거의 항상 불일치	항상 불일치
2. 가계재무관리	5	4	3	2	1	0
3. 취미활동 문제	5	4	3	2	1	0
4. 애정표현	8	6	4	2	1	0
5. 친구	5	4	3	2	1	0
6. 성관계	15	12	9	4	1	0
7. 관례(옳고 적합한 행동)	5	4	3	2	1	0
8. 삶의 철학	5	4	3	2	1	0
9. 배우자의 원가족과의 관계 기술	5	4	3	2	1	0

항목				
10. 의견이 충돌할 때, 대개 다음과 같이 결정한다.	남편이 굴복 0	아내가 굴복 2	상호 간 합의 10	
11. 부부가 외부 활동에 함께 참여하는가?	모든 활동 10	일부 활동 8	매우 소수 3	전혀 0
12. 여가시간에 부부가 보통 바깥으로 나가는 것 혹은 집에 있는 것을 선호하는가?	서로 일치 (집에 있는 것) 10	서로 일치 (바깥으로 나가는 것) 3	불일치 2	

13. 결혼하지 않았으면 좋았을 것 같다고 생각한 적이 있습니까?	자주 (0) / 가끔 (3) / 드물게 (8) / 전혀 (15)
14. 만약 삶을 다시 살 수 있다면, 당신은 다음과 같이 할 것 같습니까?	같은 사람과 결혼 (15) / 다른 사람과 결혼 (0) / 결혼하지 않음 (1)
15. 배우자에게 비밀이나 속마음을 털어놓는가?	거의 전혀 (0) / 드물게 (2) / 대부분 (10) / 모든 것에 (10)

출처: Locke & Wallace (1959). p. 252.

Spanier(1976)가 개발한 Dyadic Adjustment Scale(DAS)는 기혼부부 및 미혼동거커플을 대상으로 결혼적응도를 측정하기 위하여 설계되었으며, 관계에 대한 만족(satisfaction)을 포함하여 응집력(cohesion), 의견일치(consensus), 애정표현(affectional expression)이라는 4가지 요인의 32개 문항으로 구성된다. 이 척도는 두 사람 쌍의 관계에 대한 내용을 반영하며, 이론적 구인을 토대로 철저한 개발과정을 거쳐서 제작됨에 따라 안정된 요인구조를 지니고 높은 타당도와 신뢰도가 갖추고 있다. 국내에서는 이민식과 김중술(1996)이 한국판 표준화를 위한 예비연구를 실시한 바 있어 여러 연구에서 활용되고 있다.

〈표 5-3〉 Dyadic Adjustment Scale

※ 다음 문항은 당신의 결혼생활과 관련된 질문입니다. 가장 일치하는 곳에 ○표하세요.

■ 척도 구성

영역	문항 수	문항번호	영역	문항 수	문항번호
관계에 대한 만족	10문항	16~23, 31~32	응집력	5문항	24~28
의견일치	13문항	1~3, 5, 7~15	애정표현	4문항	4, 6, 29~30

항목	항상	대부분 시간	자주	가끔	드물게	전혀 없음
16. 이혼, 별거, 이별에 대해 생각하거나 논의하는 일이 얼마나 자주 있는가?	0	1	2	3	4	5
17. 싸우고 난 후 본인 혹은 배우자가 집을 나가는 일이 얼마나 자주 있는가?	0	1	2	3	4	5
18. 대체로 부부간의 일들이 순조롭게 잘될 거라는 생각을 얼마나 자주 하는가?	0	1	2	3	4	5
19. 배우자에 대해 신뢰하는가?	0	1	2	3	4	5
20. 결혼한 것(같이 사는 것)을 후회한 적 있는가?	0	1	2	3	4	5
21. 본인과 배우자는 말다툼을 얼마나 자주 하는가?	0	1	2	3	4	5
22. 본인과 배우자는 상대방의 신경을 건드리는 일이 얼마나 자주 있는가?	0	1	2	3	4	5

	매일	거의 매일	가끔	드물게	절대
23. 배우자와 입맞춤을 하는가?	4	3	2	1	0

	극히 불행	상당히 불행	약간 불행	행복	매우 행복	극히 행복	완벽함
31. 부부관계에서 느끼는 행복의 정도를 응답해 주십시오.	0	1	2	3	4	5	6

32. 부부의 미래에 대해 귀하가 느끼는 바를 가장 잘 나타낸 내용에 응답해 주십시오.	
나는 우리의 부부관계가 성공적이길 바란다. 그리고 그렇게 되기 위해서라면 무슨 일이라도 할 것이다.	5
나는 우리의 부부관계가 성공적이길 바란다. 그리고 그렇게 되기 위해서 내가 할 수 있는 모든 것을 할 생각이다.	4
나는 우리의 부부관계가 성공적이길 바란다. 그리고 그렇게 되기 위해서는 내가 해야 할 일이 있다면 기꺼이 할 생각이다.	3
나는 우리의 부부관계가 성공적이길 바란다. 그러나 그렇게 되기 위해 지금 내가 하고 있는 것 이상의 노력을 할 수는 없다.	2
나는 우리의 부부관계가 성공적이라면 좋을 것 같다. 그러나 지금의 관계를 유지하기 위해 내가 현재 기울이는 것보다 더 큰 노력을 기울일 필요는 없다.	1
우리의 부부관계는 결코 성공적일 수 없다. 그래서 지금의 관계를 유지하기 위해 내가 할 수 있는 일은 이제 더 이상 없다.	0

출처: Spanier (1976), pp. 27-28.

Snyder(1979)가 제안한 Marital Satisfaction Inventory(MSI)는 결혼생활을 다차원적으로 평가하는 280개 문항으로 구성된다. 구체적으로 타당도 척도, 전반적인 불만족에 대한 측정과 더불어 정서적 의사소통, 문제해결 의사소통, 함께 보내는 시간, 재정관리, 성적 불만족, 역할지향, 원가족, 자녀에 대한 불만족, 자녀 양육의 9가지 영역에 대한 척도로 구성된다. 다면적 척도로서 부부관계에서 치료적 개입을 위해 중점을 두어야 할 영역을 발견하고 목표를 설정하는 데 유용하다. 국내에서는 MSI를 기초로 권정혜와 채규만(1999)이 한국 실정에 맞게 개발한 한국판 결혼만족도 검사(K-MSI)가 있다.

〈표 5-4〉 한국판 결혼만족도 검사(K-MSI): 전반적 불만족 척도

※ 응답요령
1. 예　2. 아니오

문항 내용
1. 나는 우리의 결혼생활이 꽤 행복하다고 생각한다.*
2. 나는 결혼생활이 지금보다 더 좋았다고 느낀 적이 없다.*
3. 우리는 다른 부부들처럼 잘 지내지 못한다.
4. 때때로 나는 배우자를 몹시 떠나고 싶다.
5. 나는 결혼생활에서 충족되지 못한 중요한 욕구들이 있다.
6. 우리 결혼생활에는 심각한 어려움들이 있다.
7. 나는 배우자와 함께 있을 때에도 종종 외로움을 느낀다.
8. 나는 우리의 결혼이 이혼으로 끝나지 않을까 염려한 적이 있다.
9. 우리는 별거하거나 이혼할 뻔한 적이 없다.*
10. 내 결혼은 여러 가지 점에서 실망스럽다.
11. 우리는 매우 자주 말다툼을 한다.
12. 만일 내가 내 배우자와 결혼하지 않았다면 더 행복하게 느낄 것이다.
13. 나는 때때로 우리 결혼에 대해서 꽤 낙심하게 된다.
14. 우리는 내가 알고 있는 대부분의 부부보다 더 행복하다.*
15. 우리 결혼생활의 미래는 너무 불확실해서 중요한 계획을 세울 수 없다.
16. 우리 결혼생활은 나쁜 점보다 좋은 점들이 훨씬 많다.*

17. 내 생각에 우리 결혼은 성공적이다.*
18. 나는 결혼생활에서 거의 불행함을 모르고 지내왔다.*
19. 나는 내 결혼생활의 많은 부분에 대해 만족스럽게 여긴다.*
20. 나는 배우자와 함께 부부상담을 받아 볼 생각을 종종 했다.
21. 우리 결혼생활이 내가 아는 다른 사람들의 결혼생활만큼 즐겁다고 생각한다.*
22. 내 결혼은 매우 만족스럽다.*

주: (문항)*은 역문항을 의미함.
출처: 권정혜, 채규만 (1999).

Roach 등(1981)이 제안한 Marital Satisfaction Scale(MSS)는 연구자가 1975년에 개발한 Marital Satisfaction Inventory(73문항)를 기반으로 수정되었으며, 기존의 도구보다 적은 48개 문항으로 구성된 단일차원의 척도다. 각 문항은 결혼생활의 다양한 측면에 대한 태도를 묘사하며 매우 비동의(1점)부터 매우 동의(5점)까지 5점 리커트 척도로 측정된다. 상기 척도들과 달리 단일화된 채점방식을 활용하여 점수체계가 비교적 단순하다. 국내에서는 이인수와 유영주(1986)가 우리나라 문화권에서 적합한지 살펴보고자 MSI에 대한 타당화 연구를 실시한 바 있다.

ENRICH(Evaluation and Nurturing Relationship Issues, Communication and Happiness)는 1981년에 Olson과 동료들에 의하여 개발되었으며, 기혼부부의 관계성장을 위하여 여러 핵심영역을 평가한다(ENRICH KOREA 가정사역훈련원, 2002). 관계영역에는 결혼만족도와 더불어 성격문제, 의사소통, 갈등해결, 재정관리, 여가활동, 성관계, 자녀/양육, 가족/친구, 역할관계, 종교적 신앙이 포함되며, 총 165개 문항에 대하여 5점 척도로 측정한다. ENRICH는 광범위한 규준을 토대로 검증된 우수한 타당도와 신뢰도를 지니며, 부부 각자의 정보뿐만 아니라 긍정적 커플 의견일치 점수(positive couple agreement score)를 산출하여 부부 쌍의 정보를 제공한다. 이를 통해 부부의 미래

성장이 일어날 수 있는 관계 강점영역과 변화가 요구되는 성장 필요영역을 파악할 수 있어, 관계 성장을 위한 계획을 개발하는 데에 활용할 수 있다. 또한 검사 사용을 위해 자격 워크숍 이수가 요구되며, 채점도 Enrich Korea 한국본부에 완성된 답안지를 우송하여 결과를 확인할 수 있다. 해당 척도와 관련하여 Fowers와 Olson(1993)이 15개의 문항으로 단축한 척도를 타당화하여 제안한 바 있다.

〈표 5-5〉 ENRICH 질문지: 결혼만족도 영역

※ 응답요령
1. 전혀 안 그렇다 2. 안 그렇다 3. 잘 모르겠다 4. 대체로 그렇다 5. 확실히 그렇다

	문항 내용
1	나는 우리 가족 혹은 집안 대소사에 대한 우리의 책임부담 정도에 대해 매우 만족한다.
2	나는 내 배우자의 어떤 인격적인 특성 혹은 개인적인 습관들이 불만스럽다.
3	나는 우리 부부간의 의사소통이 잘되지 않아 불행하고 내 배우자가 나를 이해하지 못하는 것처럼 느껴진다.
4	나는 결정을 내리거나 갈등을 해소하는 우리의 방법에 대해 대단히 만족한다.
5	나는 우리의 재정적 형편과 재정에 관한 결정을 내리는 우리의 방법에 대해 불만이다.
6	나는 우리가 함께 하는 여가활동과 시간을 어떻게 관리하는가에 대해 만족한다.
7	나는 우리의 애정표현 방법과 성관계를 갖는 방식에 대해 매우 만족한다.
8	나는 부모로서 우리 각자의 책임을 어떻게 담당할 것인가에 대해 매우 만족한다.
9	나는 내 부모나 배우자의 가족, 그리고 배우자의 친구들과의 관계에 만족한다.
10	나는 우리 각자가 우리의 종교적인 신념과 가치를 실천하는 방식에 대해 매우 좋게 생각한다.

출처: ENRICH KOREA 가정사역훈련원 (2002).

Schumm 등(1983)이 제안한 Kansas Marital Satisfaction Scale(KMSS)는 '결혼생활', '배우자', '배우자와의 관계'에 대한 전반적인 만족을 측정하는 세 문항으로 이루어져 있으며, 매우 불만족(1점)부터 매우 만족(7점)까지 측정한

다. 이는 실시하기 간단한 단일차원 척도로 다른 가족관계적인 변인과 변량이 혼합될 가능성이 적어 결혼만족도가 개념적으로 타당하게 측정될 수 있다(정현숙, 1997). 이 척도와 관련하여 국내에서는 정현숙(1997)이 기존 문항에 '배우자의 부모역할'에 대한 만족을 측정하는 문항을 추가하여 유자녀부부의 결혼만족 측정에 타당한 Revised Form of Kansas Marital Satisfaction Scale (RKMSS)을 제안한 바 있다.

〈표 5-6〉 Revised Form of KMSS

※ 응답요령
1. 매우 불만 2. 불만 3. 약간 불만 4. 보통 5. 약간 만족 6. 만족 7. 매우 만족

	문항 내용
1	결혼생활에 대하여 얼마나 만족하십니까?
2	배우자로서 남편(아내)에 대하여 얼마나 만족하십니까?
3	배우자와의 관계에 대하여 얼마나 만족하십니까?
4	아버지(어머니)로서 남편(아내)에 대하여 얼마나 만족하십니까?

출처: Schumm et al. (1986). p. 387; 정현숙(1997). p. 202.

Funk와 Rogge(2007)가 개발한 Couple Satisfaction Index(CSI)는 높은 타당성을 보고하는 관계만족 관련 척도들과 비교하여, 기존 측정도구의 구성에 의사소통 영역이 포함되어 있음을 확인하고, 이를 선별하여 중복과 측정오류를 줄임으로써 보다 적은 문항으로 관계만족을 더 정밀하게 측정하기 위해 설계되었다. 이에 관계에서 느끼는 행복, 부부간 일치도, 현재 관계에 대한 인식 및 선호, 기대 충족, 함께 시간을 보내는 빈도와 같은 내용을 포함하는 총 32개의 문항으로 구성된다. 연구자들은 4문항과 16문항만으로 구성된 단축형 버전을 함께 제안하였다.

〈표 5-7〉 Couple Satisfaction Index (CSI-4)

※ 응답요령
[문항 1] 0. 극히 불행 1. 상당히 불행 2. 약간 불행 3. 행복 4. 매우 행복 5. 극히 행복 6. 완벽함
[문항 2~4] 0. 전혀 1. 약간 2. 어느 정도 3. 대부분 4. 거의 확실히 5. 확실히

	문항 내용
1	관계의 모든 부분을 고려할 때, 행복한 정도는 어떠한가?
2	상대와 따뜻하고 편안한 관계에 있다.
3	상대와의 관계가 얼마나 가치 있다고 느끼는가?
4	대체로 두 사람의 관계에 얼마나 만족하는가?

출처: Funk & Rogge (2007). pp. 582-583.

2. 결혼만족도 추세

1) 젠더에 따른 경향

남성과 여성 간의 결혼만족도 차이는 여러 선행연구에서 일관적으로 드러난다. 이를 심층적으로 이해하기 위해서는 부부관계에 존재하는 젠더화된 상호의존성(권소영 · 이재림, 2019)을 고려하여 폭넓은 관점으로 보아야 한다. 즉, 결혼생활 중 발생하는 여러 가지 생애사건에서 부부 상호 간의 역동은 젠더화된 방식으로 일어나므로, 결혼생활에 대한 전반적인 만족이라는 결과적 측면에서도 젠더에 따른 차이가 존재한다.

결혼은 남성과 여성에게 매우 다른 경험이며, 결혼을 통해 여성과 남성은 동일한 편익(benefits)을 누리지 못하고, 평등의 측면에서 여성에게 더 많은 비용이 들 수 있다(Bernard, 1972). 〈표 5-8〉과 같이 결혼의 질과 관련하여

노동, 양육, 돌봄, 건강영역에서 젠더 차이가 분명하게 존재할 뿐만 아니라 드러나지 않은 젠더 차이가 결혼생활 전반에 잠재되어 있다(Bulanda, 2011).

〈표 5-8〉 젠더에 따라 결혼의 질에 미치는 영역별 영향요인

구분		부부 행복		부부 상호작용		부부 권력	
		여성	남성	여성	남성	여성	남성
노동	교육수준	–	–.008**	–.017*	–	.018*	.016**
	남편 홑벌이	–	–	–	–	–.070*	.088*
	아내 홑벌이	–.073*	–	–.165**	–	–	–.089*
양육, 돌봄	가정 내 18세 미만 자녀	–.143**	–.073**	–.310***	–.293***	–	–
	가정 내 18세 이상 자녀	–.056*	–	–.137**	–	.085*	–
건강	주관적 건강수준	.057**	.029**	.058*	.087***	–	–
	배우자의 주관적 건강수준	–	.025**	.105***	–	–	–

주: 1. Bulanda(2011)의 연구에서 7,372명의 51–61세 기혼자를 대상으로 분석한 결과 일부를 재인용함.

2. 통계치는 회귀분석을 통해 도출된 회귀계수임. *p〈.05, **p〈.01, ***p〈.001.

출처: Bulanda (2011). p. 15.

중요한 생애사건과 결혼만족의 관계에서 나타나는 젠더 차이를 살펴보면, 부모기로의 전이가 남성의 결혼만족보다 여성의 결혼만족에 더 많은 영향을 미치며, 남성과 달리 여성의 경우 자녀의 연령에 따라 큰 차이를 보였다(Twenge, Campbell, & Foster, 2003). 이는 자녀발달에 따른 결혼 및 가족생활의 변화에 여성이 더 민감한 위치에 있다는 것을 의미한다. 여성의 어머니됨이 결혼만족을 저하시키는 것은 자녀가 태어난 후 남편과 함께 보내는 시간 감소 및 가사 일의 증가와 연관되며, 가사 일의 증가로 인해 인식된 불공평함이 결혼생활의 질을 낮출 가능성이 높다(Dew & Wilcox, 2011).

여성과 남성의 삶의 질에 결혼이라는 사건이 차지하는 상대적인 중요성도 다르게 나타난다. 결혼 이후 삶의 만족이 변화하는 정도가 여성에게서 더 두

드러졌으며, 결혼한 해 및 그 이듬해에 남성보다 삶의 만족이 높고, 이후 하락하고 반등하는 시점도 남성보다 빠르게 나타났다([그림 5-1], 이윤주, 2021). 이는 남편에 비해 아내가 결혼과 관련된 정서적인 변화를 보다 잘 경험하고, 이에 더 높은 가치를 두는 경향으로 인해 나타난 결과일 수 있다(이윤주, 2021).

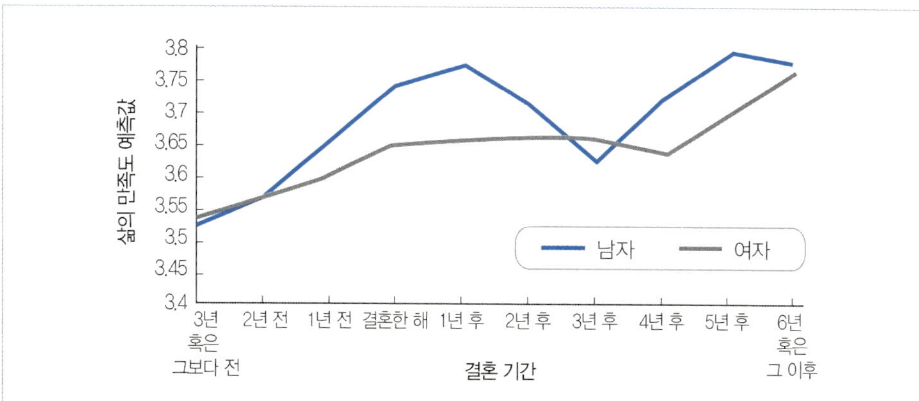

[그림 5-1] 기혼자(n=543)의 성별에 따른 결혼 전후 삶의 만족 변화 양상

출처: 이윤주 (2021). p. 56.

덧붙여 결혼생활과 삶의 만족 간 연관성은 배우자의 평가에 영향을 받을 수 있는데, 남성은 배우자의 결혼생활에 대한 평가에 따라서 결혼생활이 삶의 만족에 미치는 정도가 여성에 비해 더 크게 달라졌다([그림 5-2], Carr et al., 2014). 즉, 남성의 경우 결혼의 질이 낮다고 인지하더라도 아내가 결혼생활에 대해 긍정적으로 평가한다면 삶의 만족이 높아졌다. 이를 통해 본인 및 배우자의 삶과 맞닿아 있는 결혼생활 속에서 여성인 아내가 기여하는 바가 상대적으로 더 크다고 볼 수 있다.

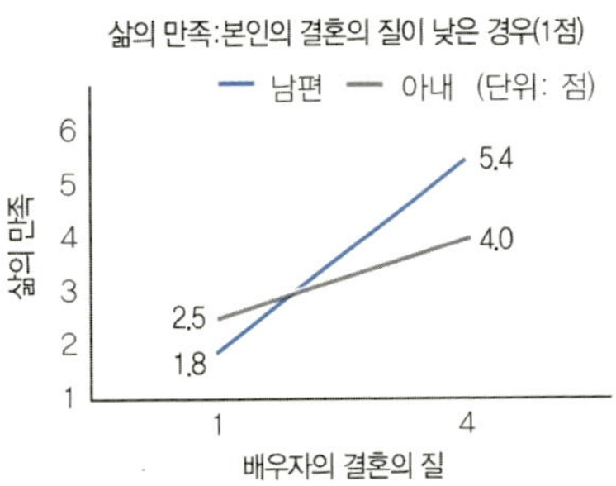

구분	삶의 만족	
	남편 (n=361)	아내 (n=361)
본인의 결혼의 질(actor)	1.75*	1.16**
배우자의 결혼의 질(partner)	1.65*	.63*
actor × partner	−.45*	−.15

*p<.05, **p<.01

본인의 삶의 만족(0–6점)

구분		배우자의 결혼의 질	
		낮음(1점)	높음(4점)
남편의 결혼의 질	낮음(1점)	1.8	5.4
아내의 결혼의 질	낮음(1점)	2.5	4.0

[그림 5-2] 본인 및 배우자의 결혼평가에 따른 삶의 만족

주: 상단 표 안의 값은 회귀계수, 하단 표 안의 값은 본인의 삶의 만족 점수(0–6)에 해당함.
출처: Carr et al. (2014). p. 942.

▌참고자료▐

국내 부부의 성별에 따른 배우자와의 관계 만족도

우리나라 여성의 배우자와의 관계 만족도는 남성에 비해 매년 낮게 나타나며, 불만족 수준은 여성이 남성보다 매년 높게 나타난다. 불만족 수준은 남성과 여성 모두 소폭 감소하는 경향을 보이며, 만족하는 수준은 증가하는 경향을 보인다.

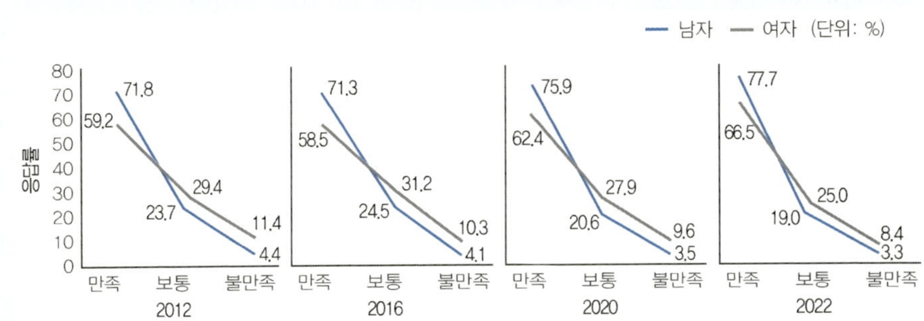

출처: 통계청. (각년도).

2) 생애과정에 따른 경향

생애과정에 따른 차이는 장기적 측면에서 결혼생활의 변화와 부부관계의 발달을 반영한다. 관련 연구에서는 가족체계 내 질적인 변화를 일으키는 생애사건의 발생, 시간 흐름에 의한 부부의 연령, 결혼지속년수에 따라 결혼만족의 변화를 살펴볼 수 있다.

대표적인 생애사건인 부모기로의 전이(transition to parenthood)는 결혼생활 만족의 저하를 가속할 수 있는 주요 사건으로, 부모가 된 부부는 역할갈등과 자유에 대한 제약으로 인해 무자녀부부보다 더 낮은 결혼만족을 보인다(Bühler et al., 2021; Twenge, Campbell, & Foster, 2003). 첫 자녀 출산 전부터 부모기 전이까지 부부의 결혼만족 변화를 추적하였을 때, 무자녀부부보다 자녀가 있는 부부의 결혼만족이 시간의 흐름에 따라 더 크게 감소하며, 임신 이전부터 유지된 관계만족 수준에 따라 부모됨이 부부관계의 질에 미치는 영향이 달랐다(Lawrence et al., 2008).

이후 자녀발달 단계에 따라 요구되는 부모역할과 이에 대한 적응은 가족생활주기를 구분하며, 부부관계와 결혼생활에 지대한 영향을 미친다. 첫 자녀 연령을 기준으로 가족생애주기를 ① 결혼적응기, ② 자녀 출산 및 미취학기, ③ 자녀 학령기, ④ 자녀 청소년기, ⑤ 자녀 성년기, ⑥ 자녀 결혼기로 구분할 때, 결혼적응기에 비해 자녀학령기와 자녀결혼기의 결혼불만족이 유의하게 높았다([그림 5-3] 왼쪽, 김민녀 · 채규만, 2006). 또한 연령에 따라 20대에 비해 30-50대인 기혼자의 결혼불만족이 유의하게 높으며, 결혼지속년수에 따라 결혼한 지 6년 이상 된 기혼자가 5년 미만인 기혼자보다 결혼불만족이 유의하게 높았다(김민녀 · 채규만, 2006).

또한 기혼 남녀의 결혼만족도는 자녀의 아동기와 청소년기를 지나 미취업 성인기에 가장 낮으며 이후 취업성인기에 다시 소폭 상승하는 것으로 나타나, 자녀의 취업 이전까지 부모역할에 대한 책임 인식이 연장되고 있는 실태를 반영하여 결혼생활에서 자녀가 중요한 부분을 차지한다는 점이 드러난다([그림 5-3] 오른쪽, 류민영 · 정현숙, 2023).

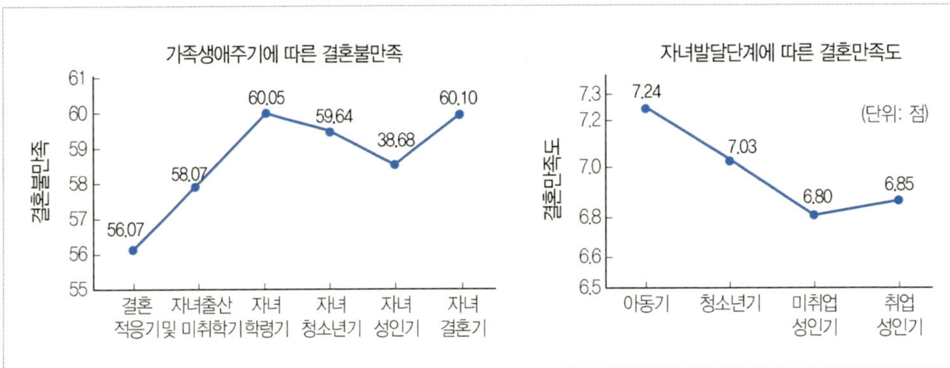

[그림 5-3] 가족생애주기에 따른 결혼불만족

출처: 김민녀, 채규만 (2006); 류민영, 정현숙 (2023).

부모역할수행에 치중하는 단계를 지나가면서 나이듦을 함께한 부부는 중장년기와 노년기를 맞이하고, 관계를 지속해 온 햇수가 10년, 20년을 초과하며 경험하는 부부관계의 특성이 달라진다. 일례로 중년기는 부부관계에 초점이 맞추어지기 시작하는 단계로, 부부는 이전의 신뢰관계를 기반으로 보다 돈독한 애정과 친밀감 증진을 위해 서로를 재발견하는 것이 필요하다(유영주 외, 2018). 노년기는 신체적 노화, 역할상실, 심리적 위축과 같이 생애전환으로 인한 스트레스 상황이 부부관계에 영향을 미칠 수 있으며, 이러한 조건하에 노년기부부는 은퇴 이후 함께 지내는 시간이 증가하여 다양하고 복합적인 적응문제가 부각된다(권오균 · 허준수, 2010; 전혜정 · 채혜원, 2013).

연령과 관계지속기간에 따라 커플 관계(romantic relationship)에서의 만족도 변화를 검토하기 위해, Bühler과 동료들(2021)은 95건의 종단적 연구를 활용하여 메타분석을 실시하였으며 165,039명의 참여자를 포함한 165개의 표본으로부터 효과크기를 도출하였다. 메타분석은 기존 선행연구를 통하여 다양한 연구결과를 체계적이고 계량적으로 통합하는 분석방법으로 연구결과에 대한 전체적인 합의를 끌어내는 것을 의미한다. 그 결과, [그림 5-4]와 같이 관계만족은 연령에 따라 U자형 패턴을 보이는 반면, 관계지속기간에 따라서는 역동적인 패턴을 보였다(Bühler et al., 2021).

연령에 따른 관계만족은 20세부터 40세까지 감소하다가 40세에 최저점에 도달하고, 이후에는 다소 증가하다가 정체기에 이르는 반면, 관계지속기간에 따른 관계만족은 처음 10년 이내에 급격히 감소하고 10년차에 최저점에 도달한 후 20년차까지 증가했다가 다시 감소하는 패턴을 보였다(Bühler et al., 2021). 관계지속기간 10~20년차인 시점에 만족도가 향상되는 결과는 시간이 흐름에 따라 관계에 불만족스러운 커플은 헤어짐을 경험하고, 만족하는 커플은 더 오래 관계를 지속했을 가능성을 함의하며, 함께한 기간이 상대적으로 짧은 관계에서 만족도의 변화량이 가장 크다는 점에서 지속기간이 긴 커플(surviving couples)은 관계 내내 일정 수준의 만족을 유지하며 변화량이 적었을 것으로 해석된다(Bühler et al., 2021).

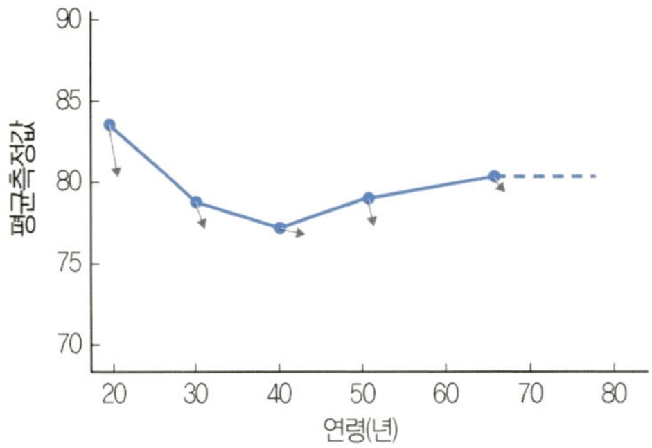

구분 (연령)	관계만족 (효과크기)	
	평균측정값	연간 평균 변화량
20-30세	83.61	-2.942
30-40세	79.31	-1.585
40-50세	77.61	-.133
50-65세	79.32	-1.531
65-76세	80.47	-.603

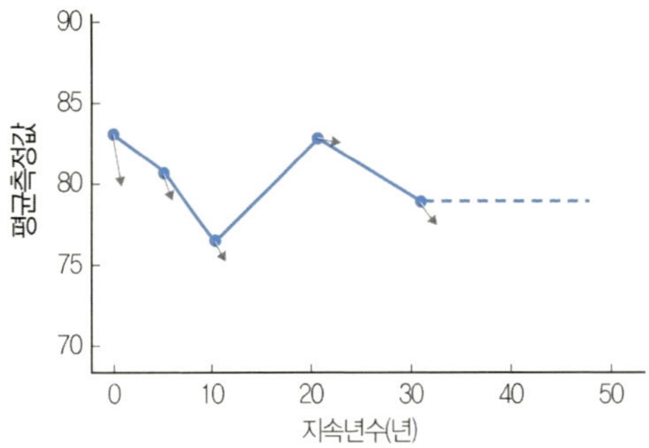

구분 (지속년수)	관계만족(효과크기)	
	평균측정값	연간 평균 변화량
0-5년	83.16	-2.600
5-10년	81.13	-1.571
10-20년	77.02	-.930
20-30년	82.99	-.129
30-46년	79.32	-.858

[그림 5-4] 연령 및 관계지속기간에 따른 관계만족

주: 1. 점은 Time 1에서의 평균 측정값, 벡터는 Time 1-Time 2에서의 연간 평균 변화량을 의미함.
2. 점선은 76세 이상 혹은 지속년수 46년 이상에 해당하는 집단의 샘플이 없음을 의미함.
3. POMP score는 각 연구의 측정도구에서 측정 가능한 최대 점수의 백분율(percent of maximum possible score)로 변환한 값으로, 해당 연구에서 활용된 통계치 범위는 0부터 100임.

출처: Bühler et al. (2021). pp. 1030-1032.

이처럼 결혼지속기간에 따른 결혼만족 패턴에 대하여 결혼이 성숙함에 따라 결혼만족은 그 수준이 개선되기 이전에 감소하는 패턴이 일반적이며, 개선되더라도 결혼초기에 관찰된 만족 수준의 이상으로는 회복되기 어려운 신혼기 최대 한계효과(honeymoon-as-ceiling effect)가 나타난다(Proulx, Ermer, & Kanter, 2017). 따라서 향후 결혼생활 변화를 설명하는 데에 시간의 흐름

자체보다 초기에 나타나는 만족 수준이 더 많은 역할을 하며, 혼전 요인과 결혼 초기에 나타나는 큰 만족도 변화와의 이론적 연관성에 더 많은 관심을 기울일 필요성이 제기된다(Lavner, Bradbury, & Karney, 2012).

신혼부부 251쌍의 4년간 결혼만족도 변화궤적을 유형화하였을 때(Lavner et al., 2012), 초기 만족도가 높은 수준에서 안정적으로 유지되는 부부(남성 58%, 여성 69%)와 초기 만족도가 상대적으로 낮은 수준에서 급격하게 감소하는 부부(남성 13%, 여성 10%)가 [그림 5-5]와 같이 구분되었다. 결혼 초기부터 만족이 높은 부부는 그 수준이 계속 유지되거나 감소하는 폭이 작은 반면 초기 결혼만족이 낮은 부부는 시간에 따라 감소하는 폭이 상대적으로 크다는 점이 드러나며, 향후 이혼하는 비율 또한 '낮은 초기 만족+급격한 감소 유형'(남성 33%, 여성 46%)이 '높은 초기 만족+유지 유형'(남성 13%, 여성 11%)에 비해 높았다(Lavner et al., 2012).

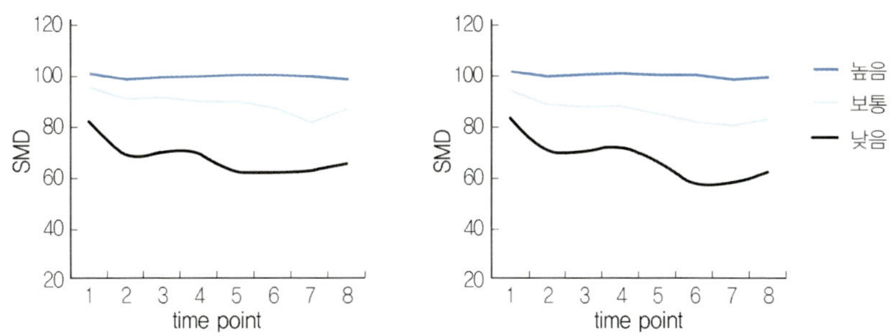

[그림 5-5] 신혼부부의 4년간 결혼만족도 변화 궤적

주: 1. Time point는 6개월 단위임.

2. SMD는 의미분별척도(Semantic Differential)를 활용한 관계만족에 대한 측정을 의미하며, 해당 연구에서 측정된 관계만족의 점수 범위는 15점부터 105점까지임.

출처: Lavner et al. (2012). p. 15.

▌참고자료▐

국내 부부의 연령에 따른 배우자와의 관계 만족도

배우자와의 관계 만족도는 매년 20대 · 30대의 젊은 층에서 높게 나타난다. 연령이 높아질수록 만족도가 크게 감소하다가 감소하는 폭이 점차 줄어들면서 60대 이후부터는 뚜렷한 반등 없이 대체로 정체되는 경향을 보인다. 80세 이상 고령 노인의 경우 노년기 중에서 상대적으로 높은 관계만족을 보인다.

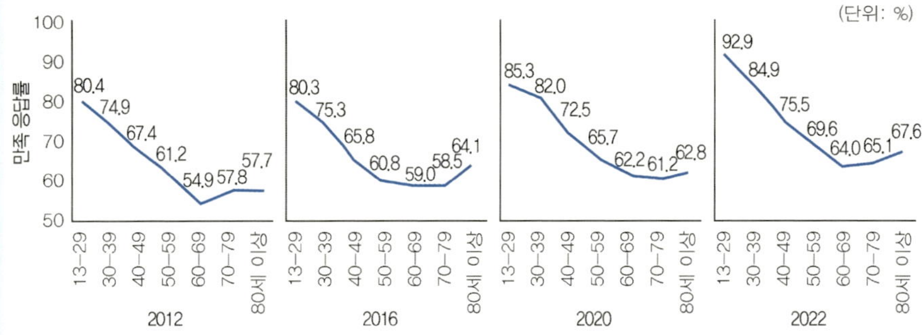

출처: 통계청. (각년도).

또한 유자녀부부 206쌍의 임신기부터 출산 후 9개월까지의 관계만족 변화 궤적을 유형화하였을 때, '높은 초기 만족+보통(moderate) 감소(79.4%)'와 '중간 초기 만족+가파른(steep) 감소(20.6%)'로 분류되었고, 남편은 '높은 초기 만족+보통 감소(51.0%)', '높은 초기 만족+가파른 감소(38.3%)', '중간 초기 만족+가파른 감소(10.7%)'의 세 집단으로 분류되었다(Don & Mickelson, 2014). 즉, 앞선 신혼부부의 결혼만족 변화궤적과 유사하게 초기 만족도가 높고 감소폭이 비교적 작은 부부 유형의 비율이 가장 높았다.

초기 만족도가 중간 수준에서 급속히 감소하는 유형이 다른 유형과 구분되는 변인을 보다 면밀하게 살펴보았을 때, 배우자 요인이 예측 변인으로 나타나 부부관계 내 상호의존성이 검증되었다. 아내는 남편의 불안이 높을수록, 남편이 배우자로부터 지지받는다고 느끼는 수준이 낮을수록 해당 유형에 포함될 가능성이 높고, 남편은 소득이 낮을수록, 아내의 자아존중감이 낮을수록, 아내의 일상 스트레스가 높을수록 포함될 가능성이 높았다(Don & Mickelson, 2014).

3) 결혼만족, 성공적인 결혼 및 행복한 삶

결혼만족은 행복한 커플에게서 확인되는 성공적인 결혼의 요인 중 하나로, 성공적인 결혼은 두 사람이 자신의 가치와 원칙을 존중하고, 상호이익을 가지고, 서로 헌신하고, 어떤 상황에서도 함께하며, 서로 협력하는 결혼을 의미한다(Asoodeh et al., 2010).

따라서 성공적인 결혼을 위해서는 결혼만족 외에 다양한 요소들이 작용한다. 일례로 행복한 부부들은 성격, 재정적 · 사회적 지위가 비슷한 경향을 보이는 공통성(commonality), 의견충돌이 발생한 후 논쟁을 빠르게 끝내고 합의에 도달할 뿐 아니라 서로에게 너그럽고 관대한 소통(communication)을 보이며, 또한 형평성(equity) 차원에서 묘사된 성공적인 결혼생활은 전통적인 부부의 경우 가장으로서 책임지는 남편의 역할을 고려하고, 비전통적인 부부는 비위계적이며 우호적인 관계를 특징지었다(Asoodeh et al., 2010).

국외 성인남녀를 대상으로 한 가치조사 연구 European Values Study에서는 성공적인 결혼생활을 위한 다양한 조건으로 ① 신의, ② 충분한 소득, ③ 좋은 주거환경, ④ 가사노동 분담, ⑤ 자녀, ⑥ 친구 관계 및 개인적인 취미나 활동을 위한 각자의 시간을 제시한다(EVS, 2022). 특히 부부간 신의는 배우자와의 관계를 위해 가장 중요하다고 여겨지는 요소로 강조되었다(Panagiotopoulou, Gari, & Emvalotis, 2022).

한국형 결혼관 척도(남순현, 2007)에서는 성공적인 결혼 요인이 결혼생활을 행복하게 관리하기 위한 노력을 반영하며 '상호신뢰와 만족', '유사성', '사랑', '경제력', '어려움에 대한 대처', '결혼에 대한 환상', '개인과 자녀의 삶에 미치는 영향' 등의 내용으로 구성된다. 또한 성공적인 결혼 요인은 결혼준비도와 정적인 상관관계를 보이고, 결혼불만족과는 부적인 상관관계를 보였다(남순현, 2007).

▮참고자료▮

결혼관 척도 중 성공적인 결혼 요인

- 결혼에서 무엇보다도 중요한 것은 상호 간의 신뢰다.
- 결혼생활이 행복하려면 서로에게 만족을 느낄 수 있어야 한다.
- 배우자 선택 시 가장 중요한 것은 배우자와 내가 얼마나 성격이 잘 맞느냐이다.
- 배우자 선택 시 생활습관이나 가치관이 자신과 유사할수록 좋다.
- 결혼생활에서 어려움이 생기면, 부부가 스스로 이겨내야 한다.
- 부모의 결혼은 자녀에게 중요한 모델이 된다.
- 행복하려면 사랑하는 사람과 결혼해야 한다.
- 결혼은 개인의 삶의 변화를 가져온다.
- 누구나 결혼에 대한 자신만의 이미지(환상)를 갖고 있다.
- 결혼하기 위해서는 어느 정도의 경제력이 있어야 한다.

출처: 남순현 (2007). p. 17.

국내 연구에서도 중년 기혼 남녀의 성공적인 결혼 조건에 대한 태도는 소득, 사회적 배경, 좋은 주택 등 사회경제적 조건 및 정치적 견해, 분가, 개인시간과 관련된 '조건 기반의 교환'과 신뢰, 종교적 신념, 성생활, 문제를 함께 의논하려는 의지, 가사분담, 자녀와 관련된 '공유 기반의 상호작용'으로 크게 구분되며, 특정 조건을 결혼생활에 중요한 조건으로 생각할수록 결혼만족은 낮은 경향이 있는 반면, 질적인 상호작용을 중시할수록 결혼만족이 높게 나타났다(유계숙, 2023).

한편 국내 미혼 청년들은 성공적인 결혼에 있어 비가시적인 조건, 즉 부부간 신뢰, 문제를 함께 의논하려는 의지, 각자의 친구나 취미/활동을 위한 시간 등을 중요시하여, 부부간 상호신뢰와 소통을 기반으로 각자 개인적 영역을 존중받을 수 있는 관계를 성공적인 결혼이라 인식하는 것으로 나타난다(유계숙 · 김민정 · 서진솔, 2019).

이를 종합해 볼 때, 성공적인 결혼생활을 위해 중요하게 고려해야 할 조건에는 일상이나 배우자와의 관계, 부부를 둘러싼 사회구조적 여건 등 다양한 요인들이 포함되며, 특히 개인에게 정서적인 가치와 의미를 지니는 요소들이 두드러진다. 이는 오늘날 결혼이 좋은 부모, 충실한 배우자와 같은 사회적 가치와 규범을 반영하는 제도로서의 의미를 벗어나 개인의 선택과 자기개발에 집중하는 측면, 결혼의 탈제도화(Cherlin, 2004)를 반영한다. 이러한 결혼제도의 변화는 만혼현상 및 비혼동거부부의 증가 추세가 뚜렷한 한국의 결혼 현황과 일맥상통한다.

결혼만족은 여생 동안 선택한 배우자와 관계를 지속하고자 하는 의지와 관련되는 개인의 삶의 질 문제라고 볼 수 있다. 관계에 대한 낮은 만족이 반드시 이혼과 같은 관계의 종결로 이어지는 것은 아니나, 만족스러운 부부관계는 배우자에 대한 지지, 행복, 가치를 일상적으로 경험하도록 만드는 주요 원천이다(Bühler, Krauss, & Orth, 2021).

자신과 배우자의 행복한 결혼생활은 성별과 무관하게 개인의 삶 전반에 대한 평가와 밀접한 관련이 있다. 시간이 지남에 따라 결혼생활의 부정적인 요소를 인식하는 것은 개인의 행복을 약화시키며(Carr et al., 2014), 특히 결혼생활을 오래 지속한 관계의 경우 그 연관성이 더 강하게 나타난다(Proulx, Helms, & Buehler, 2007).

또한 부부의 결혼만족은 부부 각자의 삶뿐만 아니라 자녀의 삶에도 유의미하게 작용하여 자녀의 발달(이재구 · 김기현, 2018; 한영숙, 2020), 문제행동(기쁘다, 2022), 정신건강(김소향 · 조준오, 2018), 자녀와의 애착(김리진 · 황현주, 2014) 등에 영향을 미친다. 성장기에 경험한 부모의 부부관계를 긍정적으로 인식하는 것이 자녀의 결혼생활에 정적인 영향을 미쳐, 세대 간 전이 가능성도 확인된다(정아름 · 이준영, 2021). 이처럼 만족스러운 결혼생활은 자녀의 성장을 포함하여 본인과 배우자의 삶 및 가족의 건강한 발달에 기여하는 중요한 개념인 것이다.

따라서 개인적인 가치에 의해 결혼을 선택하고 배우자와 함께 가정을 영위하고자 하는 세대에 접근하기 위해, 개인의 삶을 조망하는 관점에서 성공적이고 만족스러운 결혼생활을 재고해야 하는 때이다. 이러한 점에서 결혼할 의향과 부부관계 유지에 있어 개인이 경험하는 주관적인 정서, 즉 안정감, 행복, 사랑 등이 부각되고, 결혼생활 속 부부의 정서적 경험과 상호작용이 강조된다고 볼 수 있다.

3. 결혼만족도 관련 변인에 따른 연구동향

결혼만족도 증진과 행복한 부부관계 유지를 위하여 관련 변인을 검증하는 연구는 여러 학계에서 꾸준하게 진행되어 왔다. 이 섹션에서는 국내 선행연구의 동향을 통해 파악된 결과를 크게 개인적 변인, 부부관계적 변인, 환경적 변인의 세 가지로 구분하여 살펴보고자 한다.

1) 개인적 변인

개인적 변인은 부부 각자가 고유하게 지니고 있는 개별적인 측면으로 자아분화, 자아존중감, 애착, 정서적 기능, 성역할, 심리적 문제 등을 포함한다. 부부 각자의 개인내적인 특성은 개인의 다양한 반응과 행동을 촉진함으로써 궁극적으로 본인과 배우자의 일상 경험에 다양하게 작용할 수 있다.

자아분화(self-differentiation)는 가족이나 타인과 친밀한 관계를 유지하면서 독립성과 자율성을 유지하는 능력의 정도를 의미한다. 감정과 사고를 적절하게 분별할 수 있는 개인은 갈등과 스트레스 등 배우자와의 관계에서 합리적이고 효과적으로 반응할 수 있어 관계를 원만하게 유지하고 결혼생활에 대한 적응과 만족이 높다(나남숙 · 이인수, 2017; 신현정 · 홍혜영, 2018; 허만형, 2008 등). 또한 높은 자아분화 수준은 배우자의 결혼만족에도 긍정적인 영향을 미쳤는데, 특히 본인의 결혼만족에는 배우자의 자아분화 수준보다 본인의 자아분화 수준이 미치는 영향력이 상대적으로 더 큰 것으로 나타났다(나남숙 · 이인수, 2017; 이봉은 · 김세경 · 천성문, 2017).

자아존중감(self-esteem)은 자신에 대한 주관적인 평가로 자기 자신을 수용하고 가치 있는 존재로 여기는 느낌을 의미한다. 이는 대인관계를 원만하게 형성할 수 있는 성격 발달의 기반이 되며, 높은 자아존중감을 지닌 개인은 배우자의 생각과 감정을 수용하고 자신의 의견을 진솔하게 전달하는 등 긍정적인 의사소통행동을 더 많이 나타낼 수 있다. 이에 따라 개인의 자아존중감이 높을수록 결혼만족이 높으며(김성령 · 박충선, 2018; 노성향, 2018; 박영화 · 고재홍, 2005; 최정혜, 2005 등), 남편의 자존감 수준이 아내의 결혼불만족을 낮추는 연구결과(오현주 외, 2012)와 같이 높은 자아존중감은 배우자의 결혼만족 증진에도 긍정적인 영향을 미쳤다(안연주 · 최연실, 2021). 자아분화와 마찬가지로 부부의 자아존중감이 배우자보다 본인의 결혼만족에 미치는 영향이 상대적으로 크게 나타난다(박영화 · 고재홍, 2005; 안연주 · 최연실, 2021).

애착(attachment)은 유의미한 타인과의 관계에서 형성된 정서적 유대를 의미하며, 부부관계는 성인애착체계가 활성화되는 핵심적인 관계이다. 애착불안 혹은 회피 성향을 지닌 개인은 배우자와 관계에 대한 신뢰를 형성하지 못하고 상호작용하는 과정에서 두려움이나 불편함을 느껴 결혼생활을 안정적으로 유지하기 어렵다. 이에 불안정하거나 손상된 애착경험이 결혼생활에 대한 불만족으로 이어지는 결과가 확인되며(김혜원 · 유성경, 2017; 서미아, 2017; 우수정 · 이영, 2010), 일부 연구에서는 회피애착 유형이 다른 요인을 매개하여 영향을 미치는 간접 효과가 보고된다(오현주 외, 2012).

정서적 기능(emotional functioning)에 있어 본인의 정서를 적절하게 조절하거나 표현하는 능력은 결혼생활의 만족과 안정을 위해 필요한 변인으로 나타난다(김혜원 · 유성경, 2017; 윤희원 · 허재홍 · 오충광, 2016). 부부생활에서 다양한 갈등상황을 직면할 때, 감정을 통제하지 못하나 거부에 대한 두려움으로 인해 정서표현을 억제하고 갈등하는 것은 배우자의 관계에서 혼란을 야기하고 안정적인 소통을 방해함으로써 만족스러운 결혼생활을 유지하기 어렵게 만든다. 또한 갈등 이후 부정적인 정서 경험 및 행동을 보다 잘 조절할수록 본인과 배우자의 높은 결혼만족이 예측되며, 정서적 행동조절은 장기적으로도 본인의 결혼만족 증진에 있어 긍정적인 효과를 보였다(Bloch, Haase, & Levenson, 2014).

성역할(gender role)은 신체적으로 구분되는 성별에 따라 수행되어야 하는 행동 유형(유영주 · 김경신 · 김순옥, 1996)으로, 이와 관련하여 개인의 내면화된 가치 및 젠더 규범이 성역할 태도를 의미한다. 평등하고 민주적인 성역할 태도를 통해 가사노동 및 가족돌봄 참여와 같은 외현적인 행동이 드러날 수 있기에, 오늘날에는 여성의 노동 및 남성의 돌봄에 대하여 상호보완적인 부부관계를 추구하는 부부 각자의 성역할 태도가 만족스러운 결혼생활의 선행요인이 된다. 특히 남편의 성역할 태도가 평등할수록 배우자에 대한 배려나 가사노동 및 양육의 참여가 높을 가능성이 높고, 그 결과 본인과 배우자의 결혼만족도를 증가시키는 결과가 보고되었다(강미선 외, 2020; 김혜성 · Grace Chung, 2019; 이예슬 · 김현경 · 박하영, 2021).

개인의 심리적 문제(psychological disorder), 즉 역기능적 스트레스, 우울, 속박감, 수치심 등은 결혼만족에 부정적으로 작용한다. 자신의 결혼만족에 있어 경제적 스트레스는 직접적인 영향뿐만 아니라 부부간 상호작용을 유발함으로써 간접영향을 미치며(장춘미, 2009), 개인이 일상에서 경험하는 스트레스는 자신과 배우자의 결혼만족을 낮추는 결과가 보고되었다(김시연 · 서영석, 2010). 또한 본인 혹은 배우자의 결혼만족에 개인의 우울감(송혜영 · 배연희, 2022; 안연주 · 최은실, 2021; 정문경, 2019), 속박감(권정혜 · 이소영, 2008), 수치심(박유진 · 심은정, 2021)이 부정적으로 작용하며, 경조증 및 우울, 강박성과 같이 병리적 성격 또한 본인의 결혼만족을 낮추는 결과가 확인되었다(공성숙, 2008). 이처럼 개인의 불안정한 심리상태와 성격은 상호 간에 영향을 미쳐 결국 부부관계 문제로 확장되기에, 만족스러운 결혼생활을 유지하기 어렵게 만드는 요인으로 보고되었다.

2) 부부관계적 변인

부부관계적 변인은 결혼생활에서 발생할 수 있는 모든 상호작용을 반영하며 부부갈등 및 대처, 의사소통, 역할분담, 부부권력, 긍정적인 상호작용, 성생활 등 부부 두 사람이 서로 주고받는 과정적 요소들을 의미한다. 배우자와 어떻게 상호작용하느냐는 결혼생활에 대한 평가의 일면이자 가장 핵심적인 요인으로 작용한다.

부부갈등(marital conflict)은 결혼생활에서 배우자와의 불일치로 인해 경험하는 긴장과 갈등(이선미 · 전귀연, 2001)으로, 부부관계 속에 긴장과 스트레스를 유발하는 갈등 그 자체는 정도가 심할수록 결혼만족을 낮추는 변인이라는 점이 일관되게 검증된다(김경미 · 김영희, 2009; 김동진 · 전효정, 2019; 류석진 · 조현주, 2015; 한영숙, 2007 등). 그러나 갈등상황 시 어떻게 대처(coping)하느냐가 결혼만족을 조절하는 주요 요인으로서, 본인뿐만 아니라 배우자의 협력적인 갈등해결방식이 결혼만족 증진에 유효한 것으로 나타났다(장춘미, 2009). 선행연구를 살펴보면, 갈등상황 시 배우자가 언어적 공격을 적게 사용할수록 결혼만족이 높았으며, 남편의 이성적 대처가 본인 및 배우자의 결혼만족에 긍정적이었다(이선미 · 전귀연, 2001). 또한 결혼기간이 8~14년인 부부를 대상으로 살펴본 결과, 갈등 수준이 높아질수록 갈등회피를 적게 하는 것이 남편의 결혼만족에 긍정적이며, 갈등을 표출하는 방식은 갈등 수준이 낮을 때는 아내의 결혼만족에 긍정적이나 갈등 수준이 높을 때는 부정적으로 작용하였다(김영희 · 정선영, 2007). 즉, 불가피한 크고 작은 갈등을 적절하게 관리하지 않는 것이 결혼생활과 부부관계 만족에 위협적일 수 있음이 강조된다.

의사소통(communication)은 부부가 결혼생활에서 발생하는 일상적인 일에 대하여 언어적 · 비언어적으로 상호교류하는 과정으로, 배우자와 신뢰 및 친밀감을 쌓으며 정서적 관계를 발달시키고 유지하는 데에 중요한 역할을 한다. 건설적인 대화는 본인과 배우자의 결혼만족을 높이는 반면 비난과 공격이 포함된 의사소통을 하거나 대화를 회피하는 행동은 결혼만족을 저하시킨다(박영화 · 고재홍, 2005; 이희윤 · 조유현, 2015). Gottman(1999)은 부부의 이혼을 예측할 수 있는 네 가지의 부정적인 의사소통행동을 비난(criticism), 경멸(contempt), 방어(defensiveness), 냉담(stonewalling)으로 명명하였는데, 네 가지 부정적인 의사소통방식을 사용할수록 결혼만족에 부정적이며(류석진 · 조현주, 2015; 이봉은 · 김세경 · 천성문, 2017), 부부싸움 시 본인과 배우자가 냉담을 적게 사용할수록 그리고 본인이 자기주장을 사용할수록 결혼만족도가 유의하게 증가하였다(권윤아 · 김득성, 2008).

가정 내 역할분담(division of domestic work)은 여성의 주도적인 역할이 강조되었던 가사노동 및 가족돌봄영역에 대하여, 남성들이 조력을 넘어서 능동적이고 적극적으로 참여함으로써 부부가 성역할을 벗어나 가정 내 노동을 협력적으로 수행하는 정도를 의미한다. 특히 오늘날 보편적인 가구 형태인 맞벌이가구의 결혼생활에서 역할분담은 주요한 요인에 해당한다. 아내가 역할분담의 불공평을 적게 인지할수록 높은 결혼만족을 보이며, 남편도 맞벌이생활로 인한 역할갈등을 적게 인지할수록 가사참여를 많이 할수록 결혼만족이 증가하였다(최규련, 1993). 또한 남편이 양육에 참여하고 역할을 더 많이 분담할수록(김혜성 · Grace Chung, 2019; 윤기봉 · 지연경, 2017; McClain & Brown, 2017) 그리고 남편의 가사노동 분담에 만족할수록(유계숙, 2010; 송혜영 · 배연희, 2022) 배우자인 아내의 결혼만족이 높아졌다. 이러한 결과는 아내가 기대하는 배우자 역할에 부응함으로써 배우자에 대한 만족도가 높아져 나타난 결과로 볼 수 있으며(유계숙, 2010; 이정순, 2003), 공동의 가치관으로 남편이 실제 협력할 때 아내는 충분히 이해받고 충족하는 느낌을 경험할 것이다(김성연 · 홍정순, 2022).

부부권력(marital power)은 부부관계에서 서로의 행동에 잠재적이고 실제적인 영향을 주는 상대적인 능력을 의미한다(김홍은, 1986). 상대적으로 권력을 가진 한 사람은 가정생활에서 중요한 의사결정을 할 때 유리한 위치를 선점하고 우위에 있는 역할을 행사하는 반면 그 배우자는 과중하고 부당한 요구와 기대에 순종하도록 강요받을 수 있다. 더욱이 부부중심의 문화로 변화하는 현시점에 불균형한 권력구조는 결혼생활에 마찰을 일으키고 갈등을 야기하는 가정환경을 조성한다. 부부 상호 간에 평등한 의사결정을 할수록 결혼만족이 높아지며(전혜성 · 서미아, 2012), 부인이 지각하는 상대적 지위가 낮을수록 배우자인 남편의 결혼불만족이 높아졌다(권정혜 · 이소영, 2008).

긍정적인 상호작용(positive interaction), 즉 서로에 대한 헌신, 지지적인 행동, 배려 등은 부부간 애정의 교환을 나타낸다. 오늘날 부부는 배우자 선택에서부터 사랑의 감정에 기반하는 정서적 관계이므로, 꾸준한 상호작용을 통해 긍정적인 정서 경험을 축적하고 관계 발달을 위해 노력하는 것이 만족스러운 결혼생활 유지에 필수적이다. 배우자의 헌신에 대해 높게 지각할수록 결혼만족이 높아진다는 점에서, 배우자의 행동을 어떻게 지각하느냐가 중요함이 드러난다(황성실 · 김영희, 2013). 관계에 헌신하고자 하는 본인의 의지도 결혼만족에 긍정적으로 작용하며, 아내의 헌신이 실제 행동으로 드러날 때 배우자의 결혼만족에 영향을 미쳤다(나남숙 · 이인수, 2017). 또한 배우자에게 배려 및 지지를 제공하거나 받는 행동은 본인의 결혼만족을 높였으며(김승주 · 정영숙, 2014; 장춘미, 2009; 전춘애 · 박성연, 1996), 부부간에 호감과 존중을 표현하는 정도는 결혼만족에 유의한 영향을 미치고, 양육 스트레스를 받는 상황에도 높은 결혼만족에 기여하는 요인으로 나타났다(김득성 · 김도희, 2016).

부부의 성생활(sexual life)은 결혼생활의 주요 상호작용 중 하나로, 남편과 아내 모두 성생활에 만족할수록 결혼만족이 높다는 결과가 보고되며(최규련, 1993), 성적 친밀감을 쌓아가는 것은 육체적 이완뿐만 아니라 의사소통 증진과 감정 교환의 수단으로서 결혼생활에 활력을 불어넣는다(손강숙 · 주영아, 2015).

3) 환경적 변인

부부 두 사람 외에 다른 유의미한 대상들과의 관계, 주변 환경 또한 부부관계와 결혼생활에 다양한 영향을 미친다. 환경적 변인에는 자녀, 원가족, 직장

등 부부를 둘러싸고 있는 주변 상황 및 관련 요소들이 포함된다.

자녀 출산과 양육은 부부 두 사람의 결혼생활이 자녀중심의 생활로 전환되고 부모역할을 시작하는 큰 변화로서 쉽지 않은 적응이 요구되는 생애사건이다. 부부는 자녀를 양육하는 과정에서 다양한 스트레스와 도전을 경험하며, 특히 첫 자녀의 경우 매번 새로운 갈등을 직면하게 된다. 이를 상호협력을 통해 적절하게 대처하지 못한다면 부모역할에 대한 상호 간 기대를 충족시키기 어렵게 되어 부부갈등이 발생하기 쉽다. 자녀의 다양한 발달과정에 걸쳐 높은 양육 스트레스(parenting stress)는 낮은 결혼만족으로 이어지며(신현주 · 전귀연, 2008; 이재구 · 김기현, 2018; 정혜진 · 신주연, 2020), 특히 양육의 일상성이나 아웃소싱에 대한 죄책감보다 부모역할 수행에 대한 심리적 부담과 디스트레스가 중요한 영향을 미치는 것으로 확인된다(신현주 · 전귀연, 2008). 또한 본인뿐만 아니라 배우자의 양육 스트레스도 결혼만족에 부정적으로 작용하는데(윤기봉 · 김소영, 2020; 최경일, 2019), 부부라는 긴밀한 관계에서 각자가 경험하는 스트레스와 긴장감은 상호영향을 미치며 자녀 양육이 공동의 활동이라는 점에서 그 영향이 보다 뚜렷하다고 볼 수 있다.

배우자의 양육방식(parenting style)과 관련하여 살펴보면, 남편의 민주적이고 온정적인 자녀 양육은 배우자의 결혼만족에 긍정적으로 작용하였고(강미선 외, 2020; 장재홍 · 김태성, 2002; 조설애 · 정영숙, 2020), 남편의 부모역할 수행에 대한 배우자의 반응이나 개입, 즉 아내의 문지기 역할(gate-keeping behavior)이 지지적이냐 부정적이냐에 따라 남편의 결혼만족에 영향을 미쳤다(이소현 · 박주희, 2021). 또한 본인 및 배우자의 양육효능감이 높을수록 결혼만족이 높아지며(윤기봉 · 김소영, 2020; 한혜림 · 이지민, 2019), 아버지 역할에 대해 남편 스스로 만족할수록 배우자인 아내의 결혼만족에 긍정적인 영향을 미쳤다(장재홍 · 김태성, 2002).

원가족(family of origin)은 부부 각자가 태어나고 자라온 가족으로, 부모와 형제자매관계를 포함한다. 부부 각자가 원가족에서 경험한 정서적 유대와 분위기는 자신이 새롭게 형성한 생산가족에서 정서적 관계를 발달시키는 밑바탕이자 견고한 토대로 작용한다. 원가족 환경은 부부 각자가 자라온 과정으로 그치는 것이 아니라 결혼 이후에도 자녀 양육 등 필요한 도움을 지원받거나 돌봄으로 인해 교류가 지속되고, 범위도 배우자의 원가족까지 확대되어 부부생활에 유의미한 환경으로 작용한다. 남성의 결혼만족에 있어 높은 원가족 건강성(신건호, 2020)과 원가족 아버지로부터 수용적이고 독립적으로 자란 경험(고정국 · 이정화 · 오영은, 2022)은 긍정적으로 작용할 수 있다. 또한 원가족 어머니와의 분화 수준이 높을수록 본인의 결혼만족이 높으며, 남편의 원가족 분화는 배우자인 아내의 결혼만족에도 유효하게 작용하였다(안향선 · 서미아, 2019). 배우자의 원가족인 인척관계도 부부의 결혼생활과 유관하며, 아내의 고부관계 만족 및 남편의 장서관계 만족이 높을수록 본인과 배우자의 결혼적응에 긍정적이었다(전세송, 2020).

일 · 가정 갈등(work-family conflict)은 직장과 가정에서의 역할압력이 상충하여 상호양립이 불가능한 상태에서 발생하는 역할 간 갈등을 의미한다(정유진 · 전귀연, 2018). 일 · 가정 갈등은 일이 가정을 방해해서 발생하는 어려움(일 → 가정 갈등)과 가정이 일을 방해해서 발생하는 어려움(가정 → 일 갈등)으로 구분되는데, 일 · 가족의 부정적인 전이가 부부갈등을 초래하여 결혼에 대해 부정적으로 평가할 가능성을 높였다(정선이 외, 2019). 또한 일과 양육의 갈등이 심할수록 본인의 결혼만족이 낮아지며, 남편의 일-양육의 갈등 정도가 배우자의 결혼만족에 부정적으로 작용한다는 결과가 보고된다(손정연, 2021). 이에 따라 일 · 가정 갈등을 경험하는 남편/아내의 결혼만족도가 낮아지지 않도록 보호하기 위하여 배우자의 양육태도나 스트레스 대처 등 배우자 요인들이 강조된다(임인혜 · 유성경, 2020; 조설애 · 정영숙, 2020).

4) 통합적 접근

만족스러운 결혼생활과 행복한 관계 유지는 부부 각자의 개인적 특성, 부부의 관계성, 부부가 처한 상황들과 유관한 총체적인 지표이다. 결혼만족의 개념적 특성상 직접적인 영향은 부부관계적 변인에서 두드러지나, 부부 각자의 개인적 변인과 환경적 변인과의 체계적인 연결성을 고려하여 통합적으로 접근하여야 결혼만족에 대한 깊이 있는 이해가 가능하다(송진아 · 전세송, 2023). 또한 본인(actor)의 결혼만족만이 아니라 배우자인 상대방(partner)의 결혼에 대한 평가에 이르는 경로까지 이해를 확장함으로써 복합적인 상호 관계를 파악할 수 있다. 이러한 관점을 통해 결혼만족에 영향을 미치는 경로를 검증한 결과들을 몇 가지 살펴보면 다음과 같다.

첫째, 부부 각자의 자아분화 수준이 부부갈등, 부정적 상호작용, 수용, 헌신의지를 매개하여 영향을 미쳤다. 매개효과는 두 변인 간의 인과관계가 제3의 변인을 통해 연결됨을 의미한다. 자아분화 수준이 낮을수록 사고와 감정의 분리가 어렵고 나와 타인을 분리하는 데에 어려움을 경험하는데, 배우자와의 관계에서도 역기능적으로 작용하여 부부간의 부정적인 갈등을 유발하거나 부정적인 상호작용을 많이 하게 되어 결혼만족도를 낮출 수 있다(이봉은 · 김세경 · 천성문, 2017; 한영숙, 2007). 또한 남편의 자아분화 수준은 배우자에게 헌신하고자 하는 의지로 이어져 본인의 결혼만족도에 긍정적인 영향을 미쳤다(나남숙 · 이인수, 2017). 부부 각자의 자기분화는 서로 다름에 대한 수용을 통해 결혼만족을 증진시켰는데, 본인과 배우자의 수용 수준을 높임으로써 본인의 결혼만족뿐만 아니라 배우자의 결혼만족에도 긍정적으로 작용하였다(최옥경 · 양혜정, 2024).

둘째, 성역할 태도가 양육분담, 자녀와의 상호작용, 가사노동 참여, 일 · 가정 갈등을 매개하여 결혼만족에 영향을 미쳤다. 남편의 성역할 태도가 양육

분담이라는 개인의 행동으로 이어져 아내의 결혼만족을 높였으며(김혜성 · Grace Chung, 2019), 양육분담뿐만 아니라 남편의 성역할 태도로 인해 자녀와의 상호작용이 증가함에 따라 아내는 결혼생활을 긍정적으로 평가했다(강미선 외, 2020). 또한 남편의 성역할 태도가 평등할수록 적극적으로 가사노동에 참여하게 됨으로써 아내의 부부관계 만족도가 높아졌다(이예슬 · 김현경 · 박하영, 2021). 임신기 부부의 경우 양성평등적인 성역할태도를 지닐수록 본인의 일 · 가정 갈등을 적게 인식하여 결혼만족도가 높아졌으나 아내의 양성평등적인 성역할 태도가 남편의 일 · 가정 갈등을 높이고 남편의 결혼만족을 낮추는 결과 또한 나타났으며, 이는 평등에 대한 요구에 부부간 합리적인 조정이 중요하다는 점을 함의한다(강수경 · 김해미 · 정미라, 2018).

셋째, 부부 각자의 불안정한 애착이 배우자의 양육협력, 의사소통, 정서조절을 매개하여 결혼만족에 영향을 미쳤다. 불안정한 애착성향이 배우자의 양육협력에 대한 지각을 낮추어 결혼만족에 부정적인 영향을 줄 수 있으며(우수영 · 이영, 2010), 회피애착 성향을 지닐수록 본인과 배우자의 부정적 의사소통을 유발하여 배우자의 결혼불만족에 영향을 미쳤다(오현주 외, 2012). 또한 불안정한 애착은 정서조절능력을 낮추고 결혼에 대한 불만족을 높이는 경로로 이어질 뿐만 아니라 남편의 불안정 애착이 본인의 정서조절 곤란을 거쳐 배우자인 아내의 결혼불만족을 낮추었다(김혜원 · 유성경, 2017).

넷째, 부부의 의사소통이나 갈등대처방식은 스트레스 수준(장춘미, 2009), 가부장적 원가족 분위기(오현주 외, 2013), 부부갈등(류석진 · 조현주, 2015), 외현적 자기애(고수연 · 박정윤, 2024) 등이 결혼만족에 미치는 영향을 매개하는 것으로 나타난다. 부정적인 생활사건과 경제적 곤란으로 인해 아내의 스트레스 수준이 높아질수록 부부가 서로에게 긍정적인 지지를 제공하는 빈도가 줄어들고 부정적인 갈등해결행동은 증가하여 궁극적으로 아내의 결혼만족에 부정적이었다(장춘미, 2009). 또한 부부 각자의 가부장적인 원가족 경험은 부정적인 의사소통 패턴을 매개하여 결혼불만족에 영향을 미쳤고, 남편 원가족의 가부장 경험은 본인과 배우자의 부정적인 의사소통 패턴을 통해 아내의 결혼불만족에 부정적인 영향을 미쳤다(오현주 외, 2013). 부부갈등이 클수록 역기능적 의사소통을 사용할 가능성이 높고, 이를 통해 결혼생활에 대한 만족이 낮아졌다(류석진 · 조현주, 2015). 또한 외현적 자기애 수준이 높을수록 적응적인 갈등대처방식을 덜 사용함으로써 본인의 결혼만족이 낮아지고, 부부의 외현적 자기애는 아내의 적응적 갈등대처를 어렵게 하여 본인과 배우자 모두의 결혼만족에 부정적으로 작용하였다(고수연 · 박정윤, 2024).

다섯째, 양육 스트레스가 결혼만족에 미치는 영향이 부부간 호감과 존중 표현, 배우자의 양육참여에 의해 조절되는 것으로 나타났다. 조절효과는 두 변인 간의 인과관계가 제3의 변인에 의해 방향이나 크기가 달라짐을 의미한다. 남편의 양육협력이 높은 경우 양육 스트레스가 높더라도 결혼만족은 오히려 소폭 증가하였으며, 양육협력이 낮은 경우 양육 스트레스가 증가할수록 결혼만족에 미치는 부정적인 영향이 크게 작용하였다(김성연 · 홍정순, 2022). 또한 부부간 호감과 존중을 표현하면 높은 양육 스트레스에도 비취업 상태인 아내의 결혼만족이 높게 유지되며, 호감과 존중을 표현하지 않으면 양육 스트레스가 높을수록 결혼만족이 감소하였고, 남편의 양육참여가 높으면 높은 양육 스트레스에도 취업한 아내의 결혼만족이 높게 유지되며 양육참여가 낮으면 양육 스트레스가 높을수록 결혼만족이 감소하였다(김득성 · 김도희, 2016).

여섯째, 일 · 가정 갈등은 결혼만족에 미치는 영향을 부부의 공동의사결정, 스트레스 대처, 배우자의 양육행동이 조절하는 것으로 나타났다. 부부의 공동의사결정은 취업여성의 일 · 가정 갈등이 결혼만족에 미치는 부정적인 영향을 완화하는 것으로 나타났다(박호준, 2015). 부부가 문제중심의 대처를 많이 할수록 남편의 일 · 가정 갈등이 부부의 결혼만족에 미치는 부정적인 영향을 완화하였으며, 사회적 지지 추구를 통한 아내의 대처도 남편의 일 · 가정 갈등이 남편 자신의 결혼만족에 미치는 부정적인 영향을 완화하였다(임인혜 · 유성경, 2020). 또한 아내가 긍정적인 재평가, 긍정적 사고와 같은 긍정화 대처를 많이 할수록 아내의 가정 · 일 갈등이 부부의 결혼만족을 낮추는 영향을 완화할 뿐 아니라 남편의 일 · 가정 갈등이 부부의 결혼만족에 미치는 부정적인 영향을 상쇄하고 오히려 높아지는 결과가 보고되었다(임인혜 · 유성경, 2020). 또한 일하는 아내의 일 · 가족 갈등이 높을수록 결혼을 부정적으로 평가하였으나, 남편의 민주적인 양육행동을 높게 인식하는 경우 결혼만족이 낮아지는 정도가 완화되었다(조설애 · 정영숙, 2020).

일곱째, 원가족 경험은 자아분화, 자아존중감, 가족건강성, 양육참여를 매개하여 결혼만족에 미치는 영향을 미쳤다. 원가족 경험에 의해 영향을 받은

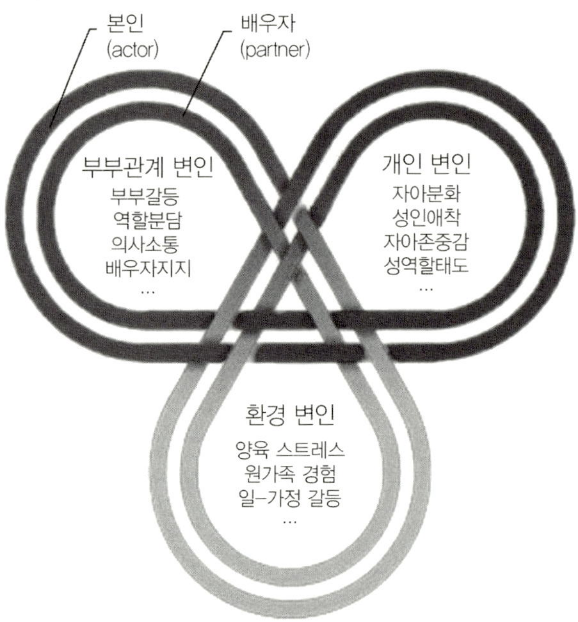

[그림 5-6] 본인 및 배우자의 결혼만족에 대한 통합적 접근

자아분화 수준과 자아존중감이 결혼만족에 유의미한 영향을 미쳤으며(오종현, 2016), 원가족 건강성이 높을수록 현재 가족의 건강성 또한 높아지는 동시에, 이는 결혼만족에도 긍정적인 영향을 미쳤다(임준호 · 김민정, 2019). 또한 원가족 경험을 긍정적으로 지각하는 남편은 자녀와의 관계에도 안정감을 느껴 양육에 적극적으로 참여하였으며, 이러한 행위는 본인의 결혼생활에 대한 만족으로 이어졌다(고정국 · 이정화 · 오영은, 2022).

4. 미래연구전망

국내 추세를 반영하여 앞으로 나아가야 할 결혼만족도 연구의 방향은 다음과 같다.

첫째, 결혼만족도 연구는 재혼부부, 비혼동거부부, 사실혼부부, 동성부부 등 다양한 부부관계를 반영한 접근이 강조된다. 이는 커플(romantic relationship)의 결합 형태를 보다 확장하여 다룸으로써, 결혼만족에 대한 연구적 가치가 가족학계에서 지속 발전할 가능성을 함의한다. 기존의 결혼은 한 남성과 한 여성이 일생의 동반자로서 법적으로 결합하는 제도이며, 현 사회는 이러한 전통적 제도의 틀을 벗어나 이혼과 재혼의 증가, 비혼동거의 증가, 사실혼 등 결합하는 양상이 다양해지고 점차 보편화되고 있다. 이러한 기조를 반영하여 결혼만족에 대한 접근 또한 애정관계를 포함한 친밀한 관계의 결합까지 개념을 확장하여야 실질적 의의를 지닐 수 있으며, 더 나아가 가족 다양성에 대한 접근과도 맞닿을 것이다. 다시 말해 전통적인 틀에 의하여 상대적으로 연구가 제한된 대상(예, 무자녀부부, 재혼부부, 비혼동거부부, 동성부부 등)을 부부 단위에서 접근할 필요성이 강조된다.

둘째, 결혼만족도 연구는 부부들이 각기 다르게 경험하는 생애사건을 고려한 접근이 강조된다. 결혼생활은 부부 공동의 생활이며 보통 장기적이기 때문에, 결혼생활에 대한 만족은 한 시점에 평가되는 상태가 아니라 생애과정에 따라 변화하는 개념이다. 이에 따라 결혼만족도의 발달은 전 생애를 아우르는 이해가 필수적이며, 앞으로는 시간 흐름에 따른 결혼만족의 변화뿐만 아니라 부부관계에 영향을 미치는 요인의 변화를 함께 다루는 종단적 연구가 필요하다(Lavner et al., 2012). 특히 부모기로의 전이, 부부의 만성질환과 같은 건강상 변화, 부부의 은퇴 및 실업 등 부부 공동의 대응이 요구되는 전환과 같이, 다양한 생애사건에 의해 달라지는 부부관계의 맥락 속에서 분석이 이루어져야 한다. 또한 만족스러운 결혼생활을 견고하게 다져놓는 것은 부부가 생애사건들에 얼마나 잘 대응하는지 예측하는 변수로도 작용한다(Lawrence et al., 2008). 따라서 향후 결혼만족도 연구는 다양한 생애사건이 부부의 결혼생활에 미치는 영향과 이후의 적응과정을 살펴보기 위한 질적인 접근을 병행하는 것도 가치가 있을 것이다.

셋째, 결혼만족도 연구는 젠더 차이 및 불균형을 반영한 지속적인 접근이 강조된다. 부부 두 사람의 결혼생활이 동등하게 행복하다고 가정할 것이 아니라 가족관계 속에서 나타나는 역동 내에 잠재된 젠더 차이에 보다 관심을 기울여야 한다(Bulanda, 2011). 현대 부부관계는 평등한 관계를 지향하고 동등한 역할분담을 추구하는 특징을 보이나, 이러한 의식적인 변화가 오래되지 않았다는 점에서 젠더 이슈의 근원적인 변화를 기대하기 위해 젠더 관점에서 비판과 통찰하는 과정이 활발하게 지속되어야 한다. 특히 가족관계에서 중심이 되는 축인 부부관계는 젠더화된 상호의존성이 분명하게 드러나는 관계로서, 결혼생활에서의 동등한 행복을 위해서는 가족관계 내 젠더 불균형 문제에 대한 접근과 고찰이 필수요건이라고 볼 수 있다.

참고문헌

강미선, 전혜정, 정인혜, 송시영 (2020). 맞벌이가구 남편의 성역할 태도 유형이 부인의 결혼만족도에 미치는 영향: 남편의 양육참여 빈도와 온정적 양육행동의 매개효과. **가족과 문화, 32**(4), 90-126.

강수경, 김해미, 정미라 (2018). 임신기 맞벌이부부의 성역할태도가 일-가정갈등을 통해 부부관계 질에 미치는 영향: 자기효과와 상대방효과. **한국가족복지학, 23**(3), 441-462.

고수연, 박정윤 (2024). 부부의 외현적 자기애와 결혼만족도의 관계에서 갈등대처방식의 상호의존 매개효과: APIMeM 적용. **한국심리학회지: 문화 및 사회문제, 30**(3), 299-319.

고정국, 이정화, 오영은 (2022). 유아기 자녀를 둔 아버지의 원가족 경험이 결혼만족도에 미치는 영향 아버지 양육참여의 매개효과를 중심으로. **한국가족관계학회지, 27**(2), 139-159.

공성숙 (2008). 부부클리닉 방문부부의 심리적 요인이 결혼만족도 및 이혼가능성에 미치는 영향. Journal of Korean Academy of Nursing, **38**(4), 550-560.

권소영, 이재림 (2019). 맞벌이부부의 근로시간 유형화와 유형별 일 · 생활 균형: 근로시간의 양, 근로시간대, 근로시간 유연성을 중심으로. **가정과삶의질연구, 37**(4), 1-25.

권오균, 허준수 (2010). 노년기부부의 결혼만족도에 관한 연구. **노인복지연구, 47**, 7-29.

권윤아, 김득성 (2008). 부부싸움에서 사용하는 의사소통행동이 결혼만족도에 미치는 영향-부부를 분석단위로 하여. **대한가정학회지, 46**(10), 83-96.

권정혜, 이소영 (2008). 부부의 외적 속박감 및 상대적 지위 지각에 따른 분노표현과 결혼만족도. Korean Journal of Clinical Psychology, **27**(1), 69-84.

권정혜, 채규만 (1999). 한국판 결혼 만족도 검사의 표준화 및 타당화 연구 1. Korean Journal of Clinical Psychology, **18**(1), 123-139.

기쁘다 (2022). 부모 결혼만족도와 초등학생 자녀의 행복 및 문제행동의 종단관계에서 부모 양육행동의 매개효과. **가족과 가족치료, 30**(3), 439-463.

김경미, 김영희 (2009). 부부의 성격특성과 갈등의 상호작용이 결혼만족도에 미치는 영향. **한국가족관계학회지, 14**(3), 327-352.

김동진, 전효정 (2019). 모의 양육 스트레스가 부의 결혼만족도에 미치는 영향에서 부가 지각한 부부갈등 및 온정적 양육행동의 매개효과: 부의 우울과 자아존중감의 조절효과를 중심으로. **인지발달중재학회지, 10**(4), 93-124.

김득성, 김도희 (2016). 어머니의 취업유무에 따른 양육 스트레스와 결혼만족도의 관계: 부부간 호감과 존중과 아버지 양육참여의 조절효과. Family and Environment Research, **54**(6), 621-629.

김리진, 황현주 (2014). 영아기 자녀를 둔 아버지의 원부모애착과 영아에 대한 아버지애착의 관계: 결혼만족도의 매개효과 검증: 결혼만족도의 매개효과 검증. **유아교육학논집, 18**(4), 55-73.

김민녀, 채규만 (2006). 가족생활주기에 따른 기혼자의 결혼만족도. **한국심리학회지: 건강, 11**(4), 655-671.

김성령, 박충선 (2018). 유아기 자녀를 둔 아버지의 자아존중감이 양육 스트레스에 미치는 영향 결혼만족도와 우울의 매개효과를 중심으로. **한국가족복지학, 23**(2), 215-233.

김성연, 홍정순 (2022). 집중적인 모성이데올로기와 결혼만족도의 관계에서 양육 스트레스를 통한 양육 협력의 조절된 매개효과. **열린부모교육연구, 14**(4), 77-102.

김소향, 조준오 (2018). 유아 어머니의 결혼만족도와 자녀 정신건강 간의 관계에서 어머니 정신건강(불안, 우울, 충동성, 공격성)의 다중매개효과. **학습자중심교과교육연구, 18**(16), 675-700.

김승주, 정영숙 (2014). 중년기부부의 배려 정도와 결혼만족도 및 삶의 만족감과의 관계. **한국심리학회지 발달, 27**(4), 27-51.

김시연, 서영석 (2010). 스트레스, 배우자지지, 결혼만족 간 관계: 자기효과 및 상대방효과 검증. **한국심리학회지: 여성, 15**(2), 189-213.

김영희, 정선영 (2007). 부부갈등과 결혼만족도-갈등대처방식의 조절효과. **한국가정관리학회지, 25**(5), 65-82.

김혜성, Grace Chung (2019). 행복한 대한민국의 '김지영'을 위하여-남편의 성역할 태도, 양육 분담이 여성의 결혼만족도에 미치는 영향을 중심으로. **여성학연구, 29**(1), 35-64.

김혜원, 유성경 (2017). 부모의 성인애착과 양육행동의 관계에서 정서조절곤란, 결혼불만족의 매개효과. **한국심리학회지: 상담 및 심리치료, 29**(1), 199-226.

김홍은 (1986). 부부의 자원과 부부권력과의 관계 연구. **대한가정학회지, 24**(4), 179-188.

나남숙, 이인수 (2017). 자기분화, 결혼만족도, 헌신간의 관계 자기효과와 상대방효과 적용. **가족과 가족치료, 25**(1), 115-135.

남순현 (2007). 한국형 결혼관 척도 개발 연구. **한국심리학회지: 문화 및 사회문제, 13**(4), 1-27.

노성향 (2018). 유아기 자녀를 둔 아버지 자존감과 결혼만족도의 관계 아버지 양육참여와 부부갈등의 매개효과를 중심으로. **열린부모교육연구, 10**(2), 1-15.

류민영, 정현숙 (2023). 기혼남녀의 자녀 발달 단계에 따른 결혼만족도 영향요인. **한국생활과학회지, 32**(4), 393-407.

류석진, 조현주 (2015). 부부갈등이 결혼만족도에 미치는 영향 역기능적 의사소통의 매개효과와 자기자비의 조절효과. **한국심리학회지: 건강, 20**(1), 213-233.

박영화, 고재홍 (2005). 부부의 자존감, 의사소통방식 및 갈등대처행동과 결혼만족도간의 관계: 자기효과와 상대방효과. **한국심리학회지: 사회 및 성격, 19**(1), 65-83.

박유진, 심은정 (2021). 부부의 내현적 자기애와 결혼만족도의 관계에서 내면화된 수치심의 매개효과: 자기효과와 상대방효과. **상담학연구, 22**(4), 213-232.

박호준 (2015). 기혼취업여성의 '일-가족 갈등'이 결혼만족도에 미치는 영향-부부 의사결정방식의 조절효과를 중심으로-. 서울대학교 대학원 석사학위논문.

서미아 (2017). 남편과 아내의 애착손상 및 정서조절력이 부부만족도에 미치는 영향-자기-상대방 상호의존성 모델을 활용하여. **가족과 가족치료, 25**(2), 327-345.

손강숙, 주영아 (2015). 기혼 중년남녀의 성적친밀감이 결혼만족도에 미치는 영향: 부부간 의사소통의 듣기와 말하기의 조절효과. **한국심리학회지: 문화 및 사회문제, 21**(4), 697-718.

손정연 (2021). 학령전이기 자녀를 둔 맞벌이부부의 성역할 태도, 일 · 양육 갈등과 결혼만족도. **한국인구학, 44**(2), 23-55.

송진아, 전세송 (2023). 한국 부부의 결혼만족도 관련 변인에 대한 메타분석. **가족과 문화, 35**(2), 69-114.

송혜영, 배연희 (2022). 미취학 아동 어머니의 양육 및 부부특성, 건강특성이 결혼만족도에 미치는 영향요인. **보건과 복지, 24**(1), 91-111.

신건호 (2020). 아버지의 원가족 건강성이 양육참여에 미치는 영향: 결혼만족의 매개효과와 자녀가치의 조절효과. **인문사회21, 11**(5), 589-604.

신현정, 홍혜영 (2018). 부부의 자기분화와 결혼만족도 간 관계에서 정서표현 양가성의 매개효과-자기효과와 배우자효과. **한국심리학회지: 상담 및 심리치료, 30**(4), 1327-1353.

신현주, 전귀연 (2008). 영아기 자녀를 둔 취업부의 결혼만족도에 영향을 미치는 변인. **한국가족관계학회지, 13**(2), 195-227.

안연주, 최연실 (2021). 개인 심리적 요인이 부부의 결혼만족도에 미치는 영향의 자기효과와 상대방효과 개인의 우울감과 자아존중감을 중심으로. **한국가족관계학회지, 26**(1), 165-182.

안향선, 서미아 (2019). 자기-상대방 상호의존성 모델을 활용한 신혼기 부부의 결혼만족도 영향요인. **가족과 가족치료, 27**(4), 647-669.

오종현 (2016). 원가족경험과 결혼만족 관계에 미치는 자기분화와 자아존중감의 매개효과. **인문사회21, 7**(2), 509-532.

오현주, 최승미, 조현, 권정혜 (2012). 회피애착이 신혼기 부부의 결혼만족에 미치는 영향: 자존감 및 의사소통의 매개효과. **한국가족치료학회지, 20**(3), 525-546.

오현주, 최승미, 조현, 권정혜 (2013). 가부장적 원가족 분위기가 신혼부부의 결혼만족도에 미치는 영향: 부정적 의사소통 패턴의 매개효과. **한국심리학회지: 여성, 18**(1), 1-16.

우수정, 이영 (2010). 유아기 자녀를 둔 부부의 성인애착과 결혼만족도의 관계: 양육협력의 매개효과 검증. Human Ecology Research, **48**(7), 89-97.

유계숙 (2010). 맞벌이부부의 가사분담이 부인의 일-가족 전이와 결혼생활만족도에 미치는 영향. **아시아여성연구, 49**(1), 41-69.

유계숙 (2023). 중년 기혼남녀의 성공적 결혼 조건에 대한 태도와 결혼만족도 간 관련성. Human Ecology Research, **61**(2), 219-232.

유계숙, 강수향, 오아림, 이주현 (2011). 맞벌이부부의 가사분담이 남편과 부인의 결혼만족도에 미치는 영향. **가족자원경영과 정책, 15**(1), 117-136.

유계숙, 김민정, 서진솔 (2019). 미혼 청년층의 성공적 결혼에 대한 태도가 독신성향에 미치는 영향. **한국생활과학회지, 28**(5), 477-490.

유영주, 김경신, 김순옥 (1996). **가족관계학**. 교문사.

유영주, 김순기, 노명숙, 박지현, 배선희, 송말희, 송현애, 이영자, 한상금 (2018). **변화하는 사회의 가족학(2판)**. 교문사.

윤기봉, 김소영 (2020). 유아기 자녀를 둔 부부의 양육효능감, 양육 스트레스 및 결혼만족도 간 관계: 자기효과와 상대방효과 및 조절효과. **가정과삶의질연구, 38**(1), 79-91.

윤기봉, 지연경 (2017). 유아기 자녀를 둔 남편의 양육참여 및 맞벌이부부의 양육 스트레스가 결혼만족도에 미치는 영향: 종단적 자기-상대방 효과. **인간발달연구, 24**(3), 133-153.

윤희원, 허재홍, 오충광 (2016). 정서표현 양가성과 결혼만족도의 관계-문화성향의 중재효과. **상담학연구, 17**(1), 437-453.

이민식, 김중술 (1996). 부부 적응 척도(Dyadic Adjustment Scale)의 표준화 예비연구. **한국심리학회지: 일반, 15**(1), 129-140.

이봉은, 김세경, 천성문 (2017). 부부의 자기분화와 부정적 상호작용이 결혼만족도에 미치는 자기효과와 상대방효과. **수산해양교육연구, 29**(5), 1501-1512.

이선미, 전귀연 (2001). 결혼초기 남편과 아내의 부부갈등과 갈등대처방식이 결혼만족도에 미치는 영향. **한국가정관리학회지, 19**(5), 203-220.

이인수, 유영주 (1986). 결혼만족도척도의 타당화 연구-Roach, Frazier, Bowden의 Marital Satisfaction Scale-. **한국가정관리학회지, 4**(1), 1-13.

이소현, 박주희 (2021). 유아기 자녀를 둔 아버지가 인식한 어머니의 문지기 역할이 양육효능감에 미치는 영향과 결혼만족도의 매개효과. **생애학회지, 11**(3), 1-21.

이예슬, 김현경, 박하영 (2021). 중년 맞벌이부부의 성역할 태도가 부부관계 만족도에 미치는 영향에 대한 가사노동 참여의 매개효과: 자기효과와 상대방효과를 중심으로. **가정과삶의질연구, 39**(4), 31-47.

이윤주 (2021). 기혼자의 결혼 전후 삶의 만족도 변화: 성별과 학력 및 직업 동질혼의 조절효과를 중심으로. **가정과삶의질연구, 39**(1), 45-61.

이재구, 김기현 (2018). 아버지의 양육참여도와 양육 스트레스가 유아의 정서지능에 미치는 영향: 결혼만족도를 이용한 매개효과 검증. **인문사회 21, 9**(2), 955-967.

이정순 (2003). 유아기 자녀를 둔 아버지의 양육참여와 부부관계, 부모성장과의 관계. **아동학회지, 24**(3), 99-108.

이희윤, 조유현 (2015). 부부의 관계신념지각, 배우자의 긍정적 행동만족, 의사소통이 결혼만족도에 미치는 영향에 관한 연구-부부차이를 중심으로. **가족과 문화, 27**(4), 62-88.

임인혜, 유성경 (2020). 맞벌이부부의 일-가정 갈등이 결혼만족에 미치는 영향에서 스트레스 대처의 조절효과. **한국심리학회지: 문화 및 사회문제, 26**(4), 551-578.

임준호, 김민정 (2019). 맞벌이가족이 인식한 원가족건강성이 결혼만족도에 미치는 영향: 가족건강성의 매개효과. **예술인문사회 융합 멀티미디어 논문지, 9**(7), 807-816.

장재홍, 김태성 (2002). 아버지의 자녀 양육행동과 어머니의 결혼만족도 및 자녀 양육태도간의 관계. **청소년상담연구, 10**(2), 123-139.

장춘미 (2009). 스트레스와 결혼만족간의 관계에 대한 부부의 지지행동 및 갈등해결행동의 매개효과. **한국심리학회지: 여성, 14**(1), 153-171.

전세송 (2020). 인척 부모-자녀 체계가 부부 체계의 결혼적응에 미치는 영향. **Family and Environment Research, 58**(3), 417-428.

전춘애, 박성연 (1996). 자녀 양육 스트레스와 사회적 지지가 결혼만족도에 미치는 영향. **대한가정학회지, 34**(5), 115-129.

전혜성, 서미아 (2012). 중년기부부의 부부권력 및 성역할태도가 결혼만족도에 미치는 영향. **한국콘텐츠학회논문지, 12**(4), 349-357.

전혜정, 채혜원 (2013). 부부관계 만족도의 종단적 상호영향: 노년기부부를 대상으로. **가족과 문화, 25**(4), 91-119.

정문경 (2019). 반추가 우울을 매개로 결혼만족도에 미치는 영향: 자기효과와 상대방효과. **상담학연구, 20**(3), 77-98.

정선이, 차승은, 김순덕, 박미희 (2019). 맞벌이부부의 일가족 부정적 전이와 결혼의 질 그리고 부부갈등의 역할. **한국가족관계학회지, 23**(4), 3-20.

정아름, 이준영 (2021). 유자녀 기혼 여성의 청소년기 가정환경과 출산행동의 관계: 가족가치관과 결혼만족도의 병렬다중매개효과. **여성연구, 109**(2), 239-268.

정유진, 전귀연 (2018). 취업모의 완벽주의와 양육행동 간의 관계: 일-가정 갈등과 양육죄책감의 이중매개효과. **Family and Environment Research, 56**(4), 377-390.

정현숙 (1997). 결혼만족도 연구와 척도의 고찰을 통한 새로운 연구방향과 척도의 모색. **대한가정학회지, 35**(1), 191-204.

정혜진, 신주연 (2020). 청소년 자녀를 둔 어머니의 양육 스트레스가 결혼만족도에 미치는 영향: 자기자비의 조절효과. **한국가족관계학회지, 25**(3), 151-173.

조설애, 정영숙 (2020). 워킹맘의 일-가족 갈등이 우울에 미치는 영향: 남편의 민주적 자녀 양육으로 조절된 결혼 만족도의 매개효과. **한국심리학회지: 문화 및 사회문제, 26**(4), 435-456.

조혜선 (2003). 결혼만족도의 결정요인. **한국 사회학, 37**(1), 91-115.

최경일 (2019). 영유아 자녀를 둔 부부의 양육 스트레스가 결혼만족에 미치는 영향 분석 자기-상대방효과 모델(APIM) 활용. **Journal of Digital Convergence, 17**(5), 417-423.

최규련 (1993). 맞벌이부부의 결혼만족도와 우울증에 관한 연구-학동기자녀를 둔 맞벌이부부를 중심으로. **대한가정학회지, 31**(1), 61-84.

최규련 (1995). 가족체계의 기능성, 부부간 갈등 및 대처방안과 부부의 심리적 적응과의 관계. **대한가정학회지, 33**(6), 99-113.

최옥경, 양혜정 (2024). 신혼기 부부의 자기분화와 결혼만족도의 관계에서 수용의 매개효과: 자기-상대방 상호의존성 모형(APIM)의 적용. **가족과 가족치료, 32**(2), 325-346.

최정혜 (2005). 주말부부의 결혼만족도와 가족건강성-주말부부 남편과 아내의 비교. **대한가정학회지, 43**(3), 11-26.

통계청. 사회조사(각년도). https://kosis.kr/

한영숙 (2007). 부부의 자아분화 수준에 따른 부부갈등과 결혼만족도에 관한 연구. **한국생활과학회지, 16**(2), 259-272.

한영숙 (2020). 영 · 유아기 자녀를 둔 어머니의 결혼만족도, 양육효능감 및 자녀의 사회성발달 간의 관계. **학습자중심교과교육연구, 20**(23), 1-19.

한혜림, 이지민 (2019). 유아기 자녀를 둔 부부의 상호작용과 결혼만족도 간의 관계에서 양육효능감의 매개효과 자기효과 및 상대방효과(APIM)를 중심으로. **육아정책연구, 13**(2), 95-119.

허만형 (2008). 개인의 자기분화가 결혼만족도에 미치는 영향에 관한 연구. 호서대학교 연합신학전문대학원 박사학위논문.

황성실, 김영희 (2013). 부부의 헌신이 결혼만족도에 미치는 자기효과와 상대방효과. **한국가족관계학회지, 18**(3), 45-61.

Asoodeh, M. H., Khalili, S., Daneshpour, M., & Lavasani, M. G. (2010). Factors of successful marriage: Accounts from self described happy couples. *Procedia-Social and Behavioral Sciences, 5*, 2042-2046.

Bernard, J. (1972). *The future of marriage*. World.

Bloch, L., Haase, C. M., & Levenson, R. W. (2014). Emotion regulation predicts marital satisfaction: More than a wives' tale. *Emotion, 14*(1), 130.

Bradbury, T. N., Fincham, F. D., & Beach, S. R. (2000). Research on the nature and determinants of marital satisfaction: A decade in review. *Journal of Marriage and Family, 62*(4), 964-980.

Bühler, J. L., Krauss, S., & Orth, U. (2021). Development of relationship satisfaction across the life span: A systematic review and meta-analysis. *Psychological Bulletin, 147*(10), 1012.

Bulanda, J. R. (2011). Gender, marital power, and marital quality in later life. *Journal of Women & Aging, 23*(1), 3-22.

Burr, W. R. (1971). An expansion and test of a role theory of marital satisfaction. *Journal of Marriage and the Family, 33*(2), 368-372.

Carr, D., Freedman, V. A., Cornman, J. C., & Schwarz, N. (2014). Happy marriage, happy life? Marital quality and subjective well-being in later life. *Journal of Marriage and Family, 76*(5), 930-948.

Cherlin, A. J. (2004). The deinstitutionalization of American marriage. *Journal of Marriage and Family, 66*(4), 848-861.

Dew, J., & Wilcox, W. B. (2011). If momma ain't happy: Explaining declines in marital satisfaction among new mothers. *Journal of marriage and family, 73*(1), 1-12.

Don, B. P., & Mickelson, K. D. (2014). Relationship satisfaction trajectories across the transition to parenthood among low-risk parents. *Journal of Marriage and Family, 76*(3), 677-692.

ENRICH KOREA 가정사역훈련원(2002). **PREPARE · ENRICH 프로그램 상담자 훈련 워크북 자료집.**

EVS(2022). European Values Study 2017: Integrated Dataset (EVS 2017). GESIS, Cologne. ZA7500 Data file Version 5.0.0, https://doi.org/10.4232/1.13897.

Fowers, B. J., & Olson, D. H. (1993). ENRICH Marital Satisfaction Scale: A brief research and clinical tool. *Journal of Family Psychology, 7*(2), 176-185.

Funk, J. L., & Rogge, R. D. (2007). Testing the ruler with item response theory: increasing precision of measurement for relationship satisfaction with the Couples Satisfaction Index. *Journal of Family Psychology, 21*(4), 572.

Gottman, J. M. (1999). *The marriage clinic: A scientifically-based marital therapy.* WW Norton.

Lavner, J. A., Bradbury, T. N., & Karney, B. R. (2012). Incremental change or initial differences? Testing two models of marital deterioration. *Journal of Family Psychology, 26*(4), 606-616.

Lawrence, E., Rothman, A. D., Cobb, R. J., Rothman, M. T., & Bradbury, T. N. (2008). Marital satisfaction across the transition to parenthood. *Journal of Family Psychology, 22*(1), 41-50.

Locke, H. J., & Wallace, K. M. (1959). Short marital-adjustment and prediction tests: Their reliability and validity. *Marriage and Family Living, 21*(3), 251-255.

McClain, L., & Brown, S. L. (2017). The roles of fathers' involvement and coparenting in relationship quality among cohabiting and married parents. *Sex roles, 76*, 334-345.

Olson, D. H., Fournier, D. G. & Druckman, J. M. (1987). C*ounselor's manual for PREPARE/ENRICH (Revised edition).* Minneapolis, MN, PREPARE/ENRICH, Inc.

Panagiotopoulou, P., Gari, A., & Emvalotis, A. (2022). Traditional and Post-Materialist Values About Family and Marriage in Greece. In R. Luijkx, T. Reeskens and I. Sieben (eds.), *Reflections on European Values. Honouring Loek Halman's Contribution to the European Values Study.* Open Press TiU.

Proulx, C. M., Ermer, A. E., & Kanter, J. B. (2017). Group-based trajectory modeling of marital quality: A critical review. *Journal of Family Theory & Review, 9*(3), 307-327.

Proulx, C. M., Helms, H. M., & Buehler, C. (2007). Marital quality and personal well-being: A meta-analysis. *Journal of Marriage and Family, 69*(3), 576-593.

Roach, A. J., Frazier, L. P., & Bowden, S. R. (1981). The Marital Satisfaction Scale: Development of a measure for intervention research. *Journal of Marriage and Family, 43*(3), 537-546.

Schumm, W. A, Nichols, C. W., Schectman, K. L., & Grinsby, C. C. (1983). Characteristics of responses to the Kansas Marital Satisfaction Scale by a sample of 84 married mothers. *Psychological Reports, 53*(2), 567-572.

Snyder, D. K. (1979). Multidimensional assessment of marital satisfaction. *Journal of Marriage and Family, 41*(4), 813–823.

Spanier, G. B. (1976). Measuring dyadic adjustment: New scales for assessing the quality of marriage and similar dyads. *Journal of Marriage and the Family, 38*(1), 15–28.

Twenge, J. M, Campbell, W. K., Foster, C. A. (2003). Parenthood and marital satisfaction: A meta-analytic review. *Journal of Marriage and Family, 65*(3), 574–583.

CHAPTER 06
형제관계

1. 형제관계의 개념 및 특성
2. 변화하는 사회와 형제관계
3. 발달 단계별 형제관계
4. 형제관계 연구동향
5. 미래연구전망

가족 안에는 부부관계, 부모-자녀관계, 그리고 형제관계의 세 가지 하위체계들이 서로 영향을 주고받으며 이루어지고 있다. 이 세 가지 하위체계들 중에서 부부관계와 부모-자녀관계는 연구가 많이 이루어지고 있으나 형제관계는 학문적 관심이 상대적으로 부족한 분야였다. 그러나 최근 낮은 출산율, 형제 수의 감소, 외동아의 증가가 예견되고 있어 형제관계의 의미와 발달적 특성을 진지하고 체계적으로 살펴볼 필요가 있다. 그러므로 이 장에서는 형제관계의 개념 및 특성, 변화하는 형제관계의 특성, 발달 단계별 형제관계, 최근 형제관계 연구동향 및 미래연구전망에 대해 알아보고자 한다.

1. 형제관계의 개념 및 특성

형제는 형과 아우를 아우르는 말(국립국어원, 2023)로, 일반적으로 생물학적 혈연관계를 맺고 있으면서 서로에게 관심을 갖고 상호작용하는 상호적 · 호혜적 관련이 있는 사람들을 말한다. 형제는 삶의 과정동안 서로에게 신체적 · 정서적인 접촉을 통하여 상호영향을 미치며, 형제관계를 통해 인간이 경험할 수 있는 모든 관계의 원형을 연습하고 시험해 보는 장을 제공받는다. 또한, 형제관계는 정지되어 있는 것이 아니라 생애주기에 따라 다른 유의미한 관계와 마찬가지로 변화 발전하게 된다. 이 장에서의 형제는 남자형제만을 의미하는 것이 아니라 남매, 자매 모두를 포함한다.

▌참고자료▐

형제를 가리키는 용어들

형제라는 말을 들으면 친형제를 연상하는 경우가 대부분이나 최근 가족해체나 가족 다양성의 증가로 친형제, 이복 · 이부형제, 계형제, 입양 형제 등의 다양한 형제관계들이 존재한다. 관련 용어들에 대해 함께 알아보자.

- 친형제(full sibling, biological sibling) : 유전적으로 동일한 부모를 가진 형제. 일반적으로 형제는 보통 친형제를 지칭하는 경우가 많음
- 이복 · 이부(異腹 · 異父)형제(half sibling) : 둘 이상의 자녀가 부모 가운데 한 명의 부모를 생물학적으로 공유하는 형제
- 계형제(step sibling) : 생물학적으로 법적으로나 서로 아무런 관련이 없는 형제. 전혼 관계에서 자녀가 있는 남성이나 여성이 역시 전혼 관계에서 자녀가 있는 남성이나 여성과 재혼할 때, 이들이 각각 전혼 관계에서 출산하여 데리고 온 자녀들과의 관계를 말함
- 입양형제(adoptive sibling) : 개인이 가족 안에 법적으로 입양되었을 때 이루어진 형제
- 의형제(fictive sibling) : 혈육이나 법적 기준보다는 관습이나 요구에 기초하여 가족으로 받아들여지는 비가족구성원들을 말함. 몇몇 문화에서는 의형제가 단지 정서적이거나 규범적인 관계이지만, 다른 문화권에서는 의형제가 생물학적 가족구성원의 특권과 의무를 모두 가지는 경우도 있음

출처: 전귀연, 임주영(2006). p. 21.

이러한 형제관계는 다른 사회집단구성원들 간의 관계와는 구별되는 특징(전귀연 · 임주영, 2006)이 있으며, 다음은 형제관계의 특징에 대해 정리한 것이다.

- 형제관계는 인간의 삶 동안 가장 오래 지속되는 관계이다. 부모-자녀관계는 보통 40~60년 유지되는 반면, 형제관계는 동생의 출생으로부터 약 60~80년간 지속된다. 이러한 형제관계는 평균수명의 연장과 더불어 과거보다 더욱 길어질 것으로 예상된다.

- 쌍둥이를 제외한 모든 형제는 항상 한 형제가 다른 형제보다 나이가 많다. 이러한 연령차는 형제관계에서 두 가지 측면을 가진다. 하나는 형제간 신체적, 인지적 힘에 의한 차이로 상호보완적, 호혜적인 역할의 성격을 갖는다는 것이다(Dunn, 1993). 다른 하나는, 연령차에서 기인하는 형제관계의 힘의 불균형으로 형제간 갈등이 쉽게 발생한다는 것이다(Martin & Ross, 1995).
- 형제관계는 획득되는 것이 아니라 귀속되는 것이다. 즉, 형제관계는 다른 형제의 출생(혹은 입양, 계형제 등의 경우도 있음)에 의해 귀속되는 것으로, 어떤 환경에서 형제관계의 물리적 분리가 생길 수도 있으나, 형제관계 그 자체의 분리는 없다.
- 아동기와 청소년기의 형제간 상호작용이 매우 중요하다. 형제관계는 사회성 발달의 환경을 제공할 뿐 아니라, 사회화 기술을 가르친다. 특히, 어린 시절의 놀이친구인 형제는 부모와는 또 다른 방식으로 사회화를 돕는 중요한 존재이다. 이러한 사회적 상호작용은 아동기와 청소년들의 학습, 성격발달을 위한 기초로 제공되고 성역할, 도덕성, 운동 및 언어 발달 등에도 영향을 준다.
- 형제관계는 비교적 평등한 관계이다. 부모-자녀관계는 수직적인 관계인 것에 비해 형제관계는 수평적인 관계라 할 수 있다. 즉, 권위와 힘을 가진 부모는 일방적으로 자녀를 돌보고 사랑을 주며 요구도 많지만, 형제는 놀이친구, 협력자, 지지자의 역할을 하여 비교적 수평적인 관계를 가진다.
- 형제는 비공유된 환경은 물론 공통의 공유된 긴 역사를 가지고 있다. 형제는 같은 부모 밑에서의 공유된 경험도 하지만, 각자의 학교 경험이나 성인기 이후 독립하는 시기가 되면 서로 공유할 수 없는 경험도 하게 된다. 이렇게 형제는 공유된 공통의 역사도 가지지만, 서로 공유할 수 없는 환경도 가지고 있다. 비공유된 경험은 형제의 개인차에 기여하고, 공유된

경험은 형제의 유사성에 기여한다. 그러나 같은 환경을 경험하는 형제라도 형제 각자가 서로 지각하는 정도가 달라, 이 또한 형제의 개인차에 영향을 줄 수 있다.

- 형제관계는 다른 의미 있는 관계와 마찬가지로 성장하고 변화하는 시기들이 있다. 아동기에는 장난감, 옷, 방, 부모뿐 아니라 중요한 가족 간의 경험까지도 서로 나누는 상호작용을 하다가, 청소년기가 되면 서로 간 갈등이 커지지도 한다. 그러나 성인기가 되면 가정을 떠나 각자의 독립적인 생활을 하게 되고, 노년기에 되면 성인기에 비해 서로에게 강력한 지지 자원이 되기도 한다. 그러므로 형제관계란 전 생애적으로 지속되지만 항상 일정한 것이 아니라 변화하고 성장하는 관계이다.

2. 변화하는 사회와 형제관계

1) 저출산

한국은 2002년 합계출산율이 1.3명 미만의 초저출산 상황이 된 이후 20년째 출산율을 회복하지 못하고 있다. 한국의 2022년 합계출산율은 0.78명으로 OECD 평균 출산율 1.59명의 50%도 안 되는 출산율이며(통계청, 2022), OECD 주요 국가 중 유일하게 합계출산율이 1명 미만이다. 이는 출산 자체를 꺼리는 경향이 짙어졌음을 의미하고, 출산을 하더라도 1명만 낳는 경우가 일반적이어서 형제관계를 경험해 보지 못하는 외동아 가정이 늘어나고 있다는 것을 말한다(최훈, 2022).

출산율 감소로 인한 자녀수의 감소는 아동들이 가정 안에서 동료애를 경험할 수 있는 경험에 대한 제한을 의미하는 것으로, 아동기에서 성인기에 이르기까지 가능한 잠재적 동료애의 절대적인 감소를 뜻한다(정현숙, 2019). 과거에는 가정에서 자연스럽게 습득할 수 있었던 형제와의 경험이 미래 세대에게는 당연한 것이 아닐 수 있다. 따라서 사회적 연대나 다양한 또래들과의 교육을 강조하는 사회적 분위기를 만들고 학교 현장에서 또래교류를 장려하는 노력들을 강화한다면 아동들이 상대방을 이해하고 포용할 수 있는 성인으로 성장하는 것을 도울 수 있을 것이다.

2) 평균수명의 연장

우리나라의 기대수명은 83.6세로 10년 전보다 3년 더 연장된 것으로 나타났으며(통계청, 2022), 이는 OECD 평균보다 3.3년이 더 길다. 앞서 형제관계의 특징에서도 살펴보았듯이 형제관계는 인간이 전 생애를 통해 경험하는 유의미한 인간관계 중 가장 지속기간이 긴 관계로, 늘어나는 수명은 형제관계의 전체 기간의 확대로 이어짐을 알 수 있다.

특히, 평균수명의 연장은 노년기 이후의 삶의 연장이며 이는 형제관계도 성인기 이후의 기간이 길어졌다는 것을 의미한다. 지금과 같이 저출산시대에는 노인들에게 자녀의 물질적 자원이나 심리적 자원의 유용성은 낮아지게 될 것이며, 노인의 수명, 건강성, 활동력 등은 증가하게 될 것이다(전귀연 · 임주영, 2006). 그러므로 앞으로 노년기 형제관계는 네트워크로서의 중요성이나 상호작용, 심리 · 정서적 지원 등으로 중요성이 더욱 강조될 것으로 예상된다.

3) 가족 다양성의 증가

우리나라의 이혼 건수는 꾸준히 증가 추세를 보이며, 1970년 1만 건 수준에서 1980년 2만 건, 2018년 11만 건, 2022년에는 9만 건(통계청, 2022)이다. 이혼이란 결혼에 의한 부부관계가 협의나 재판을 통해 법적으로 종결되어 두 사람이 각각 독신으로 돌아가는 상황을 의미하는 것으로(정현숙 · 기쁘다 · 성미애, 2020), 혼인관계 중 태어난 자녀의 경우는 한 부모와는 떨어져 살게 됨을 의미하기도 한다. 이 경우 친형제가 함께 한 명의 부모와 동거하는 경우도 있으나 형제가 한 명은 아버지와 다른 한 명은 어머니와 동거하는 상황이 발생하기도 하고, 혹은 형제가 조부모와 동거하는 등 다양한 상황에 놓이게 된다.

또한, 우리나라의 재혼율은 1998년 이후 지속적으로 증가하고 있으며, 2022년 남녀 모두 재혼의 비율이 23.5%로 가장 높고, 남성 초혼+여성 재혼이 11.3%, 남성 재혼+여성 초혼이 7.4%이다(통계청, 2023). 재혼은 남녀 모두 재혼인 비율이 가장 높으며 이는 전혼관계에서의 자녀가 있을 확률이 높으며, 이 경우 자녀는 부모의 새로운 결혼생활을 함께 해 나감을 의미한다. 두 배우자가 전혼자녀와 함께 재혼하는 경우, 가족과 가족의 결합의 측면이 강하기 때문에 초혼가족보다는 많은 어려움이 발생하는 경향이 있다(김효순, 2005). 특히, 자녀는 아버지나 어머니의 재혼으로 이복 · 이부형제관계, 계형제관계 등 새로운 환경에서 다양한 형제관계를 경험하게 될 수 있다.

이혼, 재혼 건수의 증가, 유자녀 재혼을 비롯하여 공식적 통계수치에 포착되지 않는 재결합 동거가족까지 포함한다면(김인정 · 박승민, 2019), 다양한 가족에서 자라는 형제의 수는 생각보다 많을 것으로 예상된다. 또한, 입양으로 인해 새로운 형제관계가 발생하는 경우가 있는데, 국내 입양가정 중 친생자녀가 있는 가정이 전체 국내 입양의 40% 정도를 차지한다(보건복지부, 2013). 이렇듯 다양한 가족의 모습은 형제가 관계를 맺는 맥락에도 영향을 미치고 있으므로 사회인구학적 변화와 더불어 형제관계도 다양성의 관점에서 바라볼 필요가 있다.

3. 발달 단계별 형제관계

형제관계도 시간의 흐름에 따라 형성단계, 유지단계, 해체단계를 거치며 변화해 간다. 초기 아동기에 시작된 형제관계는 독립적인 성인이 되는 초기 성인기의 유지단계에 도달할 때까지 아동기와 청소년기를 통해 성장과 변화를 지속한다. 그리고 마지막으로 한 형제의 죽음으로 해체단계를 맞이하게 된다(전귀연 · 임주영, 2006). 따라서 관계가 시작되는 영유아기 형제관계부터 아동기 · 청소년기, 성인기, 노년기의 형제관계의 양상을 통해 변화하고 성장하는 형제관계에 대해 알아보고자 한다.

1) 영유아기 형제관계

형제는 최초이자 가장 강력한 또래관계를 제공한다. 영유아기 형제관계는 연령 증가에 따라 부모보다는 비슷한 또래인 자신의 형제와 상호작용을 더 많이 하고 형제에 대한 관심도 커진다. 즉, 유아는 형제관계에서 또래와 비슷하게 공동의 목표를 가진 놀이나 대화를 함으로써 서로 영향을 주고받고, 동료로서 서로에게 사회적 이해, 민감성, 갈등 조절, 타인 보살피기 등의 경험을 할 기회를 제공받는다.

첫째 아이의 경우 동생의 출현으로 퇴행행동과 요구가 증가한다. 주로 많이 보이는 행동은 울고 떼쓰기, 매달리기, 수면이나 배설행위의 변화, 더 어린나이로 돌아가는 퇴행까지 다양하다. 그러나 이러한 변화 특성을 보이는 손위 형제라도 동생을 직접적으로 공격하는 일은 드물고, 이러한 문제행동은 몇 달 사이로 대체로 사라지는 것으로 나타났다(Dunn & Kendrick, 1982).

손위 형제는 형제간 상호작용에서 주로 리더 역할을 한다. 이러한 상호작용을 통해 손위 형제는 사회적 기술을 획득하고 손아래 형제는 손위 형제를 모방하여 인지적 능력을 획득하는 경향이 있다(Teti, 1992).

손위 형제가 의사소통을 주도적으로 이끈다. 형은 동생의 언어발달을 돕기 위해 동생에게 쉽게 말해주고, 단어나 어구를 반복하거나 동생의 발음을 이해한 후 동생이 가진 언어능력을 확장하도록 돕는다.

손아래 형제는 손위 형제에 대해 애착을 가진다. 유아기 형제와 어머니를 대상으로 하는 낯선환경실험에서, 어머니가 떠난 후 손위 형제는 동생에게 양육과 보살을 제공하고, 동생은 어머니가 떠난 후 형과 가까이 있으려는 행동을 보였다(Stewart & Marvin, 1984). 이는 동생에게 형이 안정의 자원으로 기능함을 의미한다.

2) 아동기 및 청소년기의 형제관계

형제간 좋은 유대관계의 초석은 초기 아동기에 형성된다. 초기 아동기에 애정 어린 관계를 형성한 형제관계는 친밀함과 보살핌의 형태로 성인기 후기까지 그대로 지속되는 경향이 있다.

손위 형제가 손아래 형제에게 선구자적인 역할을 하게 된다. 아동기 시기에 형은 동생보다 일찍 학교와 또래세계에 들어가게 되어 동생이 학교나 또래와 관련된 문제를 경험할 때 형이 동생을 도와줄 수 있다. 이러한 과정에서 형제들을 점점 부모로부터 독립하게 되면서 밀접한 관계로 발전할 수 있다.

중기 아동기 이후 형제관계에서 보다 많은 평등을 추구한다. 이 시기에는 손위 형제가 동생에게 가지는 보살핌이나 돌봄의 부담이 덜어지고 손아래 형제도 독립심이 생기면서 형제관계가 이전보다 대등하고 균형적인 관계로 발전한다.

초기 청소년기 형제관계는 경쟁과 갈등이 최고조에 도달하다가 후기 청소년기에 감소하는 경향이 있다. 만 7세에서 19세의 형제관계를 7년 간 조사한 종단연구에서 청소년기 형제간 갈등은 연령이 증가하면서 감소하는 모습을 발견하였다(Kim et al., 2007). 이는 후기 청소년기에 친구들과 더 많은 시간을 함께하게 되고 그에 따라 형제들과 보내는 시간은 감소하므로 형제간의 온정이나 가까움은 물론 갈등이나 경쟁도 현저하게 감소하게 된다(Buhrmester & Furman, 1990). 이 시기의 친구들은 이전에 가족이 제공해 주던 정서적 지원의 일부를 제공하는 역할을 한다.

3) 성인기 형제관계

성인기 형제관계는 부모를 매개로 한 우회적인 의사소통, 상호작용, 직간접적 접촉을 지속하는 특성이 있다. 성인기의 형제가 아동기나 청소년기에 비해 상호작용이나 접촉이 빈번하지는 않지만 이들이 관계를 지속하는 것에 대해서는 두 가지 관점이 있다. 하나는 성인기의 형제 유대는 자발적인 접촉에 의해 이루어진다고 보는 관점(Cicirelli, 1995)과 다른 하나는 의무적으로 유대관계를 지속해야 한다는 문화적 기대로 인한 의무적인 상호작용이라고 보는 관점(Allan, 1977)이 있다. 가족주의보다 개인주의가 빠르게 진행되고 있는 현대사회에서는 의무나 강요보다는 자발적인 동기로 형제관계의 유대가 지속되는 경우가 더 많아질 것이다.

성인기의 형제관계는 여러 인생 사건들, 외부의 사건 등을 경험하면서 관계의 질이 좋아지기도 하고 붕괴되기도 한다(Cicirelli, 1995). 형제관계도 다른 관계와 마찬가지로 시간과 함께 변화하는데, 어린 시절 많은 시간을 함께 보낸 형제도 성인이 되어 독립된 생활을 하면 관계가 소원해지기도 하고 서로의 삶에 많은 영향을 미치지 않기도 한다. 반면, 중 · 노년기기에 형제가 서로를 방문하거나 지원을 주고받는 과정에서의 경험들은 성인기 형제의 심리적 안녕감에 긍정적 영향력을 가지기도 한다(임미혜 · 지연경, 2016 재인용).

중년기 성인 형제는 노부모 부양 과업에 직면하게 된다. 중년기 성인 형제에게 노부모 부양은 주요 발달과업이다. 20~30년간 서로 소홀하게 지냈던 형제들이 부모 부양을 위해 혹은 그와 관련된 의사결정을 하기 위해 다시 모이기 시작하고, 이것으로 인해 예전 감정이 다시 되살아나게 된다. 즉, 중년기 유대의 본질이나 과업 수행은 아동기의 형제간 유대의 본질에 영향을 받는다고 할 수 있다(Connidis, 1989).

4) 노년기 형제관계

노년기에도 형제관계가 지속된다. 성인기에는 직업, 결혼, 독립을 목적으로 원가족을 떠나 형제간 일상생활의 지속성이 연결되지 않을 수 있으나, 혈연만이 가질 수 있는 유대의 지속성은 모든 인간관계 중에서 형제관계의 지속성을 강조하고 있다(전귀연 · 임주영, 2006). 노년기에는 청년기나 성인기 동안 각자의 바쁜 생활로 줄어들었던 관심이나 애정들이 다시 회복되기도 하고, 은퇴와 자녀출가, 사별을 경험하면서 노인들이 원가족의 마지막 혈족이자 동년배인 형제들과 활발한 상호작용을 다시 시작하기도 한다.

노년기 형제는 가족관계 중 가장 평등한 관계이다. 우리나라에서는 성별이나 형제 서열에 따라 형제간의 평등성이 서양과 차이가 있을 수 있으나, 노년기에는 성별이나 형제 서열 간의 엄격성이 성인기에 비해 완화되는 측면이 있다. 그러므로 모든 가족관계 가운데 노년기의 형제관계가 비교적 평등한 성격을 가진다고 볼 수 있다.

노년기 형제는 가족일대기를 공유한다. 아동기, 성인기를 통해 공유된 가족관계와 추억 등은 노년기 형제간의 긴밀한 유대와 상호의존성을 높이는 데 기여한다(Goetting, 1986). 특히, 형제와 어린 시절을 회상하는 것은 초기 가족생활의 온정을 불러일으키고 현재의 형제관계에 대한 이해를 돕고, 자신의 인생에서 형제관계의 중요성을 올바르게 평가하도록 돕는다.

노년기 형제관계는 유용한 사회화 도구이다. 사회화는 아동기는 물론 노년기에 이르기까지 형제관계의 중요한 속성이다. 이는 형제가 다른 형제의 비교 표준으로 기능하고 규범, 가치에 대한 옳고 그름의 안내자 역할을 하기 때문이다.

노년기 형제는 서로에게 중요한 지지 자원이다. 모든 형제가 서로에게 도움이 필요할 때 지지 자원으로서의 역할을 하는 것은 아니나, 여전히 노년기에도 형제들은 배우자나 성인자녀 못지않게 중요한 도움과 돌봄의 기능을 수행한다. 특히, 노년기 여성이 남성보다 형제관계를 더 친밀하게 느끼고 사이좋게 지낸다고 보고되고 있는데(Spitze & Trent, 2006), 이는 전통적으로 여성들이 가족모임을 조직하고 가족 연결망이 유지될 수 있도록 하는 가족관계의 수호자들(Erickson & Gerstel, 2002)이기 때문인 것으로 보인다.

4. 형제관계 연구동향

국내 형제관계 연구동향을 일반 형제관계, 장애형제관계, 재혼가족 및 입양가족 형제관계로 구분하여 살펴보면 다음과 같다.

1) 일반 형제관계 연구

(1) 영유아기 및 아동기의 형제관계

영유아기 및 아동기의 형제관계에 대한 연구 중 영유아기 형제들을 대상으로 한 선행연구는 형제관계의 구조적 변인에 대한 연구와 형제관계의 질적인 측면에 대한 연구로 나누어 볼 수 있다. 구조적 변인이란 한 가족 안의 형제가 가족의 형제 구성에 따라 가지게 되는 지위로, 형제 수, 연령차, 출생순위, 성별구성을 의미한다.

먼저, 형제 수와 관련된 연구에서 형제가 있는 아이와 외동아를 비교해 보면, 형제가 있는 유아들이 외동아보다 대인행동 및 활동참여도가 더 높으며(이현정 · 조성연, 2002), 정서능력(정길화, 2001), 사회정서(도미향 · 윤지영, 2004), 사회적 능력(우수경, 2009)이 더 높은 경향이 있었다. 부모-자녀간 의사소통 유형(최진숙, 2005), 부모의 정서적 지지(양돈규, 2002) 및 양육태도(도미향 · 윤지영, 2004), 유아의 놀이성(우수경, 2009)은 형제아와 외동아가 차이가 나타나지 않았으며, 유아의 창의성도 형제 수와 관련성이 없는 것으로 나타났다(이영애 · 오한나 · 이상희, 2020). 형제가 2명 이상일 때 도덕성이 가장 높다는 연구(김태형, 2017)와 형제 수가 2명 이상인 유아들이 외동인 유아보다 유아 우울증후를 더 적게 경험하는 것으로 보고한 연구도 있다(배율미, 2014).

연령차와 관련한 연구를 보면, 손위 형제와의 연령차에 따라 도덕적 품성화에 유의한 차이가 있었는데(김태형, 2017). 이는 가족 내에서의 위치와 그에 따라 기대되는 역할이 아동의 도덕적 행동 실천에 영향을 미친다는 것을 의미한다. 또한, 형제의 연령터울에 따라 친구 간 갈등해결전략에서는 차이가 없는 것으로 나타났다(박미진 · 김관웅, 2002).

출생순위에 따른 연구에 대해 살펴보면, 사회적 능력(이현정 · 조성연, 2002), 친구 간 갈등해결전략 사용(박미진 · 김관웅, 2002), 도덕적 품성화(김태형, 2017), 우울증후(배율미, 2014)에서는 출생순위에 따라 차이가 있는 것으로 나타났다. 또한, 맏이는 막내보다 갈등과 상대적 지위권력을, 막내는 부모의 편애를 높게 지각하고 있었다(이재연 · 이완정, 2006). 출생순위에 따라 첫째와 둘째 간 형제 상호작용(기현주 · 김희진, 2004)과 갈등해결전략과 반응(박소라, 2001)에서 차이가 있었다. 그러나 우수경(2009)의 연구에서는 유아의 놀이성과 사회적 능력이 출생순위에 따라 차이가 없는 것으로 나타나기도 하였다.

형제 성 구성에 따른 연구를 살펴보면, 아동을 대상으로 동성형제아와 이성형제아의 형제 성 구성별로 성취성, 안정성, 자율성, 활동성의 성격에 대해 차이가 없었으며(박영인 · 박영호, 2003), 형제 성 구성에 따라 놀이성과 사회적 능력에서도 차이가 없는 것으로 나타났다(우수경, 2009). 맏이 남아와 맏이 여아 모두 동성의 동생을 둔 경우 이성 동생을 둔 경우보다 동생에게 온정, 친밀감을 높게 지각하였으며(이재연 · 이완정, 2006), 여아-여아 형제구성이 남아-남아 형제구성보다 유치원 적응을 더 잘하는 것으로 나타났다(소미자 · 이희영, 2016). 성별이 다른 형제는 아동의 도덕적 품성화에 긍정적인 영향을 주는 것으로 나타나 이성형제와의 상호작용이 도덕발달에 더 큰 도움이 될 가능성이 있음을 제시하기도 하였다(김태형, 2017).

형제 유무, 형제 수, 출생 순위, 형제 성 구성과 같은 구조적 변인 관련 선행연구들을 살펴본 바, 연구결과 간 합의점을 도출하지 못하는 경우도 있었다. 선행연구들의 결과가 다른 이유는 형제들을 둘러싼 부모대우, 가족들 간 유기적 상호관계, 각 연구별 연구대상이나 측정도구, 생태학적 환경 등과 같은 다양한 변인들에서 찾을 수 있다. 그러므로 앞으로 형제와 관련된 구조적 변인 관련 연구들을 보다 다양하고 체계적으로 실천하여 상이한 연구결과들의 합의점을 찾는 작업이 필요할 것이다.

형제관계의 질 관련 연구들을 살펴보면, 온정과 친밀감은 이성형제보다 동성형제와의 관계에서 더 많이 경험하는 것으로 나타났으며(오현미, 2000), 유아들에게 형제관계의 온정과 친밀성은 유치원 적응에 긍정적 영향이 있었으며(소미자 · 이희영, 2016), 학교생활 적응에도 도움이 되는 것으로 나타났다

(김금덕, 2008). 또한, 친밀하고 온화한 형제관계는 정서/행동문제(이수연 · 이승희, 2008), 또래유능성(김재현 · 이희영 · 최영미, 2019), 부모 애착과 또래애착(이재연 · 이완정, 2006)과 관련성이 있으며, 형제괴롭힘은 또래괴롭힘으로 이어질 가능성이 있는 것으로 나타났다(김진구 · 김은하, 2017). 형제관계의 질에 영향을 미치는 변인들은 형제의 기질(장휘숙, 2008), 부모와의 애착(이재연 · 이완정, 2006), 부모의 양육태도(하지연, 2008), 부부의 응집력(박진희 · 박지선, 2015) 등으로 나타났다.

(2) 청소년기 형제관계

청소년기 형제관계에 대한 연구들을 살펴보면, 중학생을 대상으로 형제관계를 알아본 연구에서 갈등이 가장 높은 비율로 나타났으며, 그 다음이 상대적 지위/권력, 경쟁의식, 온정/친밀감 순이었다(이수연 · 이승희, 2008). 고등학생의 형제관계에 대한 연구에서는 형제가 많을수록, 여학생이 남학생보다 형제관계에 더 높은 온정을 보였으며 갈등지각에 있어서는 성별에 따른 차이를 보이지 않았다. 또, 형제관계가 좋은 청소년이 부모와의 관계도 긍정적이며 형제관계에서 갈등이 높은 청소년은 부모와의 관계도 부정적인 것으로 나타났다(박진희 · 박지선, 2016). 이것은 형제자매관계에서 온정을 경험하는 청소년이 다른 관계에서도 긍정적인 관계를 경험하게 된다는 것으로, 이들은 외로움과 우울, 비행이 낮고(Yeh & Lempers, 2004), 자신감과 사회성이 높은 것으로 보고되고 있다(Sherman, Lansford, & Volling, 2006). 청소년기의 형제관계는 부모의 부부갈등에 영향을 받기도 하는데 갈등이 높은 부부의 자녀들이 형제관계의 온정이 낮았으며, 형제관계의 온정이 낮은 청소년의 경우 내재화, 외현화 문제를 더 많이 경험하였다(박진희 · 박지선, 2017).

형제관계에서 갈등을 경험하는 청소년은 문제행동을 더 많이 보이기도 하는데, 형제괴롭힘 피해경험이 성격적 자기비난과 대처효능감을 순차적으로 거쳐 또래괴롭힘 피해경험을 유의하게 예측하는 것으로 나타났다(윤정민 · 이은주 · 이승연, 2019). 이는 청소년기의 형제폭력이 학교폭력 가해경험을 예측한다는 연구들(정재은 · 장재홍, 2017)과 맥락을 같이한다. 형제와 잦은 갈등을 경험하며 성장할 경우 적대적 상호작용방식을 학습하게 되며, 이를 또래 맥락에서도 사용하게 되면 청소년들은 집단에서 인정받기 어렵고 또래로부터 거부당하기 쉽다(Buist, Deković, & Prinzie, 2013).

형제갈등이 발생했을 때 부모의 태도가 중요한데, 부모가 무관심한 태도를 보이거나 지나치게 통제적 방식으로 중재할 경우 형제괴롭힘 피해로 이어졌으나, 다른 형제의 감정을 설명해 주고 문제해결방법을 제시해 주는 경우 형제간 갈등은 감소하는 것으로 나타났다(Bouchard, Plamondon, & Lachance-Grzela, 2018). 그러나 형제괴롭힘을 당한 자녀가 도움을 요청할 때 일부 부모는 무관심한 태도로 일관하거나, 오히려 피해자를 탓하기도 한다(Kiselica & Morrill-Richards, 2007). 이러한 태도는 피해자녀에게 더 이상 도움을 받을 곳이 없으며 이 상황에서 벗어날 수 없다는 무력감을 주게 되고 형제괴롭힘은 지속되거나 악화될 수 있다. 따라서 형제간 갈등이나 괴롭힘이 발생했을 때 부모가 이러한 상황을 정확히 인식하고 더 심각해지지 않도록 적절히 반응하는 것이 매우 중요하다.

(3) 성인기 이후의 형제관계

성인기 이후의 형제관계에 대한 연구는 아동기 형제관계 연구에 비해 상대적으로 그 수가 적은 편으로, 생애 초기 이후부터는 형제간 접촉이 점차 감소하는 경향이 있어 성인기 형제관계의 중요성이 상대적으로 간과되는 측면이 있다. 지금까지 수행된 연구들에서 형제관계는 생애발달과 변화를 겪으면서 온정성과 친밀감, 갈등과 경쟁적 관계 양상과 수준이 아동기에서 노년기까지 계속해서 진화해 나가는 것으로 보고되고 있다(장휘숙, 2007).

전 성인기 발달 단계에 따라 형제간의 온정성과 갈등이 차이가 있는지 알아본 연구에서, 성인 진입기의 온정성 수준이 성인 중기와 후기보다 높았으며, 갈등은 성인 진입기 시기에 성인 초기와 중기보다 높았고, 성인 중기와 후기 사이에서는 유의미한 차이가 없는 것으로 나타났다(임미혜 · 지연경, 2016). 그러나 성인 초기와 중기의 형제관계의 온정성에 있어서 차이 없이 유사한 수준을 경험하였고, 갈등은 성인 초기에 비해 중기에서 더 높은 수준으로 경험한다고 보고하는 연구도 있다(이운영, 2012). 형제 구성과 관련한 연구에서는 자매(여자형제) 사이가 전 성인기에서 온정성이 가장 높았으며, 형제(남자형제)와 남매는 그에 비해 낮은 수준의 온정성을 보였다. 갈등은 성인 진입기와 성인 초기의 자매가 남매나 형제보다 높은 수준의 갈등을 보였으나, 성인 초기와 중기 사이에 자매간 갈등은 급격하게 감소하고 성인 후기에서는 형제보다 갈등이 낮은 것으로 나타났다(임미혜 · 지연경, 2016). 두 자녀 가정 대학생을 대상으로 한 연구에서는, 동성형제가 이성형제보다 더 큰 온정을 경험하나 갈등에 있어서는 차이가 없는 것으로 나타났으며(장휘숙, 2009), 형제 구성이 중년기 형제관계의 질에 미치는 영향이 유의하지 않게 나타나기도 하였다(남상은 · 양혜정, 2022). 출생 순위에 따른 형제관계를 살펴보면 첫째, 중간자, 막내 중 중간자가 막내보다 높은 수준의 온정성을 가진 것으로 나타났고, 중간자가 첫째보다 낮은 수준의 갈등을 지각하였다(임미혜 · 지연경, 2016).

좋은 형제관계는 성인들에게 긍정적 영향력을 가지는데, 성인 초기의 형제관계가 좋을수록 우울-통증-피로 증상 클러스터 수준이 낮았는데 이는 온정적인 친밀한 형제관계 질을 가진 개인이 우울, 통증, 피로와 같은 심리, 신체 증상을 적게 경험함을 의미한다(선정희 · 설경옥, 2018). 또한, 형제와의 친밀한 유대는 남녀 모두에게 동성이나 이성형제 구성에 상관없이 중년기 개인의 심리적 자원에 긍정적인 자원으로 보고되었으며(남상은 · 양혜정, 2022), 노년기 형제의 정서적 지지는 성공적 노화에 유의미한 영향력이 있는 변수로 나타났다(김영순, 2006).

1인 가구 혹은 비혼 성인의 형제관계에 대한 연구를 보면, 1인 가구는 부모 다음으로 가장 중요한 사람을 형제로 꼽았으며(변미리 외, 2008), 비혼 여성들은 기혼 형제와 이들의 생식가족까지를 가족으로 인식하고 있었다(성미애, 2014). 또한, 비혼의 30대 여성은 근거리에 한 명 이상의 여자형제가 거주하고 있었으며, 특히 여자형제는 정서적 지원 및 돌봄에 있어서의 협조 빈도가 높은 것으로 나타나 비혼 여성에게 동성의 형제가 중요한 사회적 지지원으로 나타났다(정유진 · 이나련, 2022).

(4) 자녀 출산의도

가구당 출산율은 낮아지고 아이를 낳지 않거나 외동아 이후 둘째를 더 이상 낳지 않으려는 기혼 남녀들의 비율은 점점 높아지고 있다. 형제관계는 첫 아이에게 동생의 출현으로 시작되는 관계로 외동아가 증가하고 출산율이 낮아지고 있다는 사실은 아이들이 형제관계를 통해 경험할 수 있는 사회화 과정의 장을 제공받지 못함을 의미한다. 출산의도에 관련한 연구들은 소득, 소비, 취업 상태 등 경제적 요인(강유선 · 김찬우, 2018), 주택 가격 등 주거와의 관계(박서연, 2019), 일 · 가정 양립의 수준 및 정책(고광만 · 김소아, 2014), 교육 및 양육 여건(홍성희, 2020), 가족가치관(임병인 · 서혜림, 2021), 출산관련 지역사회 정책 및 서비스(신윤정, 2010) 등이 영향을 미치는 요인으로 분석되었다. 이외에도 추가 출산의도의 경우, 배우자의 양육 내지는 가사 참여 정도 및 만족도, 양육 스트레스와 같은 심리적 요인들, 고령 여성의 생식건강문제 등이 영향을 미치는 것으로 나타났다(오신휘 · 이소영, 2023). 즉, 출산의도는 어느 한 요인이 아닌 개인, 가구, 지역 등의 다양한 요인들에 영향을 받는 것으로, 출산을 기피하는 현상에 대한 접근은 다각적인 방법에서 이루어져야 함을 알 수 있다.

미혼 성인들의 경우는 정부정책을 신뢰할수록, 자녀 필요성과 자녀가치에 대한 개인 가치관이 높을수록 정적으로 출산의도에 영향을 받았으며(이보라, 2020), 자녀에 대한 가치가 긍정적일수록 출산의도가 높은 것으로 나타났다(최보람, 2021). 출산의도에 영향을 주는 요인이 성별에 따라 다르게 나타났는데, 남성의 경우는 출산에 대한 태도가 긍정적일수록, 여성의 경우는 출산에 대한 태도가 긍정일수록 자신이 실제 그 행위를 수행하거나 통제할 수 있다고 지각할수록 출산의도가 높아졌다(김정연 · 김영주, 2022).

'2021년 가족과 출산조사'에 따르면, 기혼 여성(19-49세)의 결혼 당시 계획한 평균 자녀 수는 1.93명, 기혼 남녀의 이상 자녀 수는 2.0명으로 나타났다. 이는 둘째아 출산의향이 결혼을 계획할 당시부터 낮은 것이 아니라, 결혼을 계획하던 당시의 출산의향과 실제 결혼 경험에서의 출산이 너무나 다른 현실로 작용하고 있음을 보여주는 것이다(박종서 외, 2021). 그러므로 개인의 출산의향이 온전히 실현될 수 있도록 제도적 뒷받침은 물론 다방면의 개인적, 사회적인 적극적인 관심과 개입이 필요하다.

2) 장애형제관계 연구

장애아동은 가족의 삶에 중요한 요인으로, 형제가 장애를 가지고 있을 때 비장애형제의 삶은 급격하게 변화할 수 있다. 보통의 형제관계는 수평적 관계를 맺지만 비장애형제는 장애형제가 중심이 된 하위체계 간의 관계를 형성하게 되고, 이들은 어릴 때부터 돌봄역할을 많이 하게 되면서 빨리 성숙하는 경향이 있다(김다혜, 2014). 이러한 맥락에서 볼 때 장애형제와 함께 생활하고 성장하는 경험은 비장애형제들에게 긍정적 혹은 부정적 영향으로 다가올 수 있다. 다음은 장애형제가 비장애형제에게 어떠한 영향들을 주었는지 선행 연구들을 통해 정리해 보았다.

첫째, 장애형제가 비장애형제들에게 미치는 부정적인 영향에 대한 연구들(구정아 · 김수현 · 이숙향, 2014; 이미숙 · 권회연, 2009; 조수민 · 한경임, 2020)을 살펴보면, 비장애형제는 장애형제의 보호양육에 대한 부담감, 부모의 차별대우로 인한 비장애형제의 소외감, 외로움, 우울, 상실감, 부모의 보상심리로 인한 과도한 성취 압력, 장애형제로 한 또래활동 및 가족 활동의 제한, 장애형제에 대한 책임감으로 결혼 거부 등을 경험하는 것으로 나타났다(구정아 · 김수현 · 이숙향, 2014).

반면, 장애형제로 인한 긍정적인 영향들도 있는데, 어려운 환경에서도 가족이 하나되는 가족애나 긍정적인 자아상을 경험하거나(이재령, 2011), 사회와 타인을 돌보는 직업인 사회복지사, 특수교사, 간호사 등의 직업을 선택하는 경우가 많았으며(구정아 외, 2014), 장애형제로 인한 어려움에 불구하고 기쁨과 감사함, 독립심과 책임감, 배려심, 인내심 등을 나타내기도 한다(이미숙 · 이미애 · 권회연, 2011).

또한, 비장애형제의 장애형제와의 형제관계에 중요한 영향을 미치는 요인은 장애 정도, 성별, 연령, 출생 순위, 부모의 장애인식 등이 있으며, 그중에서 부모의 양육태도, 장애에 대한 인식과 태도, 대처방식, 부모-자녀 간 의사소통 등이 형제간 상호적응과 문제 극복에 매우 중요한 역할을 하는 것으로 나타났다(이미숙 · 권회연, 2009; 정대영 · 홍화진, 2011).

둘째, 장애아동형제와 일반아동형제의 특성들을 비교한 연구들을 살펴보면, 일반아동형제가 장애아동형제에 비해 더 개방적이고 긍정적인 의사소통을 하며, 정서지능, 심리적 안녕감 등도 높은 것으로 나타났다(정대영 · 홍화진, 2011). 또한, 일반아동의 형제관계의 질, 또래애착, 사회적 유능감, 의사소통의 질이 장애형제를 둔 아동보다 더 높았으며(최정선, 2011), 행복감도 일반아동형제가 더 높게 지각하는 것으로 나타났다(김송주 · 안성우 · 이상연, 2014). 따라서 장애형제로 인해 부정적인 형제관계 인식과 낮은 행복감, 심리 · 정서적 어려움을 느끼지 않고 건강하게 성장할 수 있도록 심리적, 사회적 발달을 도울 수 있는 프로그램이 제공될 필요가 있다.

비장애형제가 장애형제와 장애를 이해하고 수용하여 잘 적응하도록 돕는 다양한 프로그램이 확대 · 제공되어야 하며 형제를 위한 지원은 장애아동의 삶의 질에도 긍정적인 영향을 준다(전혜인, 2008). 형제지원 프로그램에 참여했던 비장애형제들은 우울수준이 감소하였고(김수희, 2004), 장애형제에 대한 심리적 수용이 증진되었으며(왕영선 · 김정민, 2012), 분노와 정신건강에서의 변화를 보고하였다(권회연 외, 2010). 이러한 비장애형제를 위한 지원은 아동기나 청소년기에 국한되는 것이 아니라 성인기에도 매우 필요한 지원이며, 성인 비장애형제들을 대상으로 한 연구에서 마음챙김 기반 인지치료 프로그램 실시 후 마음챙김 수준은 높아졌고 우울은 낮아지는 효과가 검증되었다(송다혜, 2021).

3) 재혼가족 및 입양가족의 형제관계 연구

재혼가족이나 입양가족의 자녀들은 새로운 가정에 소속되고 적응하는 과정에서 많은 스트레스와 삶의 위기를 직면하고, 이러한 환경에서 새롭게 맺게 되는 형제관계는 앞으로의 이들의 성장과 적응에도 매우 중요한 영향을 미칠 수 있다. 그러나 재혼가족이나 입양가족의 형제관계에 대한 연구는 상대적으로 많지 않으며 앞으로 더 많은 관련 연구가 필요한 영역이다. 지금까지 이루어진 선행연구들을 바탕으로 재혼가족과 입양가족 형제관계에 대한 몇 가지 특징들을 정리해 보고자 한다.

첫째, 재혼가족 형제관계와 관련된 선행연구들을 살펴보면, 재혼가족의 형제들은 초혼가정보다 좀 더 복잡한 형제관계가 존재한다. 재혼가족은 적응과정에서 가족생활주기와 개인생활주기의 불일치, 계자녀와 비동거 친부모의 존재, 그리고 복잡한 친족관계 등의 문제로 인해 구조적 어려움을 겪을 수 있으며(김효순 · 엄명용, 2007), 가족구성원들은 새로운 가족관계에 익숙해지는 데 상당한 시간을 필요로 한다.

선행연구들에서는 청소년기 부모가 재혼한 경우 자녀들은 재혼 그 자체만으로도 스트레스를 경험하며(안정미 · 안권순, 2012), 특히 계형제를 가진 복합재혼가족이 더 많은 어려움과 적응의 힘듦을 경험하였다(김효순 · 하춘광, 2010). 또한, 재혼가족 자녀들은 부모의 재혼으로 형제서열이 변화하기도 하면서 혼란스러움을 표현하기도 하는데(배동신 · 이아라, 2022), 이것은 청소년기 자녀들의 정체성을 무너뜨리는 경험이 되기도 한다. 그러므로 재혼가족의 불분명한 위계가 해결되지 않을 때는 적응의 어려움을 보다 심각하게 경험할 수 있기 때문에(김유나, 2010), 이를 다루는 상담이나 교육적 개입이 매우 유용하게 활용될 수 있다.

재혼가족의 계형제관계는 재혼가족 형제들이 다른 가족구성원들과 얼마나 원만하게 지내는지, 다른 가족구성원이 계형제를 어떻게 대하는지에 따라 서로 직간접적으로 영향을 주고받는다. 특히 부모의 계형제에 대한 차별이 재혼가족 자녀가 계형제와의 관계를 형성하는데 직접적인 방해요소로 작용한다(김유나, 2010). 부모가 계형제에 대한 불만을 다른 자녀에게 말하거나, 부모로부터 차별을 받거나, 삼각관계를 형성할 때 재혼가족의 계형제들은 그들의 형제관계를 더욱 부정적으로 인식하였다(배동신 · 이아라, 2022). 그러므로 재혼가족의 부모는 부모의 차별없는 대우와 관심이 계형제관계를 보다 원만하게 만들 수 있다는 점(Visher, Visher, & Pasley, 2003)을 유념하여 재혼가족에서의 부모역할을 해 나가야 한다.

둘째, 입양가정 내의 형제관계는 일반가정 내의 형제관계보다 더 복잡한 역동을 가진다. 일반가정 내에서는 기존 자녀가 부모와 함께 동생의 임신·출산과정을 지켜보고 손위 형제로서 준비할 시간을 갖지만, 입양의 경우에는 대체로 이 과정이 상대적으로 짧고 실체 없이 진행된다(권지성·안재진·최운선, 2014). 또한, 친생자의 유무나 입양아의 나이, 형제터울 등 여러 변수들에 의해 입양가족의 형제관계는 영향을 받는다. 입양가족의 형제관계 관련 연구는 형제 순위(권지성·안재진, 2005), 친생자 유무(최운선 외, 2008), 입양형제의 수(안재진 외, 2009, 2010), 입양형제 유무(최운선 외, 2011) 등의 양적 연구와 질적연구를 통해 형제관계를 다루는 연구들이 있다(권지성·안재진·최운선, 2014; 임광희, 2023).

입양가족의 형제관계를 입양모의 입장에서 살펴본 질적연구에서 입양가족의 형제관계의 역동을 입양동기, 형제관계의 역동성, 다자녀가족에서의 입양자녀들의 위치, 형제관계의 상호작용, 친생자와 입양자에 대한 입양부모의 인식과 대처, 형제간 갈등에 대한 부모의 중재, 이성 남매 간 애착관계, 입양-비입양 형제 간 입양 이슈 다루기, 사회적 관계망의 영향 등으로 분석하였다(권지성 외, 2014). 연구결과, 비입양가정의 형제와는 또 다른 입양가족 형제만이 가지는 역동들이 존재하므로, 입양가족 형제의 적응을 돕기 위해 사회적 인식 개선이나 홍보, 캠페인 등이 필요함을 주장하였다. 또한, 입양절차 및 관련 교육들을 통해 입양가족이 처한 문제를 해결하는 데 도움을 주는 여러 지원들의 필요성도 제기하였다.

입양가족을 위한 교육이나 상담이 입양가족의 적응에 효과가 있는 것으로 나타났는데, 입양모가 친생자녀와 입양자녀와의 갈등상황에서 심리적 위축, 자괴감 등으로 불안하고 당황스러웠으나 관련 교육과 상담을 통해 자녀를 인정·수용·이해하게 되었다고 나타났다(임광희, 2023). 이를 계기로 입양모가

입양자녀와 친생자녀 형제관계의 갈등상황을 바라보는 인식이 바뀌게 되었고 관계의 편안함도 함께 느끼게 되었다고 보고하였다.

5. 미래연구전망

우리나라의 경우 출산율 저하로 외동이 증가하면서 형제관계를 경험해 보지 못하는 아동들이 증가할 것으로 예상되나, 여전히 둘 이상의 자녀를 출산하는 가정도 존재한다. 둘 이상의 자녀를 가진 가정을 위해서 점점 개인화되어 가는 사회에서 형제만이 제공해 줄 수 있는 긍정적 역할과 진정한 의미에 대해 심층적으로 탐색하는 연구적 관심이 필요하다. 또한, 전 생애 동안 형제관계를 경험하는 개인들이 보다 긍정적인 형제관계를 가질 수 있도록 돕는 여러 방안을 모색하는 연구도 고려해야 한다. 형제가 없는 외동아들에게는 형제관계를 대체할 만한 사회적 연대나 다양한 또래들과의 교류의 장을 찾아보고 더불어 이러한 관계의 영향력에 대해서도 관심을 가져야 한다.

지금까지의 장애연구는 주로 장애형제를 둔 비장애형제를 중심으로 연구가 진행되면서 장애형제는 연구에서 배제되는 경향이 있었다. Burbidge와 Minnes(2014)은 연구에서 형제가 함께 시간을 보낸다 하더라도 그들이 느끼는 관계의 질 혹은 친밀성 정도는 서로 다를 수 있다고 하였다(김유리, 2015 재인용). 그러므로 장애형제를 대상으로 하는 연구가 여러 어려움이 있을 수는 있으나 그들이 인식하는 형제관계의 양상이나 역동에 대해 심도 깊게 다룰 필요가 있다.

가족의 다양성이 커지는 만큼 다양한 가족 안에서의 형제관계에 대한 연구가 활발히 이루어져야 한다. 특히, 재혼가족의 경우는 계형제들과 좋은 관계를 형성하기 위해 재혼가족의 갈등을 부정적으로 인식하기보다 시간과 노력이 필요한 자연스러운 상황이라고 보는 관점의 변화가 유용한 대처기술인 것으로 나타났다(배동신 · 이아라, 2022). 그러므로 재혼가족을 위한 유용한 가족상담이나 관련 교육 등이 더 활성화되어야 하며, 더불어 재혼가족의 본질을 심층적으로 이해하기 위한 다양한 측면의 연구적 노력도 필요하다.

한국 사회에서 입양가족이나 입양가족의 형제관계에 대한 연구들은 다소 미흡하며 타 분야에 비해 연구가 활발하게 이루어지지 못했다(배지연 · 이선형, 2022). 이는 오랜 기간 한국 사회에서의 입양이 비공개로 이루어졌으며 공개입양 역사가 불과 20여 년 정도로 짧기 때문인 것으로 보인다. 그러므로 입양에 대한 고정관념과 편견이 없어지고 입양가족 및 입양가족의 형제들이 가족 안에서 잘 적응할 수 있도록 입양가족과 형제에 대한 연구자들의 적극적인 관심이 필요한 시점이다.

참고문헌

강유선, 김찬우 (2018). 후속출산에 영향을 미치는 요인 탐색: 소득과 취업유무를 중심으로. **한국영육아보육학, 110**, 59-84.

고광만, 김소아 (2014). 사회적 지원, 일-가족 양립 정책 및 부부특성이 후속출산의도 및 기대자녀수에 미치는 경로탐색. **한국가족관계학회지, 18**(4), 35-51.

구정아, 김수현, 이숙향 (2014). 장애인 형제자매가 있는 비장애인 특수교육 전공자의 성장과정에서의 경험 및 지원 요구 고찰. **지적장애연구, 16**(2), 253-283.

국립국어원 (2023). 형제. 표준국어대사전 (2023년 7월 30일 검색)

권지성, 안재진 (2005). 국내 공개입양부모의 양육 스트레스와 사회적 지지에 관한 연구. **아동권리 연구, 9**(3), 393-412.

권지성, 안재진, 최운선 (2014). 입양부모가 경험한 입양가정 내 형제관계에 대한 질적 사례연구. **한국아동복지학, 48**, 55-88.

권회연, 전병운, 이진아, 김형준, 정환별, 양승창 (2010). 장애아동의 비장애형제자매 지원프로그램이 비장애형제자매의 대처, 적응력에 미치는 효과. **특수교육저널: 이론과 실천, 11**(2), 147-171.

기현주, 김희진 (2004). 어머니의 형제대우, 형제상호작용, 그리고 또래 유능성의 관계. **유아교육연구, 24**(4), 5-33.

김금덕 (2008). 초등학생의 모 · 자녀 친밀도와 형제친밀도 및 학교생활적응과의 관계. 경희대학교 대학원 석사학위논문.

김다혜 (2014). 지적장애형제를 둔 비장애형제자매의 심리적 현상. 백석대학교 대학원 박사학위논문.

김송주, 안성우, 이상연 (2014). 장애형제를 둔 아동의 형제관계 및 행복감의 특성. **한국특수아동교육, 16**(1), 211-231.

김수희 (2004). 장애아동의 비장애형제를 위한 프로그램이 비장애형제의 우울감과 장애형제를 대하는 행동에 미치는 영향. **특수아동교육연구, 6**(1), 21-36.

김영순 (2006). 노년기 형제 · 자매관계 특성이 성공적 노화에 미치는 영향 연구. 성신여자대학교 대학원 석사학위논문.

김유나 (2010). 한국재혼가족 자녀들이 겪고 있는 주요 문제에 대한 연구. 감리교신학대학교 신학대학원 석사학위논문.

김유리 (2015). 장애인 형제자매에 대한 연구동향 및 향후 과제 고찰. **지적장애연구, 17**(2), 275-298.

김인정, 박승민 (2019). 이복형제와의 가족관계 경험에 대한 내러티브 탐구. **상담학연구, 20**(2), 125-149.

김재현, 이희영, 최영미 (2019). 만 3세 유아의 형제관계 구성변인 및 형제관계의 질과 또래 유능성과의 관계. **수산해양교육연구원, 31**(4), 1054-1066.

김정연, 김영주 (2022). 미혼 남녀의 출산의도 영향요인-계획적 행위이론 적용. **산업융합연구, 20**(5), 93-100.

김진구, 김은하 (2017). 형제자매 괴롭힘 경험과 내면화 문제간의 관계에서 친구관계의 질에 의해 조절된 또래괴롭힘 경험의 매개효과-일반 초등학생을 대상으로. **상담학연구, 18**(2), 271-296.

김태형 (2017). 형제구조가 아동의 도덕성에 미치는 영향. 서울교육대학교 대학원 석사학위논문.

김효순 (2005). 재혼가족의 적응에 관한 문헌고찰: Bronfenbrenner의 모형을 중심으로. **가족과 문화, 17**(1), 191-230.

김효순, 엄명용 (2007). 청소년 자녀가 있는 재혼부부의 결혼만족도에 영향을 미치는 요인에 관한 연구. **한국가족복지학, 21**, 1-27.

김효순, 하춘광 (2010). 재혼가족 청소년 자녀의 심리적 적응 및 사회적 적응에 영향을 미치는 요인에 관한 연구. **청소년학연구, 17**(4), 67-101.

남상은, 양혜정 (2022). The Effects of the Quality of Sibling Relationships on Psychological Well-being and Physical Health among Middle-aged Adults: Differences by Gender and Sibling Composition. *Family and Family Therapy, 30*(2), 221-243.

도미향, 윤지영 (2004). 외동아와 형제아가 지각한 부모양육태도와 사회정서발달. **아동학회지, 25**(3), 75-85.

박미진, 김관웅 (2002). 형제의 지위변인 및 형제관계와 아동의 친구 간 갈등해결전략과의 관계. **아동연구, 15**(2), 79-105.

박소라 (2001). 형제갈등의 해결과정과 어머니의 역할. 이화여자대학교 석사학위논문.

박서연 (2019). 신혼부부의 출산계획에 영향을 미치는 요인에 관한 연구 – HLM을 활용한 신혼부부의 주거특성과 지역특성을 중심으로. **지역연구, 35**(1), 59-72.

박영인, 박영호 (2003). 성별과 형제유형에 따른 아동의 성격, 성역할 정체성 및 자아존중감. **인문논총, 17**, 61-78.

박종서, 임지영, 김은정, 변수정, 이소영, 장인수, 조성호, 최선영, 이혜정, 송지은 (2021). 2021년도 가족과 출산 조사-(구)전국 출산력 및 가족보건복지 실태조사. 한국보건사회연구원 연구보고서.

박진희, 박지선 (2015). 부부응집력이 자녀의 형제자매관계에 미치는 영향: 양육태도의 매개효과. **청소년학연구, 22**(8), 453-478.

박진희, 박지선 (2016). 청소년의 형제자매유형에 따른 비교 연구: 개인적 변인 및 관계적 변인. **청소년학연구, 23**(5), 1-30.

박진희, 박지선 (2017). 부부갈등과 청소년의 문제행동과의 관계: 형제자매관계의 매개과정 연구. **한국심리학회지: 발달, 30**(2), 1-18.

배동신, 이아라 (2022). 청소년기 부모재혼을 경험한 성인자녀들의 의붓형제관계 형성의 어려움과 대처경험에 관한 현상학적 연구. **한국심리학회지: 상담 및 심리치료, 34**(4), 1295-1330.

배율미 (2014). 유아 우울 증후에 관한 연구: 형제자매 수와 출생순위를 중심으로. **아동교육학회지, 18**(2), 187-204.

배지연, 이선형 (2022). 아동 · 가족복지학 전공교재의 '입양가족'에 대한 내용분석-입양가족의 고정관념과 편견적 서술을 중심으로. **가족자원경영과 정책, 26**(3), 35-48.

변미리, 신상영, 조권중, 박민진 (2008). 서울의 1인 가구 증가와 도시정책 수요연구. 서울연구원 연구보고서.

변미희, 권지성, 안재진, 최운선 (2009). 국내 입양아동의 자아개념에 관한 종단연구. **한국가족복지학회, 14**(4), 261-279.

보건복지부 (2013). 2012년 국내외 입양현황통계.

선정희, 설경옥 (2018). 부모자녀 및 형제관계와 우울-통증-피로 증상 클러스터와의 관계에서 외로움의 매개효과. **한국심리학회지: 발달, 31**(3), 59-79.

성미애 (2014). 40, 50대 비혼여성의 결혼 및 가족담론. **한국가정관리학회지, 32**(2), 131-141.

소미자, 이희영 (2016). 유아의 형제구조변인과 형제관계의 질에 따른 유치원 적응. **미래유아교육학회지, 23**(2), 319-339.

송다혜 (2021). 발달장애인의 성인 비장애형제자매를 위한 온라인 마음챙김 기반 인지치료(MBCT)의 효과. 서울여자대학교 대학원 석사학위논문.

신윤정 (2010). EU 국가의 육아 지원 인프라와 출산율 현황. **보건 · 복지, 61**, 1-8.

안재진, 권지성, 변미희, 최운선 (2009). 국내 입양 아동의 문제 행동 수준에 영향을 미치는 요인: 공개입양 아동을 중심으로. **한국아동복지학, 29**, 187-219.

안재진, 권지성, 변미희, 최운선 (2010). 공개입양가족의 입양 관련 의사소통에 관한 탐색적 연구. **한국아동복지학, 31**, 143-171.

안정미, 안권순 (2012). 청소년의 분노정서경험 관련요인에 관한 연구. **청소년학 연구, 19**(2), 267-292.

양돈규 (2002). 청소년의 형제 변인에 따른 지각된 정서적지지. **청소년복지연구, 4**(2), 67-87.

오신휘, 이소영 (2023). 기혼 여성의 둘째아 출산의향에 영향을 미치는 요인에 관한 연구: 생식건강요인을 중심으로. **한국모자보건학회지, 27**(2), 110-118.

오현미 (2000). 아동의 외로움과 형제 및 친구 관계의 질적 특성의 관계. 연세대학교 대학원 박사학위논문.

왕영선, 김정민 (2012). 발달장애아동 가족의 탄력성 강화를 위한 인지행동치료 프로그램의 개발 및 효과: 발달장애아동 어머니와 비장애형제를 대상으로. 한국심리학회지: 상담 및 심리치료, 25(4), 773-794.

우수경 (2009). 형제수, 형제 성구성 및 출생순위에 따른 유아의 놀이성과 사회적 능력. **미래유아교육학회지, 16**(2), 367-388.

윤정민, 이은주, 이승연 (2019). 중학생의 형제자매 괴롭힘 피해경험, 성격적 자기비난, 대처효능감과 또래괴롭힘 피해경험 간의 구조적 관계. **한국심리학회지: 발달, 32**(2), 23-41.

이미숙, 이미애, 권회연 (2011). 초등학생 장애형제를 둔 비장애형제의 경험에 대한 부모인식. **특수아동교육연구, 13**(3), 313-337.

이보라 (2020). 출산의도에 미치는 영향요인 연구. **차세대인문사회연구, 16**, 167-187.

이수연, 이승희 (2008). 청소년의 형제 · 자매관계와 정서 · 행동문제의 관련성. **정서 · 행동 장애연구, 24**(2), 27-48.

이영애, 오한나, 이상희 (2020). 유아의 형제관계 특성에 따른 창의성과 지능 수준에 대한 연구. **유아교육연구, 40**(3), 73-91.

이운영 (2012). 성인기 형제자매관계와 친구관계가 고독에 미치는 영향. **인간발달연구, 19**(2), 25-43.

이재령 (2011). 지적장애인의 비장애형제자매의 성장기 생활경험에 관한 연구. 숭실대학교 대학원 박사학위논문.

이재연, 이완정 (2006). 출생순위와 형제간 성별 구성에 따른 형제관계의 질과 부모애착 및 또래애착. **한국보육지원학회지, 2**(2), 129-146.

이현정, 조성연 (2002). 형제 · 자매관계에 따른 아동의 사회적 능력. **아동학회지, 23**(3), 139-148.

임광희 (2023). 연장아를 입양한 친생자녀 가정 어머니의 경험연구: 입양자녀-친생자녀관계를 중심으로. 한세대학교 대학원 박사학위논문.

임미혜, 지연경 (2016). 성인기 발달 단계에 따른 형제자매의 온정성과 갈등: 성별구성과 출생순위의 조절효과. **가족과 문화, 28**(4), 30-56.

임병인, 서혜림 (2021). 여성의 가족가치관과 결혼 및 출산의향. **보건사회연구, 41**(2), 123-140.

장휘숙 (2007). 형제자매의 구성과 친구관계, 애착 및 생활만족의 관계. **인간발달연구, 14**(2), 53-70.

장휘숙 (2009). 두 자녀 가정 대학생의 형제자매관계 특성. **한국심리학회지: 발달, 22**(4), 1-14.

전귀연, 임주영 (2006). **형제관계**. 신정.

정길화 (2001). 가족구성 형태 및 형제자매 수와 정서지능과의 관계. 창원대학교 대학원 석사학위논문.

정대영, 홍화진 (2011). 장애아동형제자매와 비장애 아동형제자매의 부모-자녀의사소통, 자아탄력성, 정서지능 및 심리적 안녕감 비교. **정서 · 행동장애연구, 27**(2), 33-57.

정유진, 이나련 (2022). 비혼 여성의 부모 및 형제자매관계 특성과 영향요인. **인문사회 21, 13**(1), 1243-1257.

정재은, 장재홍 (2017). 청소년이 경험한 부부폭력, 자녀학대, 형제폭력과 학교폭력 가해/피해 간의 관계. **청소년학 연구, 24**(5), 179-209.

정현숙 (2019). **가족관계**. 신정.

정현숙, 성미애, 기쁘다 (2020). **가족관계**. 한국방송통신대학교 출판문화원.

조수민, 한경임 (2020). 장애형제자매가 있는 성인 비장애형제자매의 삶의 경험. **특수아동교육연구, 22**(4), 165-191.

최보람 (2021). 취업 미혼 여성의 결혼 및 출산의도에 영향을 미치는 생태학적 요인. 아주대학교 대학원 석사학위논문.

최운선, 변미희, 권지성, 안재진 (2008). 입양아동의 발달에 관한 종단연구 II-1차년도 자료의 사회성 발달과 문제행동을 중심으로. **아동과 권리, 12**(4), 473-502.

최운선, 안재진, 변미희, 권지성 (2011). 국내입양아동의 입양됨에 대한 인식 연구. **인간발달연구, 18**(4), 169-182.

최정선 (2011). 형제관계가 아동의 또래애착과 사회적 유능감에 미치는 영향: 장애아동형제와 일반아동형제의 비교를 중심으로. 경북대학교 대학원 박사학위논문.

최진숙 (2005). 형제변인과 부모-자녀 간 의사소통 유형과의 관계. 창원대학교 석사학위논문.

최훈 (2022). 형제자매 구성이 교육, 노동시장 성과 및 가족형성에 미치는 영향. **GRI 연구논총, 24**(2), 123-144.

통계청 (2022). 2022년 통계청 인구동향조사.

통계청 (2022). 2022년 생명표.

통계청 (2023). 2023년 통계청 인구동향조사.

하지연 (2008). 어머니의 양육행동과 형제 갈등 상황에서의 개입행동이 유아의 형제관계에 미치는 영향. 충북대학교 대학원 석사학위논문.

홍성희 (2020). 남녀의 출산의향, 출산 희망연령과 계획 자녀수의 영향요인. **한국가족자원경영학회지, 24**(2), 69-87.

Allan, G. (1977). Sibling solidarity. *Journal of Marriage and the Family, 39*(1), 177-184.

Bouchard, G., Plamondon, A., & Lachance-Grzela, M. (2018). Parental intervention style and adult sibling conflicts: The mediating role of involvement in sibling bullying. *Journal of Social and Personal Relationships, 36*(8), 2585-2602.

Buhrmester, D., & Furman, W. (1990). Perceptions of sibling relationships during middle childhood and adolescence. *Child Development, 61*(5), 1387-1398.

Buist, K. L., Deković, M., & Prinzie, P. (2013). Sibling relationship quality and psychopathology of children and adolescents: A meta-analysis. *Clinical Psychology Review, 3*(1), 97-106.

Burbidge, J., & Minnes, P. (2014). Relationship Quality in Adult Sibling with and without Developmental Disabilities. *Family Relationships, 63*(1), 148-162.

Cicirelli, V. G. (1995). *Sibling relationships across the life span*. Plenum Press.

Connidis, I. A. (1989). Siblings as friends in later life. *American Behavioral Scientist, 33*, 81-93.

Dunn, J. (1993). Perspectives on sibling: A developmental psychologist's view. In C. W. Nuckolls. (Ed.), Siblings in South Asia: Brothers and sisters in cultural context(pp. 235-240). Guilford Press.

Dunn, J., & Kendrick, C. (1982). *Siblings: Love, envy and understanding*. Harvard university press.

Ericksen, S. & Gerstel, N. (2002). A Labor of Love or Labor Itself Care Work among Adult Brothers and Sisters. *Journal of Family Issues, 23*(7), 836-856.

Goetting, A. (1986). The developmental tasks of siblingship over the life cycle. *Journal of Marriage and Family, 48*(4). 703-714.

Kim, J.-Y., McHale, S. M., Crouter, A. C., & Osgood, D. W. (2007). Longitudinal linkages between sibling relationships and adjustment from middle childhood through adolescence. *Developmental Psychology, 43*(4), 960-973.

Kiselica, M. S., & Morrill-Richards, M. (2007). Sibling maltreatment: The forgotten abuse. *Journal of Counseling & Development, 85*(2),148-160.

Martin, J. L., & Ross, H. S. (1995). The Development within sibling conflict. *Early Education and Development, 6*, 335-358.

Sherman, A. M., Lansford, J. E., & Volling, B. L. (2006). Sibling relationships and best friendships in young adulthood: Warmth, conflict, and well-being. *Personal Relationships, 13*(2), 151-165.

Slomkowski, C., Rende, R., Conger, K. J., Simons, R. L., & Conger, R. D. (2001). Sisters, brothers, and delinquency: Evaluating social influence during early and middle adolescence. *Child Development, 72*(1), 271–283.

Spitze, G., & Trent, K. (2006). Gender Differences in Adult Sibling Relations in Two-Child Families. *Journal of Marriage and Family, 68*(4), 977–992.

Stewart, R., & Marvin R. (1984). Sibling Relationships: The Role of Conceptual Perspective-Taking in the Ontogeny of Sibling Caregiving. *Child Development, 55*, 1322–1332.

Teti, D. M. (1992). Sibling Interaction. In V. G. Van Hasselt & M. Hersen(Eds.), Handbook of Social Development. In p. G. Zukow. (Ed), *Sibling Interaction Across Cultures: Theoretical and Methodological Issues*(pp. 117–141). Springer-Verlag.

Visher, E. B., Visher, J. S., & Pasley, K. (2003). Remarriage Families and Stepparenting. *Normal family Processes: Growing Diversity and Complexity, 3*, 153–175.

Yeh, H. C., & Lempers, J. D. (2004). Perceived sibling relationships adolescent development. *Journal of Youth and Adolescence, 33*(2), 133–147.

Yu, J. J., & Gamble, W. C. (2009). Adolescent relations with their mothers, siblings, and peers: An exploration of the roles of maternal adolescent self-criticism. *Journal of Clinical Child & Adolescent Psychology, 38*(5), 672–683.

CHAPTER 07
친인척관계

1. 친인척관계의 정의 및 범위
2. 현대사회의 친인척관계
3. 다양한 친인척관계
4. 친인척관계 연구동향
5. 미래연구전망

혈연에 기초한 혈족과 혼인관계로 맺은 친인척관계는 과거에 비해 그 범위는 현저하게 좁아지고 있으나 여전히 핵가족의 중요한 네트워크로 기능하고 있다. 부계혈연을 중심으로 하는 친인척 가족관계의 의례적 빈도와 결속 강도는 감소하고, 처계를 중심으로 하는 친인척관계의 상호교류 빈도나 강도는 증가하면서 과거와 다른 특성들을 보이고 있다. 이에 이 장에서는 친인척관계의 정의 및 범위, 현대사회의 친인척관계, 다양한 친인척관계(고부관계, 장서관계, 조손관계)의 특징, 최근 친인척관계의 연구동향 및 미래연구전망에 대해 다뤄보고자 한다.

1. 친인척관계의 정의 및 범위

친족은 배우자, 혈족, 인척을 포함하며(민법 제767조), 친인척관계는 출산을 통한 혈연관계와 혼인이나 동거를 통해 구성된 인간관계를 포괄하는 말이다. 1990년대 이전에는 친족의 범위를 부계 8촌, 모계 4촌 이내의 혈족과 남편의 그러한 혈족, 아내의 부모로 규정하여 남녀 차별이 극심하였는데, 현재 민법 제777조 친족의 범위는 ① 8촌 이내의 혈족, ② 4촌 이내의 인척, ③ 배우자로 정하고 있다. 전통적으로 가부장 제도를 기반으로 하는 과거의 부계 친족제도를 탈피하여 부모 양계의 혈통을 따르는 방향으로 바뀌고 있다(전귀연 외, 2020). 친족관계는 출생, 혼인, 입양, 인지에 의해 발생하고 혼인의 취소와 이혼(배우자와 사별한 경우에는 재혼), 입양의 취소와 파양 등에 의해 소멸된다. 법률상 인정되는 친족관계에 대해서는 친족이란 신분에 의하여 부양관계, 상속관계 등 여러 가지 법률상의 권리와 의무를 가지게 된다.

2005년 민법이 개정되기 이전에는 호주를 기준으로 가족의 범위가 규정되었다면 2005년 개정 이후에는 본인을 기준으로 가족의 범위가 규정되며, 가족의 생활공동체 개념이 강조되었음을 알 수 있다(정현숙 · 성미애 · 기쁘다, 2020). 그리고 2007년 가족관계등록법이 제정, 공포되면서 국민의 신분관계를 호적중심의 가(家)별로 편제했던 호적제도에서 개인별로 가족관계등록부라는 공적 장부에 등록하는 것으로 변경되었고, 등록기준지제도 신설, 부성주의 원칙과 수정으로 성 변경 가능, 친양자제도 등이 시행되었다.

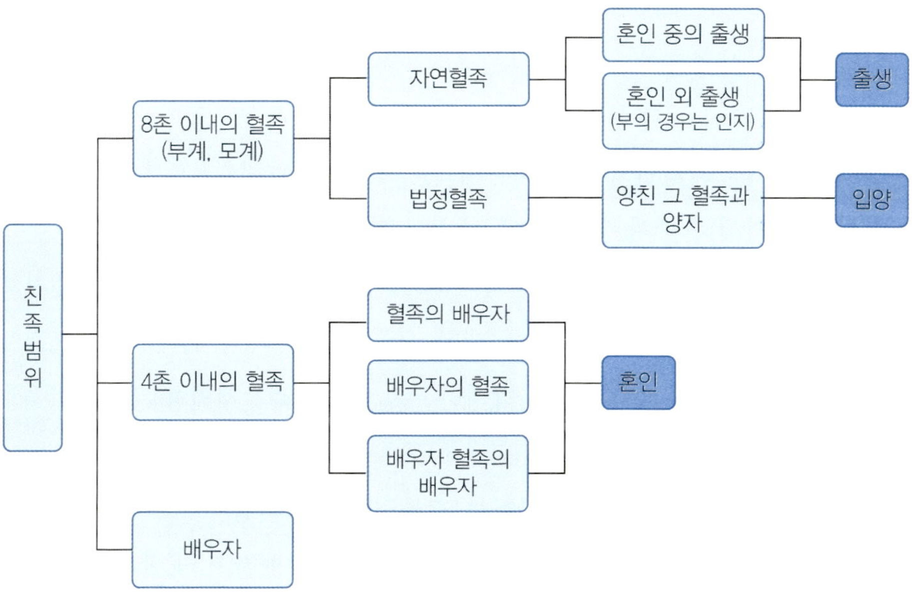

[그림 7-1] 친인척관계의 범위

2. 현대사회의 친인척관계

농경체제가 중심이었던 우리나라 전통사회에서는 친인척 조직이 정서적 유대단위로 기능했을 뿐 아니라 실질적인 도구적 지원을 하는 공동체 역할도 담당하며, 어떤 사회조직보다도 개인의 삶에 큰 영향을 주는 존재였다. 그러나 이후 우리 사회는 급격한 산업화와 도시화를 통한 핵가족화로 인해 친인척관계는 매우 축소되었으며, 일상생활에서도 그 영향력이 약화되었다. 이는 친인척관계가 사회분화 정도가 낮은 사회에서 구조적 또는 기능적으로 중추적인 위치를 가지는 경향이 있음을 의미한다(최홍기, 2006).

도시화과정을 거치면서 친인척관계의 중요성이 약해지는 것은 사실이나 여전히 가족의례나 행사 및 명절에 친족이 만나며, 친족 간 상호지원의 문화가 존재하고 있다. 이러한 맥락에서 Litwak(1960)는 친인척관계가 현대사회에서의 기술의 발달과 민주주의에 대한 요구에 부합하기 위해 몇몇 요건이 필요하다고 제시하였다(김혜선 · 박혜인 · 옥선화, 2002 재인용).

- 친인척관계가 개인의 목표 성취를 효율적으로 도와줄 수 있어야 한다. 만일 친인척관계 구조가 이러한 기능을 적절히 수행하지 못한다면 존재의 의미가 상실된다고 보았다.
- 친인척관계는 직업적 이동에 도움이 되어야 한다. 현대 산업사회는 개인의 능력에 따라 사회적 위치가 정해지므로, 친인척관계가 개별적인 직업 이동을 가능하도록 해주어야 한다.
- 친인척관계가 지리적 이동을 가능하게 해야 한다. 현대사회에서는 직업을 찾아서 사람들이 자유롭게 이동하기 때문에 친인척관계가 이러한 개인의 선택에 장애가 되어서는 안 된다.

오늘날 친인척관계의 변화 양상 중에서 특히 주목할 만한 변화는 탈부계화 혹은 양계화 현상이다(오혜정 · 박경란, 2011 재인용). 양계화란 출계율을 의미하는 것이 아니라 친인척과의 상호작용이 부계와 모계혈족을 차별하지 않고 이루어지는 것을 의미한다. 따라서 오늘날 한국의 친족관계를 '양계화'라고 부르는 것은 친족관계가 부계에만 집중되는 것이 아니라 부계와 모계 모두 평등하게 적용되는 현상을 말하는 것으로, 친인척관계는 사회구조, 경제적 생산양식, 사회규범, 가족제도, 가족문화 등에 영향을 받는다(성미애, 2006).

우리나라의 양계화 현상을 바라는 관점은 크게 두 가지로 나누어 볼 수 있다. 첫 번째는 양계화를 한국 가족이 보였던 부계일변도 속성에서 벗어나는 긍정적인 변화로 보는 입장(이동원 외, 2002)으로, 언론을 통해서 많이 보도되는 면이 있다. 이 관점은 한국 가족 내 친족 간 상호작용이 부계에 한정되지 않고 모계로 확대되면서 사람들의 인식에도 영향을 미칠 수 있음을 전제로 하고 있다. 이동원 등(2002)은 우리나라 친족관계에서의 가족규범은 여전히 부계중심을 강조하지만, 실제 생활에서는 양계중심이거나 혹은 모계중심으로 변화하고 있음을 주장하였다. 두 번째는 현 상황에서 보이는 양계화의 허점에 초점을 두는 것으로, 한국 가족의 양계화가 대칭적 양계화라기보다는 비대칭적 성격의 양계화 경향이 있음을 지적한다. 즉, 기능적인 관계로서 친정과의 접촉이 잦아지며 혈연중심의 가족 간 연대를 강조하는 신가족주의(이재경, 1999)라고 보는 것이다. 한경혜와 윤성은(2004)도 한국가족의 비대칭적 성격의 양계화 경향을 지적하였는데, 이러한 경향은 한국 가족이 협력적 네트워크 활용 측면에서 부계중심으로 규범화된 친족 유대의 경향을 그대로 유지하면서 동시에 실제적 필요에 의한 사회적 지원망으로서 아내의 친족 네트워크 활용 정도가 높아진 것에서 기인한 결과라고 보았다.

우리나라 양계화의 변화에 대해서는 1980년대, 1990년대 이루어진 연구들

(이동원, 1985; 조정문, 1997)에서는 친밀성이나 정서적 교류의 측면에서 양계화가 상당 정도 진행되었음을 밝혔으나, 그 이후의 연구들(이동원 외, 2002; 한경혜 · 윤성은, 2004)에서는 경제적 자원이나 권력 관계에서는 여전히 부계중심성이 유지되고 있는 것으로 보고하고 있다. 그러나 최근 연구에서는 경제적 교육 측면에서의 양계화도 상당히 진행되어 부계 및 모계 가족 간 대칭적 양계화가 거의 이루어졌으며, 우리 사회의 가족관계 전형이 이제 부계 및 모계 가족 간의 균형적 가족이라 할 수 있다고 주장하였다(손병돈, 2022). 특히, 이러한 균형적 가족관계로의 변화는 20대, 30대 가구주에게서 뚜렷하게 나타나고 있으며, 앞으로는 이를 바탕으로 한 가족복지 관련 지원계획이나 정책적 실천방법을 수립하고 실행되어야 할 필요가 있음을 시사한다.

3. 다양한 친인척관계

다양한 친인척관계를 구체적으로 고부관계, 장서관계, 조손관계로 나누어 각 관계의 전반적인 내용들을 정리하면 다음과 같다.

1) 고부관계

고부관계란 당사자 간의 선택이나 혈연과는 무관하게 결혼을 통해 형성되는 관계이다. 타인들이 아들/남편이라는 한 남성을 매개로 맺어진 관계인 고부관계는 혈연관계가 아님에도 법적으로나 관습적으로 부모와 자식이라는 친밀한 관계를 강요받는 독특한 특성을 지닌다(정현숙 · 성미애 · 기쁘다, 2020).

고부관계의 어려움은 동서양 모두에서 공통적인 현상이다. 가까이는 중국, 일본, 대만을 비롯하여 미국, 인도, 터키, 나이지리아에서도 고부관계의 어려움을 보고하고 있다(장주영, 2015). 그러나 고부갈등은 서구사회보다 동양사회에서 더 심한데, 그 이유는 동양사회가 가지는 가부장제 문화와 가족중심주의 때문으로 볼 수 있다(Lee & Mjelde-Mossey, 2004).

고부관계는 며느리가 시댁 식구들과 맺는 관계 중 가장 갈등이 많은 관계라고 인식되어왔다. 고부관계는 혈연관계도 아니고 그렇다고 남도 아닌 가족으로서의 신체적, 심리적, 정서적 거리를 유지해야 하는 애매모호함이 있다. 이 명확하지 않은 거리감은 가족으로서 가지는 친밀성, 정체성, 책임감에 있어서 때로는 남처럼, 때로는 가족처럼 느껴지게 한다. 이러한 고부관계는 공유하는 시간도 없이 부모자녀관계로 지내야 하는 강요된 사회적 관계이므로 혈연관계와 같은 자연스러운 관계가 아님에서 오는 갈등요인이 많이 있다(Bryant, Conger, & Meehan, 2001).

고부갈등은 기혼 여성이 경험하는 스트레스의 주된 원인 중 하나이다. 물론 한국 고부관계는 시어머니의 절대적인 권력과 며느리의 무조건적인 순종만 강조하던 전통적인 모습으로부터 많이 변화해왔고 현대의 고부관계는 가부장적 색채가 많이 사라지면서 예전과는 달라진 측면이 있다. 그러나 고부관계의 불확실성과 삼각관계에 기반하는 비용과 보상의 연쇄성, 분화와 경계의 문제 등과 같은 구조적인 특성들이 고부관계를 원만하게 유지하기 어려운 가족관계 중의 하나(장주영, 2015)로 만든다. 그러므로 고부관계 안에서의 갈등은 여전히 존재한다고 봐야 한다.

2) 장서관계

장서관계는 고부관계와 더불어 결혼을 통해 형성되는 인척관계이다. 이는 자기 자신이 선택한 관계가 아니라 배우자와 부부관계를 형성함으로써 따라오는 부수적인 관계로 장서관계의 양상은 부부관계에 직접 또는 간접적으로 영향을 미치게 된다(이영숙 · 박경란, 2010).

친인척관계에서 부계중심의 가족문화에서 탈피하여 양계화가 가속화되고 있다. 보통 여성의 입장에서 시가는 명절이나 제사, 경조사 등의 형식적이고 의례적 활동을 함께하는 경제적 · 도구적 도움을 제공하는 대상이라면 친정과는 자발적이고 친밀한 사교적 활동을 함께하고 가사도움, 자녀돌보기 등 일상생활에서도 도움을 주고받는 호혜관계를 유지하고 있다. 이에 따라 남편들도 처가 친족과의 교류가 활발해지고 긴밀해지고 있으므로 장서관계가 이전과는 달라지고 있음을 알 수 있다(한경혜 · 윤성은, 2004).

여성의 교육 수준과 경제활동 참여율 증가로 처가와의 교류가 빈번해지고 있다. 한국 여성의 높은 교육열은 사회경제활동으로 이어지고, 특히 기혼 여성의 사회진출이 증가함에 따라 처가와의 교류가 빈번해지고 친밀해지며 친정어머니에게 대리양육 및 가사노동의 원조 등을 받는 여성들이 증가했다(전귀연 외, 2020). 통계청(2017) 조사에 따르면, 지난 30년간 시집살이하는 여성의 비율은 줄고 처가살이 하는 남성은 약 세 배 이상 증가하였으며, 처가로부터 청소, 식사준비, 자녀 돌봐주기 등의 도구적 도움 비율은 15.6%로 시가의 비율 7.1%보다 2배나 높은 것으로 나타났다. 긴밀한 상호작용과 접촉은 장서관계를 친밀하게 만들기도 하는 반면, 장서갈등을 겪을 기회가 더 많아졌음을 의미하기도 한다.

장서갈등이 부부갈등의 원인이 되기도 한다. 앞서 살펴보았듯이, 처가와의 관계가 가까워지고 주로 친정부모가 손자녀를 돌봐주는 상황에서 장모의 위상이 예전과는 달라졌음을 알 수 있다. 장모는 가까이 있는 딸에게 다양한 지원을 하는 만큼 큰 기대를 품게 되고, 이러한 과정에서 딸 가족에게 개입하거나 간섭하는 빈도 또한 높아졌다(김혜선 · 박태영, 2012). 장모의 지나친 간

섭과 개입은 장모-사위와의 관계에서 갈등을 유발하고 이것이 딸의 부부관계에도 영향을 준다. 이혼의 결정적 계기에 대한 조사에서 남성의 경우 장서갈등이 10.9%, 여성은 고부갈등이 2.3%로 장서갈등이 고부갈등보다 더 주요한 이혼 사유로 나타났다(동아일보, 2018). 그러므로 장모, 딸, 사위는 가족 안에서 서로의 경계를 인정하고 존중해야 하며, 갈등이 발생하더라도 관계의 향상을 위해 충분히 노력해야 함을 잊지 않아야 한다. 또한, 장서관계에서 사위도 대접받는 위치만을 고수하거나 적당히 거리를 유지하는 것만으로 만족스런 관계가 유지되는 것이 어렵고 스트레스를 피하는 것도 불가능하다. 그러므로 스트레스에 대한 효과적인 대처방법을 찾으면서 상황을 조절하고 노력해야 할 필요성이 있다.

3) 조손관계

조부모됨의 경험은 조부모들에게 긍정적 영향을 준다. 조부모가 됨으로서 경험하는 긍정적인 영향들은 다음과 같다(최규련, 2007 재인용). ① 손자녀와의 접촉을 통해 젊음과 활력을 다시 느끼고 미래 연결감을 경험한다. 조부모 역할을 통해 성취감이나 보람을 가지며 과거, 현재, 미래의 연결감을 경험한다. ② 손자녀에게 지혜와 지식을 전수하거나 인격성장에 도움을 주는 역할을 한다. ③ 손자녀를 통해 자신이나 자녀들이 이루지 못한 성취감을 기대할 수 있다.

조부모됨의 유형은 소원한 유형, 적극참여형, 동료적 유형, 조언자 유형, 대리부모형으로 구분한다(최규련, 2007 재인용). ① 소원한 유형은 조부모와 손자녀가 멀리 떨어져 살고 자주 볼 수 없으며, 의례적인 모임이나 행사에서 가끔씩 만난다. ② 적극참여형은 대부분 같이 살거나 가까이에 거주하며 조부모가 손자녀를 키우고 지도하는데 적극적으로 참여한다. ③ 동료적 유형은 손자녀와 따로 살면서 독립성, 자율성을 유지하며 손자녀와 함께 여가와 활동을 즐기면서 즐거움을 얻는 데 치중한다. ④ 조언자 유형은 가정 안에서 권위를 유지하고 경험과 연륜을 토대로 손자녀에게 다양한 조언을 해 주고 훈계한다. ⑤ 대리부모형은 딸이나 며느리가 취업하거나, 이혼 · 경제문제 등으로 부모를 대신하여 손자녀를 대리양육한다.

우리 사회의 핵가족화와 여성의 사회진출 증가로 어린 손자의 양육을 지원하는 조부모가 증가하고 있다. 전국보육실태조사에 따르면, 조부모의 양육도움은 2012년 31.7%에서 2021년 48.8%로 계속해서 증가했으며(육아정책연구소, 2021), 부모가 기관이 아닌 개인으로부터 양육지원을 받는 대상 중 조부모가 85.2%로 가장 많았다(육아정책연구소, 2021). 자녀 양육을 지원하는 보육시설의 급격한 증가에도 불구하고 아직 부모들은 조부모를 부모 외의 가장 바람직한 양육자로 인식하고 있다. 손자녀를 돌보면서 조부모는 건강에 무리가 되고 여가시간 부족을 이유로 손자녀 돌봄을 부담스러워 하지만, 자녀의 취업활동을 돕기 위해서라는 이유로 손자녀 양육을 지원하게 된다. 이러한 과정에서 조부모와 성인자녀관계는 더 친밀해지도 하지만 동시에 갈등을 경험하기도 한다(유희정 · 이솔 · 홍지수, 2015).

손자녀 양육 지원은 대부분 조부모가 담당하지만, 그중 조모가 자녀와 함께 손자녀 양육을 담당하는 지원양육을 하는 경우가 많다(송시영 · 전혜정 · 주수산나, 2020). 이는 또 다른 여성이 희생하는 악순환을 가져오면서 궁극적으로는 자녀 양육을 여성의 역할로 고착화하는 기능을 하게 된다. 그러므로 이제는 개별 가족의 가족 차원에서 또 한 사람의 희생으로 자녀 돌봄의 문제를 해결하게 하지 말고 국가 차원에서 양질의 보육기관을 확대, 보급해야 할 것이다(정현숙 · 성미애 · 기쁘다, 2020).

조손가족은 부모가 동거하지 않고 조부모가 손자녀와 함께 살며 손자녀의 기본적인 의식주 및 생활 전반을 책임지고 있는 가족형태를 말한다. 2018년

인구주택총조사 결과에 따르면 조손가구는 전국에 11만 3,297가구로, 이는 2016년보다 4,500여 가구가 증가한 수치이며, 5만 8,101가구였던 2005년도에 비하면 두 배 이상 증가한 것이다(통계청, 2020). 조손가족 형성의 주된 이유는 부모 세대의 이혼으로(보건복지부, 2019), 이혼율이 증가하고 있는 상황에서 조손가족의 증가도 예상된다. 부모 세대 없이 구성된 조손가족은 '세대를 건너뛴 가구(skipped-generation households)'로 정의되기도 하며(Shakya et al., 2012), 조부모와 손자녀의 연령차는 적게는 40세에서 많게는 60세 이상 차이가 난다(여성가족부, 2021). 40년 이상의 연령 간격은 서로의 사회적 권위, 문화, 가치관, 관심사, 즐거움 등에 있어서도 공유하기 힘든 차이를 나타내며(신은정, 2004), 세대의 특성으로 인해 가족의 문제해결에도 어려움이 예상된다(정순둘 외, 2023). 일단 조손가족이 형성된 후에는 아동이 성인이 되어 독립할 때까지, 또는 양육을 담당하는 조부모가 사망할 때까지 조손가족이라는 구조 내에서 살아갈 확률이 높아 조손가족이 하나의 중요한 대안적 가족형태로 자리잡아 가는 추세이다(김미영 · 윤혜미, 2015).

조손가족이 겪는 일반적인 문제들은 다음과 같다. ① 손자녀 양육으로 인해 다양한 신체적, 정신적 건강 이상을 경험한다. ② 경제적 문제이다. 우리나라의 조손가구는 대부분 경제적 형편이 어려워 손자녀의 양육에 대한 경제적 부담이 매우 크다. ③ 양육 기술의 부족을 들 수 있다. 즉, 전통적인 방식대로 손자녀를 양육하며 권위 · 통제적이면서 애정 · 수용적인 양육태도를 많이 보여 정서적으로 따뜻한 관계를 형성하면서도 잔소리와 간섭 등으로 아동의 독립성을 인정하지 않는 경우가 많다(송정애 · 이양훈 · 정해은, 2009).

▮참고자료▮

서울형 아이돌봄비

▶ 손주 돌본다면, 9월(2023년) 시작되는 조부모 돌봄수당 확인해야

1) 조부모 돌봄수당이란?

서울시가 지난해 8월 발표한 '엄마아빠 행복 프로젝트'의 일환인 '서울형 아이돌봄비'를 일컫는 말이다. 친인척이나 민간 육아도우미의 도움을 받는 양육공백 가정을 지원하는 사업이다. 주로 맞벌이가정의 경우 조부모가 육아공백을 메우는 게 일반적이기 때문에, 소위 '조부모 돌봄수당'이라 불리게 된 것이다. 맞벌이가정, 한부모가정, 장애부모가정 등 양육공백 가정은 서울형 아이돌봄비를 통해 조부모 돌봄수당 또는 민간돌봄서비스 이용권 지원을 받을 수 있다.

2) 지원 대상은 누구인가?

'조부모 돌봄수당'이라 일컫지만, 실제로는 조부모 외에 삼촌 · 이모 · 고모 등 만 19세 이상 4촌 이내 친인척도 돌봄비를 받을 수 있다. 수급 대상은 부모 등 양육자 또는 조부모(4촌 이내 친인척 포함) 중 한쪽을 선택해야 한다. 단, 서울이 아닌 타 지자체에 거주하는 조력자의 경우에는 돌봄활동은 가능하지만, 수급자로 선택은 어렵다.

3) 신청 조건은 어떻게 되나?

서울시에 주민등록을 두고 거주하며 기준 중위소득 150%(3인 가구 기준 월 665만 3천원) 이하 영아를 둔 가정이라야 신청 가능하다. 아울러 친인척 포함 돌봄 또는 민간 돌봄 서비스 이용시간이 영아 1명 기준 월 40시간 이상이어야 지원받을 수 있다. 영아가 2명이라면 월 60시간, 3명이라면 월 80시간이 기준이 된다.

4) 얼마나 지원하나?

조부모 등 친인척 육아 조력자가 아이를 돌보는 경우 1명당 월 30만 원씩 최대 지원한다. 2명일 경우 월 45만 원(월 60시간 이상), 3명일 경우는 60만 원(월 80시간 이상)이다. 친인척의 돌봄지원이 어려운 가정이라면 서울시와 협약을 맺은 민간 아이돌봄 서비스 기관(맘시터, 돌봄플러스, 우리동네 돌봄 히어로)에서 사용할 수 있는 이용권(1명당 월 30만 원)을 지급할 예정이다.

5) 언제까지 지원하나?

우선 양육의 대상이 되는 아이의 월령이 만 24개월 이상부터 만 36개월 이하이면 신청이 가능하다. 돌봄비 지원은 최대 13개월까지다. 따라서 만약에 손주의 월령이 30개월이라면 36개월까지 7개월 동안 지원받을 수 있다.

출처: 브라보 마이라이프 (2023.8.25).

4. 친인척관계 연구동향

국내 친인척관계 연구동향을 고부관계, 장서관계, 조손관계로 나누어 살펴보면 다음과 같다.

1) 고부관계

고부관계는 결혼과 동시에 형성하게 되는 시어머니와 며느리의 부모자녀 관계이다(Lopata, 1999). 고부관계가 친어머니와 자녀의 관계처럼 편하지 않은 것은 세계적으로 공통되지만(Bryant, Conger, & Meehan, 2001), 우리 사회는 부계지향적인 사회적 정서가 남아 있는 데다 부모-자녀가 정서적으로 완전히 분화되지 못한 수정확대가족의 형태를 띠고 있어 결혼 후 고부관계의 중요성이 다른 사회에서보다 더 크다. 최근의 연구경향에서 고부관계에 대한 연구는 그 수가 점차 줄어들고 있으나 그 중요성은 약화되었다고 볼 수 없다. 이에 지금까지 이루어진 고부관계 관련 연구의 주요 내용을 정리하면 다음과 같다.

첫째, 고부관계에 대한 선행연구들을 시대별로 살펴보면 1970~1980년대에는 고부관계의 규범, 고부관계의 변화와 농촌가족과 도시여성의 고부관계 등 주로 개념적 관점에서 연구(김길수, 1975; 윤유경, 1986)가 이루어졌다. 1990년대 이후에는 고부관계를 다룬 주제가 다양해졌으며 이들은 고부관계의 갈등과 유대에 대한 영역으로 크게 구분할 수 있다(정현숙 외, 2011), 또한, 1990년대 후반에는 고부간의 관계향상과 갈등회복을 위한 교육 프로그램을 개발하여, 실제 고부를 대상으로 하여 프로그램을 실시한 연구들도 이루어졌다(김밀양, 2004). 2000년대 이후에는 고부관계에 대한 다양한 주제로 양적연구뿐 아니라 질적연구들이 진행되어 고부관계의 실제적이고 구체적인 측면을 다루었으며, 특히 근래에는 다문화가족이 증가하면서 결혼이민자, 다문화가족의 고부관계에 대한 연구가 많이 이루어지고 있다.

둘째, 고부관계에 대해 선행연구들은 자세히 살펴보면, 고부관계 선행연구에 대한 이론적 고찰(김밀양, 2004), 고부갈등(박태영 · 정선영, 2004), 고부관계 프로그램 개발(김숙이, 2010), 고부갈등의 가족구성에 대한 영향(성명옥 · 이혜자, 2002; 이현, 2009), 고부관계에서의 남성의 역할이나 인식(박소영, 2010; 배선희 · 김순옥, 2001), 고부갈등 대처(박경란 · 이영숙, 2003), 고부갈등을 경험하는 부부를 위한 치료적 프로그램(박태영 · 박진영 · 하태선, 2011; 박태영 · 정선영, 2004) 등이 있다.

지금까지의 선행연구들은 고부관계에서의 갈등, 갈등이 개인 및 가족구성원에게 미치는 영향, 고부갈등으로 인한 스트레스, 갈등표출행동, 대처방안, 관계개선 프로그램 등으로 집약해 볼 수 있다. 대다수의 연구에서 고부간을 갈등구도로 보고 있으며 고부갈등의 심각성은 당사자들만의 문제가 아니라 다른 가족관계에도 연속적인 갈등상황을 야기시켜 부정적인 영향을 미친다(Turner, Young, & Black, 2006),

고부갈등은 주로 현대사회에서 며느리의 지위가 올라감에 따라 빚어내는 권력구조적 갈등, 고부의 역할에 대한 상호기대와 수행의 불일치로 일어나는 역할구조적 갈등, 한 남자를 두고 경쟁자로서 갈등을 하게 되는 애정구조적 갈등, 성격차이로 인해 발생하는 생활구조적 갈등 등이 원인이다. 이러한 고부갈등에서 배우자의 역할이 매우 중요한데(성명옥 · 이혜자, 2002), 고부관계에서 남성이 수행하는 역할을 '모르쇠 유형', '조율가 유형', '황희정승 유형', '애처가 유형', '마마보이 유형', '벙어리 냉가슴 유형'으로 분류하였다(박소영, 2010). 이 중 '모르쇠 유형'과 '마마보이 유형'의 남편이 고부관계에 관련된 세 사람 모두를 가장 힘들게 하는 유형으로, 이 두 유형의 남편은 고부갈등상황에서 아내를 지지하거나 위로하지 않았다. 부부 쌍을 대상으로 한 연구에서도 고부갈등상황에서의 배우자의 비난이 자존감 하락으로 이어지고 그로 인해 결혼만족도가 저하되는 것으로 나타났다(이현, 2009). 그러므로 고부관계를 증진시키기 위해서는 갈등상황에서의 배우자가 보내는 공감과 정서적 지지가 매우 중요하며 효 사상으로 어머니의 입장을 수용해야 하더라도 남편의 아내 입장에 대한 지지나 맞장구치기 역할은 꼭 수행되어야 한다.

또한, 고부갈등으로 심각한 위기상황에 놓인 부부나 당사자는 관계개선 프로그램이나 치료적 접근으로 문제를 해결하는 데 도움을 받을 수 있다. 가족치료적 개입으로 남편의 자아분화를 도움으로써 고부갈등으로 인한 부부관계 문제를 해결하였고(박태영 · 박진영 · 하태선, 2011), 상담기법으로 남편의 원가족과의 분리와 의사소통문제를 개선하여 고부갈등으로 인한 아내의 스트레스 및 우울증상 해소에 도움이 되었다(박태영 · 정선영, 2004). 아직 고부갈등과 관련한 교육이나 상담 프로그램이 미비한 실정에서 가족치료적 개입의 틀을 도식화할 수 있었다는 측면에서 이들 연구의 의의를 찾을 수 있다.

이처럼 고부관계에 대한 연구들에서 고부갈등을 해결하기 위해서는 고부관계에 관련한 세 사람의 역할이 매우 중요하고 각자의 적극적인 노력이 필요함을 알 수 있다. 그러므로 건강하고 성숙한 고부관계를 위해 노부모, 자녀세대 양측이 각자의 독립된 생활에 대하여 책임과 권한을 갖고 상호협조하는 관계를 유지하도록 해야 한다.

셋째, 2000년대 중반 이후부터 전통적 고부관계를 다룬 연구보다 다문화가족관련 고부관계에 대한 연구가 주를 이루고 있다. 이는 우리 사회가 다문화가족이 급격하게 형성된 지 20년이 넘어서고, 다문화가구원 수가 2018년 100만 명, 2021년 112만 명으로 증가하면서(여성가족부, 2023), 그에 따른 관심도 커졌기 때문으로 보인다.

특히, 다문화가족 내 여성들의 삶에서 시어머니와의 관계는 한국 사회 구성원으로 살아가는데 중요한 요소 중 하나이다. 이에 다문화가족의 고부관계에 관련한 선행연구들을 자세히 살펴보면, 다문화가족 고부관계의 특성과 경험을 다룬 연구(박소영, 2015, 2016; 이지영 · 이미진, 2009), 다문화가족의 고부갈등을 다룬 연구(김복희 · 서경현, 2021; 박정숙 · 박옥임 · 김진희, 2007; 박진옥, 2012; 성은영 · 황순택, 2013; 홍달아기 · 이선우 · 황은경, 2014), 다문화가족 고부관계 증진 프로그램 및 치료관련 연구(박순희 · 이주희 · 김은진, 2014; 이춘희 · 홍영준, 2013) 등이 있다.

여성결혼이민자들은 고부관계 경험의 본질을 '자신의 삶으로 훅 들어온 예상치 못한 낯선 친밀이 배려 혹은 차별로 경험되는 차이의 역설'로 묘사하면서 부모세대와 자녀세대의 삶이 분화되지 못한 채 서로 개입하는 한국의 고부관계를 낯설어한다고 하였다(박소영, 2016). 며느리가 느끼는 이러한 문화적 차이는 몇몇 연구에서도 동일하였다(박진옥, 2012; 성은영 · 황순택, 2013). 그러나 결혼이민자 여성을 대상으로 한 질적연구에서 결혼 초기에는 고부관계가 어려움이 있을 수 있지만 결혼 연수가 오래되고 또한 가족 간 신뢰가 두터워진 경우에는 고부갈등이 해소되는 사례도 있었다(이지영 · 이미진, 2009). 다문화가족 고부관계에서의 시어머니의 존재는 낯선 사회에 온 며느리에게 사회적 지지체계의 역할을 할 경우 긍정적일 수 있으나(Roer-Strier & Ezra, 2006), 시어머니를 비롯한 배우자 가족과의 갈등을 겪게 되면 부정적인 측면이 작용할 수 있다.

다문화가족의 고부갈등의 주요 내용은 의사소통문제, 문화적 차이로 인한 갈등, 아이취급으로 인한 갈등, 외국인 며느리에 대한 편견과 억압 등으로 나타났다(성은영 · 권지은 · 황순책, 2012). 고령화가 심화되는 우리 사회에서 시어머니와의 관계는 과거보다 더 오래 지속될 수 있으며 고부관계의 갈등은 며느리의 삶의 질이라는 측면에서도 매우 중요하다. 시댁과 갈등이 적고 시가 구성원이 이주여성의 출신국 문화를 이해하려는 노력이 있을 때 결혼이주여성의 결혼만족도가 높았고(박정숙 · 박옥임 · 김진희, 2007), 며느리와 시어머니 모두 다문화 수용의 정도가 높을수록 고부적응을 잘 하였고(박진옥, 2012), 고부갈등이 낮을수록 결혼이주여성의 삶의 만족도는 높은 것으로 나타났다(김미경, 2010). 또한, 고부갈등은 다른 가족구성원에게도 부정적인 영향을 줄 수 있다. 다문화가족 청소년이 지각한 어머니의 고부갈등은 문화적응 스트레스를 경험하게 하여 학교생활적응을 방해하고, 그 결과 다문화가족 청소년의 주관적 웰빙 수준이 낮아지는 것으로 나타났다(김복희 · 서경현, 2021).

다문화가족 시어머니와 일반가족 시어머니의 고부갈등을 비교한 연구에서, 다문화가족 시어머니가 일반가족 시어머니보다 고부갈등을 더 많이 경험하며 정신건강도 더 나쁜 것으로 나타났다(성은영 · 황순택, 2013). 이에 연구자는 외국인 며느리를 둔 다문화가족의 시어머니가 며느리와의 문화적 차이 및 의사소통 등의 문제로 정신건강에 더 취약성을 갖고 있기 때문으로 해석하였다. 또한, 이 연구에서 고부갈등 대처전략으로 일반가족, 다문화가족 모두 스트레스 대처-수동적 회피 전략을 가장 빈번히 사용하는 것으로 나타났는데, 이는 한국 사회의 참고 인내하는 유교사상의 문화가 영향을 준 것으로 보았다. 한편, 8명의 결혼이주여성의 고부갈등 대처에 대한 질적연구에서는 대부분의 결혼이주여성이 고부갈등이 발생했을 때 대처방법으로 참거나 반응하지 않는 방법을 사용한다고 하였다(홍달아기 · 이선우 · 황은경, 2014). 이는 결혼이주여성이 주위의 차별적 시선에 위축되며 존중받지 못함을 느끼지만 어쩔 수 없이 심적 불편함을 감수하는 모습으로 보여진다. 이렇게 고부갈등이 발생했을 때 시어머니나 며느리가 수동적 회피방법을 사용하게 되면 고부갈등은 해결되지 않은 채 그대로 남게 되고 갈등상황을 수정, 보완하지 않고 유보하면서 시간이 지날수록 고부갈등이 악화되고 고착되는 결과를 낳을 수 있다.

다문화가족의 고부갈등에서도 남편의 역할이 매우 중요한 것으로 나타났다. 남편이 한국생활과 고부관계가 낯선 아내에게 고부관계에 대해 미리 상황을 설명해서 한국 문화와 시어머니를 이해하도록 돕고, 중간에서 서로의 입장을 중재하고 심리적 지지를 통해 위안을 주는 것이 매우 중요하다고 밝혔다(박소영, 2016). 이는 한국 남편을 대상으로 한 박소영(2010)의 연구결과와 동일한 것으로, 일반가족과 다문화가족 모두의 고부관계에서 남편 역할의 중요성을 다시 한번 확인할 수 있었다.

다문화가족 안에서의 고부갈등을 잘 해결하고 건강하고 성숙한 고부관계를 위해서는 시어머니, 며느리, 아들(남편)의 노력이 함께 이루어져야 한다. 몇몇 연구에서 결혼 전과 직후에 다문화가족을 위한 교육 프로그램이나 가족상담기법이 의사소통의 어려움이나 갈등문제들을 해소하고 관계에서의 긍정적인 변화를 가져오는 데 도움이 되는 것으로 나타났다(박순희 · 이주희 · 김은진, 2014; 이춘희 · 홍영준, 2013).

2) 장서관계

장서관계에 대한 연구는 1990년대 중반부터 시작되었으며 관련 변인의 범위를 넓혀 연구가 이루어지고 있다. 아직 장서관계의 중요도와 영향력에 비해 양적으로나 주제의 다양성 측면에서 연구가 많이 이루어지지 않았으나, 앞으로 관계의 중요성에 비추어보았을 때 이 분야의 연구가 확장될 것으로 전망된다. 이에 지금까지 수행된 연구들의 주요 내용을 몇 가지로 정리해 보고자 한다.

첫째, 지금까지 이루어진 장서관계에 대한 연구들은 주로 사위를 연구대상으로 하여 사위가 지각하는 여러 독립변인들과 종속변인과의 관련성을 알아보았다. 전통적으로 장서관계는 '사위 사랑은 장모'나 '사위는 백년손님' 등 매우 호의적인 관계로 묘사되고 이미지화되었으나, 현 시점에서의 장서관계는 매우 긴밀한 상호관계를 맺는 반면 갈등과 긴장을 야기하는 관계로 변하고 있다. 특히 우리 사회는 모계지향적인 사회로 변화하면서도 부계지향적인 규범은 여전히 남아 있는 과도기 형태의 양계지향성 사회이기 때문에 장서관계는 더 긴장될 수도 있다(박소영, 2015). 남성들은 육아나 경제적 지원 등의 사회적 지원망으로서 아내의 친족을 사회적 지원망으로 활용하지만 규범적으로는 부계지향적 측면이 있고, 양육담당은 여성의 역할이므로 장모의 양육 지원이나 도움은 당연하다는 인식(Johnston & Swanson, 2006)으로 적절한 감사나 보상을 하지 않아 장서관계에 갈등이 생기기도 한다(김혜선 · 박태영, 2012). 이렇게 과거와 급격하게 달라지고 있는 가족가치 및 구조, 여러 사회 · 경제적 변화의 과정에서 모계가족원인 장모와 딸을 중심으로 이루어지는 가족관계의 변화는 이전의 남성 중심의 가족과는 다른 양상을 보인다(전세송 · 전귀연, 2014). 이에 대부분의 선행연구들에서 사위가 경험하는 구체적이고 실제적인 장서관계의 역동과 그 특성들을 살피고 사위의 지각에 대한 이해도를 높이기 위해 사위를 연구대상으로 정한 것이라 유추해 볼 수 있다.

둘째, 장서관계 관련 연구들 중 사위의 결혼만족도와 관련한 연구를 보면, 부인의 원가족 특성이 남성의 결혼만족도에 유의미한 영향을 미친다는 연구(유연지 · 조현주 · 권정혜, 2008)와 장모의 지지가 사위의 결혼만족도에 직간접적으로 영향을 미친다는 연구(김혜리 · 문정희 · 안정신, 2012)가 있다. 또한, 사위가 지각하는 장모와의 갈등이 낮을수록 더 높은 수준의 결혼만족도를 가지는 것으로 나타났다(배대길, 2016). 장모-사위 쌍으로 한 연구에서 대인관계적 분화와 애정적 결속도 간의 관계에서 결혼만족도의 매개효과가 있었으며, 이를 토대로 건강한 장서관계를 위해서는 딸과 사위의 결혼만족도를 높이는 방안을 강구해야 한다고 제언하였다(전세송, 2021).

장모-사위의 관계의 질 관련 연구를 구체적으로 보면, 사위가 지각하는 스트레스, 대처방법과 관계의 질 연구에서 장서관계의 스트레스는 대처방법이 중요하므로 사위도 장모를 대하는 태도를 변화시켜야 함을 강조하였으며(오혜정 · 박경란, 2011), 사위의 결혼만족도, 배우자 영향 정도가 높을수록 장서관계의 만족도가 높은 것으로 나타났다(전세송 · 김수경, 2012). 또한, 손자녀 양육 도움을 주지 않을수록, 자아존중감이 높을수록, 접촉적 결속도 · 일치적 결속도 · 기능적 결속도(도움받는)가 높을수록, 모녀 분화 수준이 높을수록 장모가 지각하는 장서관계 만족도가 높은 것으로 나타났다(전세송 · 전귀연, 2014). 장모-사위 쌍 비교를 통한 연구에서는 사위와 장모 어느 한쪽의 노력이 아닌 쌍방이 함께 서로를 위해 노력해야만 두 사람 모두의 장서관계 만족도가 높아질 수 있을 것이라고 하였다(전세송 · 유재언, 2017).

이와 같이, 연구대상자의 다양한 개인적 변인, 관계적 변인들이 장서관계 만족도, 관계의 질, 결혼만족도에 예측하는 주요 변인이자 장서관계의 역동을 이해하기 위한 중요한 변인임을 알 수 있었다.

셋째, 장서관계의 갈등이나 부담감 관련 연구들을 구체적으로 살펴보면, 원가족 규칙과 부부 의사소통 유형이 장서갈등에 영향을 준다는 연구(김선녀, 2013), 사위/아내/장모/자원이전 변인들이 장서갈등에 영향을 준다는 연구(원정은, 2016), 사위의 장인 · 장모에 대한 부양의식과 부담감에 대한 연구(우미향, 2004), 사위의 가족지향성과 장모 부양의식 및 부양부담감에 미치는 영향에 대한 연구(전세송 · 김수경 · 전귀연, 2012) 등이 있다. 이렇게 장서갈등으로 인해 부부갈등이 생기면 과거와 달리 이 문제로 부부간의 관계의 질이 악화되며 심각한 경우에는 이혼을 고려하기도 한다. 한국가정법률상담소는 장모와의 갈등을 호소하는 사위들이 증가하면서 1999년부터 시가와의 갈등만 있었던 상담분류 항목에 장서갈등도 추가함으로써, 사회가 장서갈등을 고부갈등과 함께 심각한 가족문제로 인정하고 있음을 보여준다(원정은, 2016).

그러나 장서갈등을 경험하게 될 때 어떻게 이 과정에 대처하고 받아들이느냐가 중요한데, 장서관계에서의 여성의 경험을 통한 연구에서 원가족과 새로운 가족성원의 매개자로서의 여성의 역할을 인식하고 수행하는 것이 중요하며, 여성들은 결혼을 가족관계의 완성이 아닌 성숙의 과정임을 경험하면서 친정어머니와 남편 사이의 불편한 관계에서의 적절한 역할수행이 원만한 장서관계를 유지하는 데 도움을 준다고 하였다(김혜선 · 박태영, 2012). 사위의 관점에서는 결혼 초기 불편하고 힘든 관계를 경험하지만 시간이 경과하면서 장모의 품어주심과 양육지원, 그리고 사위의 감사한 마음과 관계의 증진을 위한 노력 등으로 장모를 완전한 가족으로 인식하게 된다고 하였다(박소영, 2015).

3) 조손관계

한국의 인구고령화 현상은 매우 빠르게 진행되며 평균수명의 증가는 장기간의 세대관계를 가능하게 한다. 즉, 신생아부터 성인기까지 손자녀의 연령발달을 따라가며 조부모와 손자녀는 보다 오랜 시간 관계를 지속하게 된다.

조부모와 손자녀의 관계는 노인에 대한 태도나 인식, 노인과의 상호교류에도 영향을 주며(Burke, 1982), 노인복지나 가족복지제도, 노인지원정책 등의 사회적 의사결정과도 밀접한 관련이 있기에 중요한 연구주제로 다루어질 필요가 있는 분야이다. 이에 지금까지 수행된 조손관계 연구와 조손가족 연구들에 대한 주요 내용을 몇 가지로 정리하여 제시해 보겠다.

(1) 조손관계 연구

첫째, 조손관계에 대한 연구들을 구체적으로 살펴보면, 손자녀는 조부모에게 즐거움과 삶의 영속성을 제공하는 존재로서의 긍정적인 의미를 가지기도 하고(황정해, 2007), 손자녀의 출현으로 본인이 빨리 늙어버렸다는 감정과 조부모역할을 잘할 수 있을지에 대한 의구심으로 조부모됨을 부담스럽게 느끼기도 한다(홍승우 · 최혜경, 2012). 한국 노인들의 조부모역할 유형을 양육자 역할, 교육자 역할, 보호자 역할, 위안자 역할의 4가지로 분류하였으며(이영숙 · 박화윤, 2000), 청소년기 손자녀를 둔 조부모역할을 정서적지지 역할, 교육 역할, 양육 역할 등 3가지로 분류하기도 하였다(이영숙, 2004). 이러한 역할 분류는 조부모가 손자녀 양육에 참여하는 정도, 손자녀와의 공유시간이나 활동, 경제적 지원, 권위적인 행동, 전통의 계승 등과 같은 세대 간 유 · 무형의 자원 이전에서 조부모가 어떤 역할을 수행하는지가 유형 분류에 중요한 요인으로 작용한다(홍승우 · 최혜경, 2012).

조손관계를 예측하는 주요 요인으로는 부모의 영향이 있다. 부모는 두 세대 간의 매개자로 조손관계의 발달과 유대감 증진에 중요한 역할을 하며, 조부모와 손자녀는 중간세대인 부모에 의존하는 간접적 관계를 형성하는 경향이 있다(Sprey & Mattews, 1982). 조부모-손자녀 유대관계는 부모-조부모관계에 영향을 받으며(최은설, 2012), 손자녀-조부모관계는 중간세대인 부모의 태도에 따라 크게 영향을 받는다(서희경, 2023; 정영미, 2006). 이는 부모들이 자녀들에게 조부모와의 관계를 맺는 역할 모델이며 조부모와 부모 간의 관계가 좋을수록 자녀가 조부모에게 친밀감을 많이 느끼게 된다는 의미이기도 하다. 청소년기 손자녀와 조부모 간의 유대에 대한 연구에서는 부모와 조부모 간의 관계의 질을 긍정적으로 변화시키는 것도 중요하지만, 조손 간의 접촉을 증진하고 세대 간 가치유사성을 인식할 수 있는 다양한 기회를 마련하는 것이 중요하다고 강조하기도 하였다(임미혜 · 이승연, 2014).

둘째, 손자녀의 양육을 지원하는 조부모에 관련된 연구를 구체적으로 살펴보면, 우리나라는 가족주의문화로 부모를 대신할 양육자로 조부모에 강하게 의존하는 경향이 있고(양혜경, 2016), 만 5세 이하 자녀를 둔 맞벌이가구 중 50.5%가 조부모를 포함한 친인척에게 양육 도움을 받고 있는 것으로 나타나고 있다(유해미 · 배윤진 · 김문정, 2014). 이는 조부모의 손자녀 양육이 보편적인 형태로 자리매김하고 있다는 것을 말해준다. 또, 최근에는 건강하고 교육수준이 높은 조부모의 증가로 조부모가 성인자녀에게 부양받기보다 오히려 성인자녀의 생활을 지원해 준다는 인식이 확산되어, 손자녀 양육을 지원하는 조부모도 증가하고 있다(전혜정 외, 2013).

조부모의 손자녀 양육이 조부모에게 미치는 영향은 긍정적인 측면과 부정적인 측면으로 나누어 볼 수 있는데, 먼저 조부모가 손자녀 양육을 통해 얻는 긍정적인 영향으로 손자녀 양육을 통한 손자녀와의 애착형성과 가족 내 본인의 역할에 대한 만족감을 들 수 있다(신유미, 2017). 또한, 손자녀 양육을 통해 조부모는 성취감과 삶의 만족감 등을 경험하며, 손자녀의 성장과 자녀를 돕는다는 생성감을 느끼고(송승민 외, 2015), 조부모가 안정감을 제공하여 손자녀가 현실을 수용하고 성장할 수 있도록 돕는 힘의 원천이 됨을 경험하기도 하였다(안은영 외, 2011). 조부모는 손자녀를 통해 젊음과 정열을 재경험하고(이영애 · 방은령, 2018), 자녀를 양육할 때 경험했던 시행착오를 손자녀 양육이라는 두 번째 기회를 통해 만회한다는 만족감도 보였다(송승민 외, 2015).

반면, 조부모가 손자녀 양육을 지원함으로써 경험하는 부정적 영향 중 하나는 노인의 신체적 및 정신적 건강은 물론 건강관련 행동에도 영향을 미친다는 것이다(양혜경, 2016). 구체적으로 살펴보면, 손자녀 양육을 지원하는 조부모는 손자녀 양육으로 인해 통증을 느끼는 확률 및 통증 부위의 증가로 일상생활의 제약을 경험하며, 주 평균 운동 시간 및 규칙적으로 식사할 확률이 감소하였다. 또한, 고혈압, 불면증, 위장장애 등 다수의 만성질환을 가진 것으로 보고되기도 하고(김혜선, 2005), 손자녀를 양육하는 조부모는 그렇지 않은 조부모에 비해 우울이 높고 자녀와의 갈등이 더 많은 것으로 나타났다(최혜정, 2017).

조부모도 손자녀를 양육하다 보면 양육 스트레스를 경험하는데, 조부모가 손자녀 양육 스트레스를 경험하게 되면 생활만족도가 낮아지고(김미혜 · 김혜선, 2004), 우울감이 높아지며(서보준 · 김근혜, 2022), 인생에 대한 새로운 활력을 느끼는 심리적 보상감이 낮아진다(정미라 · 이방실 · 강수경, 2015). 또한, 조부모의 양육 스트레스는 손자녀에 대한 양육행동에도 부정적인 영향을 미치고(박화옥 · 김민정, 2014), 조부모가 양육 스트레스를 많이 느낄수록 조부모-손자 의사소통이 원활하지 않으면서 조부모의 의미 인식 수준도 낮아진다고 보고하였다(홍석영 · 장소현, 2023).

(2) 조손가족 연구

첫째, 조손가족과 관련된 연구들을 살펴보면, 손자녀를 돌보는 과정에서 조부모의 건강악화, 경제적 부담, 지역사회 자원에 대한 정보 부재 등의 문제에 직면하고(한국여성정책연구원, 2011), 사회적 지지의 부족으로 인해 고립감 및 소외감 등을 경험한다(김미혜 · 김혜선, 2004). 손자녀들은 부모와 따로 사는 것, 그 자체를 받아들이기 힘들어하고(주소희 · 이경은 · 권지성, 2009), 부모와 살 때보다 낮은 수준의 생활을 경험한다(박옥임 · 김정숙, 2006). 양육방식의 차이, 세대차이 등으로 인해 조부모와의 생활을 힘들어 하며(정순둘 외, 2023), 심리사회적 적응이나 학교적응의 어려움(이윤화, 2010)을 겪기도 한다.

한편, 조손가족을 해체된 가정의 아동양육을 위한 좋은 대안으로 바라보는 견해도 있다. 그 이유는 조부모는 혈연인 손자녀의 부양자로서 자신의 역할에 기쁨과 만족감을 느끼고, 손자녀는 상대적으로 친밀한 관계를 형성해 온 조부모의 보살핌을 받으며 정서적 · 심리적으로 안정된 상태에서 미래를 준비할 수 있기 때문이다(Waldrop & Weber, 2001). 손자녀에게 조부모와의 관계가 긍정적인 완충지대로 기능하여 손자녀의 학교생활과 사회기능에 보다 긍정적인 영향을 미치며(Brown, 2003), 조손가족의 아동이 이전의 어려움을 극복하고 대체로 만족스러운 삶을 살며 조부모와의 긍정적인 관계형성을 통해서 삶에 대한 도전을 받아들이고 있는 것으로 보고되기도 하였다(로버타 샌즈 · 신혜종, 2008). 물론, 이런 긍정적 결과를 위해서는 조부모가 양육을 담당하기에 경제적으로 여유롭고 비교적 건강하며 조손가족으로서의 기간이 가능한 한 단기간일 경우에 기대할 수 있을 것이다. 경제적인 측면에서 여유는 손자녀 양육에서 가정되는 많은 어려움들을 상쇄시킬 수 있다. 저소득 조손가족에게 '돈'이란 단순한 생계수단 이상의 것을 의미하며, 때로는 의사소통을 대변하기도 하고 때로는 가족관계를 더 원활하게 만드는 도구로 활용되기도 한다(김미영 · 윤혜미, 2015).

둘째, 조손가족 정책관련 연구들을 정리하면 다음과 같다. ①「한부모가족지원법」에 의거한 지원 사업으로, 조부 또는 조모가 양육하는 가족 중 저소득 한부모(조손가족)가족의 범주에 속하는 복지급여 대상자로서의 중위소득 52% 이하의 가족을 대상으로 한다. ② 여성가족부에서 추진하는 가족역량강화지원사업은 중위소득 72% 이하의 한부모 · 조손가족 등으로 가족의 기능향상이 필요한 가족과 위기사건에 직면한 긴급위기가족을 대상으로 한다. ③ 가정위탁제도는 18세 미만의 아동을 친가정에서 양육할 수 없을 경우 위탁가정을 통해 일정기간 보호 및 양육하는 아동복지제도로, 이 중 대리양육 가정위탁이 조부모에 의한 양육을 의미하는 조손가족을 위한 지원정책이다. ④ 드림스타트 사업으로, 취약계층 아동을 대상으로 맞춤형 통합서비스를 제공하는 이 사업은 아동과 가족중심의 통합적 사례관리를 통해 모든 아동에게 공평한 출발 기회를 보장할 것에 주안을 두는 사업이다. 조부모와 손자녀는 복합적인 욕구를 가지고 있으나 이들을 대상으로 하는 정책적인 접근들은 다소 제한적이라 조손가족의 포괄적, 복합적인 욕구를 충족시키기에는 미흡한 측면이 있다. 그러므로 중앙정부 차원에서는 대상자 선정 소득기준을 완화하고 동시에 사업 수혜를 확대할 필요가 있으며, 지방자치단체에서는 자신들의 특성에 적합한 조손가족 사업을 추진해야 한다. 또한, 조손가족의 욕구에 기초해 통합 사례관리 지원, 조부모의 교육 · 정서 · 생활지원, 손자녀의 정서 · 학습지원 등의 조손가족의 강점을 부각시킬 수 있는 정책적 지원의 강화가 필요하다(양정선, 2019).

5. 미래연구전망

전통적인 가족 모델은 변화하고 있으며 미래사회에는 가족의 모습이 더 다양해질 것이다. 우리 사회는 과학기술의 급속한 발달, 고령화와 저출산, 비혼가구 증가 등으로 빠르게 변화하고 있고, 친인척관계는 사회의 이러한 변화들과 서로 영향을 주고받고 있다. 그러므로 미래의 친인척관계 연구는 사회의 변화를 적극 수용하고 반영하는 방향으로 진행되어야 한다.

고부관계에 대한 연구도 학문적 관심이 이전보다 상당히 약화된 측면이 있다는 지적도 있으나(이영숙 · 박경란, 2010), 현재는 다문화가족을 중심으로 한 고부관계 연구가 많이 이루어지고 있다. 우리 사회의 결혼도 더 이상 단일문화권 안에서 이루어지지 않으며, 앞으로는 다문화주의, 동성혼, 이민 등이 더욱 확대되어 가족 안의 다양성은 더욱 증가할 것으로 예상된다. 이에 고부관계 연구에서도 이러한 변화된 측면을 적극 반영하여야 할 것이다.

처계를 중심으로 하는 친인척관계의 활발한 교류와 양계화 · 균형화가 진행되고 있는 한국 가족의 변화된 모습은 장서관계에 대한 사회적 · 학문적 관심의 증가로 이어지고 있다. 이에 장서관계 연구는 앞으로 더욱 활발하게 이루어질 것으로 전망된다. 특히, 장서관계는 고부관계에 비해 뒤늦게 연구가 시작된 분야이므로 연구대상이나 관련 변인들의 확대, 다양한 연구방법의 적용, 장서관계와 고부관계 비교 연구들을 통해 이들 관계에 대해 보다 풍부한 정보를 제공해야 한다.

한국 사회의 평균수명 증가와 고령화는 조부모와 손자녀에게 이전 세대보다 더 길어진 세대관계를 경험하게 한다. 과거 세대와 지금의 조손관계의 세대 간 역동은 어떻게 다른지, 세대 간에 어떠한 영향을 주고받는지, 앞으로의 변화양상은 어떠한지에 대한 연구자들의 적극적인 관심이 어느 때보다 필요한 시점이다.

혈연과 혼인으로 맺어진 친인척관계는 점차 축소되고 그와 관련된 관심도 예전보다는 줄어들고 있다. 그러나 우리는 관련 연구들을 통해 사회의 변화로 새롭게 생겨나거나 여전히 남아 있는 친인척관계의 특성이나 문제를 잘 파악하여 친인척관계 안에서의 개인과 가족의 대처역량을 키울 필요가 있다. 이를 통해 보다 건강하고 성숙한 친인척관계를 모색해 보아야 한다.

참고문헌

김길수 (1975). 도시여성의 고부관계. **가정관리연구, 2**, 63-83.

김미경 (2010). 결혼이주여성의 고부갈등이 삶의 만족도에 미치는 영향에 관한 연구. 백석대학교 석사학위논문.

김미영, 윤혜미 (2015). 저소득 조손가족 조모와 손자녀의 가족관계경험에 대한 질적연구-역할을 중심으로. **한국아동복지학, 50**, 146-177.

김미혜, 김혜선 (2004). 저소득층 조손가족 조부모의 생활만족도에 영향을 미치는 요인연구. **한국노년학, 24**(3), 153-170.

김밀양 (2004). 고부관계연구에 대한 이론적 고찰. **한국가족관계학회지, 9**(2), 173-187.

김복희, 서경현 (2021). 다문화 가정 자녀의 지각된 어머니 고부갈등이 주관적 웰빙에 미치는 영향: 문화적응 스트레스와 학교생활적응의 매개효과를 중심으로. **한국 콘텐츠학회논문지, 21**(8), 498-506.

김선녀 (2013). 기혼남성이 지각하는 원가족 규칙과 부부의사소통이 옹서갈등에 미치는 영향. 단국대학교 대학원 석사학위논문.

김숙이 (2010). 며느리를 위한 고부관계 향상 프로그램의 효과-의사소통을 중심으로. 계명대학교 석사학위논문.

김혜리, 문정희, 안정신 (2012). 기혼남성이 지각하는 장모지지와 결혼만족도간의 관계: 장모-사위관계 만족도의 매개효과. **한국가족관계학회지, 17**(2), 45-58.

김혜선 (2005). 농촌과 도시 지역 손자녀를 전담 양육하는 저소득층 조부모의 정서적 고통에 관한 연구. **노인복지연구, 28**, 341-378.

김혜선, 박태영 (2012). 옹서관계에서 여성들의 경험에 관한 연구. **가족과 가족치료, 20**(3), 547-571.

김혜선, 박혜인, 옥선화 (2002). **가족관계학**. 한국방송통신대학교 출판부.

동아일보 (2018.6.21). 사위가 '모자란 자식'? 장모님의 잔소리, 저만 불편한가요.

로버타 샌즈, 신혜종 (2008). 강점관점에서 본 조손가족 아동의 경험. **가족과 가족치료, 16**(1), 157-172.

박경란, 이영숙 (2003). 고부관계에서 며느리가 지각하는 스트레스 및 대처. **노인복지연구, 22**, 79-104.

박소영 (2010). 고부관계에서 남성의 역할에 관한 연구. **한국가족복지학, 28**(4), 151-186.

박소영 (2015). 사위가 경험하는 장서관계: 근거이론적 접근. **한국가족관계학회지, 19**(4), 165-187.

박소영 (2015). 여성 결혼이민자의 결혼생활에 관한 질적연구. **한국산학기술학회, 16**(3), 1773-1784.

박소영 (2016). 여성 결혼이민자의 고부관계 경험에 관한 질적연구: 낯선 '친밀함'과 '차이'의 역설. **한국 사회복지질적연구, 10**(1), 5-30.

박순희, 이주희, 김은진 (2014). 다문화가족 시어머니를 위한 고부관계 증진 프로그램이 가족기능, 문화수용태도에 미치는 효과. **한국가족복지학, 19**(4), 883-904.

박옥임, 김정숙 (2006). 조손가족과 3세대 가족 손자녀의 가족생활적응 및 자존감 비교. **한국가족복지학, 11**(3), 129-139.

박정숙, 박옥임, 김진희 (2007). 국제결혼 이주여성의 가족갈등과 생활만족도에 관한 연구. **가정과 삶의 질 연구, 25**(6), 59-70.

박진옥 (2012). 다문화가족의 고부갈등에 영향을 미치는 요인. **민족문화논총, 52**, 270-309.

박태영, 박진영, 하태선 (2011). 고부갈등을 겪고 있는 부부들을 위한 가족치료 사례연구: 남편들의 자아분화를 중심으로. **한국가족치료학회지, 19**(1), 23-51.

박태영, 정선영 (2004). 고부갈등으로 인하여 우울증을 겪고 있는 부인의 부부치료 사례 연구. **한국가족치료학회지, 12**(1), 141-177.

박화옥, 김민정 (2014). 대리양육 조부모의 양육 스트레스가 손자녀의 학교생활적응도에 미치는 영향: 양육태도와 외현화 문제행동의 매개효과. **경희대학교 사회과학연구원, 40**(3), 149-167.

배대길 (2016). 남편이 지각한 장모와의 갈등이 결혼만족도에 미치는 영향-아내의 의사소통유형을 매개로. 신라대학교 대학원 석사학위논문.

배선희, 김순옥 (2001). 기혼남성의 고부관계 인식-장남역할 남성을 중심으로. **한국가정관리학회지, 19**(6), 51-66.

보건복지부 (2019). 가정위탁보고서.

브라보 마이리이프 (2023.8.25). 손주 돌본다면, 9월 시작되는 조부모 돌봄수당 확인해야. 이지혜 기자.

서보준, 김근혜 (2022). 조부모의 양육 스트레스가 우울에 미치는 영향에 대한 여가활동의 조절효과. **인문사회 21, 13**(2), 823-838.

서희경 (2023). 조부모에 대한 부모의 태도가 유아기 자녀 인성에 미치는 영향: 조부모-손자녀 친밀감의 매개효과. **아동중심실천연구, 18**(1), 27-46.

성명옥, 이혜자 (2002). 시어머니가 지각하는 고부갈등이 제 가족관계에 미치는 영향. **노인복지연구, 20**(4), 185-206.

성은영, 권지은, 황순택 (2012). 다문화가정 시어머니의 고부갈등 경험에 관한 질적연구: 농촌지역을 중심으로. **한국심리학회지: 여성, 17**(3), 363-383.

성은영, 황순택 (2013). 다문화 가정 시어머니의 고부갈등, 스트레스 대처, 정신건강에 관한 연구. **한국심리학회지: 여성, 18**(1), 243-256.

손병돈 (2022). 한국가족관계는 모계중심으로 변화했나?-남편 부모와 아내 부모에게 제공한 사적 소득이전액 비교. **한국 사회복지교육, 60**, 71-100.

송승민, 차승은, 최영희, 정윤경 (2015). 손자녀를 돌보는 조모의 역할특성과 생성감이 노년기 우울감에 미치는 영향. **한국지역사회생활과학회지, 26**(2), 387-403.

송시영, 전혜정, 주수산나 (2020). 손자녀 양육이 조부모의 우울감에 미치는 영향에 대한 주관적 건강상태의 조절효과. **한국노년학, 40**(3), 459-475.

송정애, 이양훈, 정해은 (2009). **가족과 생활문화**. 창지사.

신유미 (2017). 손자녀 돌봄여부가 조부모의 우울수준에 미치는 영향: 건강 및 소득의 조절효과를 중심으로. 서울대학교 대학원 석사학위논문.

신은정 (2004). 조부모손자녀세대의 가족기능과 손자녀의 심리적 특성과의 관계: 자아존중감, 우울, 불안을 중심으로. 경북대학교 석사학위논문.

안은영, 김춘경, 여인숙 (2011). 조손가정 손자녀의 적응과정: 근거이론적 접근으로. **청소년학연구, 18**(9), 147-168.

양정선 (2019). 조손가족의 정책욕구에 기초한 정책지원 이뤄져야. **월간 공공정책, 169**, 59-61.

양혜경 (2016). 손자녀 돌봄이 조부모의 건강에 미치는 영향. **한국가족자원경영학회지, 20**(3), 1-23.

여성가족부 (2021). 조손가족 지원제도 개선연구.

여성가족부 (2023). 2022년 다문화가족통계.

오혜정, 박경란 (2011). 장모–사위 관계에서 사위가 지각하는 스트레스, 대처방법과 관계의 질. **한국생활과학학회지, 20**(6), 1093–1107.

우미향 (2004). 사위의 장인장모 부양부담감 연구: 부모 부양의식 및 상호교류를 중심으로. 성신여자대학교 대학원 석사학위논문.

원정은 (2016). 장모–사위 갈등에 관련된 제 변인 연구. 성신여자대학교 박사학위논문.

유연지, 조현주, 권정혜 (2008). 부부의 원가족 특성과 고부, 옹서갈등이 결혼만족도에 미치는 영향. **한국심리학회지: 여성, 13**(4), 433–451.

유해미, 배윤진, 김문정 (2014). 출산수준 제고와 일 · 가정 양립을 위한 육아지원 내실화 방안(Ⅳ): 맞벌이가구의 영유아 자녀 양육지원 실태 및 개선방안. 육아정책연구소.

유희정, 이솔, 홍지수 (2015). 맞벌이가구의 영아양육을 위한 조부모 양육지원 활성화 방안 연구. 한국여성정책연구원.

육아정책연구소 (2021). 전국보육실태조사–가구조사 보고.

윤유경 (1986). 한국의 고부관계 변화에 관한 연구. 이화여자대학교 석사학위논문.

이동원 (1985). 도시주부의 관계망에 대한 조사(1): 시가 및 친가와의 관계를 중심으로. **한국문화연구원논총, 44**, 7–36.

이동원, 김현주, 최선희, 함인희, 김선영 (2002). **한국가족의 현주소**. 학지사.

이영숙 (2004). 청소년기 손자녀에 대한 조부모의 역할에 관한 연구. **한국생활과학회지, 13**(5), 673–681.

이영숙, 박경란 (2010). **현대가족관계학**. 신정.

이영숙, 박화윤 (2000). 유아기 손자녀가 기대하는 조부모의 역할에 관한 연구. **한국유아교육학회, 20**(3), 211–232.

이영애, 방은령 (2018). 조손가족과 공동양육 조부모의 양육에 관한 질적연구 내용 비교분석: 2000년 이후 국내 학술지 게재 논문을 중심으로. **한국심리학회지: 문화 및 사회문제, 24**(3), 491–518.

이외승, 곽종형 (2014). 효의 관점에서 다문화 가정의 고부간 갈등연구. **효학연구, 19**, 139–163.

이윤화 (2010). 발달 단계 구분에 따른 조손가족 손자녀의 우울과 학생생활적응 영향요인. **인문사회과학연구, 29**, 128–168.

이재경 (1999). 여성의 경험을 통해 본 한국가족의 근대적 변형. **한국여성학, 15**(2), 55–86.

이정연 (2002). 고부관계개선을 위한 긍정적 사고훈련프로그램의 적용. **한국가족관계학회지, 7**(1), 117–136.

이지영, 이미진 (2009). 결혼 이민자 여성의 고부관계와 수발의식. **노인복지연구, 46**, 127–156.

이춘희, 홍영준 (2013). 다문화부부가족치료의 사례연구: 사회복지 실천과정이론과 해결중심상담이론을 기반으로. **한국 사회복지질적연구, 7**(1), 85–113.

이현 (2009). 고부갈등이 결혼만족도에 미치는 영향: 자존감과 비난의 매개를 중심으로. 고려대학교 석사학위논문.

이화용 (2014). 한국의 문화: 며느리와 동거하는 시부모의 갈등, 대인관계, 자기효능감, 생활만족도의 관계 연구. **한국사상과 문화, 75**, 457-484.

임미혜, 이승연 (2014). 청년기 손자녀-친/외조부모간 유대와 접촉, 가치유사성 및 부모-조부모 관계 질과의 관계. **한국노년학, 34**(2), 277-297.

장주영 (2015). **인사이드 시월드: 한국 고부관계 고찰**. 최연실 외 (편), 한국가족을 말하다: 현상과 쟁점. 하우.

전귀연, 이지민, 이순복, 임지영, 박혜란, 배문조, 임주영, 정유진, 김은지, 신현정 (2020). **결혼준비교육**. 신정.

전세송 (2021). 장모-사위의 대인관계적 분화가 애정적 결속도에 미치는 영향: 결혼만족도의 매개효과. **한국콘텐츠학회논문지, 21**(9), 557-569.

전세송, 김수경 (2012). 장모 부양의식과 부부관계의 질이 장모-사위 간 관계 만족도에 미치는 영향. **대한가정학회지, 50**(3), 69-81.

전세송, 김수경, 전귀연 (2012). 사위의 가족지향성이 장모 부양의식 및 부양부담감에 미치는 영향. **한국가족복지학, 17**(4), 137-152.

전세송, 유재언 (2017). 장모-사위 쌍 비교를 통한 모녀분화와 장모-사위 결속도 및 관계 만족도 연구. Human Ecology Research, **55**(3), 233-247.

전세송, 전귀연 (2014). 장모가 지각한 장모-사위 관계 만족도 연구. **가족과 문화, 26**(1), 152-177.

전혜정, 조규영, 박민경, 한세황, Wassel. (2013). 손자녀 양육자로의 전이가 조부모의 우울과 삶의 만족도에 미치는 영향. **한국노년학, 33**(3), 515-536.

정미라, 이방실, 강수경 (2015). 영유아기 손자녀를 돌보는 조모의 양육 및 생활스트레스, 사회적 지지가 돌봄보상감에 미치는 영향. **유아교육연구, 35**(2), 319-336.

정선주 (2020). 다문화 가정의 고부갈등 양상: EBS 〈다문화고부열전〉에 나타난 고부갈등을 중심으로. **다문화사회연구, 13**(3), 145-195.

정순둘, 정세미, 송보가, 박화옥 (2023). 세대를 건너뛴 양육에서 조손가족의 삶의 경험- 세대 차이와 어려움. Korean Journal of Family Social Work, **70**(3), 5-38.

정현숙, 성미애, 기쁘다 (2020). **가족관계**. 한국방송통신대학교 출판문화원.

정현숙, 최현실, 이금룡, 황혜신 (2011). **세대 프로그램**. 신정.

조정문 (1997). 한국 사회 친족관계의 양계화 경향에 관한 연구. **한국여성학, 13**(1), 87-114.

주소희, 이경은, 권지성 (2009). 조손가정 아동의 생활경험에 대한 질적연구. **한국아동복지학, 30**, 97-131.

최규련 (2007). **가족관계론**. 공동체.

최은설 (2012). 조부모에 대한 부모의 태도와 아동의 노인에 대한 인식의 관계 연구: 아동과 조부모와의 친밀감의 매개효과를 중심으로. 건국대학교 대학원 석사학위논문.

최혜정 (2017). 손자녀 양육 여부에 따른 조모의 주관적 건강상태, 우울, 삶의 질 및 자녀와의 갈등 비교. **부모자녀건강학회지, 20**(2), 80-87.

최홍기 (2006). **한국가족 및 친족제도의 이해: 전통과 현대의 변화**. 서울대학교 출판부.

통계청 (2017). 한국의 사회동향 2017.

통계청 (2020). 2018년 인구주택총조사.

한경혜, 윤성은 (2004). 한국가족 친족관계의 양계화 경향: 세대관계를 중심으로. **한국인구학**, 27(2), 117-203.

한국여성정책연구원 (2011). 조손가족지원방안보고서.

홍달아기, 이선우, 황은경 (2014). 결혼이주여성이 지각하는 고부갈등과 대처경험에 관한 연구. **한국생활과학회지**, 23(5), 789-805.

홍석영, 장소현 (2023). 조부모의 손자녀 양육 스트레스와 조부모 의미 인식의 관계에서 조부모-손자녀 의사소통과 온정적 양육행동의 조건부 효과. **열린유아교육연구**, 28(3), 135-151.

홍승우, 최혜경 (2012). 한국 노인의 조부모역할 유형과 손자녀를 위한 소비행동. **한국노년학**, 32(4), 1163-1180.

황정해 (2007). 손자녀를 둔 남성의 부성경험에 관한 일 연구. **한국가정관리학회지**, 25(4), 87-99.

Brown, L. B. (2003). Grandparents Raising Grandchildren: An In-Depth Phenomenological Study. Doctoral dissertation, Mexico State University.

Bryant, C., Conger, D., & Meehan. (2001). The influence of in-laws on change in marital success. *Journal of Marriage and Family, 63*(3), 614-626.

Burke, J. L. (1982). Young children's attitudes and perceptions of older adults. *The International Journal of Aging and Human Development, 14*(3), 205-221.

Johnston, D. D., & Swanson, D. H. (2006). Constructing the "Good Mother": The Experience of Mothering Ideologies by Work Status. *Sex Roles, 54*, 509-519.

Lee, M. Y., & Mjelde-Mossey L. (2004). Cultural dissonance among generations: a solution-focused approach with East Asian elders and their families. *Journal of Marital and Family Therapy, 30*(4), 497-513.

Litwak, E. (1960). Geographic mobility and extended family cohesion. *American Sociological Review, 25*(3), 385-394.

Lopata, Z. (1999). In-Laws and the Concept of Family. *Marriage and Family Review, 28*(3), 161-170.

Roer-Strier, D., & Ezra, D. B. (2006). Intermarriages between Western women and Palestianmen: Multidirectional adaptation process. *Journal of Marriage and the Family, 68*, 41-55.

Shakya, H. B., Usita, P. M., Eisenberg, C., Weston, J., & Liles, S. (2012). "Family well-being concerns of grandparents in skipped generation families". *Journal of Gerontological Social Work, 55*(1), 39-54.

Sprey, J., & Mattews, S. H. (1982). Contemporary grandparenthood: A systemic transition. *The Annals of the American of the Political and Social Sciences, 464*, 91-103.

Turner, M., Young, C., & Black, K. (2006). Daughters-in-law and mothers-in-law seeking their place within the family: A qualitative study of differing viewpoints. *Family Relationships, 55*(5), 588–600.

Waldrop, D. P., & Weber, J. A. (2001). "From Grandparents to Caregiver: The Stress and SatisfactionofRaisingGrandchildren". *Families in Society, 82*(5), 461–472.

CHAPTER 08
성과 가족

1. 결혼과 성
2. 혼외관계
3. 성 관련 측정 도구
4. 부부의 성에 관한 연구동향
5. 미래연구전망

관계에서 친밀감은 다양한 방법으로 표현될 수 있는데, 그중 성관계는 누군가와 친밀한 관계를 맺는데 핵심적 요소이다. 결혼생활에서 성관계의 질은 결혼을 단단하게 해주고 부부의 성관계 만족도는 부부관계의 질을 높여준다. 특히 오늘날 부부중심 가족은 부부간의 애정과 친밀성이 부부관계를 지속시키는 근본적인 요인이 되면서 결혼생활에서 성(sexuality)의 역할은 과거에 비해 더 중요해지고 있다.

이 장에서는 가족 내의 성을 단순히 남과 여로 구분하는 생물학적 성(sex)이나 남편과 아내의 성역할을 의미하는 젠더에 중점을 두기보다 부부의 성관계와 더불어 성적 의미를 갖는 태도, 가치, 믿음, 행동을 포함하는 섹슈얼리티 관점에서 논의하고자 한다. 또한 부부관계에서 성의 역할과 건강한 부부관계를 위한 요인에 대해 살펴본 후, 국내 연구동향 분석을 통해 부부의 성과 관련된 최신 흐름과 주요 주제에 대해 알아보고 추후 방향에 대해 논의해 보기로 한다.

1. 결혼과 성

1) 성의 개념과 기능

성은 모든 인간에게 생물학적으로 내재되어 있는 본능이나 충동으로 생각하는 관점과 사회적으로 구성된다고 보는 관점으로 크게 나누어진다. 이러한 관점으로 볼 때 성은 생물학적인 남녀 구분을 의미하는 성(sex), 사회문화적으로 남성됨과 여성됨을 나타내는 젠더(gender)와 단순히 성적 행동만을 지칭하는 것이 아닌 성과 젠더를 모두 포함하는 넓은 개념으로서 개인의 감정 · 의지 · 행동방식과 같은 심리적, 사회적 요소들을 포함하는 섹슈얼리티(sexuality)로 구분된다.

가족 내에서 성은 생식기능과 관계기능으로 구분할 수 있는데, 생식기능은 자녀를 출산하고 종족을 보존하는 것을 의미하고, 관계기능은 애정과 친밀감을 표현하여 유대감을 증진시키는 것을 의미한다.

2) 행복한 결혼을 위한 성

행복한 결혼을 위한 중요한 요소 중 하나는 부부 성관계의 질이다. 결혼한 부부를 대상으로 행복한 부부와 불행한 부부의 성관계에 대해 조사한 결과(Olson, DeFrain, & Skogrand, 2014), 행복한 부부(68%)는 불행한 부부(18%)보다 배우자가 주는 애정에 아주 만족한다는 응답이 훨씬 더 많았다. 행복한 부부의 대부분(76%)은 그들의 성관계가 아주 만족스럽다고 응답하지만, 불행한 부부는 28%만이 그들의 성관계가 만족스럽다고 응답하였다. 이와 동일한 연구에서 부부 5만 쌍을 대상으로 부부의 성관계 문제점을 조사한 결과, 68%가 배우자가 주는 애정의 양에 만족하지 않는다고 대답하였다. 그다음으로 성적 관심 수준의 다름이 66%, 성관계에 대한 흥미의 감소가 62%, 성관계에 만족하지 않음이 58% 순으로 나타났으며 마지막으로 성적 의사소통 개방 수준에 불만족함이 52%로 나타났다. 이처럼 결혼생활에 있어서 성이 중요한 부분임은 틀림없으나, 개인이 성에 부여하는 의미에 따라서 중요도는 달라질 수 있기에 모든 부부에게 적용되는 것은 아니다.

부부의 성관계 특징에 따라 결혼 역동 유형을 4가지로 분류해 볼 수 있다. 다음은 결혼 역동의 4가지 유형을 표로 제시한 것이다. 〈표 8-1〉의 각 유형에는 성적인 강점과 문제를 가지고 있다. 이 유형들은 고정되는 것이 아니라 시간이 지남에 따라 변화될 수 있다.

〈표 8-1〉 결혼 역동의 4가지 유형

유형	특징
상호보완적 부부	• 가장 흔한 유형이며, 그들은 서로의 가치를 인정하며 부부의 유대를 소중히 여긴다. • 성관계는 우선순위가 아니며 저녁 뉴스를 보는 것처럼 일상이 된다. • 나이가 들수록 성적인 측면은 상당히 감소하게 된다.
갈등최소화 부부	• 가장 안정적인 부부 유형이며, 일반적으로 전통적인 역할을 가지고 있다. • 성관계는 매우 예측 가능하며 거의 논의되지 않는다. • 강한 감정 표현은 자제되며, 남성이 성적 관계를 시작하고 성적 스타일을 결정한다.
친구 같은 부부	• 친밀함을 가장 중요하게 여기며 우정을 결혼의 견고한 기반으로 여긴다. • 성관계는 서로 관계가 좋을 때 결혼에서 중요한 부분이다. 성관계는 관계에 활력을 불어넣으며 부부간의 유대를 강하게 해준다. • 주요한 문제점은 이 유형을 유지하기가 어렵다는 것이며 이혼율이 높다는 것이다. 높은 기대와 환멸로 인해 결혼생활에서 흥분과 즐거움이 상실될 수 있다.
감정표현 부부	• 강렬한 사랑과 분노와 같은 감정으로 가득 차 있으며 성관계는 종종 열정적이고 흥미로우며 재미있다. • 성관계가 부부간의 갈등이나 다툼을 만회하기 위한 수단으로 사용되기도 한다. • 문제는 갈등이 종종 부부를 멀어지게 만들며 '지옥 같은 이혼'으로 이어질 수 있다는 것이다.

출처: McCarthy (2003).

현대사회의 바쁜 생활은 종종 활발한 성생활을 방해하기도 한다. 오랜 근무시간, 자녀 양육, 셀 수 없이 많은 스트레스를 경험하는 사람들은 너무 피곤해서 그들의 성적 활동을 할 여유가 없다. 일과 양육 모두를 책임져야 해서 성생활을 할 시간이 없는 현상을 DINS(Double Income, No Sex) 딜레마라고 부른다. 피곤과 더불어 부부의 성생활을 저해하는 요인은 권태감이다. 이는 외식하기, 영화 보기, 일찍 자러가기 등 약간의 노력과 관심을 기울이기만 해도 부부의 성관계가 회복될 수 있다. 요약하면, 대부분의 결혼생활에서 성은 장기적 행복을 위해 매우 중요하다. 성은 서로의 유대감을 재확인시켜줌으로써 성공적 결혼의 강력한 상징이기도 하다.

3) 건강한 부부의 성

건강한 부부관계는 긍정적 상호작용을 통하여 서로의 변화와 성장을 지지해 주고, 효율적인 의사소통으로 문제를 해결하며, 의사소통과 친밀감 속에 풍요로운 삶을 향하여 함께 나아가는 동반자적 관계를 말한다(김남연 · 양난미, 2014). 건강한 부부관계를 위해서는 부부의 성관계를 건강하게 맺는 것이 중요한데, 여기에서는 건강한 부부의 성에 관하여 성 의사소통, 성 각본, 성적 친밀감을 중심으로 살펴보기로 한다.

(1) 성 의사소통

성 의사소통(sexual communication)은 부부나 연인과 같은 친밀한 관계에서 발생하는 전반적인 성생활에 대한 개인의 정서적, 인지적 요인들이 언어적, 비언어적으로 전달되고 교환되는 일련의 과정을 말한다. 결혼 내에서 성 문제가 불거지면 이를 극복할 수 있는 최상의 해결책은 적극적인 대화라고 전문가들은 말한다. 실제로 부부간에 의사소통이 원활하게 이루어질 때 성생활 만족도(MacNeil & Byers, 1997; Purnine & Carey, 1997)와 결혼만족도(이정은 · 이영호, 2000; Snyder, 1979)에 긍정적인 영향을 줄 수 있다.

성 의사소통과 일반적인 의사소통은 질적인 차이가 있으며 부부는 일상의 대부분에 대해서는 직접적으로 의사소통하는 경향이 있으나, 성에 관한 의사소통은 직접적이지 못하고 종종 간접적인 경향을 보인다고 한다(Sprecher & Regan, 2000). 특히 성에 대한 논의가 공식적, 직접적, 개방적인 성격을 띠기보다는 오히려 비공식적, 사적이며 은폐되어 이루어지는 우리나라(남영주 · 옥선화 · 김지애, 2006)에서 일상적인 의사소통은 문제가 없을지라도 성에 대한 의사소통에서 어려움을 겪는 부부들이 다수 존재할 수 있다.

부부의 성 의사소통 유형을 분석한 연구(변금령 · 이영호, 2012)에 따르면 성 의사소통은 4가지 유형으로 구분할 수 있다. 첫 번째는 상호 교류적 유형으로 성생활과 관련된 부분들을 매우 솔직하게 노출하고 자신이 요구하는 바와 배우자가 원하는 바를 동등한 수준에서 적절히 조율한다. 두 번째는 방관자적 유형으로 성생활과 관련된 개인적인 의견이나 느낌을 좀처럼 드러내려 하지 않고, 성에 대하여 부정적이나 중립적인 태도를 보이며 성 의사소통 자체를 회피하는 유형이다. 세 번째는 자기중심적 유형으로 자신이 원하지 않을 때는 배우자가 원하더라도 그에 응하는 일이 거의 없으나 자신이 원할 때는 적극적으로 요구하는 유형이다. 마지막 네 번째는 수동적 유형으로 성에 대해 부정적이며 보수적인 태도를 보이며, 자신의 요구를 드러내는 일이 거의 없지만, 배우자가 원할 때에는 잘 응하는 유형이다.

(2) 성 각본

각본(script)은 우리가 특별한 상호작용에서 마음속에 가지고 있는 일상적인 이미지나 행동의 순서 등을 포함하여, 어떤 상황에서는 어떤 종류의 행동을 해야 하는지 또 그 행동의 순서는 어떻게 되어야 하는지를 말해주는 것이다(Wood, 2000). 이러한 맥락에서 부부의 성 각본(sexual script)이란 부부가 성적으로 상호작용하는 방법에 대하여 기본지침을 제공하는 복합적인 규칙 연쇄를 말하며, 이는 부부가 성적으로 어떻게 행동해야 하는지에 대한 규범이라고 볼 수 있다. 즉, 구체적으로 성적인 측면과 관련하여 누가, 어디서, 무엇을, 어떻게, 왜 해야 하는지, 성행위 시 누가 주도권을 쥘 것이며, 성행위를 어느 정도 지속할 것이며, 오르가즘에 어느 정도의 가치를 둘 것인지를 규정한다. 또한 성 각본은 말할 수 있는 것과 말할 수 없는 것, 만질 수 있는 것과 만져서는 안 되는 것을 결정하기도 한다.

(3) 성적 친밀감

친밀감을 상호관계에 있는 두 사람이 경험하는 긍정적인 인지적, 정서적, 신체적 밀접함과 헌신의 정도라고 본다면 부부친밀감은 부부가 각자의 독립성을 바탕으로 서로의 장점과 단점 모두를 수용하는 상호 공유적인 관계에서 인지적, 정서적, 성적으로 밀접한 정도라고 할 수 있다(이경희, 1995). 부부친밀감은 인지적, 정서적, 성적 친밀감인 3개의 요소로 구성된다. 인지적 친밀감(cognitive intimacy)은 부부의 사고가 유사하며, 배우자에 대한 기본지식과 생각에 대해 잘 알고 이를 이해해 주는 친밀감을 말하며 정서적 친밀감(emotional intimacy)은 부부가 서로의 감정을 깊은 수준으로 말하고 듣고 이해할 수 있는 심리적으로 밀접한 친밀감을 말한다. 마지막으로 성적 친밀감(sexual intimacy)은 부부가 관계 증진을 목적으로 만족스러운 성적 욕구를 충족하기 위해 성을 개방하는 정도를 말한다.

또한 성적 친밀감은 배우자와의 성과 관련된 행동을 나누는 과정에 대한 주관적인 평가로 부부 사이에서 경험하는 성적인 표현과 행동 그리고 여기서 비롯되는 정서적 측면을 포함한다. 즉 성적 친밀감은 단순히 성교를 의미하는 것이 아니라 친밀감을 바탕으로 서로의 의사를 존중하고 합의에 의해 서로의 욕구가 잘 받아들여진 상태라고 볼 수 있다. 성적 친밀감은 결혼생활의 질을 가늠하는 중요한 요인으로서 성적 친밀감이 높을수록 결혼만족도도 높아진다(오현정, 2014; 이희숙, 2008).

2. 혼외관계

1) 혼외관계의 개념

혼외관계는 '간통', '외도', '혼외정사', '혼외성관계'와 같은 용어로 광범위하게 사용되고 있으며, 일반인들 사이에서 '불륜', '바람', '딴 살림을 차리다'와 같은 용어로 사용되고 있다. 혼외관계를 육체적 행위와 정서적인 행위로 구분하여 설명하는 등 혼외관계를 정의함에 있어서 여전히 많은 연구자들은 혼외관계의 대상과 유형에 대하여 합의를 이루지 못하고 있다.

일반적으로 혼외관계란 결혼한 사람이 배우자 이외의 사람과 성관계를 갖는 경험을 의미한다. 이러한 관계를 보다 구체적으로 보면 혼외관계를 경험하는 사람이 결혼한 사람, 즉 유부남이나 유부녀이고, 강제적 관계가 아니라 자발적 관계이며, 정신적 관계가 아니라 육체적 관계일 것이며, 그리고 그 육체적 관계가 결혼에 위협을 줄 수 있는 관계일 것이라는 점을 특징으로 한다(한국형사정책연구원, 1991).

2) 혼외관계의 현황

국내의 혼외관계 발생률을 파악하기 위해 통계청 자료부터 살펴보면, 2000년을 전후하여 국내의 이혼은 매년 약 10만 건에 달하고, 그중 약 7.0~8.7%가 혼외관계를 사유로 이혼하는 것으로 나타났다(통계청, 2017). 국내 연구 및 조사를 통해 혼외관계 발생 정도를 알아보면, 양다진과 조희선(2005)의 연구에서 남성의 46.2%와 여성의 26%가 혼외관계 경험이 있다고 하였으며, 이영화와 이영숙(2007)이 기혼 남성 248명을 대상으로 한 연구에서는 59.5%가 혼외 성 경험이 있다고 나타났다.

그리고 2011년 대한민국 킨제이 보고서라고 불리는 남성 490명과 여성 510명을 대상으로 실시한 '성의식 실태 국민여론조사'는 서울 시민의 34.4%(남성: 58.3%, 여성: 13.1%)가 1회 이상의 혼외관계 경험이 있는 것으로 보고하였다. 강동우 성의학연구소가 여론조사기관인 '리서치앤리서치'를 통해 2016년 전국 20세 이상 성인남녀 1,090명을 대상으로 한 조사에서 남성은 50.8%, 여성은 9.3%가 외도 경험이 있다고 보고하였다. 성별과 연령대별 외도 경험 비율은 〈표 8-2〉와 같다.

〈표 8-2〉 성별과 연령대별 외도 경험 비율

		사례자 수(명)	외도 경험 있음(%)	외도 경험 없음(%)
전체		784	31.5	68.5
남성	전체	419	50.8	49.2
	20대	1	100.0	0.0
	30대	52	42.3	57.7
	40대	122	48.4	51.6
	50대	177	52.5	47.5
	60대 이상	67	56.7	43.3
여성	전체	365	9.3	90.7
	20대	9	11.1	88.9
	30대	70	8.6	91.4
	40대	88	9.1	90.9
	50대	155	9.0	91.0
	60대 이상	43	11.6	88.4

출처: 강동우 성의학연구소 (2016).

3) 혼외관계의 분류

혼외관계를 3종류로 분류해 보면, 먼저 혼외관계 당사자의 신체적 또는 정신적 관여 여부에 따라 분류할 수 있고 혼외관계 당사자의 동기에 따라 분류할 수 있으며 마지막으로 혼외관계의 시간구조에 따라 분류할 수 있다. 각 분류에 따른 구체적인 내용은 다음과 같다.

(1) 혼외관계 당사자의 신체적 또는 정신적 관여 여부에 따른 분류

가장 일반적인 분류로서 성적 혼외관계(sexual extramarital relationship)와 정서적 혼외관계(emotional extramarital relationship)로 구분된다(Boylan, 1971). 성적 혼외관계는 기혼자가 배우자 이외의 사람과 성적 관계를 맺는 것을 의미하고, 정서적 혼외관계는 기혼자가 배우자 이외의 사람과 정서적이고 심리적인 필요를 충족시키는 관계를 맺는 것을 의미한다. 성적 혼외관계와 정서적 혼외관계는 이분법적으로 뚜렷이 구분할 수 있는 것이 아니라 실상은 혼외관계의 진행 정도에 따라서 성적 혼외관계와 정서적 혼외관계를 양 끝으로 하는 연속선상의 어느 한 지점에 있다고 볼 수 있다.

(2) 혼외관계 당사자의 동기에 따른 분류

혼외관계를 당사자의 동기에 따라 분류하면 우발적 만남(accidental encounter), 습관적 바람둥이(habitual philandering), 낭만적 외도(romantic affairs), 부부간의 합의(marital arrangements)로 구별할 수 있다(Pittman, 1989). 우발적 만남은 여행이나 출장 및 술자리에서 어쩌다 일어난 일회적 관계로 특별한 의도 없이 충동적으로 일어난 혼외관계를 뜻한다. 습관적 바람둥이는 성관계가 일종의 놀이적 동기를 지녀 빈번하고 다양한 사람과의 혼외관계를 추구하는 것이며, 한 파트너에게 헌신하지 않는 특성을 보인다. 낭만적 외도는 배우자 이외의 사람에게 정서적 친밀감 또는 사랑을 느끼고 결혼이나 배우자의 관계에서 결핍된 정서적 돌봄과 지지를 얻으려는 강한 정서적 동기를 지닌다. 마지막으로 부부간의 합의는 부부관계에 문제가 있지만 그 문제를 해결하고자 하는 의지가 없어 배우자의 혼외관계를 알면서도 결혼 유지를 위해 이를 허용하고 혼외관계로 인한 삼각관계 혹은 별거 속에서도 결혼을 유지하려는 동기를 지닌다.

(3) 혼외관계의 시간 구조에 따른 분류

혼외관계 경험 과정을 시간 구조에 따라 분류하면 접근기, 밀월기, 현실인식기, 이중구속기, 재구조화의 5단계로 나눌 수 있다(이춘, 2011). 접근기는 혼외관계를 촉발시키는 배경으로 혼외관계 대상자를 찾아나서는 단계이다. 밀월기는 자신의 공허함을 채우는 대상을 만나 비밀스러운 관계에 빠져드는 시기로 혼외관계 대상자에게 몰입하는 단계이다. 현실인식기는 혼외대상자와 어느 정도의 친밀감을 채우고 난 후 자신의 현실을 인식하면서 혼외관계를 지속할지 정리할지를 결정하는 단계이며, 이중구속기는 가정과 혼외관계를 병행하면서 가정 안에서도 자신의 입지를 확실히 다지거나 또는 관계를 드러내 혼외관계를 정리하는 시기이다. 마지막으로 재구조화기는 혼외관계를 어떤 방식으로든지 정리하는 단계로 가정에 대한 수호가 강해지면서 혼외관계를 정리하거나 반대로 결혼을 해지하는 단계이다.

4) 혼외관계의 영향

혼외관계가 결혼생활에 미치는 영향은 긍정적으로는 결혼생활이 향상, 개선되는 것으로부터 부정적으로는 결혼생활의 파멸이나 해체까지 그 범위가 다양하다. 혼외관계의 영향은 다양하게 나타날 수 있으며 어떤 식의 결과로 나타난다고 예측할 수 없다. 혼외관계가 혼외관계 경험자와 가족들에게 미치는 영향에 대해 살펴보도록 하자.

(1) 배우자에게 미치는 영향

혼외관계를 알게 된 배우자는 분노, 배우자에 대한 신뢰감 손상, 낮아진 성적 자신감, 자기무능감, 손상된 자아존중감, 열등감, 방임에 대한 두려움 등 다양한 정서적 고통을 경험하게 된다. 또한 부부관계에 대한 신뢰가 무너져 서로의 관계가 악화되고 갈등이 누적되어 결국 부부생활이 황폐해지며 결혼 붕괴로까지 이어질 수 있다. 반면 혼외관계는 결혼생활에 긍정적인 영향을 미치기도 하는데, 혼외관계를 통해 부부관계의 문제를 다시 짚어 보는 기회가 될 수 있다. 이는 배우자의 생각과 욕구 그리고 자신의 감정을 객관적으로 바라보도록 하여 혼외관계의 자극을 보다 건강하고 행복한 결혼생활로 나아가는 발판으로 삼을 수 있게 된다.

(2) 자녀에게 미치는 영향

혼외관계를 알게 된 자녀는 부모에 대한 불신과 회의를 경험하고 정서적으로 매우 혼란스러워 한다. 부모의 혼외관계를 혐오할 뿐 아니라 성관계 그 자체도 혐오하게 되어 이성기피증이 생길 가능성이 있다. 또한 부모의 혼외관계는 청소년기를 지난 성인기의 자녀에게도 부모의 이혼에 대한 걱정을 불러일으킨다.

(3) 혼외관계 당사자에게 미치는 영향

혼외관계 당사자는 혼외관계 경험 후 죄책감, 수치심, 실망감, 불안, 우울

등과 같은 부정적인 감정을 경험하기도 한다. 그러나 혼외관계 경험자는 혼외관계로 인해 긍정적인 경험을 하는데 혼외관계가 발각되지 않는 경우에는 부부관계의 친밀감 증가, 자기주장의 증가, 스스로를 더 잘 배려하고 부부간의 의사소통의 중요성을 깨닫기도 한다. 또한 혼외관계가 결혼생활에서 제공하지 못한 것을 제공하는 기회로 작용하기 때문에 혼외관계 경험자는 잃어버린 자신감과 성적 주체성을 회복하거나 결혼 문제를 결혼의 구조 밖에서 바라봄으로써 결혼에 대한 발전적 해결방안을 얻기도 한다.

3. 성 관련 측정도구

성과 관련된 측정도구들 중 부부의 성에 관한 연구를 바탕으로 다음의 3개의 척도들을 소개하고자 한다. 여기에는 성생활 만족도, 성 의사소통, 성지식 척도가 포함된다.

1) 성생활 만족도

성생활 만족도란 성관계와 관련된 긍정적, 부정적인 면에 대해 개인의 주관적 평가를 통해 일어나는 감정적 반응으로서, 정서적인 친밀감을 비롯한 깊은 감정을 의미한다. 성생활 만족도의 측정에는 Derogatis와 Melisaratos(1979)가 개발한 DSFI(derogatis sexual function inventory)를 장순복(1989)이 우리나라의 실정에 맞도록 번안 · 수정한 성생활 만족 질문지가 있다. 이는 10문항으로 이루어진 척도인데, Likert식 5점 척도로 구성되어 있으며 점수가 높을수록 성생활 만족도가 높음을 의미한다.

〈표 8-3〉 성생활 만족도 척도

※ 응답요령
1. 전혀 그렇지 않다 2. 그렇지 않다 3. 잘 모르겠다 4. 대체로 그렇다 5. 확실히 그렇다

	문항 내용
1	나는 배우자와의 성관계에 만족한다.
2	나의 성교 횟수는 충분하다.
3	나와 배우자의 성생활은 다양하다.
4	나는 성교 후 편안하고 만족감을 느낀다.
5	나의 성교 시간은 충분하다.
6	나는 성에 관해 흥미가 있다.
7	나는 성교시 절정감을 느낀다.
8	나는 성교 전 애무로 흥분된다.
9	나는 배우자를 성적으로 만족시킬 수 있을까를 염려하지 않는다.
10	나는 배우자와 함께 성문제를 터놓고 대화한다.

2) 성 의사소통

성 의사소통 척도(dyadic sexual communication scale: DSC)는 Catania (1992)가 성에 관한 대화를 평가하기 위해 개발한 척도로 이경옥(2003)이 번안하여 수정한 척도가 있다. 총 10문항의 Likert식 4점 척도로 구성되어 있으며, 점수가 높을수록 부부간 성에 대한 대화가 개방적이고 솔직하다는 것을 의미한다(2, 5, 6, 7, 10번은 역채점).

〈표 8-4〉 성 의사소통 척도

※ 응답요령
1. 전혀 그렇지 않다 2. 별로 그렇지 않다 3. 약간 그렇다 4. 매우 그렇다

	문항 내용
1	나는 배우자와 성에 관한 것을 솔직하게 이야기한다.
2	배우자에게 우리의 성관계에 대해 이야기를 꺼내면 배우자는 전혀 대꾸하지 않는다.
3	배우자는 내가 성적인 매력이 없다고 불평한다.
4	배우자는 내가 성적인 기교를 배울 필요가 있다고 말한다.
5	배우자는 내가 성에 관한 문제를 터놓고 이야기하지 않는다고 불평한다.
6	우리 부부는 성생활에 대해 허심탄회하게 대화한 적이 없다.
7	배우자는 내가 배우자와 성관계를 진정으로 원해서 하는지 잘 모르겠다고 말한다.
8	나는 배우자와 성관계에 대해 세세한 것까지 이야기하더라도 전혀 무안하거나 당황하지 않는다.
9	배우자는 내가 성관계 후 만족스러워 하는지 만족스러워 하지 않는지를 알아차린다.
10	배우자는 내가 성생활에 만족하는지를 알려고 하지 않는다.

■ 역채점 문항: 2, 5, 6, 7, 10번

3) 성지식

성지식 척도는 성에 대한 전반적인 지식의 정도를 측정하는데, 전경숙(2004)이 Parcel 등(1979)의 도구를 수정, 보완하여 사용한 도구가 있다. 총 35문항으로 생식생리 8문항, 성심리 3문항, 임신 8문항, 피임 및 낙태 5문항, 성병 및 AIDS 10문항, 성폭력 1문항의 6가지 영역으로 구성된다. 정답은 1점, 오답 및 모른다는 0점으로 처리하였으며, 100점 만점으로 환산하여 측정된다. 최저 0점에서 최고 100점으로 점수가 높을수록 성에 대한 지식이 높은 것을 의미한다.

〈표 8-5〉 성지식 척도

※ 응답요령
1. 그렇다　　　2. 아니다　　　3. 모르겠다

영역	문항 내용
생식 생리	1. 월경 혈은 질을 통해서 나온다.
	2. 여성은 최초의 성교에서 출혈이 없을 수 있다.
	3. 난자는 1달에 1개씩 생성된다.
	4. 정자는 1회 사정 시 1개가 배출된다.
	5. 난자는 여성의 난소에서 생성된다.
	6. 몽정은 신체적으로 매우 해롭다.
	7. 월경주기는 보통 28~30일 정도이나 개인에 따라 다를 수 있다.
	8. 콘돔을 사용하면 조루증에 걸릴 위험이 높다.
성심리	1. 자위행위는 건전한 운동을 통해 줄일 수 있다.
	2. 몽정은 허약한 남성들에게만 나타나는 현상이다.
	3. 자위행위는 비정상적인 행위이며 건강에 좋지 않다.
임신	1. 음경이 자극되어 커지는 것을 사정이라 한다.
	2. 임신이 가능한 시기는 월경 전 11일~18일 경이다.
	3. 임신 기간 동안 태아는 난소에서 자란다.
	4. 월경기간 중에 성교를 하면 임신이 된다.
	5. 분만 시 아기는 엄마의 요도를 통해서 나온다.
	6. 정자와 난자는 자궁에서 수정된다.
	7. 폐경기 이후는 임신이 불가능하다.
	8. 임신초기(2~3개월)에 약을 잘못 복용하면 태아에게 해를 끼쳐 기형아를 낳을 수 있다.

피임 및 낙태	1. 먹는 피임약은 난소에서 배란이 되지 않게 하여 임신을 예방하는 방법이다.
	2. 성교 직후 질 세척을 함으로써, 정자가 질 속으로 운동해 들어가는 것을 막아 피임을 할 수 있다.
	3. 인공유산은 자궁에 손상을 일으킬 수 있다.
	4. 피임은 성관계 후에 하는 것이 좋다.
	5. 콘돔을 사용하면 임신과 성병을 예방할 수 있다.
성병 및 AIDS	1. 임산부가 매독에 걸리면 태아에게도 전염될 수 있다.
	2. 성병이 있는 경우 임신이 안 된다.
	3. 매독 균은 인체 밖에서도 생존 가능하다.
	4. 임질에 감염된 첫 증상으로 남자의 경우 요도부의 통증을 느낀다.
	5. 성병에 걸린 경험이 있는 사람은 또다시 걸리지 않는다.
	6. 매독은 키스나 수혈로 전염될 수 있는 성병이다.
	7. 에이즈는 모기 등의 곤충에 의해 감염될 수 있다.
	8. 성병은 증세가 저절로 사라지면 완치된 것이라 할 수 있다.
	9. 에이즈는 감염자와 키스를 통해 감염될 수 있다.
	10. 여성이 임신 중에 성병에 걸리면 태아에게 해를 끼쳐 기형아가 나올 수 있다.
성폭력	1. 성폭력을 당했을 경우에는 가장 먼저 몸을 씻고 안정을 취해야 한다.

■ 정답

생리생식 O, O, O, X, O, X, O, X / 성심리 O, X, X / 임신 X, O, X, X, X, X, O, O / 피임 및 낙태 O, X, O, X, O / 성병 및 AIDS O, X, X, O, X, O, X, X, X, O / 성폭력 X

4. 부부의 성에 관한 연구동향

부부의 성에 대한 국내 연구동향을 살펴보기 위해 2001년부터 2023년 7월까지 국내 학술지에 게재된 논문들을 선정하여 분석하였고 연구대상과 연구주제를 중심으로 살펴보았다. 한국교육학술정보원(research information sharing service: RISS)을 통해 자료를 수집하였고, 부부의 성에 관련된 논문 중 한국

연구재단(KCI) 등재지에 수록된 논문만을 선정하였다.

논문제목 및 키워드에 부부의 성, 섹스, 혼외관계 등 관련자를 대상으로 한 연구를 조사한 결과, 총 57편의 논문을 분석하였다. 연구대상과 연구주제별 분석결과는 다음과 같다.

1) 연구대상별

부부의 성에 관한 연구의 연구대상은 신혼기부부, 중년기부부, 노년기부부로 나뉘며 그 외 모든 연령대 부부와 기혼 남성과 여성이다. 모든 연령대의 부부를 대상으로 한 연구와 배우자가 있는 기혼 남녀를 대상으로 한 연구가 각각 14편(24.6%)으로 가장 많았으며, 그다음으로 중년기부부 13편(22.8%), 노년기부부 11편(22.8%) 순으로 나타났고, 가장 적게 연구된 대상은 신혼기부부로 5편(8.8%)이었다.

2) 연구주제별

부부의 성과 관련된 연구 총 57편을 분석한 결과, 연구주제는 부부관계의 질, 성생활 만족도, 섹스리스 부부, 성태도와 성행동 그리고 혼외관계에 관한 주제였다. 그중 부부관계의 질이 13편(22.8%)으로 가장 많았으며 그다음으로 혼외관계 12편(21.1%), 성생활 만족도가 11편(19.3%), 섹스리스 8편(14.0%) 순으로 나타났다. 가장 적게 연구된 주제는 성태도와 성행동으로 5편(8.8%)이었으며, 기타(8편)에 해당하는 주제로는 성상담과 성매매경험 등이 있다. 부부의 성에 관한 연구주제별 결과를 요약하면 다음과 같다.

(1) 부부관계의 질

부부의 성관계가 부부관계의 질에 긍정적인 영향을 준다는 것은 국내 연구를 통해 검증되었다. 부부의 성생활 인식 중 성에 대한 욕구는 부부친밀감을 높여주는 것으로 나타났고(이신숙 · 이선정, 2019), 3개월 이상 지속적으로 성생활을 하는 집단과 그렇지 않은 집단을 비교한 연구에서 성생활을 하는 기혼 여성의 부부관계가 더 친밀한 것으로 나타났다(김혜영, 2015). 이러한 연구결과를 결혼 주기별로 살펴보면, 신혼기부부인 임부 부부의 성생활 만족도와 부부친밀감을 조사한 결과 긍정적인 상관관계가 있었으며(김희은 · 여정희, 2017), 중년후기부부(55세 이상~64세 이하)의 성생활은 부부관계에 밀접한 관련이 있다고 밝혀졌다(김혜선, 2008).

또한 노년기부부의 친밀감에 대해 조사한 연구(이신숙 · 이선정, 2019)에서도 성적 친밀도는 부부의 결속력을 높여 결혼생활 만족도에 유의한 영향을 미친다고 한다. 이와 같은 연구결과로 미루어 보아, 신혼기부터 노년기에 이르기까지 부부의 성관계와 성생활은 부부관계의 질에 중요한 요인임을 알 수 있다.

(2) 혼외관계

혼외관계에 관한 연구는 혼외관계 인식과 혼외관계 경험으로 구분할 수 있다. 먼저, 혼외관계 인식에 관한 연구(이원준, 2020; 이희진, 2021)를 살펴보면, 혼외관계에 대한 전반적인 인식은 부정적으로 나타났지만, 자신의 혼외관계에 대한 수용보다 배우자의 혼외관계에 대한 수용에 더 비판적으로 나타났다. 또한 자기통제, 책임감, 판단력, 정서적 안정성 등으로 측정되는 정서적 성숙이 높을수록 남성과 여성 모두 혼외관계에 대해 수용적이지 않았다. 성행위에 대해 거절할 수 있는 성적 자율성의 경우 남성은 혼외관계에 대한 인식에 영향을 미치지 않았지만, 여성은 성적 자율성이 높을수록 혼외관계에 대해 비판적인 경향을 보였다.

다음으로, 혼외관계 경험에 관한 연구결과를 살펴보면, 여성과 남성의 혼외관계에 대한 경험이 질적으로 달랐으며 혼외관계를 통해 얻고자 하는 욕구나 바람도 차이가 있었다. 중년여성을 대상으로 혼외관계 경험을 연구한 결과(채후남 · 이지연, 2015), 여성들은 혼외관계를 통해 성적 친밀감을 매개로 의지 삼을 대상을 추구하고 있었다. 혼외관계 경험을 단계별로 보면 혼외관계 성립 단계, 몰입 단계, 관여 단계, 관계 조정 단계, 유지(종결) 단계로 나타났다.

먼저 혼외관계 성립 단계는 답답하고 공허한 결혼 상황에서 우연히 알게 된 이성과 만나 마음을 소통하다가 정서적으로 친밀함을 느끼면서 성관계를 맺게 되는 단계이다. 다음으로 몰입 단계는 혼외성관계를 맺은 후 혼외대상자에게 의미를 부여하고 집착하며 혼외관계 속으로 빠져들어 가는 단계이며, 관여 단계는 결혼생활에 대한 기대를 접고 혼외관계 속으로 들어가 일상의 삶을 혼외대상자와 공유하면서 서로의 삶에 관여하는 단계이다. 관계 조정 단계에서 혼외대상자가 남편은 아니라는 현실을 자각하고 결혼관계와 혼외관계를 조정해 나가는 단계로 혼외경험자들은 혼외관계가 불안정한 관계라는 사실을 현실로 받아들이고 이를 유지하기 위해 다양한 전략을 사용하거나 혼외관계에 회의를 품고 반성하면서 가족을 돌아보는 등 양쪽 중 하나의 관계로 마음이 기울이게 된다. 마지막으로 유지(종결) 단계는 혼외관계를 지속하느냐 중단하느냐, 지속하는 경우에는 결혼관계와 혼외관계를 어떻게 설정하는 것이 자신에게 바람직하며 중단하는 경우에는 부부관계를 어떻게 회복해 나아갈지를 모색하고 고민하며 선택하는 단계이다.

한편 중년남성들을 대상으로 혼외관계경험을 연구한 결과(김수안 · 차명정 · 천성문, 2017), 남성들은 혼외관계를 통해 존중받고 싶은 욕구를 충족하고자 하였다. 이들은 성장과정에서 받지 못한 정서적 지지와 존중을 결혼 후 배우자에게 기대하였지만, 좌절을 경험하여 혼외관계를 통해 욕구를 충족하고자 하였다. 중년남성들은 혼외관계의 부정적인 면으로 혼외관계자가 자신을 재정적, 쾌락적 도구로 이용하는 느낌이 드는 것이라 한다. 이러한 부정적 경험에도 불구하고 이들은 현재 결혼생활에서는 더 이상 존중의 욕구가 실현될 수 없다고 여기므로 혼외관계에 대한 기대를 놓지 못하게 된다.

(3) 성생활 만족도

성생활 만족도와 관련된 연구결과를 논의해 보면, 첫째 인구사회학적 변인에 따른 성생활 만족도를 조사한 결과(김영기 · 한성열 · 한민, 2008), 성별과 학력, 경제적 요인, 자녀 수 등에 차이가 없는 것으로 나타났다. 단지 연령대별로 보면 30대 이하의 성생활 만족도가 다른 연령대에 비해 높게 나타났다.

둘째, 부부의 자아존중감 수준에 따라 성생활 만족도 수준이 달라진다고 한다. 남편과 아내 모두 자아존중감이 높은 집단, 남편은 높고 아내는 낮은 집단, 아내는 높고 남편은 낮은 집단, 남편과 아내 둘 다 낮은 집단으로 4개의 집단의 성생활 만족도를 살펴본 결과(김영기 외, 2008), 남편의 성생활 만족도는 남편과 부인의 자아존중감이 모두 높은 집단이 성생활 만족도가 가장 높았고, 부인의 성생활 만족도는 부인의 자아존중감이 높은 집단이 그 외의 집단들에 비해 높았다. 즉, 자아존중감과 성생활 만족도와의 관계에서는 남편보다는 부인의 자아존중감이 높은 경우가 부부의 성생활 만족도에 보다 긍정적인 영향을 미친다는 것을 알 수 있다.

셋째, 성역할태도가 성생활 만족도에 유의한 영향을 미치는 변인으로 나타났다(이주안, 2022). 배우자 각자의 성에 대한 인식과 자신의 역할에 대한 태도인 성역할태도는 성생활 만족도에 영향을 미친다고 한다. 성역할태도 수준이 높을수록 성생활 만족도 역시 높아지는데, 이는 부부가 각자의 성역할에 대해 전통적인 성 고정관념이 아닌 양성평등적인 태도를 보일수록 성생활 만족도가 향상된다는 것을 의미한다.

넷째, 성태도는 성생활 만족도와 밀접한 관계가 있는 것으로 나타났다(김희은, 여정희, 2017). 성태도는 성에 대한 느낌과 생각, 가치관 및 성욕구와 밀접한 관련이 있는 개념으로 성에 대해 긍정적인지 부정적인지 또는 개방적인지 보수적인지를 나타내며 성태도가 개방적일수록 성생활 만족도가 높아진다. 성태도에 대한 부부의 자기효과와 상대방효과를 살펴보면, 개방적인 성태도는 부부 각자의 성생활 만족도를 높여주고, 남편의 성태도가 개방적일수록 아내의 성생활 만족도는 높아지지만, 아내의 성태도는 남편의 성생활 만족도와 상관이 없는 것으로 나타났다. 이는 아내는 자신과 남편의 성태도 둘 다 중요한 반면, 남편은 자신의 성태도만이 성생활 만족도에 영향을 주는 것임을 알 수 있다.

다섯째, 부부의 친밀감이 높을수록 성생활 만족도가 높아지는 것으로 나타났다(김미옥, 2016; 김희은 · 여정희, 2017). 부부친밀감은 불임여성의 성생활 만족도를 높여주는 것으로 나타났으며, 임부 부부를 대상으로 한 연구에서도 부부친밀도가 성생활 만족도에 유의한 영향을 미치는 것으로 나타났다. 성생활 만족도의 자기효과와 상대방효과를 연구한 결과, 부부친밀감은 아내와 남편 자신의 성생활 만족도에는 영향을 미치지만, 상대방의 성생활 만족도에는 영향을 미치지 않는 것으로 나타났다.

여섯째, 부부의 의사소통 유형이 성생활 만족도에 중요한 요인임을 연구결과들을 통해 알 수 있다(김미옥, 2016; 김영기 · 한성열 · 한민, 2008; 변금령 · 이영호, 2012). 부부가 적극적인 의사소통을 통해 자신의 성욕구를 솔직하게 표현하고, 배우자의 요구와 바람을 확인하고 충족시킨다면 성생활 만족도가 향상된다고 한다. 또한 의사소통을 언어적 표현과 감정 노출 정도에 따라 구분하여 성생활 만족도와의 관계를 살펴본 결과, 언어적 표현이 개방적이고 감정 노출이 높은 부부 유형의 성생활 만족도가 가장 높게 나타났다. 한편 남편의 경우에는 감정 노출이 높으면 부인과 상관없이 성생활 만족도가 높게 나타났으나, 아내의 경우 자신의 감정 노출을 많이 하더라도 남편이 감정 노출을 적게 하면 성생활 만족도가 낮게 나타났다. 이는 부부의 성생활 만족도는 남편의 의사소통 유형이 아주 주요한 요인임을 시사한다.

(4) 섹스리스

섹스리스(sexless)는 '1년에 10회 미만, 혹은 한 달에 한 번 이하의 성관계를 갖는 경우'를 말하는데, 과거에는 섹스리스가 노화에 따른 자연스러운 현상으로 인식되는 경향이 있었지만, 현대사회에서 성(sex)은 배우자에 대한 사랑을 가장 자연스럽게 표현하는 정서적인 언어로 인식되면서 섹스리스가 새로운 연구주제로 조명되고 있다.

섹스리스는 신혼기부터 그 전조증상이 나타나기 시작하며 그 원인은 매우 다양한 것으로 나타났다. 섹스리스에 영향을 미치는 원인을 신체적, 심리적, 가족 그리고 사회적 요인으로 살펴보면, 먼저 신체적 요인으로는 성기능 저하와 성욕구 감퇴가 있다. 특히 갱년기 호르몬의 변화로 인해 성적 불만족을 경험하면서 섹스리스로 이어진다고 나타났다(정선이 · 김현주, 2017). 두 번째로 심리적 요인으로는 성생활에 대한 왜곡된 신념이나 소통의 부재 등을 들 수 있다. 결혼생활에서 섹스리스 경험에 관한 연구(김효숙 · 이인수, 2015; 심민정 · 임춘희, 2021)에서 섹스리스가 된 근본적인 이유로 부부간의 성관계 방식에 대한 생각 차이, 성관계 거절에 대한 두려움을 보고하였다. 세 번째로 가족 요인으로는 자녀가 부모의 성관계를 눈치 채는 것에 대한 불안감과 시댁과의 갈등, 며느리로서의 역할 의무가 부부관계에 대한 심리적인 거부감을 주게 된다고 한다(심민정 · 임춘희, 2021). 마지막으로 사회적 요인은 맞벌이

부부의 증가로 인해 바쁜 생활과 그로 인한 스트레스와 피로감이 성욕구 감퇴로 이어져 섹스리스로 이어지게 된다(정선이 · 김현주, 2017).

섹스리스 부부의 가족치료과정(김영애 · 박태영, 2018; 이은형 외, 2023)을 단계별로 보면 문제를 인식하는 단계, 변화를 준비하고 시작하는 단계, 대처방식을 변화시키는 행동 단계, 변화된 부부로 나아가는 유지 단계로 구분된다. 먼저 문제를 인식하는 단계는 섹스리스의 현상이 나타나고 부부간의 의사소통 부재로 인해 갈등이 심화하여 부부간의 문제를 알아차리는 단계이다. 변화를 준비하고 시작하는 단계는 감정을 표출하고 대화를 시도하면서 부부가 서로를 이해하려는 단계이다. 대처방식을 변화시키는 행동 단계는 섹스리스가 배우자의 문제가 아닌 자신과 부부의 문제임을 인식하고 효과적인 의사소통방식으로 대처함으로써 문제를 변화하려고 노력하는 단계이다. 마지막으로 변화된 부부로 나아가는 유지 단계는 서로를 배려하고 성관계에 대한 긍정적인 의사소통을 통해 건강한 부부관계로 나아가는 단계이다.

(5) 성태도 및 성행동

성에 대한 가치나 신념의 표현 형태인 성태도는 시대가 변화하면서 개방적인 경향으로 나아가는 측면이 있다. 실질적으로 성관계 또는 성적 욕구에 대해 폐쇄적이고 부정적이냐 또는 개방적이고 긍정적이냐 하는 문제도 중요하지만 성태도에 대한 신념과 가치관이 긍정적이고 올바르게 성립되어 표현되는 것은 성만족도나 성활동성, 성기능에 영향을 주는 중요한 요소이다. 노인의 성태도와 관련된 연구(나동석 · 김영대, 2011; 최진일 · 이민홍, 2013)에서 노인의 성태도가 개방적이고 긍정적일수록 성생활 만족도가 높아질 뿐 아니라 삶의 만족도도 높아지는 것으로 나타났다. 또한 임부 부부의 성태도와 관련된 연구(김문정, 2020)에서도 임부와 남편의 성태도와 성생활 만족도는 유의한 정적 상관관계를 보였다. 즉, 임신 기간에 부부의 성생활에 대한 태도가 긍정적일수록 성생활 만족도도 긍정적임을 의미한다.

성행동과 관련된 연구(김정희, 2008; 최진일 · 이민홍, 2013)를 살펴보면, 부부간의 성행동이 잦을수록 성생활 만족도가 높아지며 이는 높은 부부친밀감으로 이어진다고 한다.

5. 미래연구전망

성과 가족에 관련된 국내 연구들은 대부분 부부간의 성에 초점이 맞추어져 있고 전반적인 연구 편수 또한 그리 많지 않은 실정이다. 이는 여전히 성과 관련된 주제의 대화가 민감하고 자유롭게 논의되지 않는 보수적인 사회적 분위기 탓인 것으로 추론된다. 한편 언론이나 방송에서 점점 성과 관련된 이슈를 솔직하게 다루고 있으며 이에 따라 성에 관한 연구 또한 늘어날 것으로 전망된다. 부부의 성과 관련된 연구전망을 다음과 같이 논의해 보고자 한다.

첫째, 부부의 성과 관련된 선행연구들은 대부분 결혼주기별로 신혼부부, 중년부부, 노년부부로 나뉘어 연구대상을 선정하였다. 그러나 혼인 연령이 높아지고 평균수명이 길어짐에 따라 부부의 연령과 혼인 지속기간이 복잡해질 것으로 예상된다. 예를 들어, 중년기 연령의 남성과 여성이 중년부부가 아닌 신혼부부인 경우가 현재 나타나고 있다. 따라서 향후 부부를 대상으로 한 연구들은 가족생활주기로 연구대상을 나뉘기보다는 '기혼 남녀'라는 표현이 더 자주 사용될 것으로 전망된다. 이와 더불어 기존의 연구들이 대부분 남과 여로 구성된 법적 부부에 초점을 맞추었는데, 반해 앞으로는 동거커플, 동성커플 등 다양한 커플들의 성에 관련된 연구가 많아질 것을 예상해 본다.

둘째, 갈수록 성과 관련된 담론과 노출이 많아지기 때문에, 연구 참여자들의 목소리도 더욱 솔직해질 것으로 보인다. 특히 최근 신혼부부를 비롯하여 섹스리스 현상이 이슈화됨에 따라 이와 관련된 연구들이 증가하고 있지만, 대부분 면담을 통한 질적연구였다. 향후 섹스리스의 원인과 영향에 관한 다양한 요인들을 분석하는 실증적인 연구가 많아질 것으로 전망한다.

셋째, 결혼만족도의 중요한 요인 중 하나인 성생활 만족도에 영향을 미치는 요인이 더 다양하고 구체적일 것으로 예상된다. 선행연구에서는 성생활 만족도에 미치는 영향요인을 대부분 단일변수로 살펴보았는데, 추후 이에 대한 인구사회학적 요인과 신체적, 심리적, 사회적 등 통합적이고 체계적인 연구가 많아짐으로써 성생활 만족도를 높이기 위한 상담 및 교육 프로그램의 질이 더 향상될 것으로 기대된다.

참고문헌

김남연, 양난미 (2014). 한국인을 위한 중년기의 건강한 부부관계 척도개발. **한국심리학회지 일반, 33**(1), 25-50.

김문정 (2020). 임신한 부부의 성에 대한 태도가 성기능에 미치는 영향. **여성건강간호학회지, 26**(2), 161-170.

김미옥 (2016). 불임 여성의 부부친밀감, 성 의사소통 및 성만족도. **한국웰니스학회지, 11**(1), 175-183.

김수안, 차명정, 천성문 (2017). 중년남성의 혼외관계 경험에 대한 현상학적 연구. **상담학연구, 18**(3), 271-289.

김영기, 한성열, 한민 (2008). 부부의 자존감 수준과 부부 성만족도의 관계. **한국심리학회지: 여성, 13**(2), 103-119.

김영애, 박태영 (2018). 가족치료 과정에서 나타난 부부의 섹스리스 인식변화 과정에 대한 질적연구.

가족과 가족치료, 26(3), 379-401.

김정희 (2008). 뇌졸중으로 인한 편마비 중년 남성과 배우자의 성지식, 성행동, 성만족, 부부친밀감, 우울감의 관계. **한국간호학회, 38**(3), 483-491.

김혜선 (2008). 중년 후기 남녀 유배우자의 부부관계에 영향을 미치는 요인 연구. **한국노년학, 28**(1), 49-67.

김혜영 (2015). 폐경후기 기혼 여성의 성생활 활동 집단과 성생활 비활동 집단 간의 우울, 부부친밀도, 성기능 및 삶의 질 간의 비교. **기본간호학회지, 22**(3), 258-267.

김효숙, 이인수 (2015). 결혼생활에서의 섹스리스 경험에 관한 연구. **가족과 가족치료, 20**(3), 579-604.

김희은, 여정희 (2017). 임부 부부의 성태도와 부부친밀도가 성만족도에 미치는 영향: 자기효과와 상대방효과. **여성건강간호학회지, 23**(3), 201-209.

나동석, 김영대 (2011). 노인의 성생활과 성태도가 삶의 만족도에 미치는 영향. **노인복지연구, 0**(52), 185-203.

남영주, 옥선화, 김지애 (2006). 삼, 사십대 기혼 남녀의 성적 의사소통과 결혼의 질. **대한가정학회지, 44**(2), 113-126.

변금령, 이영호 (2012). 기혼 남녀의 성 의사소통 유형이 성생활의 질 및 사랑 요소에 미치는 영향. **한국심리학회지: 여성, 17**(4), 623-652.

신민정, 임춘희 (2021). 30-40대 기혼 여성의 섹스리스 경험에 관한 연구. **한국가족관계학회지, 26**(2), 163-194.

양다진, 조희선 (2005). 기혼남녀의 혼외관계에 관한 연구. **생활과학, 8**, 51-76.

오현정 (2014). 부부의 자존감, 성적 친밀감과 결혼만족도간의 관계. 한국상담대학교 석사학위논문.

이경옥 (2003). 기혼 여성의 성과 결혼만족도. 충북대학교 대학원 석사학위논문.

이경희 (1995). 부부간 친밀감 척도개발에 관한 연구. **대한가정학회지, 33**(4), 235-249.

이신숙, 이선정 (2019). 노인의 성생활 인식이 부부 간의 친밀감과 주관적 행복감에 미치는 영향. **한국가족관계학회지, 23**(4), 89-110.

이영화, 이영숙 (2007). 기혼남성의 혼외관계 경험과 관련변인 연구. **한국생활과학회지, 16**(3), 523-533.

이원준 (2020). 본인 및 배우자의 혼외관계에 대한 기혼부부의 인식 관련 요인. **한국콘텐츠학회논문지, 20**(6), 682-694.

이은형, 박태영, 윤영희, 문혜린 (2023). 섹스리스 부부치료에서 나타난 신혼초기 부부의 변화 과정 연구. **정신보건과 사회사업, 51**(2), 82-114.

이정은, 이영호 (2000). 개인특성, 스트레스 및 부부간 의사소통과 결혼만족도의 관계. **한국심리학회지: 임상, 19**(3), 531-548.

이주안 (2022). 중년기 기혼남녀의 성역할태도와 삶의 만족도 간의 관계: 성생활 만족도의 매개효과. **인문사회 21, 13**(2), 2727-2742.

이춘 (2011). 중년기 혼외관계 경험의 과정분석 연구. **한국기독교상담학회지, 23**(2), 141-174.

이희숙 (2008). 성인애착과 결혼만족 간의 관계. 서울여자대학교 박사학위논문.

이희진 (2021). 기혼남녀의 정서적 성숙이 혼외관계인식에 미치는 영향과 성적 자율성의 매개효과 -성별 및 혼외관계 만연성의 조절효과분석을 중심으로. **여성학연구, 31**(1), 41-87.

장순복 (1989). 자궁절제술 부인의 성생활 만족에 관한 요인분석. 이화여자대학교 박사학위논문.

전경숙 (2004). 대학생의 성지식, 태도, 행동 실태 및 성교육 효과에 관한 연구. 서울대학교 대학원 박사학위논문.

정선이, 김현주 (2017). 섹스리스 부부의 결혼유지 과정: 중년남성의 경험을 중심으로. **가족과 가족치료, 25**(1), 89-113.

채후남, 이지연 (2015). 한국 중년여성의 혼외관계 경험과정 연구. **상담학연구, 16**(4), 547-573.

최진일, 이민홍 (2013). 노인의 성지식과 성태도가 생활만족도에 미치는 영향에 대한 성행동의 매개효과 연구. **한국 사회복지교육, 21**, 19-39.

한국형사정책연구원 (1991). 제2차 한국인의 성의식 및 성생활에 관한 보고서.

Blow, A. J., & Hartnett, K. (2005). Infidelity in committed relationships II: A substantive review. *Journal of Marital ad Family Therapy, 31*, 217-233.

Boylan, B. R. (1971). *Infidelity*. Englewood Cliffs. Prentice-Hall Inc.

Catania, J. A. (1992). *Dyadic self regulation scale*. In C. M. Davis(Eds.), Handbook of sexuality related measures. Sage.

Derogatis, L. R., & Melisaratos, N. (1979). The DSFI: A multidimensional measure of sexual functioning. *Journal of Sex and Marital Therapy, 5*(3), 244-281.

MacNeil, S., & Byers, E. S. (1997). The relationships between sexual problems, communication and sexual satisfaction. *The Canadian Journal of Human Sexuality, 6*(4), 277-283.

McCabe, M. P., & Taleporos, G. (2003). Sexual esteem, sexual satisfaction and sexual behavior among people with physical disability. *Archives of Sexual Behavior, 32*, 359-369.

MaCarthy, B. (2003). Marital sex as it ought to be. *Journal of Family Psychotherapy, 12*(1), 29-37.

Olson, D. H., DeFrain, J., & Skogrand, L. (2014). *Marriages and Families: Intimacy, Diversity, and Strengths*(8th Ed.). McGraw-Hill Education.

Pittman, F. (1989). *Private Lies: Infidelities and the betrayal of Intimacy*. Norton.

Purnine, D. M., & Carey, M. P. (1997). Interpersonal communication and sexual adjustment: The roles of understanding and agreement. *Journal of Consulting and Clinical Psychology, 65*(6), 1017-1025.

Snyder, D. K. (1979). Multidimensional assessment of marital satisfaction. J*ournal of Marriage and the Family, 41*(4), 813-823.

Sprecher, S., & Regan, P. C. (2000). Close relationships: A sourcebook. Sage Publications.

Wood, J. T. (2000). *Communication theories in action*. Wadswarth.

CHAPTER 09
노인과 가족

1. 중노년기의 특성
2. 노년기 가족관계
3. 노년기 연구동향
4. 미래연구전망

의학의 발달과 생활수준의 향상으로 평균수명이 연장됨에 따라 노인 인구가 급격히 증가하고 있다. 우리나라의 중위연령은 2023년 45.6세에서 2032년에는 50.9세로 앞으로 매 10년마다 5세에서 6세가량 높아질 것으로 보고되었고 평균수명은 83.6세이다(통계청, 2023). 길어진 노년기의 변화에 적응하고 성공적 노후를 위해서 노인에게 가족은 가장 중요한 사회적 관계이며 의미의 원천이다(안정신 외, 2011; 정영숙 외, 2012). 노인은 자신에게 가장 의미 있는 존재인 배우자와 자녀에게 자신이 가진 다양한 자원을 제공함으로써 보다 유능하고 의미 있는 존재가 되어, 행복한 노년을 보낼 수 있다(김경미 · 류승아 · 최인철, 2011). 또한 성공적인 노후를 위해서는 중년기부터 신체적, 경제적, 사회적 변화의 특성을 알고 이에 적응하고 준비할 필요성이 있다.

1. 중노년기의 특성

1) 중년기의 특성

중년기는 생애주기의 중간에 위치해 있으며 사회적 · 경제적으로 정점에 있는 시기라고 할 수 있다. 노부모 부양과 자녀 양육이라는 이중부담을 갖는 시기이며 동시에 직장에서의 고용불안과 중년기의 새로운 부부관계에의 적응 등 다양한 스트레스에 직면하는 시기이기도 하다.

중년기의 연령기준은 고령화 연구패널에서 45세 이상으로 보고 있고, 노인 기초연금 수급 기준 연령이 65세이므로 중년기는 45세에서 64세에 해당하는 연령이다. 중년기는 비교적 광범위한 연령대를 포괄하므로 연령집단에 따라 경험하게 되는 건강, 심리적 변화, 사회적 활동 및 삶의 다양성이 큰 시기라고 할 수 있다. Super(1990)의 생애주기이론에서 중년기는 유지기 단계에 해당하는 시기로 직업에서의 위치를 지속 유지 및 향상을 위해 노력하는 시기이다(이종찬 · 정철영, 2022 재인용). Erikson(1968)은 중년기의 발달과업을 생성감이라고 하였는데 생성감이란 자녀를 낳아 양육하면서 자신의 이상을 실현시키며 자신과 후세대를 위해 헌신하면서 성취되는 것으로 보았다(최혜경 · 안정신, 1999). 중년기의 보편적이고 일반적인 특징과 변화들을 살펴보면 다음과 같다.

(1) 중년기의 신체 변화

중년기에 가장 먼저 느끼게 되는 감각기관의 변화는 시각이다. 중년기에는 수정체의 단백질이 변질되어 유연성이 떨어져 가까운 물체에 초점을 맞추기 어려워 잘 보이지 않게 됨으로써 돋보기를 사용하게 되며 이는 노년기까지 지속된다. 청력의 경우는 아동기부터 고음을 듣는 능력을 서서히 잃어가는데, 중년기 동안 달팽이관의 퇴화, 고막과 청신경의 기능 약화 등이 발생한다. 특히 흡연은 귀로 향하는 혈류량을 감소시켜 소리 인식에 악영향을 미치는 다른 질병을 유발하여 중년기의 청력을 손상시키는 것으로 알려져 있다. 후각은 50세 이후에 그 능력이 감퇴하는데, 후각 능력의 저하는 우울증, 성욕 상실, 식욕 부진, 부패식품의 우발적 섭취를 야기할 수 있다(Bainbridge, 2013, 이은숙 역, 2013).

이 시기에는 세포노화와 함께 면역물질의 기능과 생산이 줄어들며, 이러한 면역기능의 저하는 질병이나 외부 스트레스에 대한 저항력을 감소시켜 만성 성인병 질환의 발생 가능성을 증가시키고, 중년기 건강 관련 삶의 질이 떨어지게 된다(장혜경, 2018). 또한 생의 전반에서부터 누적된 생활양식의 영향으로 건강상태의 편차가 나타나기 시작하며 이는 노후의 건강으로 이어진다(정순돌 · 김성원, 2013). 중년기부터 발병이 증가하는 만성질환은 노년기에 이르러 건강상태의 악화와 의료비 지출의 증가뿐 아니라 심리적 위축, 사회활동의 축소 등 삶의 전반에 걸쳐 부정적 결과를 초래하게 되므로(고민석 · 김승희, 2013) 중년기부터 꾸준한 건강관리가 필요하다.

중년기에는 갱년기증상이 나타나는데, 여성의 갱년기는 폐경과 함께 신체적 변화가 일어나는 반면, 남성은 호르몬 변화로 인해 갱년기증상이 서서히 나타나거나 여성보다 10년 정도 늦게 나타나기도 해 이를 인식하지 못할 수도 있다. 남성 갱년기증후군의 대표적인 증상으로는 피로감, 불면, 불안, 기억감퇴, 성욕 감소, 안면 홍조, 발기 능력의 저하, 배우자에 대한 의욕 상실, 우울과 짜증을 동반하는 기분의 저하, 체지방량의 감소, 근골격계 위축, 체모의 감소, 피부의 노화와 골밀도 감소 등과 같은 신체 · 정신적 변화가 나타난다(이현주 · 정은희, 2016).

(2) 중년기의 역할변화

중년기는 사회경제적으로 중추적인 역할을 담당하며 본인의 노후를 준비해야 하는 중요한 시기이다. 현재의 중년들은 자녀를 적게 낳아 자녀 양육기와 자녀독립기가 줄어들고 평균수명은 길어져 부부가 함께하는 기간이 증가했다. Gottman과 Levenson(2000)에 의하면 결혼기간이 14년차 때인 중년기에 이혼율이 높아지는데, 이 시기에는 역할 변화에 적응이 요구되어 부부갈등이 높아지고 결혼만족은 낮아지기 때문이라고 하였다(김영희 · 정선영, 2007 재인용).

이처럼 중년기는 갈등과 고통, 기쁨, 발달과업 등을 수반하는 자연스러운 발달 단계이며 동시에 스트레스, 무료함, 육체적 에너지 저하로 새로운 소망과 진로 계획, 궤도 수정을 이루는 것으로는 해결되지 않는 '전환기' 이상의 의미를 내포하고 있어 중년기를 '위기'의 관점에서 보기도 한다(LeShan, 1973; 장혜경, 2018 재인용). 이러한 위기는 삶의 의미와 자신의 실체에 대한 의문과 함께 삶의 무의미함, 공허, 절망, 침체, 무기력감과 같은 정서적 혼란과 방황에서 초래한다. 이와 더불어 중년기는 자녀교육비 증가와 청년실업문제로 인한 노후준비의 어려움, 조기퇴직, 맞벌이부부의 경제적 권력의 변화, 건강 악화로 인한 남편의 부인에 대한 의존성 증가 등이므로 이에 맞는 부부관계의 재구조화가 필요한 시기라고 할 수 있다.

보통 위기를 경험하거나 삶에 대한 기존의 인지 도식에 변화를 겪을 때 삶의 의미에 대하여 더욱 진지하게 생각하게 된다(김경희 · 이희경, 2013). 삶의 의미는 개인의 심리적 적응과 성장에 도움이 되고 정신건강과 안녕감에도 긍정적인 영향을 주므로(원두리 · 김교헌 · 권선중, 2005) 중년기에 삶의 의미를 찾고자 하는 노력은 새로운 성장의 계기가 될 수 있다. 또한 중년부부의 적응을 위해서는 부부권력의 재조정도 필요하다. 중년부부 230쌍을 대상으로 부부권력과 결혼만족도를 조사한 결과, 사랑과 믿음, 서로에 대한 이해를 바탕으로 한 '개인적 권력'은 중년부부가 부부갈등을 효과적으로 해결할 수 있는 능력을 증진시키고 결혼만족을 증대시키는 긍정적 요인이라고 밝히고 있어(이명신 · 김유순, 2016) 중년기의 다양한 변화에 맞는 부부의 역할과 권력의 재조정을 통해 적응해 나가는 것이 필요하다.

2) 노년기의 특성

노년기에 해당하는 연령은 65세 이상의 노인을 일컫는데, 65세 이상의 노인집단을 동일한 연령집단으로 보기는 어렵다. 노인의 연령에 따라 65세 이상에서 74세는 연소노인, 75세에서 84세는 중기노인, 85세 이상은 초고령노인으로 나누기도 하나 많은 연구에서 하나의 노인집단으로 노인의 특성을 규정하는 것이 일반적이다.

우리나라의 65세 이상 노인은 인구의 17.5%로 향후 계속 증가하여 2025년에는 20.6%로 초고령사회로 진입할 것으로 전망된다(통계청, 2022). 인구고령화로 인한 다양한 변화에 대비하기 위해 노년기의 특성을 파악하여 제반 문제에 대응할 필요성이 있다.

(1) 신체적 특성

노년의 신체적 특성은 여러 신체기관의 노화로 외형상의 변화가 두드러지며, 특히 이 가운데 피부의 노화와 신체 전반의 노쇠현상, 질병 등은 노인에게 자주 나타나는 신체적 특성이다.

① 외형상의 변화

나이가 들면서 가장 가시적인 변화는 피부의 노화이다. 시간의 경과에 따라 생체 구성 단백질의 합성 감소와 호르몬 분비가 감소하면서 내인성 노화가 발생하며, 오염된 공기나 자외선에 의한 광노화로 피부가 얇아지고 주름 증가, 탄력 저하가 일어나며 색소침착 등이 증가하게 되는 외인성 노화도 나타난다. 피부는 산소와 자외선에 노출되면 멜라닌 생성이 촉진되는데, 결과적으로 주근깨 및 기미 생성, 피부의 탄력 감소, 주름 생성 등 피부노화가 가속화 된다(당수민, 2021). 이 밖에도 가려움증, 피부 건조가 발생하며, 이러한 현상은 노화에 따른 피부의 일반적인 변화로 식습관, 전반적인 건강상태, 활동, 노출, 그리고 유전적인 요인의 영향을 받는다(박혜진 · 우미옥, 2018). 노인들은 온도 변화를 조절하는 능력이 저하되어 저체온증, 열사병, 일사병에 걸릴 가능성이 높고, 특히 독거노인과 같이 고립된 노인들의 경우 이러한 증상 발생 시 빠른 치료가 어려워 치명적일 수 있다(이차임 · 조주연, 2003).

② 노쇠

노쇠는 다양한 장기와 기관의 전반적인 기능적 저하와 소실로 말할 수 있는데, 전반적인 신체기능(예, 항상성 유지 능력)이 감소하여 외부자극에 대해서 제대로 반응하지 못하게 되며, 그로 인해 기능적 의존성 및 장애, 질병, 사망 등 부정적 결과를 초래하게 된다(Fried et al., 2001). 노쇠상태는 세계적으로 가장 널리 사용되는 Fried 등(2001)이 제시한 노쇠지표로 파악할 수 있다. 체중감소, 정서적 고갈, 신체적 활동, 보행속도, 악력의 5가지 요소로 구성되어 있으며, 이 가운데 3가지 이상에 해당하는 경우를 노쇠(frail), 1~2개에 해당하는 경우를 전노쇠(pre-frail)라고 한다.

2006년 고령자패널 데이터를 활용하여 고령자의 노쇠 정도를 살펴본 결과, 배우자가 없는 자, 농촌지역 거주자, 여성이 남성보다, 소득 및 교육수준이 낮은 자, 두 가지 이상 질환을 가지고 있는 경우, 우울이나 인지기능 저하가 있는 경우, 사회활동이나 모임이 없는 경우, 음주자와 운동을 하지 않는 경우에 더 노쇠한 것으로 나타났다(김정욱 · 최영, 2023).

노쇠는 골격근, 내분비계통, 호흡기계통, 심혈관계통 등 여러 주요 계통에 부정적인 영향을 미치는 임상적 증후군이지만, 규칙적인 운동으로 신체기능을 향상시킬 수 있다. 노쇠 노인에게 10주 이상 유산소운동, 저항운동, 균형 및 유연성 운동이 포함된 복합운동을 주 2~3회 시행하는 것이 권장되며, 이러한 복합운동은 근력, 균형 능력, 보행 속도, 기능적 능력 및 건강 등을 향상시키는 것으로 나타났다. 노인의 노쇠 예방을 위해서는 꾸준한 운동이 요구된다(박인성, 2021).

③ 만성질환

한국의 65세 이상 노인 중 89.5%는 하나 이상의 만성질환을 가지고 있으며, 평균 2.7개의 만성질환을 가지고 있는 것으로 보고되었다(통계청, 2021).

질병관리청에서 실시한 국민건강영양조사에서 70대 이상 1,117명을 조사한 결과 66.4%가 고혈압이고, 31.8%가 당뇨병인 것으로 나타나(통계청, 2023) 만성질환 중 고혈압의 유병률이 가장 높았다. 고혈압은 단일요인이 원인으로 발생하는 병이 아니라, 유전적 요인, 식습관, 영양불균형, 운동 부족, 스트레스 등과 같은 다양한 원인들이 복합적으로 작용하여 발생하므로 일찍부터 관리가 요구된다.

제6차 고령화 연구패널조사를 활용하여 고혈압 유병률에 영향을 미치는 위험 요인에 대해 조사한 결과, 고혈압 유병률은 65세 미만에서 29.0%, 65세 이상에서 54.2%로 나타나 노인 고혈압이 높은 것으로 나타났다. 65세 이상 노인의 경우 비만 및 과체중, 중소도시나 대도시에 사는 경우, 관절염 및 류마티스 질환이 있고 인지기능 정도가 낮은 경우가 고혈압 유병률에 위험인자로 나타났다(김가영, 2019).

국민건강영양조사 자료를 이용하여 한국인 성인을 대상으로 영양섭취 기준대비 영양소 섭취 수준에 따른 고혈압 유병 위험도를 분석한 결과, 단백질, 인, 칼륨, 철, 티아민, 리보플라빈, 나이아신 등의 영양소 섭취량이 상대적으로 높은 사람들은 고혈압 유병 위험이 낮았다. 또한, 나트륨 섭취량이 2,000~4,900mg 이하의 섭취 수준을 보인 대상자는 고혈압 유병 위험이 상대적으로 낮다는 것을 밝혔다(구슬 외, 2012). 노인들은 식생활 요인 및 생활습관 요인이 고혈압의 주요 인자인 것으로 확인되어(강성안 · 김소희 · 류민호, 2022) 노년기에는 고혈압에 대한 효과적인 생활습관 관리 및 영양관리가 필요하다고 하겠다.

골다공증은 골질량의 감소와 골조직의 미세구조변형을 특성으로 뼈의 취약성과 골절의 위험을 증가시키는 전신골격계 질환이다. 국내 골다공증 유병률을 살펴보면 남성은 평균 3.4%, 여성은 18.4%로 여성에서 높은 비율을 보이고 있다(권혜영 · 하용찬 · 유준일, 2016). 특히, 폐경 후 여성은 65.7%에서 골다공증이 발생하였으며(Byun et al., 2018), 골다공증으로 이환된 여성의 88%가 60세 이상 노인이다(권혜영 외, 2016). 골다공증으로 가장 흔하게 발생하는 골절은 신체기능을 제한할 뿐만 아니라 우울, 의료비용으로 인한 경제적 부담, 사회활동의 제한과 같은 심리사회적 영역에 부정적인 영향을 미치므로 궁극적으로 건강과 관련된 삶의 질을 악화시킬 수 있다(권혜영 외, 2016; Byun et al., 2018). 따라서 빠르게 진행되는 우리 사회의 고령화와 여성노인의 골다공증 위험이 증가되는 측면을 고려해 볼 때 골다공증을 예방하기 위한 적극적인 노력이 필요하다.

(2) 인지 · 심리적 특성

① 우울

2020년 65세 이상 노인의 우울 유병률은 13.5% 정도(통계청, 2023)로 노인 우울증은 다양한 영역에서의 기능 손상과 질병이환, 자살 위험의 증가와 밀접히 관련되며(김현순 · 김병석, 2007), 다른 연령대와 비교해 재발률이 높다(Haigh et al., 2018). 특히 노인 우울증은 삶의 질에 영향을 미치는 만성질환과 동반 이환이 가장 흔한 정신장애로, 노인 삶의 질 저하의 주요 위험요인이다(정동희 · 심은정, 2019).

한국복지패널데이터를 활용하여 65세 이상 노인 4,823명의 우울증상을 살펴본 결과 58%의 노인은 적어도 한 가지 이상의 우울증상을 경험하고 있으며, 20% 정도의 노인이 우울감 혹은 흥미의 상실과 같은 우울증의 핵심 증상이 없는 신체화 관련 증상(식욕저하, 수면장애, 피로)을 경험하는 것으로 나타났다(박현용, 2018).

이와 같이 약한 수준의 우울증상을 경험하는 노인은 우울증 관련 치료를 적극적으로 받기보다는 노화의 한 증상으로 인식하여 적절한 치료를 받지 않지 않고 지낼 가능성이 크다(McInnis-Dittrich, 2014, 박현용, 2018 재인용). 그러나 낮은 수준의 우울증상을 가지고 있는 노인이라고 하더라도 주요 우울증 진단을 받은 노인과 마찬가지로 신체적 · 정신적 어려움이나 자살, 주요 우울장애로 발전할 가능성이 크고 나아가 삶의 질이 낮아질 수 있으므로(류재성 외, 2013) 노인의 우울증상에 대한 다차원적인 예방 및 치료 개입이 필요하다.

② 치매

알츠하이머는 노화를 대표하는 질병으로 모든 치매의 60~80%를 차지한다. 이 질병의 가장 큰 발병 원인은 나이로 알려져 있다. 현재까지 승인된 약물 치료법도 없고 과학적으로 입증된 예방법도 없다(Cruikshank, 2013, 이경미 역, 2016). 알츠하이머 치매는 노인에게 인지기능장애를 보이는 대표적인 질환으로 2019년 중앙치매센터 자료에 의하면 우리나라 65세 이상 노인의 평균 치매 유병률은 10.3%이며, 그 중 알츠하이머 치매가 74.9%를 차지하고 있다.

우리는 주변에서 많은 노인이 치매에 걸리는 것을 보았고 치매에 걸린 노인들이 가족의 돌봄을 받는 경우도 있으나 많은 경우에 요양원이나 요양병원과 같은 시설로 가 종국에는 죽음을 맞이하는 것을 보았기 때문에 치매는 두려움과 공포의 질병으로 인식되고 있다. 그러나 최근 치매를 관리모델에서 치유모델로 전환하는 것이 효과적이라고 여겨지는 사례가 보고되었다. 네덜란드의 치매환자들은 전문가의 도움 아래 복합단지에 거주하면서 음악활동, 그림 그리기, 요리하기, 정원 가꾸기 등 공동체 활동을 하며 지낸다. 자신이 잃어버린 능력이 아니라 보존된 능력에 집중하며 자신의 신체적, 정신적, 사회적 건강상태를 다시 끌어올리려는 노력을 통해 일상생활을 유지하고 있다(Cruikshank, 2013, 이경미 역, 2016).

③ 기억

초기 성인기에 발달한 인지기능은 일반적으로 40대에서 50대에 이르면 기억력 감소와 더불어 인지저하가 진행되고 노년기 치매로 이어지는데, 중년기의 건강한 건강행태 유지와 직장생활, 여가활동 등의 인지적 참여는 노년기 인지기능 유지에 의미 있고 긍정적인 영향을 미치는 것으로 보고되었다(Hertzog, Kramer, Wilson, & Lindenberger, 2008; Launer, Masaki, Petrovitch, Foley, & Havlik, 1995; Rantanen, Masaki, He, Webster Ross, Willcox, & White, 2012). 반대로 중년기부터 장기간에 걸쳐 지속한 해로운 건강행태(흡연, 음주, 신체활동 부족, 과일 및 채소 섭취 부족 등)는 노년기 인지기능 저하의 원인이 되는 것으로 밝혀졌다(Sabia, Marmot, Dufouil, & Singh-Manoux, 2008).

한국고령화패널조사 2차년에 6,437명의 노인들의 인지기능을 조사한 결과, 고령노인과 초고령노인 사이에서 인지기능이 급격히 저하되는 것으로 나타났고, 특히 연령이 증가할수록 여성노인에서 더 급격한 인지저하가 나타나, 고령과 초고령에 이를수록 여성노인과 남성노인 간 인지기능 격차가 더 커지는 것으로 밝혀졌다. 이러한 인지기능에 영향을 주는 요인으로는 친한 사람들과의 만남 횟수, 건강상태, 우울, 운동과 같이 변화 가능한 요인들은 본격적인 인지저하가 나타나기 이전인 연소노인집단에 예방적 역할을 하였다. 중고령 노년기에는 다른 연령기에 비해 건강 관련 요인들이 인지기능에 중요한 영향을 미치고 배우자 유무, 만남 횟수, 참여모임 수와 같은 사회관계적 특성의 영향력이 고령노인집단에서 가장 큰 것으로 나타났다. 즉 75세 이상의 고령노인일수록 공식적 · 비공식적 관계망에 기반한 활발한 교류가 인지기능저하를 막는 데 중요하게 작용한다(이현주 · 강상경, 2011).

(3) 사회적 특성

① 은퇴

우리 사회의 법적 정년은 60세로 되어 있으나 가장 오래 근무한 직장에서 퇴직하는 평균 퇴직 연령은 49세 정도이다(통계청, 2022). 중 · 고령자의 은퇴는 정년제도에 따라 공식적인 퇴직 연령을 맞이하여 이행되거나 건강이나 고령 등 개인의 사유로 노동시장을 완전히 이탈하는 경우 또는 자영업과 같이 은퇴 시기가 정해지지 않아 소득활동을 지속하거나 은퇴 후에도 소득활동을 재개하여 노동시장에 잔류하는 유형이 있다(박경숙, 2003; 손종칠, 2010).

과거에는 정년퇴직을 하면 어떤 소득활동도 하지 않는 진정한 은퇴기가 되었으나 최근에는 주된 일자리에서 퇴직해도 재취업과 창업 등 가교일자리(bridge job)로 경제활동을 지속해서 서서히 은퇴로 나아가는 점진적 은퇴가 늘어났다(정선정, 2014). 생애 주된 일자리를 그만둔 이후 노동시장에서 완전히 이탈하기 전까지 종사하는 일자리를 가교일자리라고 하는데(최옥금, 2011), 한국 베이비부머 패널 조사자료를 활용한 연구를 보면 73%가 가교일자리를 경험하는 것으로 나타났다(나수영 · 한경혜, 2016). 이처럼 가교일자리는 기대여명이 증가하여 길어진 노후를 준비하는 수단이며, 완전한 은퇴로의 적응을 위한 준비이기도 하다. 은퇴준비는 경제적 측면, 건강관리, 여가생활 준비, 심리적 대비 등 포괄적인 개념으로 2021년 노후를 준비하는 고령자는 56.7%이며, 이들의 노후 준비방법은 국민연금 48.4%, 예 · 적금 17.1%, 직역연금 11.1% 순으로 나타났다(고령자통계, 2022). 또한 자아실현을 위해서 혹은 경제적 이유로 취업을 하는 경우도 많아 2021년 65세 이상 고령자의 고용률은 34.9%(통계청, 2022)로 15세 이상 인구 전체 고용률(60.5%)에 비해 낮은 수준이나 꾸준히 증가하고 있다.

은퇴생활에 얼마나 잘 적응하는가는 개인이 처한 상황과 특성에 따라 차이가 있다. 일에 대한 가치관, 은퇴준비 정도, 퇴직의 자발성, 건강상태 등 다양한 요인에 영향을 받아 은퇴 적응에 차이를 보이게 된다. 여러 연구를 통해 밝혀진 은퇴적응의 주요 영역별 내용을 보면 다음과 같다. 첫째, 경제적 변화에 대한 적응인데 은퇴 후 소득감소가 이루어지므로 기대여명이 길수록 여가와 소비가 줄어들고(김병태 · 최현자, 2018) 자녀에게 재산을 상속하고자 할 경우에도 지출을 억제하여 소비지출 규모에 영향을 줄 수 있다(심현정, 2017). 둘째, 은퇴 이후 신체적 건강상태나 정신건강이 악화될 가능성이 높아 이에 대한 적응이 필요하다. 셋째, 은퇴와 함께 직장동료와의 관계 단절, 사회활동 참여 저하 등으로 사회적 관계망의 축소가 일어날 가능성이 크므로 잘 적응하지 못하면 사회적 소외와 고독을 경험할 가능성이 높다. 넷째, 직업과 관련하여 자아정체감을 지탱해 온 경우 직업적 지위의 상실로 자존감의 저하가 나타날 가능성이 크다. 은퇴 후에는 직업지위가 아닌 새로운 자아정체감 형성을 위한 노력이 필요하다. 다섯째, 여가시간은 늘어나는데 여가활동 참여도는 줄어든다. 여가활동은 사회활동으로 성공적인 노화의 중요한 요소이며, 은퇴로 늘어난 시간들을 조직하고 활동하는 데도 도움이 되므로 적극적으로 준비하여 의미 있는 여가생활을 구축해야 한다. 여섯째, 부부관계 만족도가 좋은 경우 긍정적인 은퇴적응을 하게 되지만 은퇴 전 부부가 떨어져 있는 시간이 많은 경우에는 은퇴 후 함께 하는 시간의 증가로 긴장을 유발하기도 한다. 따라서 은퇴 후 만족스러운 부부관계를 위해 서로 역할에 대한 재조정과 효율적인 의사소통이 필요하다(한경혜 외, 2019).

② 친구관계

노인의 삶의 질에 친구와 이웃관계의 중요성이 과거보다 커졌다. 가까운 거리에 있는 친구 및 이웃관계는 멀리 있는 가족에 비해 접촉이 용이하여 접근성이라는 측면에서 강점을 가진다. 노년기에는 신체 및 경제 능력이 저하됨에 따라 이동성과 접근성에 제약이 있으므로 자주 접할 수 있는 친구와 이웃의 상대적 영향력이 중요하다(김정현, 2019). 노후의 삶에서 다양한 인간관계로부터의 지원이 노인의 안녕감을 증진시키는데, 특히 배우자나 친구로부터의 지원은 고독감을 완화시킨다고 하였다(Chen & Feeley, 2014). 우리나라 노인 924명을 대상으로 행복에 가장 영향을 준 사람을 조사한 결과, 자녀나 손자녀 다음은 친구로 조사되었고, 10명 중에서 2~3명 정도는 친구가 행복에 가장 큰 영향을 준 것으로 나타났다(박영신 외, 2021).

노년기에 친구 및 이웃관계를 형성하고 유지하는 것은 결혼상태에 따라 달라질 수 있는데, 배우자를 통해서 확장되거나 유지되기도 하지만(Han, Kim, & Burr, 2019) 선택-적정화-보상 모델(Selection, Optimization, and Compensation model, 이하 SOC 모델)에 의하면 노년기에는 신체기능이 감퇴하고 심리사회적 및 물적 자원이 부족해지지만, 목표를 선택하고 자원을 적정화시키는 과정과 부족한 자원을 보상하는 과정을 거치면 성공적인 적응이 가능하다(Baltes & Baltes, 1990). SOC 모델을 사회적 관계에 적용하면 친밀하고 지지적인 사회적 관계(예: 배우자 관계)를 상실하였을 경우 노인들은 다른 친밀한 사회적 관계(예: 자녀, 친구, 이웃)와의 상호작용을 통해 배우자의 부재로 인한 영향을 완충시킬 수 있다(Carstensen, Isaacowitz, & Charles, 1999; Stokes & Moorman, 2018).

신체와 인지기능이 건강한 55세 이상 75세 미만 은퇴고령자의 행복감에 가족 내 지지와 가족 외 지지가 미친 영향을 조사한 결과, 친구관계가 행복감에 미치는 영향이 가족관계의 영향보다 상대적으로 강하다고 보고함으로써 가족 외 지지로서 친구관계의 중요성을 강조하였다(정우진 · 김태성, 2015).

③ 사회참여

의학기술의 발전으로 노년기가 길어짐에 따라 노년기에도 다양한 사회참여활동의 필요성이 증가했다. 국내 관련 연구들에서 사회참여는 여가활동과 혼재되어 사용되었으나(이소정, 2009) 사회참여 중 여가활동은 극히 일부이며, 일자리, 자원봉사, 정치참여, 교육 등의 공식적인 활동부터 가족이나 친구들과의 접촉, 친목활동 등과 같은 비공식적인 사회활동까지 다양한 형태의 활동을 포함한다. 2007년 WHO는 노년기 사회참여의 영역을 여가, 문화, 사교, 교육, 영적 활동의 참여 등 포괄적으로 규정하였다. Rowe와 Kahn(1998)은 노년기의 삶에 있어서 사회참여활동의 지속은 성공적인 노화를 유지시키는 주요 요인 중 하나라고 주장했다. 이러한 사회참여는 국내외 선행연구에서 노인의 행복감에 긍정적인 영향을 미치는 요인으로 작용한다고 밝혀졌다(최성은, 2012).

노인의 입장에서 사회참여 욕구를 살펴본 연구를 보면, 노년기 사회참여의 욕구는 사람마다 다양하므로 욕구에 맞는 사회참여활동을 지원할 필요성이 제기되며, 특히 노인들의 자발성을 고려하는 것이 중요하다고 하였다(김정현 · 노은영, 2018). 사회참여활동이 활발할수록 삶의 질이 높다는 것이 많은 연구에서 밝혀졌지만, 건강이 악화되거나 과거에 고된 활동으로 지친 노인, 성격적으로 내향적이어서 활동보다는 휴식을 원하는 노인들도 있으므로 쉼없이 무언가를 하는 것이 바람직한 노후생활이라는 편향된 시각을 강요하지 않아야 한다.

2. 노년기 가족관계

노년기는 자녀를 양육하고 교육시킬 때 필요했던 시간과 노동, 경제적 부담에서 벗어나는 시기로, 자녀 양육 책임과 직업적 요구가 약화됨으로써 남녀의 성역할 구분이 모호해지며, 가족과 함께 보내는 시간이 많아지고, 이로 인해 새로운 친밀감을 형성하는 것이 요구된다(김재엽 · 김동배 · 최선희, 1998; 전길양 · 임선영, 1998). 또한 신체적, 경제적, 사회적 측면에서 전반적으로 자원이 감소하게 되는 시기로 부부간에 한정된 자원의 배분과 협동이 요구되는 시기이다(전길양 · 임선영, 1998). 2020년 65세 이상 고령자 중 전반적인 가족관계에 만족하는 비중은 51.3%로 지난 10년간 3.6% 증가하였다. 배우자와의 관계에 대해 만족하는 고령자는 61.9%로 지난 10년간 2.6% 증가하였고, 남성고령자는 만족이 증가한 반면, 여성고령자는 불만족이 증가하였다. 자녀와의 관계에 만족하는 고령자는 70.4%이며 지난 10년간 7.5% 증가한 것으로 나타났다. 즉 남성은 여성보다 전반적인 가족관계 및 배우자와의 관계에 만족도가 높았고, 여성은 남성보다 자녀와의 관계에서 만족도가 높은 것으로 나타났다(통계청, 2022).

1) 노년기부부관계

노년기는 인간발달 단계에서 상호의존도가 매우 높아지는 시기로 특히 가족관계에서 배우자에 대한 상호의존이 어느 시기보다 중요해진다(김태현 · 전길양, 1997). 사회와 가정에서의 역할과 비중이 달라질 뿐 아니라 관계의 양상도 달라질 수밖에 없는 것이다. 배우자는 다른 삶의 자원보다 노년기에 매우 중요해지며(홍달아기 · 이남주, 2005), 가정으로 축소되는 생활범위로 인해 노년기부부의 친밀도는 노인들의 신체적, 심리적, 사회적 건강에 매우 중대한 영향을 미치게 된다(서수균 외, 2014).

2022년 가구주 연령이 65세 이상인 고령자가구는 519만 5천 가구로 전체 가구의 24.1%이고, 65세 이상 고령자가구는 계속 증가하여 2039년에는 천만 가구를 넘고, 2050년에는 우리나라 전체 가구의 약 절반(49.8%)이 고령자가구가 될 것으로 전망되고 가구 유형별로 보면 부부로만 이루어진 가구가 35.2%로 독거노인 다음으로 많다(통계청, 2022). 노인부부로만 이루어진 가구는 건강한 경우에는 역할 재정립과 관계 재정립을 통해 부부친밀감을 높이며 노부부 기간을 잘 적응하기도 한다. 그러나 고령이 될수록 건강악화로 돌봄이 필요한 경우 건강하지 못한 노인이 자신보다 더 건강하지 않은 배우자에 대해 돌봄을 책임져야 하는 노노케어 문제가 유발되기도 한다.

특히 노년기에 부부친밀감이 결여되면 우울 및 불안과 같은 심리적, 정서적 불편으로 이어져 노화에 대한 부정적 인식을 갖게 되며, 부부가 친밀할수록 성공적 노화를 이루기 위한 자기계발이나 건강, 가족에 더 집중할 수 있다. 부부친밀감은 단기간 내에 이루어지는 것이 아니기 때문에 노년기의 만족스러운 부부관계를 위해서 중년기 때부터의 노력이 필요하다.

2) 노부모와 성인자녀관계

평균수명의 증가로 길어진 노부모와 성인자녀 간의 관계에도 다양한 요소로 인해 변화가 나타나게 된다. 은퇴로 인한 직업역할의 상실과 친구 및 배우자의 상실 등 다양한 상실을 경험하는 노년기 삶의 특성상 가족의 지지는 그 어느 때보다 중요하다. 과거보다 노부모와 성인자녀의 동거 비율은 2008년 27.6%에서 2017년 23.7%로 감소하였으나(김유경, 2018), 성인자녀와 동거하지는 않지만 근거리에 거주하면서 이들을 정서적(고민 상담), 도구적(청소 · 식사준비 · 세탁), 신체적(간병 · 수발 · 병원동행 도움)으로 지원하고 손자녀를 양육하기도 한다(유재언, 2017). 또한 2006년 '고령화연구패널조사' 자료를 활용해 노부모세대와 자녀의 거주근접성을 살펴본 결과 신체기능상의 장애가 많을 때와 자녀수가 적을수록, 부모가 시골에 사는 경우와 비교하여 대도시나 중소도시에 거주하는 경우 성인자녀와 보다 가까운 거리에 거주하며 정서적 · 도구적 지지를 제공하는 것으로 나타났다(최희정 · 남보람, 2016). 이와 같이 노부모와 성인자녀관계는 모두 전반적으로 상호호혜적인 관계가 가장 높은 비중을 차지하는 것으로 나타나(유재언 · 최희정, 2019) 성인자녀와 노부모는 서로 도움을 주고받는 관계라고 볼 수 있다.

한편 우리나라 가족의 모습 가운데 부모와 비독립 성인자녀로 구성된 가구의 증가현상이 나타나고 있음에 주목할 필요가 있다. 여성가족부의 '2020년 가족실태조사'에 의하면 만 25세 이상 성인자녀를 둔 가구 중 11.7% 이상이 독립하지 않은 성인자녀가 최소한 1명 이상 있는 것으로 나타났고(여성가족부, 2021), 30대 이상 미혼인구는 증가하고 사회활동은 감소하고 있다. 결혼을 계기로 부모로부터 독립하는 것이 일반적인 우리나라 문화에서 결혼의 지체 현상은 부모로부터의 독립을 지연시키고 더불어 높은 청년실업률 역시 부모로부터 경제적 의존에서 벗어나지 못하게 하는 원인이 되고 있다.

이처럼 노부부가 독립하지 못한 미혼 성인자녀를 부양하기도 하고, 반대로 성인자녀들이 노부모 부양에 대한 부담을 안고 있기도 한 것이 현실이다. 그럼에도 노부모와 성인자녀의 세대 간 교환관계는 복지제도, 세대관계에 대한 태도와 가치관, 노부모와 성인자녀의 발달 단계에 따라 자연적으로 발생하는 요구와 대응자원 등 다양한 요인에 영향을 받는다고 볼 수 있다.

성별에 따라서도 자녀와의 관계는 달라지는데 우리나라 가족에서의 딸 선호현상을 살펴본 연구에 따르면, 성인자녀 중 가장 자주 연락하는 자녀가 첫딸인 경우가 조사대상 부모의 36%로, 34%를 차지한 장남을 넘어섰다(이상림 외, 2016). 또한, 민간여론조사기관인 한국리서치에 따르면, 딸이 하나는 있어야 한다고 생각하는 부모의 비율이 44%로 아들이 하나는 있어야 한다는 비율(23%)의 두 배에 가까웠다(한국일보, 2018.5.3). 자녀를 한 명 낳는다면 딸을 선호한다는 응답이 66%나 되는 조사결과도 있어(박성은 · 이지성 · 장미화, 2018) 자녀의 성별에 따라 관계와 교류 양상이 달라질 수 있음을 시사한다.

3. 노년기 연구동향

노년기를 다룬 다양한 영역의 연구가 있으나 이 가운데 최근에 관심을 받고 있는 연구 주제로 '사회정서적 선택이론'과 관련된 노년기의 정서관련 연구, 초고령노인과 관련된 연구, 살던 곳에서 계속 살기(Aging in place: AIP)와 관련된 연구를 중심으로 정리하면 다음과 같다.

1) 노년기 정서

노년기의 정서를 잘 나타내주는 대표적인 이론인 사회정서적 선택이론(Socioemotional Selectivity Theory: 이하 SST)은 Carstensen(1992)에 의해 처음 제시된 이론으로 노인이 청년과 달리 생의 남은 시간을 지각하는 관점이 다르기 때문에 노인의 경우 정서적 상태를 유지하거나 다른 사람들과 친밀함을 느끼는 것과 같은 감정 관련 목표를 선호한다고 한다(Carstensen, Fung, & Charles, 2003; Carstensen, Issacowitz, & Charles, 1999).

SST에 따르면 자신에게 남은 시간이 많다고 지각하면 미래지향적인 목표를 추구하게 되지만 남은 시간이 얼마 남지 않았다고 지각하게 되면 정서적 만족과 관련된 현재 지향적 목표를 추구하게 된다는 것이다. 노년층은 청년층에 비해 일상에서 안정적이고 긍정적인 정서 경험을 중시하며, 자신에게 의미 있는 활동을 추구하고 새로운 정보습득은 덜 하는 경향이 있어 가능한 한 좋은 정서를 유지하고자 한다(Reed & Carstensen, 2012). 그러나 최근 노년층을 대상으로 디지털 정보를 제시하여 SST를 검증해본 민동원(2020)의 연구를 보면 노년층에게도 디지털 정보가 보편화되어 있다고 인식되고, 보편화에 따라 노인들도 이러한 정보에 익숙해져야 한다는 목표가 유발되면 새로운 정보를 처리하려는 의도가 생기는 것으로 나타났다. 즉 노인들이 새로운 것을 추구하지 않고 부정적 정서를 회피하려고만 하는 것은 아니라는 것이다. 65세 이상 노인 271명을 대상으로 한 최근 연구를 보면, 자신의 실제 나이보다 젊게 지각하는 노인은 정서조절 목표를 더 선호하는 것으로 나타났고, 이러한 결과는 청년과 노인을 비교한 기존의 결과와는 차이가 있었다(Bae, Jeon & Waker, 2022). 즉, 청년과 노인을 비교했을 때는 노인이 청년보다 정서에 도움이 되는 방향으로 관계를 형성하지만, 노인집단 내에서는 연령이 증가한다고 해서 정서조절을 더 우선시한다고 보기는 어렵다는 점을 보여주었다.

노인들의 정서 표현과 관련하여 지나온 삶에서 다양한 정서를 경험하고 통합하고 이해할 수 있는 정서 복잡성(emotional complexity)이 증가한다. 그로 인해 특정 정서를 두드러지게 표현하지 않게 되기도 하지만, 친밀한 대인관계를 유지하기 위한 수단으로서 친밀함을 촉진시켜 주는 정서는 표현하고 대인관계에 위협이 되는 정서는 표현하지 않거나 덜 표현함으로써 주관적 안녕감을 유지하게 된다(유경 · 민경환, 2005). 즉 노년기에는 긍정적인 표현을 많이 하는 것이 심리적, 신체적 건강, 그리고 주관적 안녕감에 긍정적인 영향을 주며, 특히 여성노인들은 남성노인에 비해 우울에 취약하고 주관적 안녕감이 낮은 특성이 있으므로 여성노인들의 정서적 삶의 질을 높여 건강하고 행복한 삶을 살 수 있도록 다각적인 지원과 관심이 필요하다(유경, 2010).

2) 초고령노인

노인의 연령을 나눌 때 초고령노인을 따로 분류할 필요가 제기되는 이유는 65세 이상의 노년층이 모두 동일한 속성을 공유하지 않기 때문이다. 연령으로 초고령노인을 구분한다고 보면, 80세 이상을 초고령으로 정의한 연구(강동훈, 2021; 백유신 · 김수지, 2021; 이상우 · 최재성, 2018; 이현지, 2020)도 있고, 85세 이상을 초고령노인으로 구분하여 수행한 연구(권태연, 2009; 이인정, 2014; 전해숙, 2016, 2017, 2018)도 있다.

우리나라의 80세 이상 초고령노인은 전체 인구의 4.2%로 210만 명이 넘는다(통계청, 2022). 80세 이상 초고령노인은 신체적 기능저하와 통제감과 탄력성 등과 같은 심리적 자원의 저하를 경험하는 시기로 이전 생애주기와 비교하여 정상적 삶의 궤적을 넘어 단절되고 선호하지 않는 특성을 보여주는 발달 단계로 "the fourth age"라고 한다(Balts & Smith, 2003; 이현지, 2020 재인용). 또한 초고령노년기에는 다양한 기능감퇴와 건강 문제가 나타나고 배우자 사별이라는 극심한 스트레스를 경험하기도 한다. 배우자 사별은 '폭포효과'라고 불리며 홀로 남겨진 노인에게 부정적인 여파가 매우 크다는 것을 의미한다(장수지, 2013).

초고령노인 연구에서 심리적 측면과 관련된 연구를 보면 우울, 스트레스, 고독, 자살, 죽음과 관련된 연구들이 있다. 205명의 초고령노인을 대상으로 스트레스와 우울의 관계를 살펴본 결과 40% 정도가 우울증(중증 우울)과 우울 의심(경증 우울)을 가지고 있는 것으로 확인되었고, 건강문제로 인한 스트레스가 초고령노인의 우울에 가장 큰 영향을 미쳤으며 경제문제, 가족문제, 사별로 인한 스트레스가 우울에 미치는 영향도 컸다(이인정, 2014). 85세 이상 296명을 대상으로 우울증상을 살펴본 또 다른 연구를 보면 초고령노인의 우울증상은 시간이 지남에 따라 점차 증가하는 것으로 나타났다(전해숙, 2017). 80세 이상 초고령노인 234명을 연구한 결과 일상의 스트레스로 인해 우울은 높고 주관적 만족감은 낮은 것으로 보고하였다(이현지, 2020).

배우자와 사별한 지 5년이 안 되었거나 자신이 심각한 질병 중인 80세 이상의 초고령노인을 심층면접한 결과 초고령노인은 일상 속에서 죽음 경험을 하고 죽음을 공포, 두려움 등의 압도적인 대상으로 바라보기보다는, 죽음 앞에서 더욱 진지하게 어떻게 살 것인가를 생각하며 '적절한 죽음'을 준비하는 것으로 나타났다(유정인 · 유현실, 2022). 그리고 초고령노인은 자신의 죽음을 인정하고 받아들이면서 구체적으로 죽음을 준비하기 위한 특정 행동들을 이행하는 것으로 나타났다(김정현 · 오혜인, 2020).

80세 이상 노인을 대상으로 인생 회고를 통한 음악 자서전 프로그램이 초고령노인들의 우울감 개선에 미치는 영향을 살펴본 결과 긍정적 정서를 포함한 자전적 기억을 많이 회상함으로써 우울감 개선에 도움이 되는 것으로 나타났다(백유신 · 김수지, 2021). 놀이춤이 초고령 독거노인의 고독감과 심리적 안녕감과의 관련성을 보면 놀이춤에 참여한 노인들은 서로 간의 인정과 지지를 통해 믿음과 신뢰를 바탕으로 자신의 이야기를 내어놓고 마음을 나눌 수 있었으며, 이러한 상호 간의 지지는 고독감에 긍정적 영향을 주는 것으로 나타났다(배혜영 · 천지언 · 김정모, 2021).

이상의 연구들을 정리하면, 초고령노인은 질병, 죽음 등을 경험하면서 삶의 유한함을 느끼게 되고 우울과 스트레스를 경험하기도 하지만, 인생회고와 죽음에 대한 준비, 사회적 지지를 통해 자신만의 방식으로 생의 마지막을 살아가고 있음을 알 수 있다. 초고령노인이 노년 초월의 단계를 거쳐 삶의 마지막까지 아름답고 품격 있게 살아가도록 가족과 지역사회가 함께 노력할 필요가 있다.

3) 살던 곳에서 계속 살기

대다수 노인은 살던 곳에서 계속 살기(Aging in place: AIP)를 원한다. 건강이 악화되어도 사회 서비스 지원을 받으면서 양로시설이나 요양시설 입소를 최대한 유예하기를 원한다. 이것이 충족될 경우 노인의 삶의 질이나 신체적 · 정신적 건강에 긍정적 영향을 주고, 사회적 돌봄 비용이 감소한다. 노인이 살던 곳에서 얼마나 오래 거주할 수 있는지, 이것이 얼마나 만족스러울지는 노인 개인의 건강이나 소득뿐만 아니라 주택을 비롯한 물리적 환경의 영향에 달려 있다(홍송이, 2017). 주택에 유니버설 디자인을 적용하면 노인이 살던 곳에서 계속 거주할 수 있는 주거 지속기간이 길어질 수 있다(김진엽, 2023). 유니버설 디자인(universal design: UD)은 '모든 사람을 위한 디자인(design for all)'으로 연령, 성별, 국적, 장애 유무 등에 관계없이 가능한 최대한의 사용자 요구를 만족시키는 건축, 환경, 서비스 등을 계획하고 설계하는 것이다(유니버설디자인협회, 2023). 유니버설 디자인을 적용한 주거는 노인의 신체적 · 기능적 쇠퇴와 결함을 보완하여 자신이 살던 곳에서 계속 살 수 있게 해준다. 최근에는 AIP의 의미가 '주거지에서 계속 거주'를 넘어서 '지역사회 계속 거주'로 확장되고 있음을 보여주는 연구도 등장했다.

노인들이 생각하는 AIP의 의미를 살펴본 결과, 안전하고 편리한 환경에서, 외롭지 않은 사회적 관계를 맺고, 지속적 사회활동을 하며 살아가는 것을 의미하는 것으로 밝혀졌다(이경욱, 2020). 초고령노인이 지역사회에 계속 거주할 수 있는 결정요인을 분석한 연구를 보면, 초고령 배우자가 있는 경우, 가계 월 생활비가 높은 경우, 질병을 보유한 경우에는 현재 거주하는 주택에 계속 살고자 하는 희망이 낮아지는 경향을 보였다. 반면에, 종교가 있는 경우, 가족 수가 많은 경우, 주택을 소유한 경우, 거주 지속기간이 긴 경우, 주거 만족도가 높은 경우에는 현재 살고 있는 주택에 거주희망이 높은 것으로 나타났다(곽인숙, 2011). 지역사회에 계속 거주하기를 원하는 주거 욕구 영향요인을 동거와 관련하여 살펴보면, 노인독신가구나 노부부가구는 계속 거주 욕구가 낮고, 미혼자녀나 기혼자녀와 동거할 경우에는 계속거주 의향이 높은 것으로 나타났다(이미애, 2022).

65세 이상 노인가구를 대상으로 현재 거주지에 이사 온 연도 이후 주택의 유니버설 디자인 효과를 파악한 결과, 노인들은 기본적인 유니버설 디자인을 갖춘 주택으로 주거 이동을 하거나, 살던 곳에서 중 · 대규모 주택 개조를 통해 AIP를 시도하는 이원화된 주거 행동을 하는 것으로 나타났다(김진엽, 2023).

장노년층 434명을 대상으로 AIP 의사와 이유를 파악한 결과, 학력과 소득이 낮고 연령이 높고, 건강하고, 거주기간이 긴 경우에 계속거주 의사가 큰 것으로 나타났다. 이는 살던 곳이 주는 편안함과 지역에 대한 애정, 익숙함이 주된 이유로 나타났다(권오정 · 김진영, 2019).

이상의 연구들이 시사하는 점은 노인에게 일상생활의 욕구를 충족시키며 안정적인 노후를 맞이할 수 있는 거주환경 준비가 중요한 주거 이슈임을 보여준다. AIP를 가능하게 하는 주거환경 개선은 요양시설로의 이동을 피하게 하여 사회적 부양부담 비용을 감소시키며 자신이 평생 살던 곳에서 계속 거주를 가능하게 하여 노인에게는 심리적 안정감을 제공하여 보다 성공적인 노후를 가능하게 할 것이다.

4. 미래연구전망

우리나라는 초고령화가 빠르게 이루어지고 있어 백세인(centenarians)의 라이프 스타일에 관한 연구의 필요성이 제기된다. 백세인은 초고령노인 중 100세가 넘는 노인을 가리키는 말로 전 세계적으로 백세인의 특성과 장수의 예측요인을 밝히려는 연구들이 진행되고 있다. 우리나라는 백세인 인구가 빠르게 가속화되고 있음에도 불구하고 백세인만을 대상으로 하는 국가 단위의 데이터 수집은 아직까지 이루어지지 않았다. 백세인의 라이프 스타일을 메타분석한 연구가 진행되었으나 국내 데이터는 포함되지 않아(함예진 · 박지혁,

2023) 앞으로 국내 데이터를 포함한 연구가 진행된다면 백세인에 대한 다양한 정보를 제공할 수 있을 것이다.

노인을 위한 지역사회 통합돌봄을 포함한 돌봄의 실천에 있어서 인공지능과 정보통신기술(Information and Communication Technology: ICT)의 적극적 활용을 위한 연구가 진행될 필요가 있다. 이미 몇몇 지역에서 시범적으로 기술을 활용하여 노인돌봄의 가능성을 확인하였으나 노인돌봄 관련 인공지능과 ICT 프로그램을 적극적으로 개발하고 발전시킬 수 있도록 관련 산업에 대한 육성과 지원이 필요하다. 이를 위해서 관련 기술을 개발하는 기관들을 적극적으로 지원하고, 개발된 기술을 노인돌봄현장에 적용해 볼 수 있는 기회를 제공하며 이를 보편적으로 활용할 수 있도록 적극적으로 지원해야 한다(김경미 · 이용재, 2023).

참고문헌

강동훈 (2021). 초고령노인의 우울 궤적 예측요인 분석. **한국지역사회복지학, 79**, 1-26.

강성안, 김소희, 류민호 (2022). 머신러닝 기반 생애주기별 고혈압 위험 요인 분석. **한국산업정보학회논문지, 27**(5), 73-82.

고민석, 김승희 (2013). 성인의 현재 건강상태가 건강관련 노후준비행동에 미치는 영향 -노후 건강기대의 매개효과를 중심으로-. **대한보건연구, 39**(2), 63-75.

곽인숙 (2011). 노인의 자녀와 동거희망과 지속거주희망에 영향을 미치는 요인: 초고령노인기를 가정하여. **한국주거학회논문집, 22**(6), 83-95.

구슬, 김영옥, 김미경, 윤진숙, 박경 (2012). 한국 성인의 고혈압 유병 관련 영양소 섭취 및 생활습관 위험 요인 분석: 2007-2008년 국민건강영양조사 결과 활용. **대한지역사회영양학회지, 17**(3), 329-340.

권오정, 김진영 (2019). 장노년층의 Aging in Place 의사 여부와 이에 따른 관련 변인 특성 차이. **한국주거학회논문집, 30**(3), 77-85.

권태연 (2009). 노년기 연소노인, 중고령노인, 초고령노인 집단의 스트레스 요인과 자아존중감이 우울에 미치는 영향. **사회복지연구, 40**(1), 163-196.

권혜영, 하용찬, 유준일 (2016). Health-related Quality of Life in Accordance with Fracture History and Comorbidities in Korean Patients with Osteoporosis. *Journal of Bone Metabolism, 23*(4), 199-206.

김가영 (2019). 65세 이상 노인과 65세 미만 성인의 고혈압 위험요인. **한국산학기술학회논문지, 20**(1), 162-169.

김경미, 류승아, 최인철 (2011). 삶의 의미가 노년기 행복과 건강에 미치는 영향: 청년기와 노년기의 비교를 중심으로. **한국심리학회지: 일반, 30**(2), 503-523.

김경미, 이용재 (2023). 노인 지역사회 통합돌봄의 인공지능(AI), ICT활용사례 연구. **AI와 인간사회, 4**(1), 55-78.

김경희, 이희경 (2013). 긍정정서와 자기결정성 요인이 삶의 의미에 미치는 영향. **상담학연구, 12**(4), 1353-1370.

김병태, 최현자 (2018). 베이비부머 은퇴자의 은퇴적응유형별 기대하는 은퇴기 단계의 지속기간 및 소비수준. **소비자학연구, 29**(4), 161-185.

김영희, 정선영 (2007). 부부갈등과 결혼만족도-갈등대처방식의 조절효과. **한국가정관리학회지, 25**(5), 65-82.

김유경 (2018). 성인자녀 부양 특성과 정책과제. **보건복지포럼, 260**(7), 79-98.

김재엽, 김동배, 최선희 (1998). 노인부부의 스트레스와 갈등, 우울증, 그리고 권력. **한국노년학, 18**(3), 103-122

김정욱, 최영 (2023). 중 · 고령자의 노쇠 발생에 영향을 미치는 요인에 관한 연구. **한국노년학연구, 32**(1), 1-26

김정현 (2019). 고령자의 관점에서 살펴본 노인의 연령기준. **한국노년학연구, 28**(2), 109-117.

김정현, 노은영 (2018). 노년기 사회참여 욕구에 관한 탐색적 연구: Q 방법론의 적용. **한국노년학, 38**(4), 871-889.

김진엽 (2023). 노인인구의 주거 지속기간 결정요인 분석: 유니버셜디자인 효과 중심으로. **주택도시금융연구, 8**(1), 53-73.

김태현, 전길양 (1997). 노년기부부의 상호간 지지와 역할공유 및 결혼적응에 관한 연구. **한국노년학, 17**(2), 167-182.

김현순, 김병석 (2007), 노인의 자살생각에 대한 경로분석. **한국심리학회지: 상담 및 심리치료, 19**(3), 801-818.

나수영, 한경혜 (2016). 가교일자리에서의 근로가 베이비부머의 결혼만족도 변화에 미치는 영향. **한국노년학, 36**(3), 541-562.

당수민 (2021). 자외선 자극에 의한 피부노화 억제 천연물 소재 개발. **한국융합학회, 12**(1), 251-257.

류재성, 김문두, 이창인, 박준혁 (2013). 노인 아증후군적 우울증 환자의 인지기능 및 삶의 질 저하. **생물정신의학, 20**, 46-54.

민동원 (2020). 노년층 소비자의 디지털 정보격차 완화를 위한 심리적 접근: 사회정서적 선택이론의 관점에서. **한국디지털정책학회, 18**(3), 133-138.

박경숙 (2003). 세대관계의 다양성과 구조. **한국 사회학, 37**(2), 61-94.

박성은, 이지성, 장미화 (2018.5.30). [카드뉴스] "나도 딸이 있었으면" 부모 '여아' 선호 뚜렷. https://www.yna.co.kr/view/AKR20180529146300797에서 인출

박영신, 전성숙, 양환옥, 조상현, 이은석 (2021). 한국 노인이 지각한 행복의 의미와 행복에 영향을 준 사람에 대한 분석. **교육문화연구, 27**(5), 673-705.

박인성 (2021). 노쇠 노인을 위한 운동 지침. **코칭능력개발지, 23**(2), 229-237.

박현용 (2018). 노인 우울증상의 잠재적 하위유형에 대한 탐색적 연구. **정신건강과 사회복지, 46**(3), 64-91.

박혜진, 우미옥 (2018). 고령자 피부미용에 적합한 한방 화장품 재료의 효능에 관한 고찰. **대한고령친화산업학회지, 10**(2), 41-51.

배혜영, 천지언, 김정모 (2021). 초고령 독거노인의 실버 놀이춤이 고독감과 심리적 안녕감에 미치는 영향. **한국자료분석학회, 23**(2), 923-937.

백유신, 김수지 (2021). 인생 회고를 통한 음악 자서전 프로그램이 초고령노인의 우울감 개선에 미치는 효과. **노인복지연구, 76**(2), 9-33.

서수균, 정영숙, 전지혜, 안정신 (2014). 노부모가 지각한 자녀갈등척도 개발 및 타당화. **한국심리학회지: 일반, 33**(3), 535-552.

손종칠 (2010). 중고령자 은퇴 및 은퇴 만족도 결정요인 분석. **노동정책연구, 10**(2), 125-153.

심현정 (2017). 은퇴와 은퇴기 시간경과에 따른 가계의 소비지출 변화 연구. 서울대학교 대학원 박사학위논문.

안정신, 정영숙, 정여진, 서수균, Cooney, T. M. (2011). 성공적 노화 연구의 비판적 고찰. **한국심리학회지: 발달, 24**(3), 35-54.

여성가족부 (2021). 2020년 가족실태조사.

원두리, 김교헌, 권선중(2005). 한국판 삶의 의미척도의 타당화 연구: 대학생을 대상으로. **한국건강심리학회, 10**(2), 211-225.

유경 (2010). 노년기 정서 표현과 정서 표현에 대한 양가성이 주관적 안녕감에 미치는 영향. **한국심리학회지: 사회 및 성격, 24**(1), 95-109.

유경, 민경환 (2005). 연령 증가에 따른 정서복잡성의 변화가 장노년기 주관적 안녕감에 미치는 영향. **한국노년학, 25**(4), 189-203.

유니버설디자인협회 (2023). 유니버설디자인 Universal design이란? Retrieved from https://www.ud-korea.kr/복제-유니버설디자인-대상-1

유상미, 이민수, 전태연, 김희철, 김재민, 임현우, 황선희 (2011). 잠재적 집단분석을 이용한 우울증의 임상양상 연구. **한국임상심리학회, 30**(2), 553-570.

유재언 (2017). 세대 간 돌봄이 성인자녀와 부모 간의 지리적 근접성에 미치는 영향. **여성연구, 92**(1), 31-56.

유재언, 최희정 (2019). 고령부부-비동거자녀 세대간 교환관계 유형: 2008년과 2017년의 차이 비교. **가정과 삶의 질 연구, 37**(2), 69-87.

유정인, 유현실 (2022). 초고령노인의 죽음과 함께 살아가는 삶에 대한 내러티브 탐구. **가족과 문화, 34**(3), 64-101.

이경미 역 (2016). **나이듦을 배우다. 젠더, 문화, 노화.** Cruikshank, M. (2013). Learning to Be Old: Gender, Culture, and Aging (3rd ed). 동녘.

이경욱 (2020). 도농복합시 지역주민이 인식한 '살던 곳에서 계속 살기(Aging in Place)' 실태 연구 - 포토보이스 접근. **독서치료연구, 12**(2), 123-144.

이명신, 김유순 (2016). 부부권력, 변화주장, 갈등해결전략이 결혼만족도에 미치는 영향: 중년 맞벌이부부를 중심으로. **사회복지 실천과 연구, 13**(2), 179-213.

이미애 (2022). 노인의 지역사회 내 계속거주(AIP)의향에 영향을 미치는 요인: 동거형태를 중심으로. **산업융합연구, 20**(9), 131-139.

이상림, 김석호, 김지범, 강정한, 박원호, 신난희, 신인철, 최인희, 황규성, 이윤석, 최슬기, 최인선 (2016). 동아시아 국제사회조사 참여 및 가족태도 국제비교 연구. 보건복지부, 한국보건사회연구원.

이상우, 최재성 (2018). 초고령노인의 삶의 변화와 안녕감에 관한 연구: 80대 노인을 중심으로. **노인복지연구, 73**(1), 81-109.

이소정 (2009). 우리나라 노인의 사회참여 유형분석. **한국인구학회, 32**(1), 71-91.

이은숙 역 (2013). 중년의 발견. Bainbridge, D. (2013). Middle Age. 청림출판.

이인정 (2014). 초고령노인의 스트레스 요인과 대응방식이 우울에 미치는 영향. **보건사회연구, 34**(4), 264-294.

이종찬, 정철영 (2022). 중고령자 은퇴준비도 진단도구 개발. **취업진로연구, 12**(4), 115-141.

이주희, 이선화 (2017). 중년기의 부부친밀감이 성공적 노화인식에 미치는 영향: 자기성찰의 매개효과 검증. **복지상담교육연구, 6**(2), 35-54.

이차임, 조주연 (2003). 노인의 체온조절. **대한임상노인의학회지, 4**(4), 47-56.

이현주, 강상경 (2011). 노년기 인지기능의 성별 및 연령 차이. **정신보건과 사회사업, 37**, 255-278.

이현주, 정은희 (2016). 생애과정의 사회경제적 지위와 노년기 건강: 초기 성인기 및 중년기 사회경제적 지위의 다중매개효과. **보건사회연구, 36**(3), 53-84.

이현지 (2020). 초고령노인의 삶의 만족도와 우울: 노년초월의 매개효과. **노인복지연구, 75**(3), 9-29.

장수지 (2013). 노년기 배우자 사별 후 적응과정에서의 개인적 성장. **한국 사회복지학, 65**(4), 165-193.

장혜경 (2018). 중년기 위기감에 영향을 미치는 요인. **성인간호학회지, 30**(1), 98-105.

전길양, 임선영 (1998). 노년기부부갈등과 우울에 관한 연구. **대한가정학회, 36**(6), 1-12.

전해숙 (2016). 초고령노인의 자살위험성 궤적 영향요인: 우울인가 사회안전망인가? **사회과학연구, 55**(2), 209-233.

전해숙 (2017). 초고령노인의 우울증상 궤적: 성별차이를 중심으로. **보건교육건강증진학회지, 34**(1), 25-34.

전해숙 (2018). 초고령노인의 우울수준 관련 요인: 연령차이를 중심으로. **보건교육건강증진학회지, 35**(3), 67-78.

정동희, 심은정 (2019). 노인 우울증상과 삶의 만족도의 관계의 네트워크 분석. **한국심리학회지: 상담 및 심리치료, 31**(2), 549-570.

정선정 (2014). 실업자 직업훈련생의 훈련서비스 품질과 훈련만족도 및 고용가능성의 관계. **직업교육연구, 33**(1), 1-28.

정순둘, 김성원 (2013). 베이비부머와 예비노인의 신체적 노후준비 영향요인: Andersen과 Newman 모델의 적용. **노인복지연구, 59**, 237-256.

정영숙, 조설애, 안정신, 정여진 (2012). 한국 노인의 삶의 의미 원천으로서 가족관계와 자기초월가치가 성공적 노화에 미치는 영향. **한국심리학회지: 발달, 25**(1), 19-41.

정우진, 김태성 (2015). 가족내 상호지지와 가족외 지지가 은퇴고령자의 주관적 행복감에 미치는 영향. **한국가족복지학, 50**, 41-68.

최성은 (2012). 중고령자의 사회활동 참여가 주관적 건강과 행복감에 미치는 영향. 서울대학교 보건대학원 석사학위논문.

최옥금 (2011). 우리나라 중 · 고령자의 은퇴 과정에 관한 연구: 생애주된일자리와 가교일자리를 중심으로. **한국노년학, 31**(1), 15-31.

최혜경, 안정신 (1999). 이혼이 여성의 친밀감과 생성감 발달에 미치는 영향. **인간발달연구, 6**(1), 123-138.

최희정, 남보람 (2016). 기혼자녀와 부모의 특성이 세대 간 거주근접성에 미치는 영향. **한국가족관계학회지, 21**(1), 123-141.

통계청 (2021, 2022, 2023). 고령자통계.

한경혜, 최혜경, 안정신, 김주현 (2019). **노년학**. 신정.

한국일보 (2018.5.3.). "딸 하나는 있어야" 아들 선호의 2배. 최진주 기자.
http://www.hankookilbo.com/News/Read/ 201805030423064899에서 인출.

함예진, 박지혁 (2023). 백세인의 라이프스타일 특징과 연구동향에 관한 주제범위 고찰. **한국노인작업치료학회지, 5**(1), 35-48.

홍달아기, 이남주 (2005). 결혼만족도와 노년기부부교육요구에 관한 연구-중 · 노년기를 중심으로-. **한국생활과학회지, 14**(6), 883-898.

홍송이 (2017). Aging-in-Place를 위한 노인복지정책의 비판적 이해: 싱가포르 사례연구. **사회과학연구, 43**(1), 227-254.

Bae, M., Jeon, S., & Waker, K. (2022). Future Time Perspective, Priority of Social Goals, and Friend Networks in Old Age: Evidence for Socioemotional Selectivity Theory Using Subjective Age Gap. *Healthcare, 11*(1), 1-11.

Baltes, P. B., & Baltes, M. M. (1990). Psychological perspectives on successful aging: The model of selective optimization with compensation. In P. B. Baltes & M. M. Baltes (Eds.), *Successful Aging: Perspectives from the Behavioral Sciences* (pp. 1-34). Cambridge University Press.

Balts, P. B., & Smith, J. (2003). New frontiers in the future of aging: From successful aging of the young old to the dilemmas of fourth age. *Gerontology, 49*, 123-139.

Byun, D. W., Moon, S. H., Kim, T., Lee, H. H., Park, H. M., Kang, M. I., ... & Min, Y. K. (2019). Assessment of patient-reported outcomes (PROs): treatment satisfaction, medication adherence, and quality of life (QoL) and the associated factors in postmenopausal osteoporosis (PMO) patients in Korea. *Journal of Bone and Mineral Metabolism, 37*, 563-572.

Carstensen, L. L., Fung, H. H., & Charles, S. T. (2003). Socioemotional selectivity theory and the regulation of emotion in the second half of life. *Motivation and Emotion, 27*(2), 103-123.

Carstensen, L. L., Isaacowitz, D. M., & Charles, S. T. (1999). Taking time seriously. A theory of socioemotional selectivity. *American Psychologist, 54*(3), 165-181.

Chen, Y., & Feeley, T. H. (2014). Social support, social strain, loneliness, and well-being among older adults: An analysis of the Health and Retirement Study. *Journal of Social and Personal Relationships, 31*(2), 141-161.

Cooney, A. (2011). Rigour and grounded theory. *Nurse Researcher, 18*(4), 17-22.

Erikson, E. H. (1968). *Identity: youth and crisis*. W. W. Norton & Company.

Fried, L. P., Tangen, C. M., Walston, J., Newman, A. B., Hirsch, C., Gottdiener, J., ... & McBurnie, M. A. (2001). Frailty in older adults evidence for a phenotype. *The Journals of Gerontology Series A: Biological Sciences and Medical Sciences, 56*(3), M146-M157.

Gottman, J. M., & Levenson, R. W. (2000). The timing of divorce: Predicting when a couple will divorce over a 14-year period. *Journal of Marriage and the Family, 62*(3), 737-745.

Haigh, E. A., Bogucki, O. E., Sigmon, S. T., & Blazer, D. G. (2018). Depression among older adults: a 20-year update on five common myths and misconceptions. *The American Journal of Geriatric Psychiatry, 26*(1), 107-122.

Han, S. H., Kim, K., & Burr, J. A. (2019). Friendship and depression among couples in later life: The moderating effects of marital quality. *The Journals of Gerontology: Series B: Psychological Sciences and Social Sciences, 74*(2), 222-231.

Hertzog, C., Kramer, A. F., Wilson, R. S., & Lindenberger, U. (2008). Enrichment effects on adult cognitive development: Can the functional capacity of older adults be preserved and enhanced? *Psychological Science in the Public Interest, 9*(1), 1-65.

Launer, L. J., Masaki, K. H., Petrovitch, H., Foley, D. J., & Havlik, R. J. (1995). The association between midlife blood pressure levels and late-life cognitive function. The Honolulu-Asia Aging Study. *JAMA, 274*(23), 1846-1851.

LeShan, E. J. (1973). *The wonderful crisis of middle age: some personal reflections*. David McKay Company.

McInnis-Dittrich, K. (2009). Social work with older adults Allyn and Bacon. Prevalence of osteoporosis and related lifestyle and metabolic factors of postmenopausal women and elderly men: A cross-sectional study in Gansu province, Northwestern of China. *Medicine, 96*(43), e8294.

Rantanen, T., Masaki, K., He, Q., Ross, G. W., Willcox, B. J., & White, L. (2012). Midlife muscle strength and human longevity up to age 100 years: a 44-year prospective study among a decedent cohort. *Age, 34*, 563-570.

Reed, A. E., & Carstensen, L. L. (2012). The theory behind the age-related positivity effect. *Frontiers in Psychology, 3*, Article 339.

Rowe, J. W., & Kahn, R. L. (1998). *Successful aging*. Pantheon.

Sabia, S., Marmot, M., Dufouil, C., & Singh-Manoux, A. (2008). Smoking history and cognitive function in middle age from the Whitehall II study. *Archives of internal medicine, 168*(11), 1165-1173.

Stokes, J. E., & Moorman, S. M. (2018). Influence of the social network on married and unmarried older adults' mental health. T*he Gerontologist, 58*(6), 1109-1113.

Super, D. E. (1990). *A Life-span, Life-space Approach to Career Development*. Jossey-Bass.

CHAPTER 10
분거가족

1. 분거가족의 개념
2. 분거가족의 유형
3. 분거가족의 연구동향
4. 미래연구전망

분거가족이란 여러 가지 이유로 인해 둘 이상의 가구를 형성하여 비교적 장기간 별거생활을 하거나, 동거를 하더라도 가족구성원의 출타가 장기적이고 빈번한 가족 형태를 일컫는 말(홍길회 · 황정해, 2019)로, 현재 국내에는 맞벌이 주말부부가족이 주류를 이루고 있다. 1990년대 이후 자녀의 조기유학을 위한 기러기가족 증가와 그에 따른 부작용으로 인해 가족해체 및 기러기 아빠의 자살과 같은 사회 문제들은 분거가족의 부정적인 영향에 대한 인식을 확산시켰다(김소영, 2023; 김슬기 · 최형재, 2016; 김양호 · 김태현, 2009; Ward, 2010).

그럼에도 불구하고 서울 및 수도권 소재 정부 부처의 지방 이전이 본격화되면서 부부의 거주형태의 변화로 인한 분거는 일부 부부들에게는 불가피한 부분이 되었다. 또한 세계화 및 개인의 자아실현을 위해 가족구성원이 다른 지역 및 국가에 분산되는 것은 현대사회에서 더 이상 드문 일이 아니다.

따라서 분거가족은 한국 사회의 중요한 구성원이며, 이들의 삶의 질 향상을 위한 정책적 지원이나 사회적 관심이 요구된다. 이에 이 장에서는 분거가족의 개념, 증가 원인과 특징, 분거가족의 유형, 연구동향 및 미래연구전망을 살펴보고자 한다.

1. 분거가족의 개념

1) 분거가족의 정의

분거가족은 급격한 사회 변화에 따라 새롭게 나타난 가족형태로서 부부가 동거하지 않고 서로 다른 지역에서 따로 떨어져서 생활하는 가족을 의미한다. 국내에서는 이와 동일한 개념으로서 비동거가족, 맞벌이 주말가족, 별거 결혼가족 등의 용어가 함께 사용되었다(김은경, 1999, 2001; 김태현 · 박숙자, 1992; 옥경희, 1999; 이기숙, 1999; 채옥희, 1998).

가족은 반드시 함께 살아야 한다는 일반적 통념과는 다르게 장단기적으로 비동거생활을 하고 있는 분거가족의 비중은 꾸준히 유지되고 있다. 통계청의 사회조사 및 인구총조사에 따르면, 국내 일반가구 대비 분거가족의 비율은 2010년 15.1%에서 2014년 18.7%, 2018년 20.1%, 2022년 19.1%, 2023년 18.9%를 차지하였다.

2022년 기준으로 분거가족의 대부분을 차지하는 맞벌이 분거가족은 69만 7천 가구로 전체 맞벌이가구(582만 3천 가구) 대비 12.0%에 달한다(통계청, 2022). 다시 말하면 맞벌이 8쌍 중 1쌍이 주말부부에 속하는 것으로, 이는 2011년 맞벌이 분거가족이 46만 3천 가구였던 것과 비교하면 10년 동안 50% 이상 급증하였다고 볼 수 있다.

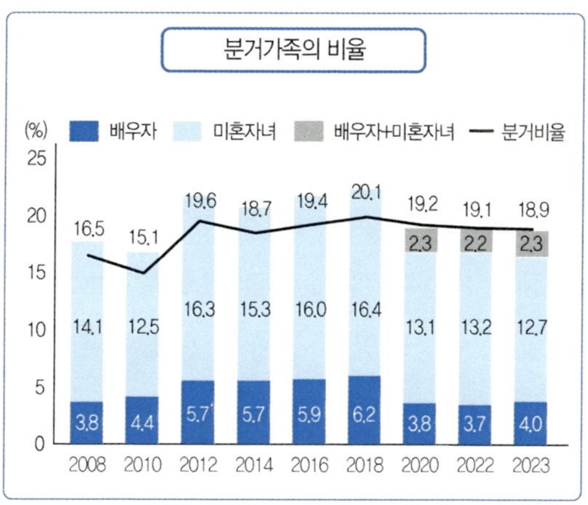

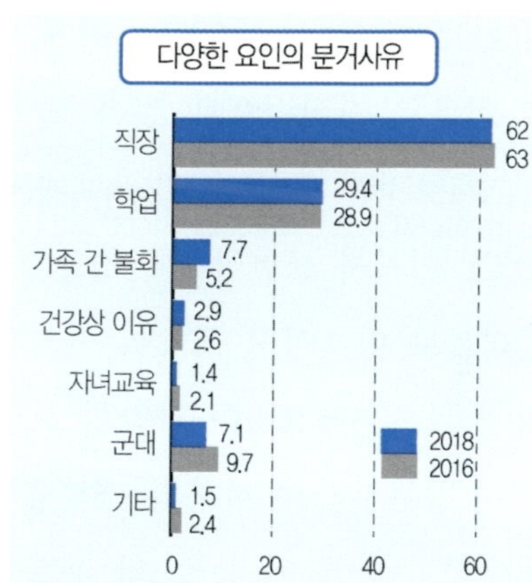

[그림 10-1] 분거가족의 비율 및 분거 사유

주: 1. 2020년 이전 통계치는 '사회조사' 자료, 2020년 이후 통계치는 '인구총조사' 자료임.
2. '사회조사'는 '배우자와 떨어져 사는 가구주'와 '미혼자녀와 떨어져 사는 가구주' 응답이 중복으로 수집되어, '배우자와 미혼자녀 모두 떨어져 사는 가구주'의 비율을 추계할 수 있음.

출처: 통계청. 각년도.

특히 분거가족 중 80% 이상이 미혼자녀가 가족과 떨어져 분거생활을 하고 있는 것으로 나타났다. 이들의 분거 사유를 보면 직장 때문에 분거한 가족(62.9%)이 가장 많고 그 다음이 학업(29.4%), 가족간 불화(7.7%), 군대(7.1%) 순이다([그림 10-1]).

국외연구에서는 분거가족을 통근결혼(commuter marriage), 통근자부부(commuter couple), 장거리부부(long-distance couple), 두 지역(two-location) 가족, 기혼 독신(married single) 등 다양한 방식으로 표현하며(Gross, 1980), 여성의 직업 참여 비율이 증가됨에 따라 계속적으로 증가할 것으로 전망하였다. 과거에는 맞벌이부부의 남편이 먼 곳으로 이사를 가거나 타 지역에서 유망한 일자리를 얻게 되면 아내가 직장을 그만두고 남편과 함께 정착하면서 새로운 지역에서 덜 좋은 일자리를 얻기도 했다. 1970년대 후반을 전후하여 일부 기혼 여성들이 전문직과 관리직에 진출하기 시작하면서 일부는 전통적인 방법에서 벗어나 통근 생활양식을 채택하였다(Damaske, 2011; Känsälä, Mäkelä, & Suutari, 2015). 이에 미국 가족학자들은 주로 양쪽 배우자가 직업을 이유로 지리적으로 멀리 떨어져 사는 '통근결혼부부(commuter marriage or couple)'란 용어로 분거부부를 지칭하였다(Gerstel & Gross, 1984; Rhodes, 2002). 여기서 표현된 통근결혼부부는 배우자 모두의 '직업적 성취'를 위해 자발적으로 이루어진 맥락이 반영된 특징을 가진다(Gerstel & Gross, 1984). 국내에서는 분거가족이 다양한 요인에 의해 형성되었던 상황을 반영하여 맞벌이 주말부부라는 서구의 개념을 따르기보다 한국의 상황을 반영하여 "한쪽 배우자의 다른 지역으로의 취업과 전근, 맞벌이, 자녀교육 등의 이유로 부부가 지리적으로 떨어져 거주하면서 일정한 기간을 주기로 동거와 비동거를 반복하는 가족 형태"로 정의되기도 한다(최수찬 · 백지애, 2006).

한편, 분거가족의 표면적 의미와 동일하게 '같이 살고 있지 않은 부부'를 지칭하는 다른 용어로서 별거부부가 있다. 별거부부와 분거부부는 주거형태는 비슷하지만 따로 사는 이유가 서로 다르다(이윤석, 2022). 대체로 별거부부는 부부간 악화된 관계로 인해 떨어져 지내지만, 분거부부는 애정적 갈등을 겪거나 관계의 질이 나쁜 것이 아니라 직장이나 자녀교육 등의 다른 이유로 인해 잠시 떨어져 지내는 부부의 의미로 사용된다(윤화영, 2010).

2) 국내 분거가족의 증가 원인

분거가족의 정의를 살펴보면 국내 분거가족의 발생 원인은 서구와 상이하며(김양희 · 장온정, 2004; 이영숙 · 박경란 · 전귀연, 2008), 직장 외에도 자녀교육, 특수직업(군인, 선원 등), 건강 등의 다양한 이유로 개인의 선택에 따라 분거상황을 선택해 왔다(김태현 · 박숙자, 1992; 통계청, 2016). 또한 사회간접자본의 수도권 편중현상이나 자녀에 대한 과도한 교육열, 정부의 지방산업육성책 등과 같은 사회적 환경과 변화도 분거가족의 형성 원인으로 작용하였다.

국내 분거가족의 주요 증가 원인을 살펴보면 다음과 같다.

첫째, 1960년대 산업화로 인해 도시와 농촌 지역 간의 분거가족이 등장했으며, 1970년대 중동건설 붐으로 많은 노동자 가구들이 해외로의 분거생활을 선택하였다. 이어 1980년대에는 자녀교육을 위해 주말부부와 월말부부가 생겨나기 시작하였으며, 최근에는 지방산업의 활성화로 경제활동을 하는 남편만이 지방으로 거주지를 옮기고 나머지 가족들은 살던 곳에 머무르게 되면서 증가하게 되었다.

둘째, 자녀의 교육문제와 밀접하게 관련되어 있다. 인구이동시 비동거가족 형성에 미치는 영향을 살펴본 연구(이희연 · 노승철, 2011)에 의하면, 분거가족 형성에는 자녀교육이 큰 영향을 미쳤다. 특히 학령기 자녀를 두고 있는 35~54세 연령층에서 세대주 단독 이동자의 비중이 높게 나타나고 있고, 지역의 교육환경 매력도가 높을수록, 사교육환경이 양호할수록 비동거가족을 형성할 확률이 낮아지고 있다고 밝혔다(이희연 · 노승철, 2011). 1990년대에는 자녀의 해외 조기유학 열풍으로 '기러기가족'이란 신조어가 등장하기도 하였다.

셋째, 여성의 취업으로 인한 적극적 사회참여로, 분거부부 증가의 가장 큰 원인으로 꼽힌다(이윤석, 2022). 여성들의 연령별 경제활동 참여율을 보면 여전히 임신 및 출산을 전후해서 경제활동이 감소하는 M자 곡선을 이루고 있다. 하지만 최근 들어 M자의 함몰 부분이 점차 완화되고 있다. 과거보다 많은 여성들이 혼인과 출산 이후에도 직장에 다니고 있는 것이다. 무엇보다도 요즘 여성들은 직업을 통해 자아를 실현시키려는 욕구가 과거에 비해 매우 강해졌다. 따라서 분거를 전제로 결혼을 하는 주말가족도 상당수 있으며, 남편과 다른 지역에서 직장을 얻게 되더라도 포기하지 않으려는 여성이 늘어나게 되었다(정옥분 · 정순화 · 홍계옥, 2005; 현솔지 · 백학영, 2020). 이와 관련하여 공적인 돌봄서비스의 부족으로 어쩔 수 없이 자녀를 친정부모나 시부모에게 맡기는 '주말부모'의 형태를 유지하는 분거가족도 있다(박주영 · 조복희, 2000; 손승영, 1994).

이처럼 분거가족은 사회적 변화에 대한 가족의 대응을 시대적으로 잘 드러내기도 하지만 하나의 요인으로만 설명할 수는 없으며, 다양한 요인들이 상호작용하여 나타난 결과로 해석하는 것이 타당하겠다(김슬기 · 최형재, 2020).

2. 분거가족의 유형

분거가족의 유형 중, 국내 선행연구에서 언급된 분거가족의 대표적인 형태로서 주말부부가족과 기러기가족을 중심으로 살펴보고자 한다.

1) 주말부부가족

(1) 등장배경 및 발생원인

분거가족이 국내에 등장하게 된 배경은 사회적 변화와 관련이 깊다. 1960년 이후 급속한 도시 중심의 산업화를 겪으면서 이농현상이 보편화되었고, 1970년대 이후 중동지역으로의 해외 진출이 분거가족을 급증시켰다. 1980년대 이후부터는 지방산업 활성화와 함께 기관에서 일하는 많은 직원들이 부부가 떨어져 사는 방식을 선택하기도 하였다. 한국은 행정적, 교육적, 문화적 기관들이 서울을 중심으로 한 대도시 위주로 형성되어 있고, 자녀에 대한 교육적 기대가 높기 때문에 부부가 떨어져 사는 방식을 선택하게 되는 것이다. 또한 1990년대 후반, 자녀교육과 가족애를 목적으로 한 기러기가족이 생겨나면서 장기 분거가족이 출현하기도 하였다.

특히 2020년 153개의 공공기관이 지방 이전을 완료함으로써 맞벌이부부의 생활권이 나뉘면서 분거를 선택하는 부부들이 꾸준히 증가세를 보이고 있다. 이런 배경에는 경제적, 직업적 이유가 가장 크게 작용하며 배우자의 직장소재지 이동, 자녀교육, 여성취업 증가 및 개인적 요구와도 복합적으로 관련이 된다.

(2) 주말부부가족의 유형

주말부부가족은 크게 두 가지 기준에 따라 그 유형을 나눌 수 있다(〈표 10-1〉). 먼저, 한 가정에서 직업을 가지고 경제활동에 참여하는 주체가 한 명인지 부부 둘 다인지에 따라 홑벌이 주말부부가족과 맞벌이 주말부부가족으로 나눌 수 있다. 전통적으로 주말부부는 주로 경제적 이유에 의해 분거가 비자발적으로 이루어지고, 남편의 직업 혹은 자녀의 교육으로 인해(기러기 아빠 포함) 남편이 혼자서 경제활동을 하는 홑벌이 형태의 주말부부가 대부분이었다. 하지만 최근에는 아내도 취업을 한 상태에서 지속해 나가야 한다고 생각하는 경우 맞벌이부부의 생활을 선택하게 되었다. 즉, 직장 소재지가 서로 다른 권역에 위치한 경우 개인의 선택과 요구에 따라 서로 거주하는 지역을 오가며 가족의 기능을 유지하는 별거왕래형 가족이라고 할 수 있다(Goldberg & Meitz, 1985).

또 다른 기준으로는 거주 유형 상황에 따라 남편외유형, 부인외유형, 모자외유형, 가족분산형으로 분류할 수 있다. 첫째, 남편외유형은 아내가 자녀와 함께 생활하고 남편이 주말마다 가족을 보기 위해 이동하는 유형이다. 이 유형의 특징은 남편의 직장생활이 시간적으로 여유가 있고, 아내가 자녀 양육의 도움을 받을 수 있다. 또한 자녀는 엄마가 돌보아야 된다고 생각하여 자녀와 아내가 함께 생활하고 남편의 직장생활로 인해 상대적으로 남편의 자녀 양육 참여가 적다는 특성을 가진다. 둘째, 부인외유형은 남편이 자녀와 함께 생활하고 부인이 주말마다 가족을 보기 위해 이동하는 유형이다. 이 주말부부는 시부모나 친정부모가 자녀 양육을 전적으로 맡아주시거나 아내의 직장이 시간적으로 여유가 있는 특징을 가진다. 셋째, 모자외유형은 주말마다 부인이 자녀를 데리고 남편에게 이동하는 유형으로 아내의 직장생활이 시간적으로 여유가 있는 경우이다. 마지막으로 가족분산형은 가족이 3곳 이상 분산되어 생활하는 유형이다. 이 가족은 자녀를 맡길 곳이 마땅치 않아서 자녀를 분산시켜 양육하며, 부부의 직장이 거리가 너무 멀 때 교통이 편리한 지역에 자녀를 맡기고 주말에 만나는 특징을 가진다.

〈표 10-1〉 주말부부가족의 유형

경제활동 상황에 따른 분류	홑벌이 주말부부가족	남편의 직업 혹은 자녀의 교육을 위해 주로 남편이 가족과 떨어져 사는 가족
	맞벌이 주말부부가족	남편과 아내 모두 직업이 있고 이 직업을 유지해야 하는 경우 생활권이 달라 분거하는 가족
거주 유형 상황에 따른 분류	남편외유형	아내가 자녀와 함께 생활하고 남편이 주말마다 가족을 보기 위해 이동하는 유형
	부인외유형	남편이 자녀와 함께 생활하고 부인이 주말마다 가족을 보기 위해 이동하는 유형
	모자외유형	주말마다 부인이 자녀를 데리고 남편에게 이동하는 유형
	가족분산형	가족이 3곳 이상 분산되어 생활하는 경우

(3) 주말부부가족의 거주 유형에 따른 심리적 비용과 보상

주말부부가족의 거주 유형에 따른 심리적 비용과 보상을 심층적으로 파악한 연구가 있다(곽인숙, 2003). 일반적으로 비용(cost)은 사회교환이론에서 특정 상황을 선택함으로써 치러야 하는 대가를 의미하며, 보통 시간, 돈, 노력, 지위, 관계 등이 속한다. 보상(reward)은 유기체에게 만족을 주거나 욕구를 충족시켜줄 수 있는 자극을 의미한다. 이러한 심리적 보상과 비용을 주말부부에 적용하면, 부부가 주거유형의 선택으로 인해 감수해야 할 경제적 측면 이외의 대가 또는 죄책감, 스트레스와 같은 부정적 느낌이 심리적 비용에 해당하며, 보상은 주말부부가족에게 만족감을 주거나 이들의 욕구를 충족시켜주는 즐거움과 같은 긍정적인 자극을 의미한다(곽인숙, 2003).

〈표 10-2〉 주말부부가족의 거주 유형에 따른 심리적 비용과 보상

거주 유형	심리적 비용	보상
남편외 유형	• 자녀를 혼자 돌보아야 하므로 직장과 가정을 양립하기 어렵다. • 자녀를 편히 맡길 곳이 마땅치 않다. • 나를 위해 투자하는 시간이 없고 육체적으로도 피곤하다(아내). • 남편의 자녀 양육 참여가 적다. • 행정적 문제를 해결하기 어렵다(아내). • 외식이 잦아지거나 저녁시간에 허전하다(남편).	• 시간을 집중적으로 사용할 수 있다(남편). • 자유시간의 활용이 용이하다(남편). • 집안의 대소사 참여 의무가 일부 면제된다(아내). • 저녁시간을 충분히 활용할 수 있다(아내). • 부부간 의견충돌이 감소한다.
부인외 유형	• 자녀 양육의 심리적 부담과 죄책감을 느낀다(아내). • 남편에 대한 미안함을 느낀다(아내). • 시부모와 며느리, 친정부모와 사위 간의 갈등이 발생할 수 있다. • 학교에서 부모의 출석을 요구할 때 참석할 수 없다.	• 남편의 가족에 대한 책임감, 특히 자녀에 대한 책임감이 증가한다. • 직장에 충실하는 데에 도움이 된다(아내). • 자녀의 독립성이 발달한다. • 부부간 의견충돌이 감소한다.
모자외 유형	• 이동하는데 많은 시간, 에너지, 비용이 든다. • 자녀가 어린 경우에만 가능하다.	• 부부간 의견충돌이 감소한다.
가족분산형	• 생활하는 곳이 많아 생활비, 교통비의 지출이 많다. • 심리적으로 안정된 가족의 거주공간이 없다.	• 직장에 몰두할 수 있다(남편, 아내) • 부부간 의견충돌이 감소한다.

출처: 곽인숙 (2003).

〈표 10-2〉와 같이 주말부부가족의 거주 유형은 크게 4종류로 나누어 살펴볼 수 있다. 주말부부가족의 모든 유형에서 공통적인 보상은 자유시간을 가질 수 있고 부부간 물리적으로 함께 지내는 시간이 적어 오히려 부부간 사소한 갈등이나 다툼이 감소된다는 점을 들 수 있다.

그러나 자녀를 양육하는 경우, 한쪽 배우자의 시간 활용에 대한 자유로움이 상대 배우자에게는 자녀 양육으로 인한 심리적 비용으로 작용할 수 있음을 알 수 있다. 주말부부의 공통적 문제인 자녀 양육의 어려움과 심리적 비용

을 감소시키기 위하여 자녀를 안심하고 맡길 수 있는 육아를 지원하는 사회적 제도나 정책적 실현이 적극적으로 요구된다.

2) 기러기가족

(1) 등장배경 및 발생원인

기러기가족(wild geese family)은 자녀의 교육을 위해 부부가 따로 떨어져 사는 가족을 의미한다. 2005년 1월 9일자 워싱턴포스트지가 '가슴 아픈 선택'이라는 기사제목으로 기러기가족을 '대양을 사이에 두고 분리되어 사는 남한의 가족'(South Korea Families Separated by an Ocean)으로 소개하며 3면에 걸쳐 특집기사로 보도하기도 하였다(김선미, 2007). 일반적으로 기러기가족이란 자녀의 해외유학을 위해 엄마와 자녀가 외국에서 동반 생활하고, 아빠는 한국에 남아 학비와 생활비를 부담하는 가족의 형태를 의미한다(김주현 · 송민경 · 이현주, 2010; 이두휴, 2008).

기러기가족이 등장하게 된 이유는 다음과 같다. 먼저, 부모가 자녀의 더 나은 교육환경을 기대하며 기러기가족을 선택한다. 대부분 자녀교육을 위해서이고 자녀들이 국내의 과도한 교육제도에서 스트레스를 받기보다는 양질의 교육을 받으며 보다 나은 환경에서 행복하게 살아가기를 바라는 것이다. 이것은 공교육에 대한 불신 및 사교육에 대한 부담감이 내재되어 있다고 할 수 있다. 그동안 자녀는 입시 위주의 한국 교육과정을 겪으면서 과도한 조기 선행학습을 하고 부모의 입장에서도 사교육비에 대한 경제적 부담감이 상당하기 때문이다. 자녀는 그러한 교육과정 속에서 심리적 부적응을 겪거나 다양한 자녀의 문제들이 발생한다. 또한 외국 체류 경험이나 아메리칸 드림, 영어 능력의 필요성 등으로 인해 자녀의 조기유학을 택하는 부부가 생겼다고 볼 수 있다. 즉, 기러기가족은 1999년 말 조기유학에 대한 제한 조치가 해제된 이후로 부모의 적극적인 교육열과 헌신적인 자기희생, 국내 교육에 대한 불만족을 담고 있는 한국 교육의 시대적 상황을 나타내는 용어라고 할 수 있다(양미진 · 손재환 · 김인규, 2014; 유준호 · 홍은주, 2012).

(2) 기러기가족의 유형

기러기가족의 유형은 기러기 아빠를 중심으로 나눈 형태와 기러기 엄마를 중심으로 나눈 형태로 살펴볼 수 있다.

먼저, 기러기 아빠를 중심으로 분류한 기러기가족의 유형은 다음과 같다(김성숙, 2006). 첫째, 해외에서 유학을 했거나 상사원, 주재원으로 근무하다 귀국하면서 아내와 자녀가 현지에 남는 경우로 기러기가족의 가장 흔한 유형이다. 둘째, 국내에서 가족과 생활하다 남편만 남고 아내와 자녀들을 해외에 보내는 경우이다. 셋째, 가족 전체가 이민을 갔다가 남편 혼자 한국에 돌아와 생활하면서 비자 문제로 수시로 오가는 경우 등이 있다.

기러기 아빠의 독거생활 적응과정은 고통 → 수용 → 포기/인내/즐김으로 전개되는 것으로 나타났다. 이 과정에서 기러기 아빠들은 가족관계(고립), 심리적 문제(외로움과 자기통제), 경제적 상황(재정적 압박과 경제적 지위의 저하)의 어려움을 겪는다고 밝혔다.

다음으로 기러기 엄마를 중심으로 분류한 관점은 〈표 10-3〉과 같다. 기러기가족 연구에서 전업주부이자 가족의 상황을 보고하던 입장에서가 아닌 직접 기러기 생활을 경험하고 있는 당사자이자 주체로서의 삶의 의미를 살펴본 연구(김선미, 2007)가 있다. 이에 미국에 거주하는 14명의 기러기 엄마를 면담하여 기러기 엄마가 되기까지의 과정을 4가지 유형으로 제시하였다(〈표 10-3〉).

〈표 10-3〉 기러기 엄마의 유형

유형	특징
정기체류형	일정한 기간을 정해 미국에 체류한 후 아이와 함께 귀국함
귀국 후 재출국형	지속적 체류기간 이외에 외국에 체류하다가 귀국하지만 적응하지 못하고 다시 미국으로 건너옴
이민의 과정을 밟아가고 있는 유형	한국 교육에 대해 총체적으로 가장 부정적인 견해를 가지고 이민의 과정을 진행해 나가고 있음
의도하지 않은 유형	기러기가족의 삶을 구상하지 않고 있다가 갑작스럽게 기러기 엄마가 됨(자녀를 더 잘 돌보기 위해 갑작스럽게 기러기 엄마가 된 경우와 남편이 한국에서 미국으로 건너올 수 없어서 혼자 잔류한 경우 등)

출처: 김선미 (2007).

첫 번째 유형인 '정기체류형' 기러기 엄마는 짧으면 1년에서 길면 5년을 기약하고 기러기 엄마가 되었는데 한국에 있는 자신의 직업으로 복귀해야 하거나 남편이 정한 기한 동안만 지지를 약속한 경우, 혹은 불안정한 신분 때문에 최소한의 기간 동안 소기의 목적을 달성하고 복귀해야 하는 경우이다. 이 유형은 귀국 후 자녀의 장래에 대한 맵을 가지고 끊임없이 입시와 관련된 한국의 교육 실정과 학원 정보를 탐색한다.

두 번째 유형인 '귀국 후 재출국형' 기러기 엄마는 가족과 함께 외국에 거주한 경험이 있고 한국에 살기 위해 귀국했으나 다시 한국을 떠난 경우이다. 이들은 외국에서 받은 교육 그리고 그로 인해 변화된 자녀들과 더불어 한국적 교육현실에 적응하지 못했거나, 기회비용을 고려해서 자녀를 더 잘 키울 수 있는 곳으로 외국을 선택하여 자녀들을 외국에서 대학을 보낼 계획을 가지고 있으며, 한국에서나 외국에서나 온 가족이 합할 전망을 가지고 있지 않다.

세 번째 유형인 '이민의 과정을 밟아가고 있는 유형' 기러기 엄마는 관광비자로 입국해 취업 후 영주권을 획득하여 이민의 과정을 밟아가는 경우이다. 이 유형은 한국교육에 대해 총체적으로 가장 부정적인 견해를 보인다.

마지막 유형으로 '의도하지 않은 유형'의 기러기 엄마는 자녀만 보내는 조기유학을 계획 또는 실행하다가 자녀를 더 잘 돌보기 위해 갑작스럽게 기러기 엄마가 되거나, 남편이 한국에서 미국으로 건너올 수 없어서 혼자 잔류한 경우이다.

기러기 엄마는 언어 장벽과 문화적 자본의 결핍으로 인해 활용 가능한 자원이 한국에서보다 더욱 제한적이지만 현지의 환경적 요구는 복잡하게 증가하기 때문에 기러기 엄마들의 물리적, 심리적 부담은 가중되었다. 또한 부부 사이의 정서적 유대감과 의사소통의 질 약화는 물론 어머니와 자녀 간 문화 적응 격차로 인해 어머니가 소외되고 세대 간 갈등이 심화될 수 있어 기러기 엄마들의 일상생활의 특성을 '고달픔과 외로움'이라고 밝히기도 하였다.

3. 분거가족의 연구동향

1998년부터 2024년 7월까지 KCI(Korea Citation Index, 한국학술지인용색인) 등재학술지에 발표된 분거가족 관련 국내논문 중 '주말부부', '기러기가족', '분거'란 용어를 사용하고 있는 약 45여 편을 대상으로 연구동향을 크게 4가지(연구시기, 연구대상, 연구방법, 연구주제)로 나누어 살펴보면 다음과 같다.

1) 연구시기

국외 분거가족에 대한 연구는 통근자 부부를 대상으로 주로 1970년대와 1980년대에 걸쳐 이루어졌다면(Anderson & Spruill, 1993; Bunker et al., 1992; Gerstel, 1977; Gerstel & Gross, 1984; Govaerts & Dixon 1988; Winfield, 1985), 국내 분거가족에 대한 연구가 시작된 것은 가족학에서 김태현과 박숙자

의 연구(1992)를 필두로 시작되어 2000년대까지 활발히 진행되었다.

발행된 연구를 10년 주기로 살펴보면, 1990년대까지는 5편, 2000년대부터 2010년까지 18편, 2020년대까지는 14편, 2021년 이후 3편 정도로 점차 감소세를 보이고 있으며 가족학 영역에서 분거가족에 대한 연구가 많은 비중을 차지하고 있는 것은 아니지만, 꾸준히 연구되고 있음을 알 수 있다.

시기별로 자세히 살펴보면, 1990년대부터 2000년대 초반까지 맞벌이 주말부부가족을 대상으로 부부의 역할갈등과 스트레스를 다루는 연구들(김경은 · 정옥분, 1998; 김은경, 1999, 2001; 문숙재 · 윤소영, 2003; 이기숙, 1999; 최정혜, 2002; 한유미, 2003)이 진행되었다. 이후 2006년부터 2010년대 중반까지 기러기가족을 중심으로 부부의 분거 경험에서의 심리적 문제와 어려움, 생활 변화에 따른 적응과정을 다루는 연구(강유진, 2009; 김광기, 2009; 김기화 · 양성은, 2012; 김선미, 2007; 김성숙, 2006; 김양호 · 김태현, 2009; 김주현 · 송민경 · 이현주, 2010; 양미진 · 손재환 · 김인규, 2014; 유준호 · 홍은주, 2012; 이두휴, 2008; 조은숙 · 남영주, 2010; 최양숙, 2006)가 많이 진행되었다.

최근에는 분거가족 안에서도 생애주기를 고려하여 그 대상이 유아기 자녀를 둔 주말부부(성영실 · 김경철, 2017)나 중년기 남성을 대상으로 한 주말부부 연구(김선형 · 김현정 · 천성문, 2019), 분거 경험에서의 개인의 여가시간 활용(윤영선 · 이성철 · 이문진, 2019; 이유진 · 황선환, 2022; 이윤석, 2022) 등 연구대상 및 영역이 보다 세분화되어 진행되었다.

2) 연구대상

앞서 언급한 바와 같이 한국의 분거가족은 다양한 요인에 의해 복합적으로 형성되었다. 이에 연구대상은 분거가족과 비분거가족의 비교를 통해 분거가족의 특성을 파악하고자 한 연구가 이루어졌다(이윤석, 2022; 한유미, 2003;

허경옥, 2003). 또한 같은 분거상황이라고 해도 남편과 아내에 따라 관계에 대한 인식이나 경험하는 스트레스 차이를 알아보고자 성별에 따른 분거가족의 인식연구(최양숙, 2006; 최정혜, 2005)가 이루어졌다.

하나의 흐름은 분거가족현상을 한국의 사회문화적 맥락과 이데올로기와 결합하여 거시적으로 설명하는 연구(김광기, 2009; 김흥원, 2005; 오욱환, 2008; 최양숙 2006)이다. 이는 주로 교육학적 측면에서 조기유학, 분거가족과 관련된 사회의식이나 이데올로기를 조명하고 있다. 또 다른 하나는 분거가족 구성원 간의 내면적 역동에 초점을 둔 연구(김양희 · 장은정, 2004; 김선미, 2007; 김성숙, 2006; 엄명용, 2002; 최양숙, 2006)와 기러기가족을 대상으로 한 기러기가족의 경험, 생활환경의 변화 및 적응, 부부관계와 갈등과 같은 주제를 다루고 있다. 주로 심층면접을 통한 질적 탐색적 연구, 사례조사를 진행하여 분거가족의 생활문제와 적응 전략을 밝히고 있다(유준호 · 홍은주, 2012).

3) 연구방법

연구방법은 크게 양적연구와 질적연구로 나누어진다. 초기 분거가족 연구는 맞벌이 주말부부인 분거가족을 대상으로 한 양적연구가 대부분 진행되었다. 나머지 질적연구는 1/3 정도 차지되며, 질적연구의 대부분은 기러기가족을 대상으로 하고 있다(강유진, 2009; 곽인숙, 2003; 김기화 · 양성은, 2012; 김양호 · 김태현, 2009; 최양숙, 2006).

이는 기존 분거가족의 충분한 데이터를 확보하기 어려운 양적연구실행의 한계와 더불어 새롭게 등장한 기러기가족에 대한 탐색적 이해를 위하여 기러기가족을 대상으로 한 질적연구가 주로 이루어진 것으로 보인다. 이를 통해 연구참여자들과의 심층면담을 기초로 분거가족이 처한 복잡한 상황과 현상을 밝혔다.

한편, 통계청의 사회조사와 같은 전국단위 조사에 분거가족에 대한 문항이 포함되고, 여성정책연구원의 여성가족 패널조사에서도 분거가족에 대한 데이터가 축적되어 감에 따라 분거가족의 특성을 일반화할 수 있는 양적연구도 최근 들어 이루어지고 있다(김슬기 · 최형재, 2016; 민경선 · 진신, 2014; 성미애 · 최여진, 2015; 이윤석, 2022).

4) 연구주제

분거가족을 대상으로 한 연구주제는 분거가족을 이루는 구성원 개인의 측면과 구성원 간의 상호관계를 중심으로 크게 부부관계, 부모-자녀관계, 개인적 적응과 대처로 나누어진다. 이를 자세하게 살펴보면 다음과 같다.

(1) 부부관계

분거가족의 부부관계에 초점을 둔 선행연구에서 다루는 변인들은 '결혼만족도', '성 및 친밀감', '부부의 역할갈등' 등이 있다. 이를 구체적으로 살펴보면 다음과 같다.

첫째, 분거가족부부의 결혼만족이 양호하며, 그 관련 변인을 보고한 연구들(김은경, 2001; 김소영, 2023; 김슬기 · 최형재, 2016; 최정혜, 2005)이 있다. 결혼만족도란 배우자 및 결혼 전반에 대한 만족도를 의미하는 것으로(김은경, 2001), 분거가족의 부부간 상호작용을 가늠하는 중요한 변인이라 할 수 있다.

분거가족은 동거가족에 비해 결혼생활의 불안정성이 높을 것이라는 부정적인 사회적 통념과는 달리, 최정혜(2005)의 연구에서는 주말부부 남편과 아내의 결혼만족도가 대체로 양호한 편으로 나타났다. 주말부부 남편의 결혼만족도에 유의한 변인으로 자녀 수, 자아존중감, 스트레스 대처전략 사용 정도 등이 나타났으며, 아내의 결혼만족도에 유의한 변인은 아내의 교육수준, 직업, 자아존중감, 스트레스 대처전략 사용 정도로 나타났다(최정혜, 2005). 이는 주말부부라는 새로운 가족형태도 긍정적으로 생각할 수 있음을 보여준 결과라 할 수 있다(최정혜, 2005).

김은경(1999)의 연구에서도 맞벌이 주말부부 중 아내 본인의 선택적 동기로 취업한 경우가 경제적인 이유로 취업한 경우보다 결혼만족도가 더 높다는 결과를 통해, 경제활동에 참여하고 있는 여성의 분거가족에 대한 긍정적인 입장을 보고하였다. 또한 분거가족의 아내와 남편 모두 대체로 가족의 소중함을 느끼며, 가족원 간 유대에 대한 만족도가 높았다(이기숙, 1999; 최정혜, 2005). 이것은 자녀를 위해 희생하고 있는 배우자에 대한 '안쓰러움'을 느끼면서 나타난 결과로, 한국에서 함께 생활할 때 경험하지 못했던 감정을 분거생활에서 경험하면서 배우자 간 유대감이 강화되는 것으로 해석할 수 있다.

분거가족 중 아내의 결혼만족도 관련 요인을 탐색한 김소영(2023)의 연구에 따르면, 초 · 중 · 고에 재학 중인 학령기 자녀가 없는 경우보다 있을 때, 남편의 월평균 소득이 많을수록, 부부가 함께하는 활동의 빈도가 높을수록, 남편의 가사노동 분담 정도에 대해 만족할수록, 그리고 전통적인 결혼 · 가족 가치관을 가지고 있을수록 아내가 보고하는 결혼만족도가 더 높은 것으로 나타났다. 이는 남편이 생계부양자의 역할을 충실히 하며 가져다주는 수입과 자녀의 교육적 성취가 남편과의 분거로 인한 비용을 상쇄해 주는 보상으로 작용하였을 가능성을 시사하며, 이것이 결혼만족도와 긍정적인 관련성을 보이는 것으로 해석할 수 있다(김소영, 2023). 아내의 경우 소득만 적절하게 유지된다면 다양한 개인적 또는 사회 · 경제적 활동을 통해 자유롭게 자아를 실현할 수 있는 기회를 누릴 수 있게 되고 이러한 긍정적인 효과가 배우자와의 관계 만족도에 투사될 수 있는 여지가 있다고 보는 견해도 있다(김슬기 · 최형재, 2016).

둘째, 앞서 살펴본 결과와 달리 분거상황이 부부관계에 부정적인 영향을 미친다고 밝힌 연구들(구자순, 2001; 김태현 · 박숙자, 1992; 윤경자 · 임주영, 2011)이 있다.

분거는 평균적으로 배우자와의 관계 만족도에 부정적인 영향을 미치는 것으로 분석된다(김슬기 · 최형재, 2016). 특히 분거의 부정적인 영향은 분거의 기간이 길어질수록 심화되는 것으로 나타났다. 이는 복잡다단해지고 있는 현대인의 삶 속에서 이중가구 형성으로 인한 경제적 손실, 가족의 활동을 공유할 수 있는 기회의 감소, 재회 시 서로에 대한 비현실적인 기대 등의 문제로 인해 부부간 만족도에 친밀감을 떨어뜨리고 유대감 형성에 장애요인으로 작용한다는 것을 의미한다(김슬기 · 최형재, 2016).

통계청의 '2012 사회조사' 자료를 활용하여 분거가 부부관계 만족도에 미치는 영향을 분석한 연구에서도 배우자와 분거 시 남녀의 부부관계 만족도가 모두 낮았고, 배우자와 분거하는 여성의 경우 다른 가족원과 함께 사는 것에 비해 혼자 거주할 때 부부관계 만족도가 높았다(민경선 · 진신, 2014). 즉, 분거상황에서 다른 가족원에 대한 돌봄은 개인, 특히 여성에게 큰 부담요인이 될 수 있음을 보여주는 연구결과라 할 수 있다.

분거가족의 부부관계 만족도는 여성보다는 남성에게 통계적으로 유의하게 부정적인 것으로 나타났다고 밝힌 연구도 있다. 남성이 분거로 인해 상대적으로 배우자와의 관계 만족도 하락을 더 크게 경험하는 것으로 나타났다. 이것은 분거가족이 안정감 결여, 직업생활에서의 어려움, 가구 경제적인 어려움, 성적 욕구 해소의 어려움 등으로 더 많은 스트레스에 처하게 되고 외로움, 소외감 등 정서적인 측면에서도 열악한 상태에 놓이기 때문인 것으로 해석할 수 있다. 통상적으로 남편은 가정 밖 사회활동이나 경제활동에 특화하고 아내는 가사에 특화하는 경향을 고려할 때, 분거 시에는 이러한 특화가 제한적으로 이루어져 남자의 경우 상대적으로 더 큰 만족감 하락을 경험할 수 있다.

셋째, 부부의 성 및 친밀감에 대한 연구들이다. 성은 부부관계에서 애정을 공유하는 것 자체이며, 사랑이나 친밀감을 표현하는 하나의 방식이다. 부부관계에 대한 헌신이나 몰입을 확인하는 기능을 할 수 있고 때로는 배우자 간의 권력 균형을 맞추기 위한 방법이 되기도 한다(Sprecher & Regan, 2000).

조은숙과 남영주(2010)는 성관계를 포함한 일상생활 공유가 결여된 기러기 가족의 부부 친밀성 및 성적 건강성을 탐색하였다. 부부간의 사랑과 친밀감에 대한 욕구는 존재함에도 불구하고 현실적으로 떨어져 지낼 수밖에 없는 상황에서 부부간의 친밀감은 분거가 길어질수록 약화되고, 특히 남편 쪽의 외로움과 부인 쪽의 배우자 외도 위협에 대한 불안이 보이는 것으로 나타났다(조은숙 · 남영주, 2010). 바쁜 직장생활, 해결되지 않는 부부갈등, 자녀 중심의 가족생활 등에 의하여, 특별히 섹스리스 부부를 선언하지 않더라도 상당수의 부부가 친밀한 성적 상호작용이 부재한 관계에 이를 수 있다(조은숙 · 남영주, 2010). 주말부부로 살아가는 중년남성의 부부관계 경험을 탐색한 다른 연구에서도 주말부부 생활로 떨어져 지내는 것이 지속될수록 부부간 성관계도 소원해지고, 욕구가 충족되지 못하여 정서적 외로움을 겪고 결과적으로 외도 등이 발생할 가능성이 있음을 시사한다(김선형 · 김현정 · 천성문, 2019).

넷째, 부부의 역할갈등과 관련한 연구이다. 역할갈등이란 일반적으로 역할을 수행하는 과정에서 둘 이상의 욕구가 동시에 존재하며 해결에 곤란을 느끼는 상태를 의미한다(최정혜, 2002). 주말부부 근로자인 경우 지리적으로 가족들과 떨어져서 지내야 하는 상황으로 인해 가족구성원으로서의 역할을 수행하는데 많은 제약이 따를 수밖에 없다(김은경, 1999; 옥경희, 2000; 이기숙, 1999). 분거가족의 경우, 지리적인 비동거성으로 배우자와의 정서적 친밀감을 유지하기 곤란하고 부부간 대화나 공동 여가의 부족, 동반활동의 부족, 반복되는 동거 및 비동거로 인한 긴장 등의 역할갈등(가사 부담의 어려움 등)으로 인한 부부관계 문제 및 결혼생활의 불만을 초래하기 쉽다(김승권 외, 2004; 최수찬 · 백지애, 2006).

2012년 여성가족패널조사 자료를 토대로 학령기 자녀와 함께 사는 분거가족을 이룬 기혼 여성의 스트레스와 관련되는 변인에 대해 살펴본 연구(성미애 · 최여진, 2015)에 따르면, 분거하고 있으며 학령기 자녀가 있는 기혼 여성은 부부관계에 만족할수록, 부부가 자주 만날수록 스트레스 수준이 낮았다. 즉 부부간 만나는 빈도나 부부관계 만족도는 분거상황에서 스트레스를 감소시키는 지지원이 되고 있음을 알 수 있다. 그러나 본인이 취업하고 있는 경우에는 스트레스가 높게 나타나, 본인의 직업은 자녀를 양육하고 교육해야 하는 상황에서 이중역할 부담으로 인식되고 있음을 알 수 있다(성미애 · 최여진, 2015).

이는 분거가족이 가족구성원 간의 역할갈등과 다양한 긴장으로 인해 가족문제를 경험하고 나아가 사회문제를 발생시킬 가능성이 있다는 것을 의미하며, 장기 분거가족들에 대한 특별한 사회적 관심과 주의가 필요함을 시사한다.

(2) 부모-자녀관계

분거가족의 자녀 양육과 관련된 다양한 연구들(김슬기 · 최형재, 2020; 성미애 · 최여진, 2015; 성영실 · 김경철, 2017; 유준호 · 홍은주, 2012; 이두휴, 2008; 한유미, 2003, 2004)은 '자녀 양육', '자녀교육', '부모역할갈등', '부모-자녀관계', '자녀와의 관계 만족도' 등을 핵심어로 제시하였다. 대체로 이 연구들은 자녀와 떨어져 생활하는 배우자와 직접 양육을 담당하고 있는 배우자가 가지는 자녀와의 관계에 대한 만족도, 부모효능감, 부모역할갈등 및 스트레스 등을 다루고 있다.

기러기가족이 가족 분거를 선택하고 유지하고 있는 의사결정 배경과 보상의 경험에서 부모는 특히 자녀의 교육적 성취에서 가장 큰 만족을 느끼는 것으로 나타났다(김기화 · 양성은, 2012). 이는 기러기가족의 공동목표가 자녀에게 좋은 교육환경을 제공하고 많은 기회를 주어 자녀의 교육적 성취를 이루는 것이기에, 자녀의 교육적 성취는 적지 않은 비용을 치루면서 가족분거를 유지하는 큰 보상으로 작용하고 있다고 볼 수 있다.

첫째, 분거가족의 부모-자녀관계 만족도를 살펴본 연구는 다음과 같다. 조기유학으로 인한 분거가족의 부모를 대상으로 살펴본 연구(유준호 · 홍은주, 2012)에서는 부모-자녀관계 만족도의 전체 평균이 전체적으로 보통 이상인 것으로 나타났다. 자세히 살펴보면, 부가 모에 비하여 만족도가 낮게 나타났으며, 분거가족 부모의 월수입, 직업에 따라서는 유의한 차이가 나타나지 않았다. 이는 본 연구대상의 경우 아버지는 자녀들과 떨어져 있고 어머니는 자녀와 함께 지내고 있기 때문에 나타나는 결과라고 보여진다.

분거가족 자녀의 경우 가족구성원 모두 멀리 떨어져 있는 가운데 자신의 의무를 다함으로써 상호관계에서 추가적인 보상 및 긍정적 변화를 꾀할 수 있다. 자녀는 분거생활을 하면서 “자신들을 위해 희생하고 있다”고 느끼며 자신을 위해 희생하는 부모에 대한 고마움을 느낀다. 또한 부모도 자녀로부터 존경과 인정과 같은 심리적 보상을 받는 것에서 부모-자녀 간 관계에 긍정적 영향을 미치는 것으로 나타났다(김기화 · 양성은, 2012).

앞서 살펴본 결과와 견해가 다른 연구도 있다. 김광기(2009)는 기러기가족의 분거기간이 장기적으로 지속되면서 아버지의 존재와 역할이 약화됨에 따라 자녀들이 아버지에 대한 정서적 거리감이 생겨 부-자녀관계 사이의 분리현상이 일어날 수 있음을 지적하였다. 자녀와 아버지와의 대면적인 상호작용이 부족하기 때문에 때로는 ‘이방인’으로 인식되고, 반대로 모-자녀 간은 지나치게 상호의존적이 되어 밀착된 관계를 맺을 가능성이 있다(김슬기 · 최형재, 2020).

또한 자녀의 입장에서도 적절한 시기에 한쪽 부모로부터 애정이나 적절한 통제를 제공받지 못하게 되어 아동의 적응에 부정적인 영향을 미칠 가능성이 있다고 밝힌 견해도 있다(한유미, 2003).

한편, 기러기가족의 부모를 대상으로 한 연구(유준호 · 홍은주, 2012)에서 분거가족의 부모가 부모-자녀 간 의사소통이 전체적으로 보통 이상으로 나타났으나, 분거가족의 자녀는 부모와의 의사소통 중 개방형 의사소통의 평균은 전체적으로 보통 이하로 나타나 부모와 자녀가 서로에게 지각하고 있는 의사소통에 서로 차이가 있음을 알 수 있다. 이와 같이 부모와 자녀 간 의사소통에 대한 지각적 차이가 일반적인 현상이기는 하나, 분거가족의 자녀들의 경우 일반가족의 자녀들에 비해 부모와 의사소통하는 시간이 상대적으로 부족하기 때문에 부모가 생각하고 있는 것보다 부모-자녀 간 의사소통에 훨씬 심각한 문제를 가지고 있을 수 있으므로 더욱 주의를 기울여야 한다(유준호 · 홍은주, 2012).

둘째, 부모효능감과 관련한 연구이다. 부모효능감이란 자녀를 양육하고 훈육하며 자녀에게 문제가 생겨도 잘 해결할 수 있다는 부모로서의 능력에 대한 지각을 의미한다(조해경, 2011). 분거가족 부모를 대상으로 한 연구에서 부모효능감은 전체적으로 보통 이상으로 나타났다(유준호 · 홍은주, 2012). 부모효능감은 아버지가 어머니에 비하여 효능감을 낮게 느끼는 것으로 나타났는데, 이는 일반적으로 아버지보다 어머니가 부모효능감이 높다는 선행연구들(박은주, 2002; 이영환 · 오미연, 2006)과 일치하며, 상대적으로 떨어져 지내는 아버지보다 어머니가 자녀와 함께 지내고 있기 때문에 나타나는 결과를 반영하는 것이라 하겠다.

부모효능감과 연결된 변인으로 양육죄책감을 볼 수 있다. 앞서 살펴본 부모효능감은 부모로서의 능력에 대한 인식적인 측면이라면, 양육죄책감은 부모가 자신이 설정해 놓은 양육방식이나 행동이 기대에 미치지 못한다고 느낄 때 발생되는 부정적인 양육감정으로 느끼는 양심의 가책이나 후회, 수치감 등을 의미한다(노혜란 · 김상옥, 2020). 주말부부 어머니는 일반가정 어머니보다 양육죄책감이 높은 것으로 나타났는데 이는 남편과 떨어져 생활한다는 상황으로 인해 자녀에게 미안함을 더 느끼게 될 수 있음을 의미한다(한유미, 2003; 정선영, 2021). 이 연구에서는 주말부부의 양육죄책감과 관련된 변인으로서 주말부부가 된 이유로 아내의 취업에 있을 때 어머니는 양육죄책감을 많이 느끼고 있었는데, 이는 분거가 비자발적으로 이루어지는 전통적 주말부부보다 여성의 자아실현을 위해 자발적으로 분거를 결정하는 맞벌이 주말부부 어머니들이 자신의 취업으로 인해 자녀를 잘 돌보지 못하는 상황이 더 많았다고 느끼는 심리적 갈등이 더 클 수 있음을 시사한다(한유미, 2003).

셋째, 부모역할갈등 및 스트레스와 관련된 연구이다. 부모역할갈등이란 부모의 역할을 스스로에게 내면화할 때 전통적인 역할기대와 현실의 다양한 역할을 수행하는데 느끼는 어려움을 의미한다(김옥경, 2003), 분거가족의 연구에서 공통적으로 제시되고 있는 자녀 양육의 어려움은 분거의 부정적인 영향이기도 하다.

주말부부들은 대부분 자신에게 맡겨진 다양한 역할 간의 긴장과 어려움을 느끼고 있다. 분거의 부정적인 영향이 주로 여성에게 역할갈등이나 스트레스와 같은 부정적인 영향이 더 크게 나타나는 것으로 보고한 연구(김은경, 1999; 김태현 · 박숙자, 1992; 옥경희, 1999)에서도 특히 자녀 양육 문제가 큰 것으로 분석되었다(이기숙, 1999; 최정혜, 2005; 한유미, 2004).

그중에서도 '부모역할 스트레스'를 가장 높게 경험하는 것으로 보고되고 있다(최정혜, 2002; 한유미, 2004; 최수찬 · 백지애, 2006). 이는 일 · 가족 긴장에 따른 어려움과 부모역할에 대한 스트레스라 할 수 있다. 특히 자녀와 함께 지내는 배우자는 편부 또는 편모의 역할을 이행함으로써 일 · 가정과의 양립이나 부모역할에 대한 어려움을 느낀다. 자녀와 같이 지내는 분거가족의 아내는 자녀를 안심하고 맡길 곳이 마땅치 않다고 호소한다. 자녀를 맡은 한쪽 배우자의 입장에서는 혼자 모든 자녀 양육에 대한 부담을 떠안기 때문에 매우 높은 스트레스를 호소한다(김도현 · 송인한, 2021).

(3) 개인적 적응과 대처

가족원이 분거라는 상황을 어떤 식으로 적응하고 대처하는가에 따라 개인과 가족에게 긍정적 혹은 부정적 영향을 미친다. 분거가 개인에게 미치는 긍정적인 영향은 다음과 같다. 가족원들과 떨어져 지내는 개인에게 목표지향적인 삶을 영위함과 동시에 자유로운 생활 및 시간적 여유를 즐길 수 있도록 해준다(김슬기 · 최형재, 2016; 문숙재 · 윤소영, 2003; 성미애 · 최여진, 2015). 이들은 시간적 여유가 많아 '나 중심의 삶'을 영위하는 것이 가능하고, 건강 유지를 위해 규칙적인 운동이나 등산, 자아실현을 위한 기회가 많다는 장점이 있다(엄명용, 2002; 이윤석, 2022).

또한 일부 연구에서는 분거상황으로 인한 이중생활비에 대한 부담으로 경제적 부담을 꼽기도 하지만 일반 동거가족에 비해 맞벌이부부가 상대적으로 많은 분거가족의 경우, 경제적 여유 또한 하나의 큰 장점으로 여긴다(이기숙, 1999; 이윤석, 2022). 아내의 입장에서도 가정 내 가사 역할이나 일거리가 줄어서 좋다. 앞서 살펴본 상황을 고려했을 때 주말부부들이 느끼는 주관적 삶의 질은 그리 나쁘지 않은 편이다. 이 외에도 많은 주말부부들이 친정 또는 시댁의 도움을 받거나 외부 조력자들을 통해 어느 정도의 도움을 받고 있기 때문이다(최정혜, 2002).

그러나 일부 분거가족의 개인과 가족들은 저마다 처해진 분거상황에 따라 적응하는 데에 스트레스를 경험하며 어려움을 느끼기도 한다. 분거가족의 대표적인 예로 기러기 아빠의 경제적 문제와 자살 등이 '가족'의 가장 기본적인 기능과 역할에 대한 우려와 함께 심각한 사회적 문제로 주목받는 시기가 있었다. 특히 자녀교육을 위해 자녀와 아내를 해외에 보내놓고 홀로 한국에서 살고 있는 기러기 아빠의 삶은 분거기간이 길어질수록 이별과 기대 → 자유와 애틋함 → 고립과 공허감 → 갈등의 과정을 거치게 된다. 이러한 과정 속에서 가족관계가 의례화되어 갈 때 자신들의 선택, 가족의 해체까지 동반한 희생에 대한 의구심과 불안 등을 느끼는 것으로 나타났다(이두휴, 2008).

이와 관련하여 분거가족의 적응과 대처전략을 구체적으로 살펴본 연구들(강유진, 2009; 김성숙, 2006; 양미진 · 손재환 · 김인규, 2014; 윤영선 · 이성철 · 이문진, 2019; 이유진 · 황선환, 2022; 이윤석, 2022; 최정혜, 2002)이 있다.

첫째, 주말부부의 가족 스트레스와 대처전략을 살펴본 최정혜(2002)는 주말부부가 가족 스트레스에 대해 대처전략을 비교적 잘 세우고 있다고 밝혔다. 이에 대한 구체적인 대처전략으로 '인지 재구조화' 전략을 가장 많이 사용하고 있으며 '역할분담', '관리활동', '정서적 지원', '취미활동' 순으로 나타났다. 이는 인지적인 대처방법을 가장 많이 사용하고 있음을 보여주는 것으로 적절한 대처전략을 잘 활용하고 있다고 하였다. 인지적 대처전략이 가장 높게 나타난 이유는 본 연구대상이 주로 학력이 높거나 전문직에 종사하는 주말부부를 대상으로 했기에 그 가능성이 있다고 보았다. 한편 대처전략 중 '관리활동'과 '정서적 지원'에서 부부간 유의한 차이가 나타났는데, 모두 아내가 남편보다 높게 나타나 아내가 문제해결 시 남편에 비해 더 적극적으로 대처전략을 세우고 있음을 알 수 있다.

둘째, 기러기가족을 대상으로 기러기 아빠를 심층면접하여 이들의 적응과정과 대처를 살펴본 후 기러기 아빠의 적응방식을 자기관리 유형, 방황 유형, 향유 유형의 3가지로 유형화하여 제시한 연구가 있다(김성숙, 2006). '자기관리 유형'은 기러기 아빠들이 초기에 공통적으로 겪는 어려움이 외로움인데 어느 정도 익숙해지면서 자신만의 적응 스타일을 정착시켜 나가면서 자기관리의 필요성을 느끼며 적응해 나간다고 하였다. '방황 유형'은 독거에 대한 충격을 극복하지 못하고 방황하는 유형으로 스스로 위축감을 느끼고 있었다. '향유 유형'은 독거에 대해 매우 편하게 생각하고 기존 부부관계가 원만하지 않았음을 은연중에 나타내거나 독거생활의 이점을 최대한 활용하는 유형이라고 제시하였다.

셋째, 기러기 아빠가 분거기간 동안 독거생활을 유지하는 전략을 연구한 결과가 있다. 기러기 아빠는 분거기간 동안 취미 개발, 운동, 친구와 이야기하기, 일에 몰두하기 등 다양한 전략으로 독거생활에 적응하거나, 자녀의 조기유학 선택에 대한 합리화나 인내를 통해 독거생활을 유지한다고 하였다(최양숙, 2006). 또한 김주현과 송민경, 이현주(2010)는 기러기 아빠가 혼자만의 시간을 유용하게 활용하기 위해 사용하는 대처전략을 ① 의식적으로 몰두할 대상(특정기술훈련, 학습 등의 자기개발, 운동, 일, 친구관계 등)을 찾기, ② 주변인들의 관심어린 말, 동반식사, 함께 시간 보내기를 통해 친밀한 접촉 유지하기, ③ 가족이라는 절대적 가치를 떠올리며 가족이 부재한 생활을 지탱해 나가기라고 제시하였다.

넷째, 기러기가족의 성공적 적응요인에 대해 탐색한 양미진과 손재환, 김인규(2014)의 연구에서는 심층면접을 통해 적응 요인을 크게 3가지로 제시하였다. ① '자유롭고 수용적인 분위기'는 입시 경쟁 중심의 환경에서 벗어나 학생의 자율성 및 의견을 존중하고 수용해 주는 교육 문화 환경이 타국에서의 적응에 도움이 된다고 하였다. ② '주변 사람과의 관계 및 지지'는 생태체계 이론의 미시체계를 반영하고 있는 요인이다. 이웃과의 따뜻한 관계와 도움, 격려와 같은 사회적 지지가 해외 기러기가족의 적응에 도움이 되는 중요한 요소라 할 수 있다. ③ '갈등의 극복 및 긍정적 태도'는 가족 간의 갈등을 극복하고 새로운 환경에 적극적으로 적응하고자 하며 긍정적인 마음으로 환경에 대응하고자 하는 태도나 행동이다.

4. 미래연구전망

분거가족의 삶이 '따로 또 같이 하는 삶으로의 재적응'이라는 관점에서 바라볼 때 분거가족과 관련한 미래연구전망을 제시해 보면 다음과 같다.

첫째, 종단연구를 통한 부부 간 결혼만족도, 기러기가족의 주관적 웰빙 등의 변화를 살펴볼 필요가 있다. 분거가족과 관련된 선행연구들을 살펴보면, 분거상황보다 부부의 가치관과 부부관계의 특성에 따라 부부관계의 만족도에 다양한 영향을 미친다는 것을 알 수 있다. 하지만 이들의 분거기간이 길어질수록 분거와 배우자와의 관계 만족도 사이의 부적 관련성이 심화되는 것으로 보고하고 있다(김슬기 · 최형재, 2016; 김은경, 1999). 또한 기러기가족의 여가복지를 위한 삶의 경험과정에서 문화적응의 실제를 탐색하고자 한 연구결과(이유진 · 황선환, 2022)에 따르면 기러기가족의 분거기간이 길어질수록 주관적 웰빙에 정적인 영향을 미치는 것으로 나타났다. 이는 분거기간이 길어질수록 떨어져 있는 삶에 대한 적응력과 수용력이 증가하면서 만족스러운 삶을 이끌어 갈 수도 있음을 나타낸다고 볼 수 있다. 하지만 여러 외생변수를 통제하였기에 결과를 일반화하기에는 무리가 있을 수 있다. 이에 관련 종단연구를 추가적으로 실시하여 분거기간에 따른 결혼만족도나 기러기가족의 문화적응의 변화 궤적을 살펴보는 것이 좋겠다.

둘째, 분거가족의 연구대상이 확대될 필요가 있다. 기존 분거가족 관련 연구들 중 대다수는 분거가족의 '부부'를 대상으로 하고 있으며, 그중에서도 '기러기 아빠'나 맞벌이가족 가구주 중 '아내'를 주 대상으로 하고 있다. 따라서 맞벌이가족의 남편을 대상으로 성별에 따른 비교연구를 통해 분거가족의 결혼만족도 향상 및 관계 유지를 위한 심층적인 분석도 함께 병행된다면 좋을 것이다. 나아가 분거가족의 '자녀'를 포함하여 이들이 경험하고 느끼고 해석하는 분거가족으로서의 삶은 어떠한가도 연구해야 하겠다. 또한 최근 늘어나고 있는 자녀의 직장이나 학업으로 인해 자녀와의 분거를 하고 있는 가족 연구도 추가하여 부모-자녀 간 관계나 이들에게 미치는 다양한 관련 변인을 살펴보는 것도 유용하겠다.

셋째, 자녀교육이 국내 분거가족의 부부관계를 안정적으로 유지시켜 주는 요인이었다면, 자녀가 없거나, 자녀가 아직 어리거나, 자녀가 성인인 분거부부의 결혼만족도나 배우자의 관계 만족도가 어떠한 요인에 의해 유지될 수 있는지도 추후 연구를 통해 살펴볼 필요가 있겠다.

넷째, 분거생활을 청산하고 재결합한 가족을 대상으로 한 연구가 요구된다. 분거생활로부터 재결합한 가족들을 대상으로 분거생활을 청산하게 된 요인은 어떤 것이 있으며, 이들의 재결합과정이 어떠한지, 이들에게 있어 분거생활에서부터 재결합하기까지의 과정이 분거가족에게 주는 의미가 무엇인지 추가적으로 파악하는 것이 좋겠다.

다섯째, 분거생활에 대한 양적연구가 더욱 요구된다. 그동안 분거가족 관련 질적연구들은 분거가족의 생활과정 자체에 대한 심층적 이해를 높이는 데 기여했다. 하지만 대부분 편의표집을 통해 도출된 기존 연구결과로부터 일반화를 시키기는 제한적이다. 이에 대표성 있는 표본자료를 대상으로 한 연구결과를 통해 분거가족의 원활한 적응과 성공적인 가족관계를 도울 수 있는 양적연구가 보완되길 기대해 본다.

참고문헌

강유진 (2009). 기러기가족의 초국적 적응전략 및 가족 경로. **한국지역사회생활과학회지, 20**(2), 205–221.

곽인숙 (2003). 주말부부의 거주 유형에 따른 심리적 비용과 보상에 관한 연구. **가정과삶의질연구, 21**(2), 187–199.

구자순 (2001). 함께 또 따로: 떨어져 사는 부부. 이동원 외 (2001). **변화하는 사회, 다양한 가족**. 양서원.

김경은, 정옥분 (1998). 주말부부 어머니의 결혼적응과 아동의 사회적 적응과의 관계. Human Ecology Research, **36**(1), 35–49.

김광기 (2009). 대면적 상호작용, 기러기 아빠, 그리고 이방인: 가족의 친밀성 변화에 관한 사회현상학적 소고. **현상과인식, 33**(1 · 2), 172–203.

김기화, 양성은 (2012). 기러기가족의 분거 경험에 관한 사회교환이론적 고찰. Human Ecology Research, **50**(2), 11–23.

김도현, 송인한 (2021). 기혼 여성의 일–가정 갈등과 가정–일 갈등이 우울에 미치는 영향: 직무 만족의 매개효과 분석. **사회과학연구, 60**(2), 357–382.

김선미 (2007). 재미 국제 장기 분거가족 전업주부의 일상적 삶과 정체성 유지에 관한 연구: '기러기엄마' 되기 과정. **가족자원경영과 정책, 11**(4), 171–189.

김선미 (2009). '기러기엄마로 살기': 일상생활의 구성 그리고 관계 맺기. **가족자원경영과 정책, 13**(1), 41–59.

김선형, 김현정, 천성문 (2019). 주말부부로 살아가는 중년남성의 부부관계 경험에 관한 현상학적 연구. **교육치료연구, 11**(3), 451–474.

김성숙 (2006). 기러기아빠의 생활 변화와 적응 문제. **가정과삶의질연구, 24**(1), 141–158.

김소영 (2023). 남편의 직장을 이유로 분거하고 있는 아내의 결혼만족도 관련 요인. **인문사회 21, 14**(2), 2865–2880.

김슬기, 최형재 (2016). 분거가 배우자와의 관계 만족도에 미치는 영향. **한국인구학, 39**(2), 97–124.

김슬기, 최형재 (2020). 자녀의 분거가 부모–자녀 간 관계 만족도에 미치는 영향. **한국가족관계학회지, 24**(4), 199–229.

김승권, 양옥경, 조애저, 김유경, 박세경, 김미희 (2004). **다양한 가족의 출현과 사회적 지원체계 구축방안**. 한국보건사회연구원 연구보고서.

김양호, 김태현 (2009). 장기분거 가족에 대한 일 연구: 기러기가족의 부부관계를 중심으로. **한국가족관계학회지, 14**(3), 297-326.

김양희, 장온정 (2004). 장기 분거 가족에 관한 탐색적 연구-기러기가족에 초점을 맞추어-. **한국가족관계학회지, 9**(2), 1-23.

김은경 (1999). 맞벌이 주말부부의 역할갈등과 결혼만족도. **한국가족관계학회지, 4**(1), 25-43.

김은경 (2001). 사회적 지원이 맞벌이 주말부부의 역할갈등과 결혼만족도에 미치는 영향에 관한 연구. **가정과삶의질연구, 19**(3), 1-15.

김익균, 고선옥, 김사라, 유수정, 이미정 (2012). **가족관계론**. 정민사.

김주현, 송민경, 이현주 (2010). 기러기 아빠의 분거가족 결정과 유지경험에 관한 연구. **사회복지연구, 41**(4), 107-133.

김태현, 박숙자 (1992). 한국의 비동거가족연구. **가족학논집, 4**, 45-74.

김태현, 박숙자 (1992). 한국의 분거가족 연구: 지방과 해외 근무자의 부부 및 자녀와의 관계를 중심으로. **가족과 문화, 4**, 45-74.

김흥원 (2005). 조기유학에 관한 국민의식과 실태. 제26차 KEDI 교육정책포럼자료, **한국교육개발원**.

노혜란, 김상옥 (2020). 부모상담이 양육효능감과 양육죄책감에 미치는 영향. **유아교육 · 보육복지연구, 24**(2), 57-78.

문숙재, 윤소영 (2003). 맞벌이 주말부부의 생활시간 분석. 한국가정관리학회지, 21(2), 213-220.

민경선, 진신 (2014). 부부 비동거의 거주형태와 성역할관이 부부관계 만족도에 미치는 영향. **가족과 문화, 26**(3), 37-70.

박주영, 조복희 (2000). 주말부모 어머니의 자녀 양육실태, 격리불안과 죄책감. **대한가정학회, 38**(11), 77-88.

성미애, 최여진 (2015). 학령기 자녀와 함께 사는 분거 가족 기혼 여성의 스트레스 관련 변인 고찰. **가족과 문화, 27**(4), 89-111.

성영실, 김경철 (2017). 유아기 자녀를 둔 주말부부 아버지의 자녀 양육 경험 탐구. **학습자중심교과교육연구, 17**(23), 49-70.

손승영 (1994). **한국 사회의 변화와 가족**. 여성한국 사회연구회 (편), 한국가족 문화의 오늘과 내일. 사회문화연구소.

양미진, 손재환, 김인규 (2014). 기러기가족의 성공적 적응요인 연구. **교육종합연구, 12**(4), 143-164.

엄명용 (2002). 장기 분거가족의 전문직 남성문제: "기러기 아빠". **가족과 가족치료, 10**(2), 25-43.

오욱환 (2008). **조기유학, 유토피아를 향한 출국-조기유학의 복합적 기능과 역기능**. 교육과학사.

옥경희 (1999). **맞벌이 주말부부의 부모역할 갈등, 한국가족관계학회지, 4**(1), 45-66.

유준호, 홍은주 (2012). 조기유학에 의한 분거가족의 부모역할 및 부모-자녀관계에 대한 연구. **열린부모교육연구, 4**(1), 39-59.

윤경자, 임주영 (2011). 베이비붐 세대 분거가족의 결혼만족도에 영향을 미치는 변인: 아내를 중심으로. **한국가족관계학회지, 16**(2), 193-208.

윤영선, 이성철, 이문진 (2019). 기러기 엄마의 교회 여가 활동을 통한 미국문화 적응에 관한 연구. **한국여가레크리에이션학회지, 43**(4), 35–45.

윤화영 (2010). 사례연구: 이혼을 고려하고 있는 신혼부부. **인지행동치료, 10**(1), 1–20.

이기숙 (1999). 맞벌이 주말가족의 성격분석을 위한 시론. **한국가족관계학회지, 4**(1), 1–23.

이두휴 (2008). 기러기 아빠의 교육적 희망과 갈등 연구. **교육문제연구, 32**, 21–46.

이영숙, 박경란 (2010). **현대 가족관계학**. 신정.

이영숙, 박경란, 전귀연 (2008). **가족문제와 복지(2판)**. 신정.

이영환, 오미연 (2006). 아버지와 어머니의 부모 효능감, 양육지식 및 민감성의 비교 연구–영아기 자녀를 둔 부모를 대상으로. **한국가정과학회지, 9**(3), 47–62.

이유진, 황선환 (2022). 기러기가족의 여가 복지를 위한 분거기간, 미국인과 보내는 여가시간, 주관적 웰빙의 관계. **한국여가레크리에이션학회지, 46**(2), 63–72.

이윤석 (2022). 분거부부와 일반부부의 건강행위 비교. **사회과학연구, 61**(1), 137–162.

이희연, 노승철 (2011). 지역의 교육환경이 인구이동 시 비동거가족 형성에 미치는 영향. **국토계획, 46**(4), 19–30.

정선영 (2021). 양육사회화 가치관 변화의 연령, 기간, 세대 효과: 권위 배디 자율성 선호 수준을 중심으로. **사회과학연구, 60**(2), 55–74.

정옥분, 정순화, 홍계옥 (2005). **결혼과 가족의 이해**. 시그마프레스.

조은숙, 남영주 (2010). 초국적 분거부부의 섹슈얼리티와 친밀성–기러기가족현상을 통해 본 한국인의 부부관계 일 특성. **한국가족치료학회지, 18**(2), 135–160.

조혜선 (2003). 결혼만족도의 결정요인–경제적 지원, 성 역할관, 관계성 모델의 비교. **사회과학연구, 37**(1), 91–115.

채옥희 (1998). Comuter Marriage: 가정경영 실태와 문제. **대한가정학회지, 36**(9), 153–166.

최규련 (2014). **가족관계론**. 공동체.

최수찬, 백지애 (2006). 비동거가족 근로자의 직장–가정갈등이 스트레스와 직무만족에 미치는 영향에 관한 연구: 남성근로자를 중심으로. **가족과 문화, 18**(4), 157–182.

최양숙 (2006). 부부분거 경험의 성별차이를 중심으로 본 기러기가족 현상. **가족과 문화, 18**(2), 37–65.

최정혜 (2002). 주말부부의 가족 스트레스 및 대처전략에 관한 연구. **가정과삶의질연구, 20**(6), 49–60.

최정혜 (2004). 주말부부의 가족 스트레스, 대처전략 및 가족건강성 연구. **한국가정관리학회지, 22**(2), 69–83.

최정혜 (2005). 주말부부의 결혼만족도와 가족건강성 –주말부부 남편과 아내의 비교–. Human Ecology Research, 43(3), 11–26.

최정혜, 구명숙 (2010). **결혼과 가족탐구**. 경상대학교출판부.

통계청 (2016). 2016 한국의 사회동향. http://sri.kostat.go.kr/

통계청 (2019). 2018 한국의 사회지표. http://kostat.go.kr/

통계청 (2022). 2021년 하반기 지역별고용조사 맞벌이가구 및 1인 가구 고용 현황.

한유미 (2003). 주말부부와 일반부부의 자녀 양육 비교 연구-유아기와 학령초기 자녀를 둔 부부를 중심으로. **한국가정관리학회지, 21**(2), 175-185.

한유미 (2004). 맞벌이 주말부부와 홀벌이 주말부부의 자녀 양육에 관한 연구. **한국지역사회생활과학회지, 15**(4), 137-148.

허경옥 (2003). 주말부부 가계와 비주말부부 가계의 객관적, 주관적 경제구조분석 및 비교 연구. **가정과 삶의질연구, 21**(2), 201-212.

현솔지, 백학영 (2020). 기혼 직장 남녀의 일-가정 갈등이 가족관계에 미치는 영향. **사회과학연구, 59**(2), 531-569.

홍길회, 황정해 (2019). **예비 부부와 교사를 위한 가족관계의 이해**. 정민사.

Anderson, E. A., & Spruill, J. W. (1993). The dual-career commuter family: A lifestyle on the move. *Marriage & Family Review, 19*, 131-147.

Barakji, F., Maguire, K. C., Reiss, H., Gaule, J., Smith, N., Pelliccio, L., ... & Oshagan, H. (2019). Cultural and transnational influences on the use of information communication technologies in adult long-distance family relationships: An extension of media multiplexity theory. *Journal of Family Communication, 19*(1), 30-46.

Bianchi, S. M., & Milkie, M. A. (2010). Work and family research in the first decade of the 21st century. *Journal of marriage and family, 72*(3), 705-725.

Bunker, B. B., Zubek, J. M., Vanderslice, V. J., & Rice, R. W. (1992). Quality of life in dual-career families: Commuting versus single-residence couples. *Journal of Marriage and the Family, 54*, 399-407.

Damaske, S. (2011). A "major career woman"? How women develop early expectations about work. *Gender and Society, 25*(4), 409-430.

Govaerts, K., & Dixon, D. N. (1988). '…Until careers do us part': Vocational and marital satisfaction in the dual-career commuter marriage. *International Journal for the Advancement of Counselling, 11*, 265-281.

Gerstel, N. R. (1977). The feasibility of commuter marriage. In P. J. Stein, J. Richman, & N. Hannon. (Eds.), *The family: Functions, conflicts, and symbols* (pp. 357-367). Addison-Wesley.

Gerstel, N., & Gross, H. (1984). *Commuter marriage: A study of work and family*. Guilford Press.

Goldberg, L. L., & Meitz, J. E. (1985). Commuter Marriage. *paper presented at Society for the Study of Social Problems* (SSSP).

Gross, H. E. (1980). Dual-career couple who live apart: Two-types. *Journal of Marriage and the Family, 42*, 562-576.

Holmes, M. (2014). *Distance relationships: Intimacy and emotions amongst academics and their partners in dual-locations*. Springer.

Hutchings, K., Samaratunge, R., Lu, Y., & Gamage, A. S. (2016). Examining Sri Lankan professional women's perceptions of their opportunities to undertake international careers: Implications for diversity among cross-cultural managers. International *Journal of Cross Cultural Management, 16*(1), 77–98.

Känsälä, M., Mäkelä, L., & Suutari, V. (2015). Career coordination strategies among dual career expatriate couples. *The International Journal of Human Resource Management, 26*(17), 2187–2210.

Liu, H., & Umberson, D. J. (2008). The times they are a changin': Marital status and health differentials from 1972 to 2003. *Journal of health and social behavior, 49*(3), 239–253.

Maguire, K., & Connaughton, S. L. (2011). A cross-contextual examination of technologically mediated communication and presence in long distance relationships. In L. Webb & K. Wright (Eds.), *Computer-mediated communication in personal relationships* (pp. 244-265). Peter Lang.

Rhodes, A. R. (2002). Long-distance relationships in dual-career commuter couples: A review of counseling issues. *The Family Journal, 10*, 398-404.

Sprecher, S., & Regan, P. C. (2000). Sexuality in a relational context. *Close relationships: A Sourcebook*. Sage.

Ward, L. S. (2010). Farmworkers at risk: the costs of family separation. *Journal of immigrant and minority health, 12*, 672–677.

Winfield, F. E. (1985). *Commuter marriage; living together, apart*. Columbia University Press.

CHAPTER 11
한부모가족

1. 한부모가족
2. 이혼가족
3. 미혼모가족과 미혼부가족
4. 한부모가족 관련 연구동향
5. 미래연구전망

부부와 자녀로 구성된 가족을 온전한 가족(intact family)이라 여기던 과거와 달리 최근에는 건강한 가족의 관점에 접근하여 다양한 가족 유형에 관심을 기울이고 있다. 그중 한부모가족은 전체 가족 유형의 거의 10%를 차지할 정도로 그 비중이 적지 않다. 한부모가족이 되는 원인으로는 주로 이혼, 사별, 그리고 미혼이 있다. 한부모의 유형에는 아버지와 자녀로 구성된 부자가족과 어머니와 자녀로 구성된 모자가족이 있다. 최근에는 결혼이주여성과 그 자녀로 구성된 이주여성 한부모가족과 미혼 한부모가족의 수가 증가하는 추세이다.

이 장에서는 먼저 한부모가족을 이해하기 위해 한부모가족의 개념과 현황, 강점 등을 살펴볼 것이다. 다음으로 한부모가 된 원인은 사별, 이혼, 미혼, 별거 등이 있는데 그중 이혼가족과 미혼모가족, 미혼부가족에 대해 구체적으로 알아보기로 한다. 마지막으로 한부모가족을 대상으로 한 국내 연구동향을 살펴봄으로써 한부모가족과 관련된 최신 이슈들과 흐름에 대해 파악해 보고자 한다.

1. 한부모가족

1) 한부모가족의 개념과 현황

「한부모가족지원법」에 따르면, 한부모가족은 모 또는 부 중 한 사람이 사별, 이혼, 배우자로부터 유기, 미혼자의 자녀 출산, 정신이나 신체의 장애로 장기간 노동 능력을 상실한 배우자를 가지는 등의 이유로 부모 중 한 사람만이 18세(취학 중인 경우 22세) 미만의 자녀를 혼자서 양육하는 가족을 의미한다. 따라서 한부모가족은 18세 미만의 아동인 자녀를 양육하는 모가 세대주(세대주가 아니더라도 세대원을 사실상 부양하는 자도 포함)인 모자가족과 부가 세대주인 부자가족으로 나뉜다.

통계청 자료에 따르면 2022년도 18세 미만의 자녀를 양육하고 있는 한부모가구의 총수는 355,123가구이며, 이는 미성년 자녀가 있는 전체 가구(4,690,686)의 7.6%에 해당한다. 그중 부자가족의 수는 112,051가구이고 모자가족의 수는 242,532가구이다. 부자가족과 모자가족의 비율을 비교해 보면 부자가족은 전체의 35%이고 모자가족은 전체의 65%를 차지한다. 한부모가족의 총가구 수는 지난 7년간 점차 줄어드는 추세였으며, 그중 부자가족의 비중은 계속 감소하는 반면, 모자가족의 비중은 점차 증가하는 것으로 나타났다. 모자가족 비중의 증가 원인은 밝혀지지 않았지만, 여성의 사회경제적 수준이 높아짐에 따라 자녀 양육을 책임지게 되는 경우가 더 많아진 것으로 추론할 수 있다.

한부모가 되는 원인은 다양하다. 배우자와 사별 또는 이혼하거나 배우자로부터 유기되어 한부모가 되는 경우가 있고, 교정시설, 치료감호시설에 입소한 배우자 또는 병역복무 중인 배우자로 인해 한부모가 되거나 미혼의 상태(사실혼 제외)에서 홀로 자녀를 양육하는 경우가 이에 해당한다. 2021년 한부모가족 실태조사에 따르면 한부모의 혼인상태는 이혼이 81.6%로 가장 많았으며, 그다음으로는 사별 11.6%, 미혼 4.7%, 별거 2.0%, 기타 0.1% 순으로 나타났다(여성가족부, 2021).

2) 한부모가족의 유형

한부모가족의 유형으로는 모자가족과 부자가족이 있다. 모자가족은 남편이 결손된 상태인 여성 가구주 및 18세 미만의 아동을 부양하고 있는 가구를 말한다. 모자가족이 당면하는 가장 큰 문제는 무엇보다도 가족부양의 책임을 맡았던 부의 상실로 인해 발생하는 경제적 문제이다. 모자가족의 경우 모가 직업을 가지고 있더라도 임금수준이 낮은 하위직업에 주로 종사하기 때문에 경제적 문제는 부자가족에 비해 더 심각한 수준이다. 실제 저소득 한부모 수급자를 보면 모자가족이 2배 가까이 더 많은 것으로 나타났다.

부자가족은 가계 운영을 혼자 담당하는 부와 부에 의하여 양육되는 18세 미만의 자녀로 구성된 가족이다. 부자가족은 1990년대 초까지만 해도 용어가 생소하였고 부자가족의 개념에 대한 정립도 잘 이뤄지지 않은 상태였다. 우리나라는 1990년대 초반까지 저소득 모자가족지원사업이 요보호여성 복지의 범주에 속하였다. 그러나 경제구조 및 사회 인식의 변화로 부자가족에 대한 복지 지원의 필요성이 제기되었고, 1995년부터 부자가족에 대해서도 모자가족과 동일한 내용을 지원하기 시작하였다. 2007년 10월 법률명을 「모부자복지법」에서 「한부모가족지원법」으로 개정하고 모자가족과 부자가족의 동법 적용 대상으로 명시하게 되었다.

3) 한부모가족의 강점과 과제

과거에는 대부분 한부모가족을 결핍모델(deficit model)에 근거하여 설명하였으나, 1980년대 말 이후 이에 대한 비판이 제기되면서 강점과 가족의 다양한 욕구 측면에서 한부모가족을 바라보고 있다. 일부 선행연구는 한부모들도 교육 수준이나 사회경제적 지위가 높은 경우 심리적 안정이 유지되고, 한부모가족과 양부모가족의 경제, 정서, 사회적 적응을 비교했을 때 양부모가족이 모두 높은 것은 아니고 요인별로 다른 결과를 보인다고 한다(오승환, 2001).

한부모가족의 강점을 크게 3가지로 말하면 다음과 같다. 첫째, 부모-자녀 관계의 친밀감을 들 수 있다(Anderson et al., 2004). 한부모가족구성원들은 대개 강한 가족 유대를 지니고 있다. 그들은 일어난 상황에 대처하기 위해 함께 협력해야 하므로 서로를 더 잘 이해하고 친밀하게 된다.

둘째, 한부모가족의 자녀들은 어려움을 극복하는 역량을 기르게 된다. 한부모가족의 자녀들은 양부모가족의 자녀들보다 더 힘든 일을 경험하게 되는데 이는 오히려 그들의 성장과 발달을 촉진하게 됨으로써 긍정적인 결과를 낳도록 한다(Anderson et al., 2004). 그들은 좀 더 이른 나이에 사회적 기술을 개발하거나 타인에 대한 이해와 공감을 배운다.

셋째, 한부모는 양육과 일에 관한 결정에 있어 갈등과 다툼의 여지가 없다는 것이다. 다시 말해, 한부모들은 모든 일을 혼자 해결해야 하는 동시에 혼자 결정해도 된다는 의미이다. 그들은 배우자와 협상을 위해 노력할 필요가 없고 그로 인한 가족 내에 갈등의 요소를 줄일 수 있게 된다.

이러한 강점들에도 불구하고 대부분 한부모가족은 1인 소득에만 의존하고 있어 양부모가족과 비교하면 상대적으로 빈곤선 이하에 있을 가능성이 크다. 더욱이 다수의 한부모가족에서 심리적 불안정, 자녀 양육의 고통, 낮은 가족 기능 등이 나타난다. 한부모가족이 경험하고 있는 어려움 중 가장 큰 어려움은 경제적 어려움이고, 다음 순위로 자녀 양육과 교육 문제(특히 교육비의 부족) 등의 어려움이 있는 것으로 보고하고 있다(김미숙 외, 2000).

2. 이혼가족

1) 이혼가족의 개념과 현황

이혼이란 혼인한 남녀가 생존 중에 성립된 결합관계를 해소하는 행위를 말한다. 이는 부부관계를 인위적으로 소멸시킨다는 점에서 부부 일방의 사망에 의하는 혼인의 자연적 해소와는 다르다. 이혼가족이란 이러한 이혼으로 인하여 형성된 가족을 의미하는 것으로, 이혼 전의 가족에 비해 축소된 형태이다.

통계청에 따르면 2023년 연간 이혼은 93,394건으로 나타났으며, 이는 2013년에 비하여 22,898건이 감소한 것으로 나타났다. 지난 10년간 국내 이혼건수와 조이혼율은 꾸준히 감소하였는데 이러한 현상은 2002년까지 급격하게 증가한 추세와 다른 양상이다. 최근 이혼율이 계속 감소하는 것은 혼인율의 급격한 감소와 연관되는 것으로 추정된다. 통계청의 인구동향조사에 따르면 조혼인율(천명당)은 2013년 6.4에서 2023년 3.8로 41%가 감소하였는데, 이러한 전체 혼인 건수의 감소가 이혼 총건수의 감소에 영향을 미치는 것으로 풀이된다. 2013년의 조혼인율 대비 조이혼율은 35%였지만 2023년에는 48%로 혼인 대비 이혼의 비율은 증가하는 것을 볼 수 있다.

2) 이혼의 원인과 영향

(1) 이혼의 원인

통계자료에서 나타난 바와 같이, 이혼의 비율은 계속 증가하는 추세이다. 이러한 이혼 증가의 원인을 개인적, 관계적, 사회적 측면에서 살펴보면 다음과 같다.

첫째, 개인적 측면으로는 결혼관 및 가족이념의 변화와 개인의 의식 변화를 들 수 있다. 결혼관 및 가족 이념은 가족의 기능적, 제도적 역할을 중요시하던 견해에서 부부간의 우애성이나 상호 성장 기회로서의 견해로 바뀌어 가고 있으며, 개인의 의식 변화는 가족 전체를 생각하던 집단주의에서 개인주의 의식으로 급격하게 변화되고 있다. 이는 결혼은 이제 부부간의 친밀감과 만족감을 추구하는 우애적 관계이기에 이런 기대가 충족되지 않을 때 결혼관계는 깨어질 수 있음을 시사한다.

둘째, 관계적 측면으로는 부부 상호 간 의존의 필요성이 약화하였음을 들 수 있다. 현대사회 여성은 교육과 사회 진출의 기회가 확대되어 경제적 자립 능력을 갖추게 되었으며, 이는 가부장적인 가족구조의 변화를 일으켜 부부 상호 간의 도구적 필요성을 감소시킨다.

마지막으로, 사회적 측면으로는 이혼법의 변화를 들 수 있다. 법은 이혼을 통제하는 방법 가운데 가장 강력한 수단으로 과거에는 가족 유지를 목적으로 이혼을 금지하기도 하였다. 그러나 1990년 가족법이 개정되면서 이혼 시에 재산분할청구권으로 여성의 가사노동가치 인정, 자녀 양육권의 선택 및 조정을 가능케 함으로써 여성들이 이혼에 좀 더 자신감을 가지게 되었다. 더불어 협의이혼과 무책이혼 등과 같은 이혼법도 이혼의 가능성을 높이고 있다.

(2) 이혼의 영향

이혼은 가족 체계에 변화를 가져오는 사건이다. 이혼으로 인해 가족구성, 역할, 관계가 변화할 뿐 아니라 가족구성원의 적응이나 가족의 기능에도 큰 영향을 미칠 수 있다(Greeff & Merwe, 2004). 이러한 변화와 관련하여 이혼을 가족의 해체로 보는 관점과 갈등적이거나 불안정한 결혼생활을 벗어나 새로운 안정을 도모할 수 있다는 관점, 혹은 다양한 가족형태의 출현으로 보는 관점이 현재 우리 사회에 공존하고 있다(박부진, 2000; 유순희 · 정민자, 2013).

하지만 이혼이라는 생활사건은 긍정적인 계기가 되던 혹은 부정적인 계기가 되던 가족체계에 변화를 초래하게 되고 이러한 변화에 대처해야 하는 과제를 남기게 된다. 이혼은 단순한 일회적 사건이 아닌 다차원적이고 복합적인 영역을 포함하는데, 여기에는 정서적 이혼(emotional divorce), 법적 이혼(legal divorce), 경제적 이혼(economic divorce), 공동 부모역할에서의 이혼(co-parental divorce), 공동체와의 이혼(communal divorce), 심리적 이혼(psychological divorce)과 같은 6가지 측면이 있다(Bohannan, 1970).

〈표 11-1〉 이혼 단계별 가족발달적 접근

단계	이혼에서의 정서적 과정과 태도	발달적 접근
1. 이혼 결정	• 지속적인 관계를 통해서 부부간의 긴장을 충분히 해결할 수 없음을 수용하기	• 결혼 실패에 대한 자신의 잘못을 수용
2. 체계 변화와 계획	• 가족체계의 모든 부분에 대한 재구성을 위한 준비와 지지	• 보호와 방문, 재정적 문제를 협조적으로 처리하기 • 이혼문제에 대한 확대가족문제 해결
3. 별거	• 협동적인 관계를 유지하고 아동에 대한 재정문제 등 협조적인 체계를 구성 • 새로운 체계에 대한 적응	• 현실을 이해하고 가족체계의 재구조화 • 새로운 가족체계의 연결과 유지
4. 이혼과 이혼 후 가족	• 정서적 결별을 위한 노력과 상처, 분노, 죄책감 극복 • 재정적 책임 유지 • 아동에 대한 지지적 접촉 유지와 노력	• 확대가족과 연결 • 새로운 환경에 적응 • 재정적 지원의 재형성 • 사회적 관계망의 재형성 • 아동과 효과적인 부모관계의 유지 • 전 배우자와 그 가족에 대해 융통성 있는 방문 허용

출처: 김익균 등 (2012). p. 256. 재인용

다시 말해, 이혼은 법적인 혼인관계의 해소와 같은 단순한 변화가 아니라, 가족의 경제적인 기능은 물론 부모역할에서의 변화, 그리고 가족구성원 개개인의 정서적, 심리적 차원의 변화, 가족 외부체계와의 관계 변화 등 가족 체계 내, 외부 전반에 걸쳐 변화와 적응을 필요케 한다.

또한, 이혼의 단계에 따라 가족발달적인 접근을 해볼 수 있다. 이혼의 각 단계에서 필요한 정서적 과정과 태도 및 발달적 접근방법을 〈표 11-1〉에 구체적으로 나타내었다.

3) 이혼가족의 자녀

한부모의 가장 큰 비중을 차지하는 이혼가족은 대부분 양육권을 가진 어머니와 자녀로 구성된 모자가족이다. 이혼가족의 자녀들은 한쪽 부모의 상실로 인한 슬픔, 달라진 사회적 관계망, 줄어든 경제적 자원, 그리고 함께 거주하지 않는 부모와의 지속적인 관계 유지라는 과업에 직면하게 된다. 이혼으로 어려움을 겪는 자녀들에게 부모는 일관된 양육과 제한 그리고 함께 거주하지 않는 부모(주로 아버지)와의 관계를 위해 충분히 소통할 수 있는 분위기를 제공하는 것이 필요하다(Walsh, 2012).

이혼 후 달라진 가족 체계에 잘 적응하지 못하거나 함께 살지 않는 부모와 접촉하기 어려운 자녀들은 정신건강 문제의 위험에 처할 가능성이 높지만(Cherlin, 1998), 대부분은 어느 정도 시간이 지나면 잘 적응한다고 한다(Anderson et al., 2004; Cherlin, 2010; Fomby & Cherlin, 2007). 오히려 극심한 부부 갈등이 있는 가족이라면 자녀들에게는 이혼하는 것이 싸우는 부모 밑에서 자라는 것보다 낫다(Hetherington & Kelly, 2002).

3. 미혼모가족과 미혼부가족

1) 미혼모가족과 미혼부가족의 개념과 현황

국내의 법률상 미혼모의 개념은 혼인하지 않고 성관계를 통해서 자녀를 출산한 여성만을 의미하고 있으며 「모 · 부자복지법」의 제4조 제1항에서 사실혼 관계에 있는 미혼여성이 아동을 양육하는 경우는 복지 대상에서 제외하는 것을 볼 수 있다. 미혼부는 결혼하지 않고 자녀를 양육하는 남성을 의미한다. 미혼모와 미혼부는 한부모가족의 모자가족과 부자가족에 포함되는데, 이는 18세 미만인 자녀를 양육하는 미혼 한부모가족을 의미한다.

2022년 미혼모의 수는 20,132명이고 미혼부의 수는 5,889명이다. 미혼부모가족에 대한 현황은 2015년부터 정부가 인구주택 총조사에 18세 미만의 아동을 양육하는 미혼 한부모 통계를 포함하면서 통계적 파악이 가능해졌다. 미혼모와 미혼부의 수는 2015년부터 꾸준히 감소하고 있지만 한부모 총가구에서 미혼모 · 부가 차지하는 비율은 계속 증가하는 추세이다.

2) 양육미혼모의 증가와 특성

국내 연구들과 인구보건복지협회에서 실시한 양육미혼모 실태 및 욕구조사에 의하면 미혼모의 인구사회학적 특성에는 많은 변화가 있었다(인구보건복지협회, 2018). 가장 큰 특징으로는 입양보다 양육을 선택하는 양육미혼모의 증가를 들 수 있다. 양육미혼모의 증가 추이를 확인할 수 있는 직접적인 통계자료는 없지만, 미혼모 시설 입소 여성 수와 시설 내 양육미혼모 비율의 증가, 국내외 입양아동 감소 등의 실태조사자료를 통해 양육미혼모의 증가를 뒷받침하고 있다(김혜영 외, 2010).

양육미혼모의 증가와 함께 미혼모의 고연령, 고학력 특성이 두드러졌다. 미혼모의 연령 구성을 살펴보면, 청소년 미혼모라고 불리는 20세 미만 미혼모의 수는 계속 감소하지만 30대 이상 미혼모의 비율은 점차 증가하고 있다. 2021년까지는 30대 미혼모가 가장 큰 비중을 차지하였는데 2022년에는 40대 미혼모가 전체의 36%로 가장 큰 비중을 차지한 것을 볼 수 있다(통계청, 2021, 2022). 미혼모의 학력도 1990년대 이후 꾸준히 높아지면서 미혼모의 고학력화 현상이 나타났다(장성애, 2018). 1980년대는 미혼모의 학력이 중학교 이하가 46.0%이었으나, 2000년 이후에는 고등학교 이상의 학력 비율이 꾸준히 증가하여 전체의 84.9%로 전반적인 미혼모의 학력이 높아지고 있음을 알 수 있다(변수정 외, 2019). 최근 연구에서는 연구대상자의 60.3%가 대학교 졸업 이상이었다(곽경주 · 전귀연, 2023).

3) 미혼모가족과 미혼부가족이 당면한 과제

미혼모는 임신하면서부터 출산하기까지 여러 가지 고민과 결정이 이어지는 경우가 많으며, 출산을 택하고 양육을 결정하게 되면 우리 사회에 짙게 남아 있는 미혼모에 대한 부정적인 시선 및 편견과 맞설 준비를 해야 한다. 결혼 후 아이를 낳는 가족은 아이를 돌볼 수 있는 주체가 성인 두 명인 경우가 많은 데 비해 미혼모가족은 여성 홀로 아이의 양육을 담당해야 하는 경우가 대부분이다. 미혼모가족 내에서 엄마가 생계를 위한 경제활동을 하면 그 수입 활동의 결과 측면에서는 한 명의 수입이 발생하는 것이지만, 자녀 돌봄 상황에서는 맞벌이부부와 같은 환경이 되어버린다.

이러한 상황에서 자녀의 생부로부터 양육비를 받는 미혼모는 전체 양육미혼모의 5% 미만(김혜영 외, 2010)에 불과하고, 미혼모가 양육비 청구를 할 수 있도록 법은 정비되어 있지만 신청 건수 대비 양육비를 실제로 받는 경우는 32%(양육비이행관리원, 2018)로 나타나 미혼모의 자녀 양육이 현실적으로 매우 어려운 상황임을 알 수 있다.

한편, 미혼부는 미혼남성의 아버지 지위를 고려하지 않는 가족법의 규제에서 자녀의 출생신고를 할 수 없는 다양한 상황을 마주하게 된다. 자녀의 생모가 생부에게 아이를 맡기고 사라졌거나 법률상 기혼이거나, 외국인일 경우 등 출생신고 의무자인 여성이 출산 사실을 신고하기 어려운 상황에서 생부가 자녀를 양육할 의사가 있을 때 미혼부의 출생신고 소송이 시작된다. 미혼부의 출생신고와 관련하여 소위 '사랑이법'이라고 불리는 「가족관계등록법」 제57조 개정안이 시행되었지만, 여전히 논란의 소지가 크다. 미혼부의 출생신고는 자녀의 법적인 아버지 지위를 획득하는 과정이다. 현재 '한부모가족지원사업'에 근거한 공적자원을 받을 수 있는 미혼부는 어디까지나 출생신고를 완료했거나 소송을 접수한 미혼부자가정이다. 이러한 맥락에서 미혼부는 공적지원체계에서 포착되기 어려우며 수혜율도 낮을 수밖에 없다.

4. 한부모가족 관련 연구동향

한부모가족에 대한 국내 연구동향을 살펴보기 위해 2001년부터 2023년 7월까지 국내 학술지에 게재된 논문들을 선정하여 분석하였고 연구대상과 연구주제를 중심으로 살펴보았다. 한국교육학술정보원(Research Information Sharing Service: RISS)을 통해 자료를 수집하였고, 한부모가족과 관련된 논문 중 한국연구재단(KCI) 등재지에 수록된 논문만을 선정하였다.

한부모가족과 관련된 논문은 그 특성상 「한부모가족지원법」에 해당하는 한부모가족 전체를 대상으로 한 연구와 한부모가 된 경로 중 이혼과 미혼가족을 대상으로 한 연구로 나뉜다. 논문 제목 및 키워드에 한부모 또는 편부모 등 관련자를 대상으로 한 연구와 이혼가족과 미혼모와 미혼부 등 관련자를 대상으로 한 연구를 각각 조사한 결과, 한부모가족을 대상으로 한 연구 335편, 이혼가족 114편, 미혼모가족과 미혼부가족 155편이 검색되었고 이를 분석에 사용하였다.

1) 연구대상

한부모가족과 관련된 국내 연구를 살펴보면, 한부모가 된 경로를 구분하지 않은 채 한부모가족을 대상으로 하거나 한부모가 된 경로 중 하나인 이혼과 미혼으로 구분하여 연구대상을 선정한 것을 볼 수 있다. 따라서 한부모가족과 관련된 연구대상을 한부모가족, 이혼가족, 미혼모가족과 미혼부가족으로 나누어 살펴보고자 한다.

(1) 한부모가족

한부모가족 관련 연구의 연구대상은 크게 부모와 자녀, 이주여성과 청소년 한부모 그리고 저소득 한부모가정으로 나뉜다. 부모는 모와 부, 그리고 둘 다를 포함한 연구로 나뉘며, 자녀는 자녀의 연령대별로 유아, 초등학생, 청소년, 그리고 초등학생과 청소년을 모두 포함한 연구들로 구분된다. 부모를 대상으로 한 연구가 141편(42.1%)으로 가장 많았으며, 그중 모를 대상으로 한 연구가 72편으로 주를 이루었고, 부모 모두가 59편, 부가 10편 순으로 나타났다. 또한 한부모가족의 자녀를 대상으로 한 연구는 총 109편(32.5%)으로 그중 청소년 49편, 초등학생 자녀 47편으로 자녀 전체의 88%를 차지하는 것으로 나타났다. 그다음으로 이주여성 한부모와 청소년 한부모를 대상으로 한 연구는 각각 15편, 13편이었고 저소득 한부모가족을 대상으로 한 연구는 36편으로 전체의 10.7%였다. 마지막으로 기타에 포함된 연구대상은 한부모가족의 법적 정의에 포함되지 않는 한부모가족에서 자란 성인자녀와 문헌연구 및 정책방안 관련 연구이다.

(2) 이혼가족

이혼가족 관련 연구의 대상은 크게 부모와 자녀, 이주여성과 저소득가정으로 나뉜다. 부모는 모와 부, 그리고 둘 다를 포함한 연구로 나뉘며, 자녀는 자녀의 연령대별로 초등학생, 청소년, 초등학생과 청소년 둘 다 포함, 그리고 성인자녀로 구분된다. 이혼가족의 자녀를 대상으로 한 연구가 75편(65.8%)으로 가장 많았으며, 그중 초등학생 자녀를 대상으로 한 연구가 45편으로 주를 이루었고 청소년 20편, 성인 5편 순으로 나타났다. 또한 부모를 대상으로 한 연구는 총 18편(15.8%)으로 그중 모 10편, 부 3편, 부모 모두 3편 순으로 나타났다. 그다음으로, 자녀가 없이 이혼한 남녀를 대상으로 한 연구가 5편(4.4%)이었으며 저소득 이혼가족과 이혼한 이주여성을 대상으로 한 연구는 각각 5편, 4편으로 나타났다.

(3) 미혼모가족과 미혼부가족

미혼 한부모 관련 연구의 연구대상은 크게 미혼 한부모와 자녀, 그리고 청소년 미혼모로 나뉜다. 부모는 미혼모와 미혼부, 그리고 둘 다를 포함한 연구로 나뉘며, 자녀는 초등학생 자녀와 성인자녀로 구분된다. 미혼모를 대상으로 한 연구가 144편(92.9%)으로 주를 이루었고 그중 성인 미혼모는 113편(72.9%), 청소년 미혼모는 31편(20%)으로 나타났다. 그다음으로 미혼부에 관한 연구 2편, 미혼 한부모가족에서 자란 성인을 대상으로 한 연구 2편순으로 나타났으며 미혼모와 미혼부 모두를 대상으로 한 연구와 초등학생 자녀를 대상으로 한 연구가 각각 1편으로 나타났다.

2) 한부모가족을 대상으로 한 연구주제

한부모가족 관련 연구 총 335편 중 문헌고찰, 정책담론 그리고 치료관련 연구를 제외한 나머지 235편을 분석한 결과, 한부모가족의 부모역할과 자녀 양육이 126편(53.6%)으로 가장 많았고 그다음으로 심리 · 정서적 요인이 44편(18.7%), 경제적 요인 33편(14%), 자립과 적응 19편(8%), 기타 13편(5.5%) 순으로 나타났다. 연구주제별 연구결과를 요약하면 다음과 같다.

(1) 부모역할과 자녀 양육

한부모가족을 대상으로 한 연구의 주제 중 가장 큰 비중을 차지하는 것은 한부모의 부모역할과 자녀 양육 관련 연구이다. 한부모는 양육에 대한 어려움과 스트레스를 경험하고 있다. 대부분의 한부모들은 생계 부양자와 자녀 양육자로서의 역할부담을 경험하고 있는데 이런 역할부담은 한부모 어머니들에게 신체적 그리고 심리적 부담으로 작용하여 양육 스트레스를 가중하게 된다(강영심 · 천성문, 2014; 이정빈, 2013). 또한 한부모 자녀들은 양부모 자녀들보다 학업성취도가 낮고(김현숙, 2021) 전반적으로 학교생활 적응에 어려움을 겪는데 이러한 차이는 학년이 증가하면서 커지다가 고등학교 시기 이후로 감소한다(김소진, 2016). 이와 더불어 부자가족 청소년들의 비행수준이 양부모가족과 모자가족보다 더 높았는데 이는 부자가족이 경제적 빈곤뿐 아니라 모의 부재로 인한 자녀 양육 및 가사의 어려움마저 더해져서 무관심 또는 방임 등의 역기능적 양육행동을 보이기 쉽기 때문이다(정소희, 2006).

(2) 심리 · 정서적 요인

한부모가족의 심리 · 정서적 요인과 관련된 주제에는 한부모의 우울과 안녕감이 있다. 먼저 한부모의 우울에 영향을 미치는 요인을 개인, 가족, 사회적 요인으로 분석한 결과, 자녀 양육과 같은 가족 요인의 영향력이 가장 크게 나타났다(문화진, 2023). 또한 여성 한부모가 남성 한부모보다 전반적인 우울 수준이 더 높게 나타났는데 이는 여성 한부모가 사회적 차별 경험을 더 많이 인식하고 경제적 부담이 더 크기 때문으로 볼 수 있다(이효진 · 박수빈 · 김희정, 2022; 장시온 · 김빛나, 2022).

한부모의 안녕감과 관련된 연구에서는 한부모의 경제적 어려움이 삶의 질을 낮추는 것으로 나타났다(김학주, 2006; 이현심 · 한규철 · 전기복, 2013). 또한 한부모의 주관적 건강상태, 여가생활 만족도, 스트레스 대처수준이 낮을수록 주관적 안녕감도 낮아지게 된다(김민경, 2004; 최자혜 · 손서희, 2022).

(3) 경제적 요인

한부모가구는 빈곤에 처할 위험이 큰데 한부모가구의 빈곤율은 양부모가구에 비해 4배가량 높다고 한다(고은주 · 김진욱, 2009). 또한 한부모 빈곤지위를 성별로 비교한 결과(이혜정 외, 2021), 가구균등화 중위소득 기준으로 볼 때 여성 한부모 빈곤가구가 남성 한부모 빈곤가구보다 거의 2배 많은 것으로 나타났다. 한부모가구의 빈곤위험을 높이는 요인으로는 취업자가 실제로 일하고 있는 신분이나 지위를 나타내는 종사상 지위와 자녀 양육부담으로 나타났으며, 특히 여성 한부모의 경우 자녀의 수와 3세 미만인 아동의 유무가 큰 영향을 미치는 것으로 나타났다(고은주 · 김진욱, 2009; 이혜정 외, 2021). 이는 어린 자녀로 인해 여성 한부모가 취업에 제한받는 것이 가장 큰 이유인 것 같다.

(4) 자립과 적응

한부모가족의 자립과 적응에 관한 연구를 살펴보면, 한부모는 스트레스로 인해 새로운 환경에 적응하는 것이 어렵기는 하나 가족탄력성이 높은 한부모가족은 스트레스 상황에서도 잘 적응할 수 있다고 한다(김행섭 · 김진숙, 2008; 현은민, 2007). 또한 친구, 가족, 자립시설 등으로부터 얻는 사회적 지지는 한부모가족의 자립에 긍정적 영향을 주는 것으로 나타났다(안경천 · 김현진, 2018; 이은희 · 최광선, 2012).

3) 이혼가족을 대상으로 한 연구주제

이혼가족 관련 연구 총 114편 중 문헌고찰, 정책담론 그리고 상담 및 치료 관련 연구를 제외한 나머지 89편을 분석한 결과, 연구주제는 크게 이혼가족의 자녀, 이혼 경험과 적응에 관한 주제로 나누었다. 이혼가족의 자녀에 관한 연구가 61편(68.5%)으로 가장 많았고, 그다음으로 이혼 경험과 적응에 관한 주제 17편(19.1%)으로 나타났다. 기타(11편)에 해당하는 주제로는 가족탄력성, 건강, 사회관계망 등이 포함되었다. 연구주제별 연구결과를 요약하면 다음과 같다.

(1) 이혼가족의 자녀

이혼가족의 자녀들은 양부모 중 한부모와 살아야 하며 부모의 이혼과정을 통해 크고 작은 부정적인 경험을 할 수밖에 없다. 특히 학교 성적이 낮고, 생활수준이 낮으며, 학대 경험이 있고, 아버지의 음주 수준이 높은 이혼가족 자녀들의 우울 수준이 더 높았으며 비양육부모와 불규칙적으로 만나는 자녀들의 우울 수준도 높게 나타났다(윤명숙 · 이묘숙 · 민수영, 2012).

이혼가족의 자녀와 일반가족 자녀를 비교한 연구결과를 보면 이혼가족 아동은 일반가족 아동보다 자아존중감이 낮고, 위축행동 및 불안, 외로움 등 정서적인 문제행동을 더 많이 보였으며, 또래와의 관계 질이 낮은 것으로 나타났다(최효식, 2018; 한준아, 2010; 황혜정 · 천희영 · 옥경희, 2010). 그러나 이혼이라는 가족구조 자체가 자녀들에게 직접적인 영향을 미치기보다 경제적 수준, 부모양육태도, 자아존중감 등의 요인들을 통하여서 간접적으로 자녀의 사회성에 영향을 미친다고 볼 수 있다(남영옥, 2010; 박지혜 · 김근향 · 고영건, 2014; 주소희, 2015).

(2) 이혼 경험과 적응

이혼 경험과 적응에 관한 연구결과를 요약하면 다음과 같다. 먼저 이혼에 대한 남, 여의 경험은 각각 달랐는데 남성은 자녀 양육과 교육의 어려움, 여성은 이혼 후 경제적 홀로서기로 인한 일 · 가정 갈등을 경험하는 것으로 나타났다(손서희, 2013; 오태균 · 하동균, 2018).

그리고 이혼 후 남녀의 적응을 이혼에 대한 인지적 평가와 심리적 적응을 나타내는 자긍심으로 측정한 결과(손정연 · 한경혜, 2006), 남녀 모두 지난 결혼생활을 좋게 평가할수록 이혼에 대한 긍정적 평가가 낮았다. 이혼 후 경제적 어려움은 남녀 모두 자긍심에 부정적인 영향을 미쳤는데, 남성은 이혼 후 도구나 정서적 측면에 대한 염려가 높을수록 자긍심이 낮아졌으나, 여성은 이혼을 고려할 때 직면하는 장애요인과 이혼 후 적응과는 관련이 없는 것으로 나타났다. 이는 남성이 이혼 후 정서적 고립과 양육 및 가사에 대한 두려움이 여성보다 더 큼을 알 수 있다. 실제 이혼 남성이 자녀를 양육하면서 겪는 심리적 현상은 복합적이고 부정적으로 나타났는데 이들은 심지어 힘들 때 자녀 양육을 포기할 가능성도 있다고 한다(임경택 · 김병오, 2015).

4) 미혼모가족 또는 미혼부가족을 대상으로 한 연구주제

미혼한부모 관련 연구 총 155편 중 문헌고찰, 정책 그리고 치료 및 프로그램 관련 연구를 제외한 나머지 87편을 분석한 결과, 연구주제는 차별 및 사회적 지지, 심리 · 정서적 요인 그리고 모성 경험으로 나뉜다. 모성 경험 29편(33.3%)이 가장 많았고 그 다음으로 심리 · 정서적 요인 25편(28.7%)과 차별 및 사회적 지지 20편(23%) 순으로 나타났다. 기타(13편)에 해당하는 주제로는 성에 대한 인식, 입양, 미혼모의 자녀 등이 포함되었다. 연구주제별 연구결과를 요약하면 다음과 같다.

(1) 모성 경험 및 자녀 양육

미혼모의 모성 경험은 원치 않은 임신으로 인한 충격과 불안에서 수많은 고민과 사회적 시선을 이겨내며 엄마로서의 자신을 받아들이고 자녀 양육을 위해 고군분투하는 과정이다(김혜선 · 김은하, 2006; 임해영 · 이혁구, 2014). 미혼모의 모성 경험 관련 연구는 대부분 면담을 통한 질적연구였으며 이를 통해 나타난 미혼모의 '엄마 되어가기'의 과정은 '탐색기', '분투기', '공존기'의 3가지로 나타났다(이윤정 · 강성례, 2017). 먼저, '탐색기'에서는 출산 선택 후 현실적인 문제에 당면하게 되면서 출산으로 인한 기쁨과 동시에 양육에 대한 부담감의 상반된 양가감정을 경험하게 된다. 두 번째로, '분투기'에서는 양육으로 인한 경제적 어려움, 어머니 역할 수행, 아버지의 부재, 사회적 낙인 극복하기, 양육을 위한 일자리 찾기, 지원정책 찾기, 자조모임의 참여 등 사회 속으로 복귀하기 위한 노력을 하면서 고군분투한다. 마지막으로, '공존기'에서는 아이에게 몰입하면서 아이중심의 생활을 하게 된다. 또한 더욱 강한 엄마가 되고자 노력하는 과정을 거치면서 모성을 획득해 가는 과정을 힘겨움과 어려움으로만 생각하지 않고, 점차로 자녀와의 관계를 통해 오히려 자신을 보호해 주고 성장시키는 원동력으로 받아들이게 된다(전정화 · 엄태완, 2019).

(2) 심리 · 정서적 요인

미혼모의 심리 · 정서적 어려움은 대부분 우울과 스트레스로 나타났는데 실제 미혼모의 우울 수치를 측정한 결과 평균 점수가 일반 어머니들보다 높게 나타났다(이경숙 외, 2017). 이러한 미혼모의 우울은 양육효능감이 높을수록, 원가족과의 관계가 긍정적일수록 낮아진다고 한다(김지현, 2021).

미혼모가 경험하는 스트레스의 주된 원인은 '상실'과 '부담'으로 나타났다. 이는 어린 나이에 자녀를 임신하고 출산하면서 학업 중단, 관계의 단절, 직장에서 내몰림 등 많은 것을 '상실'하는 것과 혼자서 양육을 감당해야 하는 '부담'을 경험하는 것을 말한다(김성재 외, 2020). 한편 어려운 환경에도 불구하고 적극적으로 고난에 대처하고 양육책임자로서 경제적인 독립을 위해 노력하며 이전보다 오히려 자신에 대한 긍정적인 재인식의 노력으로 삶의 의미를 회복하고 성장하고자 하는 미혼모들도 있다(송은미 · 유정이, 2018).

(3) 차별 및 사회적 지지

미혼모들이 경험한 차별과 사회적 지지에 관한 연구 중 우선 차별을 살펴보면, 미혼모들은 출산과 양육에서부터 부정적 시선을 받으며 원가족과의 단절, 경제활동의 장벽과 자녀에게 대물림되는 사회적 차별에 대한 염려, 인정받지 못하는 제도 밖의 가족이라는 편견 속에서 살아감을 알 수 있다(김희주 · 권종희 · 최형숙, 2012). 특히 생계를 위해 중요한 관계망인 직장에서의 차별 경험은 그들의 주관적 건강에 부정적인 영향을 미치는 것으로 나타났다(김지혜, 2019).

미혼모들이 경험한 사회적 지지는 빈곤에서 벗어나는 의지를 높여주고 여성 한부모의 생활만족도를 높여준다고 한다(박미경 · 황성철, 2010; 이화명 · 정원철, 2016). 특히 미혼모들은 당사자조직(자조모임)에 참여하면서 서로 연대 의식을 강화하고 실질적인 도움을 주고받기도 한다. 당사자조직(자조모임)은 같은 처지의 여성들이 모여서 마음을 열고 정보와 경험을 공유하는 모임을 말하며 이는 실제 미혼모에 대한 차별과 비난을 줄일 수 있는 사업으로 성과를 내고 있다. 미디어에 출연하여 미혼모임을 당당히 밝히거나 휴먼라이브러리 프로그램을 통해 자신을 소개하는 등 당사자 활동을 통해 미혼모들은 자의식과 주체성을 회복하고 성인지적 관점에서 성찰하게 하는 임파워먼트를 경험하고 있다(손승영, 2017).

5. 미래연구전망

한부모가족과 관련된 연구동향을 통해 추후 연구전망에 대해 다음과 같이 논의해 보고자 한다.

첫째, 한부모가족의 연구대상과 관련하여 한부모가족 전체 중 부자가족의 비율은 35%를 차지하는 데 비해 실제 연구가 수행된 비율은 매우 낮은 편이다. 대부분 여성 한부모를 대상으로 한 연구가 주를 이루었으며 남성 한부모를 대상으로 한 연구는 소수였다. 따라서 향후 남성 한부모를 대상으로 한 연구가 더 진행될 필요성이 제기된다. 이는 여성 한부모와 남성 한부모의 연구를 비교분석하도록 하여 추후 모자가족과 부자가족의 특성을 세분화한 한부모가족 정책을 수립하는 데 도움이 될 것이다.

둘째, 한부모가족의 연구주제 중 한부모가족의 자립과 적응을 주제로 한 연구들이 많이 수행되었는데 대부분 단일 요인을 분석한 연구였다. 추후에는 한부모가족의 자립과 적응에 관련된 요인들을 개인, 가족, 사회적 요인 등 다차원적으로 살펴보는 연구가 진행될 것으로 전망한다. 한부모가족의 원인으로 이혼, 사별, 미혼이 있는데 이들 모두 한부모로서 홀로서야 하며 새로운 환경에 적응해야 한다. 이에 한부모가족의 자립과 적응에 영향을 주는 요인들을 다차원적으로 살펴본다면 이들의 자립과 적응을 돕는 교육과 상담에 기초자료로 사용될 수 있을 것으로 기대된다.

셋째, 이혼가족을 포함하여 한부모가족 자녀들을 대상으로 한 연구들 중 부정적 영향과 관련된 주제들이 다수였으나 점차 긍정적 요인과 강점에 관련된 연구들이 증가하는 추세이다. 이에 앞으로 한부모가족 자녀들의 심리 · 정서적인 강점과 환경에 잘 적응해가는 능력을 중점으로 한 연구들이 많아질 것으로 전망한다. 이러한 강점중심의 연구는 한부모가족을 결핍의 관점으로 보는 것이 아닌 다양한 가족의 한 유형으로 바라보는 데 도움이 될 것이다.

참고문헌

강영심, 천성문 (2014). 사춘기 자녀를 둔 한부모가정 어머니의 자녀 양육 스트레스 경험에 관한 현상학적 연구. **재활심리연구, 21**(3), 601-625.

고은주, 김진욱 (2009). 한부모 가구의 빈곤요인에 관한 연구. **사회복지정책, 36**(2), 219-236.

곽경주, 전귀연 (2023). 양육미혼모의 차별경험이 주관적 안녕감에 미치는 영향. **한국생활과학회지, 32**(5), 507-519.

김미숙, 박민경, 이상헌, 홍석표, 조병은, 원영희 (2000). 저소득 편부모가족의 생활실태와 정책과제. 한국보건사회연구원 연구보고서.

김민경 (2004). 한부모가족 여성가장의 심리적 안녕과 관련변인 연구. **한국가족복지학, 14**, 85-118.

김성재, 방경숙, 이금희, 임지희, 정예슬, 송민경 (2020). 국내 미혼모의 스트레스원과 스트레스 반응에 대한 통합적 고찰: 베티 뉴만의 체계 모델을 기반으로. **한국아동간호학회, 26**(2), 238-253.

김소진 (2016). 한부모가정 아동 · 청소년의 학교생활적응에 관한 시계열적 연구: 양부모 가정 아동 · 청소년과의 비교를 중심으로. **열린부모교육연구, 8**(3), 101-120.

김익균, 고선옥, 김사라, 유수정, 이미정 (2012). **가족관계론**. 정민사.

김지현 (2021). 미혼모의 원가족과의 관계가 우울감에 미치는 영향: 양육효능감과 차별경험인식의 매개효과를 중심으로. **한국가족복지학, 26**(3), 447-463.

김지혜 (2019). 여성 한부모의 지역사회 차별경험과 주관적 건강과의 관련성. **지방사와 지방문화, 22**(2), 487-513.

김학주 (2006). 유자녀가구 유형별 빈곤의 사회경제적 특성연구: 남성한부모가구, 여성한부모가구, 양부모가구 비교분석. **한국인구학, 29**(3), 73-87.

김행섭, 김진숙 (2008). 자녀 스트레스가 여성 한부모의 적응에 미치는 영향: 대처전략과 가족탄력성의 매개효과. **상담학연구, 9**(4), 1567-1584.

김현숙 (2021). 한부모 자녀의 가정 내 교육적 지원과 학교에서의 교육적 경험이 학업성취에 미치는 영향: 학생의 교육적 경험의 매개효과 및 양부모 자녀와의 다집단 분석. **학교사회복지, 53**, 211-239.

김혜선, 김은하 (2006). 미혼 양육모의 양육 결정 체험: 현상학적 연구. **한국 사회복지학, 58**(1), 373-393.

김혜영, 이미정, 이택면, 김은지, 선보영, 장연진 (2010). 미혼모의 양육 및 자립실태조사. 여성가족부.

김희주, 권종희, 최형숙 (2012). 양육미혼모들의 차별경험에 관한 질적사례연구. **한국가족복지학, 36**, 121-155.

남영옥 (2010). 이혼가정 자녀와 양부모가정 자녀의 학교적응 비교 연구. **한국청소년연구, 21**(3), 219-243.

문화진 (2023). 한부모의 우울 영향요인에 관한 연구. **한국과 국제사회, 7**(3), 61-81.

박미경, 황성철 (2010). 사회적 관계망의 긍정과 부정적 기능에 따른 저소득층 여성 한부모의 우울감 및 생활만족도. **한국가족관계학회지, 15**(3), 3-24.

박부진 (2000). 한국 사회의 이혼실태와 이혼가족의 문제. **사회과학연구, 9**, 84-100.

박지혜, 김근향, 고영건 (2014). 한부모가정 및 일반가정 청소년의 불안, 사회적응 및 주관적 안녕감 간의 관계에서 낙관성의 조절효과. **한국청소년연구, 25**(2), 115-144.

변수정, 김유경, 최인선, 김지연, 최수정, 김희주 (2019). 미혼모가족의 출산 및 양육 특성과 정책과제. 한국보건사회연구원.

손서희 (2013). 이혼한 여성 한부모의 홀로서기 경험. **가정과삶의질연구, 31**(2), 59-75.

손승영 (2017). 양육미혼모의 당사자조직 참여 경험과 인식 변화. **여성학연구, 27**(1), 35-66.

손정연, 한경혜 (2006). 결혼의 질, 이혼 장애 요인, 일상생활 스트레스와 이혼 후 적응. **가정과삶의질연구, 24**(1), 83-102.

송은미, 유정이 (2018). 외상을 경험한 양육미혼모의 외상후 성장 경험. **학습자중심교과교육연구, 18**(6), 869-893.

안경천, 김현진 (2018). 미혼 한부모에 대한 사회적지지가 자립의지에 미치는 영향: 자아존중감의 매개효과 중심으로. **한국가족복지학, 23**(1), 101–118.

양육비이행관리원 (2018). 양육비이행관리원 3년 운영성과.

여성가족부 (2021). 한부모가족실태조사.

오승환 (2001). 저소득 편부모가족의 가족기능과 자녀의 심리사회적 특성 비교연구–양친가족, 편부가족, 편모가족의 비교를 중심으로. **한국아동복지학회, 12**, 77–107.

오태균, 하동균 (2018). 직업 군인의 이혼 경험이 일상(직업수행, 개인정서, 가정환경)에 미치는 영향: 군 간부를 대상으로 한 현상학적 연구. **기독교교육정보, 0**(59), 27–60.

유순희, 정민자 (2013). 이혼한 여성 한부모가족의 가족 레질리언스에 대한 질적분석. **대한가정학회, 51**(6), 603–612.

윤명숙, 이묘숙, 민수영 (2012). 청소년이 지각한 부모의 부부갈등이 학교폭력 가해경험에 미치는 영향: 우울의 매개효과 검증. **청소년복지연구, 14**(4), 237–259.

이경숙, 노정숙, 김수진 (2017). 미혼모의 정신건강과 모–자녀 상호작용 특성 분석. **한국심리학회지 여성, 22**(4), 467–489.

이윤정, 강성례 (2017). 양육미혼모의 모성획득과정. **한국영유아보육학, 0**(105), 157–181.

이은희, 최광선 (2012). 여성 한부모가족 가구주의 자립의지에 영향을 미치는 생태체계적 요인에 관한 연구. **한국산학기술학회논문지, 13**(7), 2983–2990.

이정빈 (2013). 한부모 여성의 부모역할 경험. **한국심리학회지: 여성, 18**(4), 499–532.

이현심, 한규철, 전기복 (2013). 한부모여성가구주의 경제적 스트레스가 삶의 질에 미치는 영향. **한국콘텐츠학회논문지, 13**(3), 174–183.

이혜정, 장수정, 김병인, 백경흔 (2021). 한부모가족 빈곤위험의 젠더격차와 영향요인. **사회복지정책, 48**(2), 103–129.

이화명, 정원철 (2016). 한부모 빈곤여성의 사회적 배제감이 탈빈곤 의지에 미치는 영향. **한국콘텐츠학회논문지, 16**(5), 760–771.

이효진, 박수빈, 김희정 (2022). 미성년 자녀를 양육하는 한부모의 우울 관련 요인: 성별 그룹 간 차이를 중심으로. **정신간호학회지, 31**(1), 36–46.

임경택, 김병오 (2015). 이혼 남성의 자녀 양육 경험 연구. **상담학연구, 16**(4), 523–545.

임해영, 이혁구 (2014). 양육 결정 미혼모의 초기 모성 경험에 관한 연구 –해석학적 근거이론 방법–. **사회복지연구, 45**(3), 35–69.

장성애 (2018). 양육미혼모의 구직효능감에 영향을 미치는 요인 연구. 숭실대학교 대학원 석사학위논문.

장시온, 김빛나 (2022). 한부모가 된 이후에 경험하는 생활변화의 어려움이 가구주 우울에 미치는 영향: 성별의 조절효과. **사회과학연구, 61**(3), 345–370.

전정화, 엄태완 (2019). 미혼모의 체험에 대한 현상학 연구. **인문사회21, 10**(6), 1469–1483.

정문자, 정현숙, 정혜정, 전영주, 정유진 역 (2016). **다세대발달관점의 가족관계.** Anderson, S. A., Sabatelli, R. M. (2016). Family interaction: a multigenerational developmental perspective

(5th ed.). 학지사.

정소희 (2006). 가족구조, 부모양육행동 및 청소년비행-모자가정과 부자가정의 비교를 중심으로-. **사회복지연구, 30**, 185-213.

주소희 (2015). 이혼가정자녀의 부모이혼 경험과 외상후 성장에 관한 연구. **한국가족복지학, 49**, 97-131.

최자혜, 손서희 (2022). 중년기 여성 한부모의 주관적 안녕감 예측 변인. **가족자원경영과 정책, 26**(2), 85-94.

최효식 (2018). 이혼 가정 자녀의 긍정적 변화에 영향을 미치는 변인 분석. **한국산학기술학회논문지, 19**(6), 465-475.

통계청 (2023). 인구동향조사.

한준아 (2010). 저소득층 가정 아동의 자아지각, 어머니의 양육 스트레스가 문제 행동에 미치는 영향: 양부모 가정과 이혼 가정의 비교를 중심으로. **아동과 권리, 14**(3), 355-384.

현은민 (2007). 한부모가족의 적응. **가정과삶의질연구, 25**(5), 107-126.

황혜정, 천희영, 옥경희 (2010). 부모의 이혼이 아동의 문제행동에 영향을 미치는 경로 분석: 주 양육자의 양육행동과 아동의 자아존중감을 통해서. **대한가정학회, 48**(7), 99-110.

Anderson, E. R., Greene, S. M., Walker, L., Malera, C. A., Forgatch, M. S., & DeGarmo, D. S. (2004). Ready to take a chance again: Transitions into dating among divorced parents. *Journal of Divorce and Remarriage, 40*, 61-75.

Bohannan, P. (1970). *The six stations of divorce. In P. Bohannan* (Ed.), Divorce and after. Double Day.

Cherlin, A. J. (1998). Marriage and marital health of young adults: A developmental perspective. *Child Development, 66*, 1614-1634.

Cherlin, A. J. (2010). Demographic trends in the United States: A review of research in the 2000s. *Journal of Marriage and Family, 72*, 403-419.

Fomby, P., & Cherlin, A. J. (2007). Family instability and child well-being. *American Sociological Review, 26*, 1131-1163.

Greeff, A. P., & Merwe, S. V. D. (2004). Variables associated with resilience in divorced families. *Social Indicators Research, 68*, 59-75.

Hetherington, E. M., & Kelly, J. (2002). *For better or for worse: Divorce reconsidered*. Norton.

Olson, D. H., DeFrain, J., & Skogrand, L. (2014). *Marriages and Families: Intimacy, Diversity, and Strengths*(8th Ed.). McGraw-Hill Education.

Walsh, F. (2012). *Normal Family Processes: Growing Diversity and Complexity*. The Guilford Press.

CHAPTER 12
재혼가족

1. 재혼가족의 개념과 유형
2. 재혼가족 현황
3. 재혼가족 특성
4. 재혼가족의 발달과정
5. 재혼가족의 연구동향
6. 미래연구전망

최근 우리 사회의 인식 변화로 이혼에 대한 부담감은 과거에 비해 많이 줄어들었다. 이혼 이후 이전보다 행복한 삶을 추구하기 위해 실패하지 않는 결혼생활을 하기 위해 재혼을 결심하기도 한다. 실제 재혼에 관한 견해를 살펴보면 '해도 좋고 안 해도 좋다(67.5%)'라는 응답이 가장 높게 나타났다(사회보사, 2022). 이는 과거에 비해 재혼에 대한 사회적 낙인이 약해졌음과 재혼을 긍정적인 선택지 중 하나로 인정하고 있다는 것을 의미한다. 하지만 재혼가족은 재혼의 특성상 다른 가족들에 비해 복잡한 관계를 가진다는 점에서 적응에 어려움을 경험하기도 한다. 다양한 갈등상황이 나타날 수도 있고, 심각한 경우에는 또 다른 이혼으로 이어지기도 한다.

이 장은 재혼가족에 대한 이해를 높이고자 하였다. 우선 재혼가족의 유형과 특성 및 발달과정을 살펴보고, 재혼가족의 연구동향을 통해 영향을 미치는 변인을 살펴봄으로써 재혼가족의 특성을 이해한다. 그리고 재혼가족과 관련한 미래연구전망에 관해 살펴본다.

1. 재혼가족의 개념과 유형

1) 재혼가족의 개념

재혼가족(remarried family)에 대한 개념 정의와 용어는 혼재되어 사용되는데 크게 두 핵가족의 결합을 의미하는 이중핵가족(binuclear family), 가족의 구조가 재구성된다는 의미를 가진 재구성가족(reconstructed family), 두 가족이 합쳐져 섞인 것을 의미하는 혼합가족(blended family) 등이 있다(Ganong & Coleman, 1994, 김종숙 역, 2003). 또 의붓가족, 계부모가족(step family)도 있다. 이를 종합해 보면 재혼가족은 부부 중 한 사람 혹은 두 사람 모두 결혼한 적이 있고, 이혼이나 사별을 경험한 사람이 결혼으로 새롭게 형성한 가족이라 정의할 수 있다.

2) 재혼가족의 유형

재혼가족은 재혼부부의 결혼지위(미혼, 이혼, 사별), 전혼자녀 유무, 양육권 등과 같이 고려해야 할 부분이 많기에 다양한 유형을 보인다. 재혼가족의 유형을 부인과 남편 각각의 전혼자녀 유무와 양육권 여부에 따라 9가지로 분류하면 〈표 12-1〉과 같다(Clingempeel, Brand, & Segal, 1987).

〈표 12-1〉 재혼가족의 9가지 유형

<table>
<tr><th colspan="3" rowspan="3">구분</th><th colspan="3">여성의 전혼자녀 유무</th></tr>
<tr><th rowspan="2">전혼자녀 없음</th><th colspan="2">전혼자녀 있음</th></tr>
<tr><th>양육권 없음</th><th>양육권 있음</th></tr>
<tr><td rowspan="3">남성의 전혼 자녀 유무</td><td colspan="2">전혼자녀 없음</td><td>무자녀 재혼가족</td><td>비동거 계부가족 (nonresidential stepfather family)</td><td>동거 계부가족 (residential stepfather family)</td></tr>
<tr><td rowspan="2">전혼 자녀 있음</td><td>양육권 없음</td><td>비동거 계모가족 (nonresidential stepmother family)</td><td>비동거 계부모가족 (nonresidential stepparent family)</td><td>혼합계부형 계부모가족 (mixed stepparent family)</td></tr>
<tr><td>양육권 있음</td><td>동거 계모가족 (residential stepmother family)</td><td>혼합계모형 계부모가족 (mixed stepparent family)</td><td>동거 계부모가족 (residential stepparent family)</td></tr>
</table>

* 모든 전혼자녀의 양육권을 갖는 경우는 동거형(residential), 모든 전혼자녀의 양육권을 갖지 않는 경우는 비동거형(nonresidential), 한 배우자는 양육권을 가진 동거 친부모(residential), 다른 배우자는 양육권을 갖지 않는 친부모일 때(nonresidential)는 mixed로 표시함

출처: Clingepeel, Brand, Segal (1987); 임춘희, 정옥분 (1997) 재인용. p. 77.

2. 재혼가족 현황

2023년 혼인이혼통계에 따르면 이혼건수는 92,000건으로 전년대비 0.9%(800건) 감소하였으나, 혼인건수(초혼건수+재혼건수)는 194,000건으로 전년대비 1.0%(2000건) 증가하였다. 혼인건수가 전년대비 증가한 것은 2011년 이후 처음으로 나타났는데, 이는 내국인에 비해 외국인 혼인건수의 증가로 인한 것으로 볼 수 있다.

재혼과 관련하여 살펴보면 남녀 모두 재혼은 12.2%를 차지하였다. 그 중 남성의 재혼은 31,600건(16.3%)이었으며, 이혼으로 인한 재혼은 30,201건, 사별로 인한 재혼은 1,443건으로 남성의 이혼으로 인한 재혼이 전년대비 증가하였다. 여성의 재혼은 35,200건(18.2%)이며 이혼으로 인한 재혼은 33,168건, 사별로 인한 재혼은 2,055건으로 전년대비 둘 다 증가하였다(통계청, 2023). 이를 통해 재혼은 대부분 이혼으로 인해 이루어지고 있으며, 점차 재혼부부 및 재혼가족의 비중이 높은 사회로 가고 있음을 알 수 있다.

3. 재혼가족 특성

재혼가족은 고려해야 할 문제가 많다는 점에서 다른 가족과는 상이한 특성을 보이는데 구체적으로 다음과 같다(Ganong & Coleman, 1994, 김종숙 역, 2003; Martin, Martin, & Jeffers, 1993; Visher & Visher, 1988; 이영숙 · 박경란 · 전귀연, 2008).

첫째, 재혼의 특성상 가족 중 한 명은 상실을 경험한 적 있으며, 몇 가지

가족 변화 단계를 경험하게 된다. 가족 변화 단계에서는 기회나 꿈, 관계, 경험에서의 상실과 애도를 경험하며, 역할기대, 가족구성원 간의 관계, 자아 및 가족정체성 등의 변화도 있다.

둘째, 재혼가족의 구성원은 서로 다른 역사를 가지고 있다. 사람들은 결혼 이후 각자의 근원가족에서 경험한 것을 토대로 결혼 이후 자신이 형성한 생식가족 내에서 자신의 관습과 역사를 형성하곤 한다. 이렇게 형성하고 공유된 역사는 가족구성원들에게 정상적이고 옳은 것으로 받아들여져 가족정체성과 가족유대감을 만든다(Golderner, 1982). 하지만 재혼가족을 형성한 남녀는 공유된 역사가 결핍되어 있기에 각자의 이전 가족에서 형성한 공유된 역사를 바탕으로 새로운 가족의 역사를 다시 써야 한다. 이 과정에서 재혼한 성인과 자녀와의 관계에 갈등이 발생할 수 있으며, 적응적인 관계를 위해 서로의 상호작용 패턴을 이해하고 공동의 정체성을 발달시켜야 한다.

셋째, 전혼에서 가졌던 기대를 가지고 재혼가족을 이룬다. 특히 계부모들은 계자녀들에 대해 즉시 애정과 사랑을 느낄 수 있다는 기대를 가지고 재혼가족을 형성하게 된다. 하지만 자신의 기대만큼 계자녀와의 유대가 원활하게 형성되지 않지 않으면 혼란과 불안에 빠져 유대를 강요하기도 하는데 이는 더 큰 문제상황으로 이어지게 만든다. 연구결과에 따르면 재혼가족은 핵가족만큼 정서적으로 친밀하지 않음을 보고하기도 하였다(Smith, 1991). 특히 응집성에 대한 압력은 자녀들에게 스트레스 요인으로 작용할 수 있다. 계부모가 계자녀에게 친밀함을 요구하는 압력은 좋은 의도와는 달리 자녀들이 더 멀리 도망가도록 하여 응집성을 약화시키기도 한다.

넷째, 부모-자녀 간 유대가 배우자 간의 유대보다 더 오래되었다. 재혼가족의 계부모는 이전 가족에서 형성된 부모-자녀관계가 재혼가족의 새로운 부부관계보다 먼저 형성되었기에 배우자의 친자녀와 관계를 형성하는 데 어려움을 경험할 수 있다. 특히 재혼가족의 자녀들은 본인의 친부모가 어딘가에 존재하기도 하며, 친부모에게서 받은 영향력이 남아 있어 재혼가족의 계부모에게 적대적 반응을 보이기도 한다. 또한 계부모에게 보이는 친자녀의 적대적 반응으로 인해 친자녀와 배우자 간 충성심의 갈등을 경험할 수 있다. 따라서 계부모가족은 견고한 부부관계를 확립하여 계부모가 계자녀와 관계를 잘 형성할 수 있는 방법을 찾도록 지지하는 것이 필요하다.

다섯째, 재혼가족은 사회적인 지지가 부족하다. 최근 인식과 정책적인 방향이 변하고 있음에도 불구하고 여전히 기존 정책들은 핵가족을 위해 설계되어 있다는 점에서 사각지대에 놓이기도 한다. 또한 초혼의 핵가족이 아니라는 낙인으로 인해 자신들의 계부모가족 상황을 숨기기도 한다. 이것은 재혼가족에게는 타인으로부터의 방어적인 전략이 될 수도 있으나, 타인이 계부모가족에게 사회적 지지 자원으로 작용할 수 있는 기회를 박탈시키기도 한다. 즉 낙인을 피하기 위해 계부모가족이라는 사실을 숨기는 것은 계부모가족구성원들의 사회적 고립을 야기시킬 수도 있다.

4. 재혼가족의 발달과정

재혼가족의 발달과정은 핵가족의 발달과정과 다르다. 계부모가족 발달과정의 단계와 과업을 살펴보면 재혼가족만의 특성을 이해하는 데 도움을 줄 수 있다. 여기서는 계부모가족의 발달 단계를 연구한 McGoldrick과 Carter의 발달단계모델과 Papernow의 계부모가족주기를 살펴보고자 한다.

1) McGoldrick과 Carter의 발달단계모델

McGoldrick과 Carter의 모델은 크게 세 단계, 즉 새로운 관계 맺기, 새로운 결혼과 가족에 대한 개념 형성과 계획, 재혼과 가족의 재구성으로 구성된다. 단계별로 '요구되는 태도'와 발달 단계에서 직면하는 '발달적 문제'가 함께 제시되어 있는데, 단계별로 요구되는 태도는 개인과 가족이 발달적 문제를 경험하기 전에 해결해야 할 정서적 과업을 의미한다. 또한 개인과 가족의 하위체계, 이전 가족과 현재의 핵가족 단위, 확대된 가족체계를 위한 과업을 단계별로 설명하고 있다. 재혼가족의 궁극적인 목표는 경계를 유연하게 하여 개방된 체계가 되는 것이다.

(1) 1단계: 새로운 관계 맺기

이 단계에서 요구되는 태도는 결혼의 상실감을 극복하는 것이다. 이에 발달적 문제는 복잡하고 모호한 감정을 다스리고 새로운 결혼과 가족 형성에 헌신하는 것이다.

(2) 2단계: 새로운 결혼과 가족에 대한 개념 형성과 계획

이 단계에서 요구되는 태도는 본인, 새 배우자, 자녀들이 재혼이나 계부모 가족 형성에 대해 가지는 불안이나 두려움을 수용하고 다양한 새로운 역할, 경계를 형성하는 것(공간, 시간, 가족원이 되는 것, 권위), 감정적 문제(죄의식, 충성심, 갈등, 미해결된 과거의 상처)에 대해 적응하는 데 인내와 시간이 필요함을 수용하기이다. 이에 발달적 문제로 다음과 같다.

- 새로운 관계에서 개방적이고 솔직하게 이야기하기
- 전 배우자와 협조적인 공동의 부모역할을 유지하기 위한 계획 세우기

- 자녀들이 두 가족체계의 가족원으로 기능하고, 두려움과 충성심, 갈등을 다룰 수 있도록 도와주기
- 새로운 배우자와 자녀를 포함한 확대가족과의 관계 재형성하기
- 전 배우자의 확대가족과 자녀와의 관계를 유지하기 위한 계획 세우기

(3) 3단계: 재혼과 가족의 재구성

이 단계에서 요구되는 태도는 전 배우자에 대한 애착을 완전히 정리하고 온전한 가족에 대한 이상 재정립하기와 과거와는 다른 가족모델을 수용하여 투과성 있는 가족경계 유지하기이다. 이에 발달적 문제는 다음과 같다.

- 새로운 배우자와 계부모를 포함할 수 있는 가족경계 재형성하기
- 다양한 하위체계의 조합을 허용하는 새로운 하위체계를 통해 관계 재형성하기
- 아이들의 생부, 생모, 조부모를 포함한 친족들까지도 관계를 유지할 수 있도록 여유롭게 경계 설정하기
- 재혼가족의 통합을 증진시키기 위한 다양한 추억 만들기

2) Papernow의 계부모가족 주기

Papernow(1993)는 다양한 이론적 바탕과 임상적 경험을 토대로 계부모가족 발달 단계(stepfamily development)를 설명하였다. 이는 크게 세 단계(초기, 중기, 후기)와 단계별 세부 하위 단계로 총 7단계로 구성된다.

〈표 12-2〉 Papernow의 계부모가족 주기(stepfamily cycle)

단계	하위단계	특징
초기 단계	1. 환상(fantasy)	환상이 충족되지 않으면 혼돈과 실망을 가지는 단계
	2. 혼동(immersion)	환상을 포기하게 되고 혼돈을 경험하는 단계
	3. 자각(awareness)	본인의 감정과 요구가 다른 가족원들과 다르다는 것을 알고 소통하는 단계
중기 단계	4. 변동(mobilization)	갈등이 일어나고 해결되는 단계
	5. 행동(action)	새로운 가족으로서 약속을 만들고 함께 노력하는 단계
후기 단계	6. 접촉(contact)	계부모가족과 친밀감과 애착을 형성하는 단계
	7. 해결(resolution)	계부모가족의 문제에도 잘 대처하는 단계

(1) 초기 단계

① 환상(fantasy)

환상 단계의 계부모가족구성원은 계부모가족에 대한 환상, 소망, 비현실적인 기대를 가지게 된다. 이전의 결혼 및 배우자 관계에서 찾기 힘들었던 온정, 사랑, 완벽한 가족생활 등과 같은 것이다. 이러한 기대는 이전의 가족 경험, 재혼가족에 대한 정보의 부족, 문화적 이상, 신념체계로부터 생겨난 것이라 볼 수 있다.

가족구성원에 따라 환상을 가지는 내용은 각기 다르다. 결혼하여 새롭게 재혼가정을 형성하는 부모의 경우 재혼한 배우자가 자신의 자녀를 위해 부모역할을 잘 해주고 재정적인 책임과 가정에서 일어나는 일을 공유하고 정서적 안정과 사랑을 줄 것이라는 환상을 가지게 된다.

자녀의 경우에는 상황에 따라 다른 환상을 가지기도 한다. 친부모가 죽거나 가족을 버린 상태가 아니라면 계부모가 떠났으면 하는 것과 이전의 가족으로 돌아갈 수 있다는 환상을 가지기도 하는 반면, 어떤 자녀들은 계부모를 환영하고 새로운 가족이 됨으로써 경제적 지원과 정서적 안정을 줄 것이라는 환상을 가지기도 한다. 따라서 이 시기의 과업은 가족구성원별로 비현실적인 희망과 기대를 인식하고 명료화하는 것이다.

② 혼돈(immersion)

혼돈 단계는 계부모가족관계의 현실을 경험하고 혼돈을 경험하는 단계이다. 이전 단계에서 가진 환상이 실제 경험과 일치하지 않으면 가족구성원들은 혼돈에 빠지게 되고 다른 가족구성원에게 부정적이거나 양면적인 감정(양가감정)을 가지게 된다. 이 단계에서 처음으로 가족구성원 개인이 서로 다른 환상을 가지고 있음을 알고 상호작용 패턴과 서로가 가진 전통이 무엇이며 어떤 부분이 다른지 명백히 알게 된다. 가장 먼저 알게 되는 사람은 계부모이며 이 사실을 알게 된 후에 자신을 탓하기도 한다. 따라서 이 시기의 과업은 가족구성원들이 어떠한 다른 기대로 인해 문제를 경험하고 있는지, 무엇이 잘못된 것인지를 정확히 이해하고 서로의 감정과 경험에 대해 충분히 의사소통할 때까지 이겨내는 것이다.

③ 자각(awareness)

자각 단계는 본인과 다른 가족원들의 감정과 요구를 자각하는 시기이다. 자각 단계의 과업은 계부모가족 내에서 자신의 감정과 요구를 확인한 다음 다른 가족원의 감정과 요구를 이해하고 이를 맞추기 위해 노력하는 것이다. 이 과정에서는 계부모가족의 적응에 대한 환상에서 벗어나 이전보다 더 현실적인 인식과 노력을 하며 더 많은 소통이 요구된다. Papernow는 자각 단계를 가장 중요한 단계로 간주하였다. 하지만 자각 단계는 가족마다 차이점을 보이기도 하는데 어떤 계부모가족은 이 단계가 계부모가족 주기의 시작이 되기도 하고, 혼동 단계에서 거의 시간을 보내지 않고 바로 자각 단계로 넘어오기도 한다.

(2) 중기 단계

④ 변동(mobilization)

변동 단계는 계부모가족에서 경험되는 기본적인 변화로 인해 갈등이 발생하는 시기이다. 특히 가족구성원 각자가 서로의 차이점에 대해 이야기하고 계부모가족과 함께하는 생활에 대한 느낌, 요구, 생각 등을 표현하기 때문에 가족구성원들은 적응에 어려움을 느낄 수 있다. 기본적 변화의 예로는 자녀가 식사예절을 잘 지키지 않거나 손톱깎이의 위치가 바뀌어 찾기 어려운 것 등이 있다. 이와 같은 문제로 인해 스트레스 상황에 직면할 수 있는데 겉으로는 간단한 문제 같지만 이면에는 다른 이유가 있을 수 있다. 이는 계부모의 역할과 자녀와의 관계 맺음의 문제일 수도 있고, 이전 가족의 규칙이 계부모가족으로 이어진 결과일 수도 있다. 따라서 이 시기의 과업은 가족구성원들 간의 차이를 인정하고 규칙 변화를 위해 충분한 대화를 한 후 서로에게 도움이 되도록 하는 것이다.

⑤ 행동(action)

행동 단계는 새로운 가족으로서 약속을 만들고 함께 노력하는 단계이다. 계부모가족이 해체되지 않는 경우 이 과정을 경험하게 된다. 이 시기의 발달과업은 계부모가족관계에 필요한 관습과 습관 및 행위 양식을 새롭게 형성하는 것이다. 함께하는 과정 속에서 가족원들은 서로 어떤 방식으로 상호작용해왔는지 이해하게 된다. 또한 새로운 가족 내 경계를 형성하여 전보다 편안하고 만족스러운 계부모가족관계로 변화한다.

(3) 후기 단계

⑥ 접촉(contact)

접촉 단계에서는 이전 단계에서의 충분한 가족 상호작용 패턴의 변화 경험을 토대로 계부모와 진정한 친밀감과 애착을 형성하게 된다. 이 시기의 과업은 재혼부부가 상대방을 신뢰하고 친밀감을 형성함으로써 계부모의 역할을 공고히 하는 것이다. 이전의 단계보다 더 어렵고 고통스러운 문제까지 상호작용하며 점차 더 단단한 관계가 되어간다.

⑦ 해결(resolution)

해결 단계는 계부모가족 내에서 문제와 갈등상황을 경험하여도 긍정적으로 대처하고 해결할 수 있는 시기를 의미한다. 계부모가족 주기의 단계를 경험하며 계부모가족만의 규범이 점차 확립되고 그들만의 가족 역사가 형성된다. 이후에도 갈등상황은 계속해서 발생할 수 있다. 하지만 이전에 비해 갈등상황을 긍정적으로 대처할 수 있으며, 가족 내 본인의 역할이 무엇인지 알고 실행할 수 있게 된다. 따라서 이 단계에서의 과업은 이전의 가족 변화와 관련된 상실, 슬픔과 함께 한 사람에 대해 애정을 갖고 있으면서도 다른 사람에게도 애정을 가질 때 겪는 충성심 갈등과 관련한 부분을 가족과 지속적인 의사소통을 통해 맞추어 나가려는 노력이 필요하다.

5. 재혼가족의 연구동향

재혼가족과 관련된 국내 연구는 대부분 1990년대 이후에 진행되었다. 이는 1997년 IMF 금융위기를 전후하여 가족해체와 재구성 확산과 함께 연구가 진행된 것으로 설명될 수 있다. 현재 재혼가족과 관련한 부정적 인식이 이전보다는 덜해졌음에도 불구하고 재혼가족과 관련한 연구는 매해 10편 이하로, 증가하는 재혼가족의 수에 비해 턱없이 부족한 실정이다. 2007년까지는 연구주제로 노인 재혼과 관련하여 주로 살펴보았다면 이후에는 재혼 경험과 관련한 인식 변화와 관련된 연구로 변화하였다.

특히 재혼가족은 결혼지위 및 전혼자녀의 유무에 따라 다양한 특징을 보인다는 점에서 관련 변인들을 함께 살펴보는 것이 이해에 도움을 준다. 따라서 재혼가족과 관련된 연구를 가족관련 변인, 사회적 변인, 이론 연구, 추후 개입으로 크게 나누어 동향을 살펴보고자 한다. 재혼가족과 관련하여 국내의 연구가 부족하여 재혼가족의 이해에 필요한 부분은 국외의 연구도 추가하여 살펴보겠다.

1) 가족관련 변인

가족관련 변인으로 재혼가족의 인구통계학적, 가족의 상호작용, 가족관계 변인으로 나누어 살펴볼 수 있다.

(1) 인구통계학적 변인

가족의 인구통계학적 변인으로는 경제상황, 재혼기간, 계자녀 성별, 계자녀 연령 등이 있다.

첫째, 경제상황이다. 재혼가족의 경제상황과 관련된 연구를 살펴보면 재혼가족의 경제적 소득이 높은 경우 재혼모와 계자녀 간의 긍정적 상호작용이 높게 나타났다(Santrock & Sitterle, 1987). 또한 경제적 만족감이 클수록(박경례 · 박재연, 2021), 경제상황이 좋을수록(김승익, 2014) 재혼가족의 삶의 질이 높은 것으로 나타났다. 재정적인 어려움은 재혼가족의 스트레스를 가중시키는 원인이 되기도 한다는 점에서 경제적 소득이 재혼가족 적응에 도움이 될 되는 요인임을 알 수 있다.

또한 경제적인 측면에서 가정 내 부부의 소득을 통합하여 운용하는 것이 독립적으로 분리하는 방식보다 재혼가족의 상호 헌신과 결합에 도움이 될 수 있다(Fishman, 1983). 하지만 재혼가족의 소득 통합 문제는 다른 가족들보다 신중하게 고려되어야 한다. 이는 이전 가족과의 문제와 재산을 둘러싼 법적인 문제로 이어질 수 있기 때문이다(송효진 · 김은지 · 배인구, 2017). 따라서 재혼한 부부의 충분한 상의를 토대로 소득 통합이 이루어져야 한다.

둘째, 재혼기간이다. 재혼가족의 적응 측면에서 재혼기간에 따라 가족결속(정서적 친밀감)의 시간이 필요하다. 재혼기간이 7년이 넘은 부부들은 7년 이하의 부부들보다 자녀 양육상의 어려움이 줄어들고 적응에 도움이 된다고 한다(Coleman, Ganong, & Fine, 2000). 또한 재혼기간이 6개월 된 재혼가족보다 2년 반 정도 된 재혼가족이 건강하게 기능한다고도 한다(Berg, 2003). 이를 통해 가족결속을 발전하고 통합할 수 있는 평균 기간으로는 3년에서 5년 사이가 필요하다고 볼 수 있으며, 더 오랜 시간 함께할 경우 가족원들이 재혼가족으로 적응하여 건강하게 기능하는 가족이 되어감을 알 수 있다.

셋째, 계자녀 성별이다. 계자녀의 성별에 따른 연구를 살펴보면, 재혼가족 계자녀 여아는 남아보다 인지적, 심리사회적, 행동적응상의 문제를 다수 보고하고 있다(Lee et al., 1994). 또한 아들보다는 딸이 더 많은 어려움을 겪으며(Bray & Berger, 1993; Clingempeel, Levoli & Brand, 1984; Grinwald, 1996; Hetherington, 1987; Lutz, 1983), 계자녀 딸은 계모와 친모 및 계부 모두와의 관계에서 문제를 겪지만, 특히 계모와의 관계가 가장 문제시되곤 한다(Finn & Owings, 1994). 재혼가족의 청소년기 딸은 계부모에게 덜 우호적이고 갈등적이거나 반항적이라는 점에서 정서적 측면과 행동적 측면에서 문제를 경험할 위험이 크다(김효순, 2010; Kurdek & Fine, 1993). 또한 여자 청소년은 남자 청소년에 비해 심각한 우울증세(Peterson & Zill, 1986), 높은 수준의 스트레스와 분노감정을 보이기도 한다(Bray & Berger, 1993).

넷째, 계자녀의 연령이다. 계자녀의 연령에 따른 연구를 살펴보면, 계자녀의 연령이 어릴수록 재혼가족 적응에 긍정적인 것으로 나타났다(Hetherington, 1989; Bray, 1992). 이는 연령에 따라 자녀의 사회 · 정서 · 인지발달이 다르게 나타나며, 계자녀가 어릴수록 계부모를 친부모로 여겨 가족유대를 형성할 기간이 길어지기 때문이다. 또한 부모의 재혼에 대해서는 자녀의 연령이 높아질수록 긍정적으로 생각하는 것으로 나타났다(전숙영, 1996). 자녀의 연령이 높아짐에 따라 재혼이 이혼이라는 부정적인 사건을 종결시켜 주는 것으로 생각하고, 연령이 낮을수록 이혼과 재혼에 대해 부정적인 시각을 가지고 있기 때문이라고 설명된다. 하지만 청소년기 자녀는 계부모를 인정하지 않고 가출비행을 보이기도 하며 부모의 거부감, 교사의 편견에 따른 학교부적응으로 이어지기도 한다(장혜경 · 민가영, 2001).

(2) 가족의 상호작용

재혼가족들은 재혼 이후 가족구성원들과 함께 상호작용하며 가족 내 경계가 모호해지거나 역할긴장상태가 발생할 수 있다. 이러한 상태가 지속되면 재혼가족 적응에 부정적인 영향을 미칠 수 있다. 하지만 가족탄력성은 가족 내 갈등상황에도 긍정적으로 기능하는 데 도움을 줄 수 있다. 따라서 가족의 상호작용과 관련한 변인으로 가족경계의 모호성과 역할긴장, 가족탄력성을 살펴보겠다.

① 가족경계와 역할긴장

가족경계의 모호성(family boundary ambiguity)은 누가 가족에 속하고 누가 속하지 않으며, 또한 누가 가족체계 내에서 어떠한 역할과 과업을 수행하는지와 같은 것을 가족구성원들이 명확하게 인식하지 못하는 것을 뜻한다(Boss & Green, 1984). 대부분의 재혼가족들은 가족경계가 모호하고, 가족원에 대한 생각과 기대를 알기 힘들어 역할모호성이나 역할혼란 같은 역할긴장을 겪는다고 보고된다. 이는 재혼가족의 복잡한 특성과 가족원 간 가족의 정의에 관한 의식 차이로 인한 결과로 볼 수 있다. 명확하지 않은 경계들은 가족의 스트레스와 역기능을 증가시킨다.

16~18세의 재혼가족 자녀들에게 가족에 대한 주관적 정의를 살펴본 결과, 이들은 자신의 가족을 보유(retention), 대체(substitution), 축소(reduction), 첨가(augmentation)라는 네 가지 범주로 나누어 인식하고 있었다(Gross, 1987). '보유'라고 인식하는 집단은 심리적으로 생물학적 부모만이 자신의 부모라는 생각을 가져 함께 동거하지 않아도 정서적으로 가까움을 느끼고 계부모와는 그렇지 않다고 생각한다. '대체'는 현재 동거하고 있는 계부모를 부모로 대체한다는 생각을, '축소'는 부모 중 현재 함께 살고 있는 생물학적 부모 중 한 사람만을 가족으로 여기며, '첨가'는 부모와 최소 한 명의 계부모를 가족으로 여기는 집단을 의미한다. 재혼자녀 중 친부모만을 부모라고 여기는 보유집단이 가장 높은 스트레스를, 현재 같이 살고 있는 친부나 친모 한쪽만을 부모라고 생각하는 축소집단이 그다음으로 높은 스트레스를 보고하였다(윤주애, 2002). 즉 재혼가족 자녀들 중 계부모를 가족의 범주에 포함하지 않은 경우 스트레스 상황으로 인식할 가능성이 높음을 의미한다. 또한 가족경계가 모호한 청소년 재혼가족의 자녀인 경우 심리사회적 적응에 어려움을 보이는 것으로 나타났다(김효순 · 하춘광, 2010). 따라서 가족경계의 모호성은 가족의 스트레스와 역기능을 초래하고, 새로운 부모와 자녀 간의 유대를 방해하여 재혼가족 적응에 부정적인 영향을 미친다.

다음으로 역할긴장(role strain)이다. 역할긴장이란 인간이 사회적인 역할을 수행하며 경험하게 되는 갈등 및 도전을 의미한다(Pearlin, 1983). 특히 자신이 가진 역할에 대한 높은 수준의 긴장은 자신의 역할 수행에 방해가 되기도 한다. 재혼가족과 관련한 연구에서 재혼가족 성원 중 역할긴장 수준이 가장 높은 사람은 재혼모로 조사되었다(Pasley & Ihinger-Tallman, 1982). 재혼모는 역할긴장의 평균값이 일반사람들에 비해 더 높은 것으로 나타나 높은 수준의 역할긴장을 경험하고 있는 것으로 확인되었다(김다애, 2019; 김연옥, 2002; 차연실, 2003). 재혼모는 자녀의 양육과 교육 및 가사일 전반을 수행해야 하고, 인위적으로 형성된 가족구조 속에서 새로운 가족규칙과 관습을 만들기도 하며, 부부관계와 부모-자녀관계 사이의 균형을 맞추는 역할까지 수행해야 한다. 이와 같은 재혼모의 다양한 역할수행은 스트레스로 이어질 수 있는데, 재혼모의 역할긴장은 의사소통에 부적인 상관을, 우울에는 정적인 상관을 나타냈다. 이는 재혼모가 가족원으로서 경계가 불분명하고 혼란이 높으며, 자신이 수행하는 역할이 모호하고 자신의 역할에 대한 불만이 높을수록 의사소통 수준이 낮고, 우울상황으로 이어질 수 있음을 나타낸다(김다애, 2019). 또한 역할긴장은 재혼가족 적응에 부정적인 영향을 미치는 것으로 나타났다(김효순, 2006). 재혼가족 적응을 위해 역할긴장 감소와 관련한 방안을 살펴보아야 할 필요가 있다.

② 가족탄력성

가족의 레질리언스를 뜻하는 가족탄력성(family resilience)이란 가족이 역경에 직면하여 위기를 극복하는 능력이며, 위기와 난관에도 인내하고 자체적으로 복원하여 성장하기까지의 과정을 의미한다. 이는 스스로 역경에 대처할 수 있는 강점관점의 개념이자 재혼가족 적응에 긍정적인 영향을 미칠 수 있는 예방적인 관점을 포함한다(김유정, 2012). 특히 재혼가족구성원이 가족탄력성 요인을 가지고 있을 때 사회적 편견이나 오해와 같은 부정적인 시각에서 벗어나 위기와 역경을 잘 극복할 수 있다. 특히 가족탄력성의 세 가지 요인인 신념체계, 가족패턴, 의사소통은 재혼가족 적응에 많은 영향을 미치는 것으로 나타났다. 즉, 가족 간의 이해와 신뢰, 어려움에 잘 적응하는 능력, 변화를 허용하되 예측 가능하고 일관성 있는 규칙과 역할, 원활한 상호작용은 재혼가족 적응에 중요한 영향을 미친다는 것을 의미한다(안순옥, 2008).

(3) 가족관계

재혼가족은 다른 가족에 비해 복잡한 가족관계를 가지며, 원만한 가족관계는 재혼가족의 적응에 중요한 역할을 미친다는 점에서 살펴볼 필요가 있다. 가족관계로는 크게 부부관계, 부모-자녀관계, 양육태도, 형제자매관계를 들 수 있다.

① 부부관계

재혼가족 및 계부모의 적응 핵심요소로 부부관계를 들 수 있다(김효순 · 엄명용, 2007; 정현숙 외, 2000). 재혼부부의 강한 부부 유대는 결혼생활의 스트레스를 낮춰줄 수 있는 요인이며(김효순, 2015), 황혼 재혼자의 경우에도 재혼 지속성에 중요한 영향을 미치는 것으로 나타났다(하수정, 2018). 또한 부부관계는 재혼생활의 질에 영향을 미치기도 한다(정현숙 외, 2000).

부부관계는 결혼만족도와도 관련된다. 결혼은 부부의 결합이자 결혼생활에 직결되는 요소이다. 우선 재혼부부의 부부간 의사소통에 영향을 줄 수 있다. 재혼부부의 의사소통과 결혼만족도가 정적인 상관을 보였다는 점에서 부부간 기능적인 의사소통은 결혼만족도에 긍정적인 영향을 줄 수 있음을 알 수 있다(송말희 · 이정우 · 김수진, 2011). 또한 재혼한 부부가 배우자를 삶의 동반자나 지지자로 인식하고 상대방을 격려하고 대화로서 문제를 해결하는 경우에 결혼만족도가 높은 것으로 나타났다(최영아, 2002). 즉 부부간에 기능적으로 의사소통하며, 부부관계가 좋은 경우 결혼만족도가 높음을 알 수 있다.

② 부모-자녀관계

재혼 이후 새로운 가족 내에서 부모-자녀로서의 관계맺음은 중요한 과업 중 하나이지만 대다수의 계부모들은 새로운 자녀와의 관계형성에 어려움을 경험한다(권예원, 2016; 김다애 · 조은숙, 2019; 김혜선, 2015; 김효순 · 엄명용, 2007; 변복수 · 박승민, 2015). 재혼가족 내 부모-자녀관계는 부모와 자녀가 어떤 지위를 가졌느냐에 따라 크게 친부모-자녀관계, 계부-계자녀관계, 계모-계자녀관계로 나누어 살펴볼 수 있다. 특히 계부모-계자녀관계는 재혼가족연구에서 가장 많이 연구된 주제로(Visher & Visher, 1988), 전반적인 재혼가족의 행복을 예측하는데 가장 중요한 관계이자 스트레스와 문제가 많은 관계이다.

이에 부모-자녀관계별로 연구를 살펴보면, 우선 계부-계자녀관계를 볼 수 있다. 초혼인 계부들은 자녀 양육에 대한 지식의 부족으로 양육의 기술적 측면에는 부족함을 가지며, 자신의 친자녀가 아니기에 정서적인 교류에도 어려움을 보인다(Visher & Visher, 1988; Papernow, 1993). 하지만 적응적 측면에서 계부가족이 계모가족에 비해 좋은 이유는 계부의 경제적인 지원으로 인한 것으로 볼 수 있다(Pasley & Tallman, 1989). 즉 계부는 양육에서 정서적인 교류는 적을 수 있으나 경제적 지원으로 재혼가족의 적응에 도움이 될 수 있다. 다음은 계모-계자녀관계이다. 대다수의 계모들은 재혼 이후 가장 괴로운 관계가 계자녀와의 관계라고 하며(Brown, 1987), 계부보다 계자녀와의 관계에 덜 만족하는 경향을 보인다(Santrock & Sitterle, 1987). 특히 계자녀와 친모의 빈번한 접촉은 계모-계자녀와의 관계를 스트레스와 갈등상황으로 만들어 유대감을 형성하기 어렵게 만든다. 이와 관련된 연구를 보면, 계모가 계자녀관계에서 받는 스트레스는 계모의 결혼지위에 따라 다르게 나타났다. 초혼인 계모는 계자녀의 학업이나 생활습관의 교정, 정서적 유대 형성과 같은 양육과 관련된 스트레스를 받지만, 재혼인 계모는 동거하지 않고 왕래하는 계자녀의 문제, 계자녀와의 마찰과 계자녀의 반항, 재산문제, 계자녀와 친자녀 간의 갈등과 같이 더 복잡한 스트레스 양상을 나타냈다(임춘희, 1996).

③ 양육태도

재혼가족이 겪는 주된 어려움은 부모로서 어떤 양육태도를 가지는가이다. 특히 이들은 이전 가정에서 행해온 습관이나 태도로 인해 계자녀의 양육과 훈육에는 어느 정도 관여를 해야 하는지와 같은 고민을 하게 된다. 계부모 양육태도 유형에 따르면 친부모와 계부모 간 양육태도 유형상에 차이가 있을 수 있다. 계부모 중 배우자의 양육태도와 새로운 자녀의 특징을 인정하기보다는 자신의 양육방식만을 고집하는 경향성을 보이면 재혼가족 자녀들에게 스트레스원으로 작용할 수 있다(김미옥, 2014; 배동신, 2022).

계부모 양육태도 유형을 이야기한 Hetherington(1993)은 계부모의 양육태도를 허용적(permissive), 분리적(disengaged), 독재적(authoritarian), 민주적(authoritative) 유형으로 살펴보았다. 허용적 태도는 높은 수준의 온화함과 관여, 낮은 수준의 갈등과 통제 및 제재의 특성을 보이며, 분리적 태도는 높은 수준의 적대감과 낮은 수준의 관여와 온화함, 통제와 제재의 특성을 보인다. 독재적 태도는 높은 수준의 참여와 통제 및 갈등과 낮은 수준의 온화함을 보이며, 민주적 태도는 높은 수준의 온화함, 참여와 통제 및 낮은 수준의 갈등을 보인다. 분리적 양육태도는 자녀와의 관계에서 성인과 같은 부모의 모습을 보여주나 자녀와 함께 지내는 시간은 최소화하는 모습을 보였다. 일반적인 가족(intact family)에서는 높은 수준의 온화함과 참여와 통제, 상대적으로 낮은 수준의 갈등을 보이는 민주적 양육태도를 주로 보였으나, 재혼가족의 계부는 이혼하지 않은 가족의 아버지보다 훨씬 민주적이면서도 분리적인 모습을 보였다. 여기서 재혼가족의 계부가 민주적 유형과 분리적 유형을 함께 보였다는 것은 재혼가족 내 자녀에 따라 다른 양육태도를 보였을 수 있다고 설명할 수 있다. 또한 양육태도 유형과 재혼가족의 적응과의 관계를 살펴보면, 분리적 양육태도와 허용적 양육태도는 자녀에 대한 미숙한 통제, 반사회적 행동, 반항과 관련이 있었다. 민주적 양육태도는 높은 수준의 자녀의 안녕감, 사회적 유능감, 낮은 수준의 비행문제 및 외현화에 영향을 미쳤다. 독재적 양육태도는 자녀의 안녕감에 부적인 영향을 미치는 것으로 나타났다(Hetherington & Clingempeel, 1992; Fine & Kurdek, 1994).

또한 계자녀가 인식한 부모의 양육태도와 관련한 내용도 살펴볼 수 있다. 계부모가 온정적인 양육태도를 보이며, 계자녀는 민주적인 양육태도 유형이라고 인지할수록 가족 적응에 유리하다고 나타났다(김효순, 2006; 김효순, 2010; 김효순 · 하춘광, 2010). 이는 양육태도 유형에 따라 가족 적응에 영향을 미칠 수 있음을 시사한다.

④ 형제자매관계

형제자매관계는 개인의 사회화를 위한 첫 경험이며(전귀연 · 임주영, 2006), 긍정적인 관계를 형성하는 경우 성인 이후 성숙한 인간관계에 도움을 주는 중요한 역할을 한다. 특히 부모가 재혼하는 경우에는 자녀들이 재혼가족 내에서 새로운 형제자매관계를 형성하게 된다. 형제자매의 종류에는 친형제자매를 포함하여 둘 또는 그 이상의 자녀들이 부모 중 한 명과 생물학적 관계를 공유할 경우에는 이복 · 이부형제자매(half sibling), 전혼관계에 자녀가 있는 남성과 여성이 만나 재혼한 경우에는 계(의붓)형제자매(step-sibling)를 형성한다.

이복 · 이부형제자매관계는 부모의 이혼 및 사망 등을 이유로 나머지 부모가 재혼했을 때 친부모의 상대 배우자에게 이미 전 배우자 사이의 자식이 있는 경우, 이복형제는 아버지가 같고 어머니가 다른 형제, 이부형제는 어머니가 같고 아버지가 다른 형제를 의미한다. 이복 · 이부형제자매관계는 형제관계의 일부이고 생애주기 전반에 걸쳐 영향을 주는 중요한 인간관계지만(박영애 · 전귀연, 2009; 전귀연 · 임주영, 2006) 많은 연구가 진행되지는 못하였다. 연구결과를 살펴보면 형제관계가 원만한 경우는 연령차가 크고, 재혼가족의 형성된 기간이 오래될수록, 이복 · 이부형제자매가 함께 거주하며, 자녀의 기질이 유사할 때로 나타났다(Bernstein, 1989). 하지만 이복형제와의 관계에서 잦은 갈등과 수치심을 경험할 경우 낮은 자존감으로 이어질 수 있기에(김인정, 2017) 계부모들은 갈등상황에 더 관심을 가지고 살펴볼 필요가 있다.

계(의붓)형제자매관계는 핏줄이 섞이지 않고 부모의 재혼으로 형제가 된 사이이자 배다른 형제를 의미한다. 계형제자매인 경우 배우자 한쪽이 자녀를 데리고 재혼하는 경우에 비해 자녀적응에 더 많은 문제가 발생할 수 있다(김효순, 2006; 김효순 · 하춘광, 2010). 특히 계형제자매가 청소년인 경우 더 많은 스트레스를 느끼는 것으로 나타났다(윤주애, 2002). 계형제자매가 경험하는 어려움에는 형제자매간의 경쟁의식, 부모의 관심과 주거공간과 같은 불충분한 자원에 대한 경쟁, 성적 매력, 가족 크기의 변화, 가족에서 자녀 위치의 변화 등이 있었다(Walsh, 1992). 또한 계형제자매의 성별이 다른 경우에는 성적인 문제가 발생할 수 있기에 더 많은 제반사항을 고려해야 한다(이소희, 2004). 이처럼 계형제자매와의 관계 형성으로 어려움을 경험하기도 하지만 계형제자매의 관계 형성이 개인적 적응에 영향을 미칠 수 있는 요소가 되기도 한다(Brown, Manning, & Stykes, 2015; Gatins, Kinlaw, & Dunlap, 2013). 계형제자매라는 서로 다른 사람과 관계를 형성하기 위해 다양한 방식으로 의사소통을 하면서 대인관계를 이해하는 폭이 넓어질 수도 있다(고은영 · 서영석, 2012). 이는 나아가 대인관계 전반의 적응력 향상에 도움을 줄 수 있다.

계형제자매 간 적응 및 관계 형성을 위해서는 서로를 이해하려는 노력과 함께 의사소통하는 것이 필요하다. 또한 재혼가족의 발달 과정에서 형제자매 관계에 나타날 수 있는 어려움을 이해하고, 태도와 대처방식을 개선하여 긍정적인 형제자매 관계를 형성하도록 돕는다.

2) 사회적 변인

사회적 변인으로는 사회의 부정적 인식과 편견 및 사회적 지지를 살펴볼 수 있다. 먼저 사회의 부정적 인식이다. 재혼 수의 증가에도 불구하고 여전히 재혼가족에 대한 편견과 고정관념은 우리 사회에 만연해 있다. 우리나라 성인들은 계부모를 가족의 문제 원인으로 여기며, 의붓자녀를 불쌍히 여기는 편향된 인식을 보여줌으로써 재혼가족의 자녀를 불쌍하고 문제의 소지가 있는 사람으로 인식하게 만든다(안혜연, 1999). 또한 재혼남성과 재혼여성에 대한 부정적 인식을 살펴보면 재혼남성은 재혼과 함께 대인관계가 원만해지지만, 재혼여성은 계모에 대한 부정적인 이미지로 인해 사회적 관계에서 단절과 고립을 경험하기도 한다(정현숙 외, 2000; 임춘희 · 정옥분, 1997). 이는 재혼의 증가에 따른 사회의 부정적 인식과 편견 또한 변화해야 함을 보여준다.

다음으로 사회적 지지(social support)를 살펴볼 수 있다. 사회적 지지란 가족, 친구, 이웃 등에 의해 제공된 도움이나 원조의 형태로(Carole & Charles, 1987) 개인이 대인관계로부터 얻을 수 있는 모든 긍정적인 자원을 의미한다(Cohen & Hoberman, 1983). 우리나라보다 상대적으로 재혼이 보편화된 서구사회에서도 재혼가족에 대한 제도화된 사회적 지지는 결여되어 있는데, 서구사회 또한 사회적 편견과 더불어 사악한 계모 신화와 같은 잘못된 인식으로 인해 생긴 결과로 볼 수 있다. 하지만 가족을 둘러싼 사회적 지지는 초혼, 재혼가족 모두에게 결혼생활에서 오는 스트레스를 완화하는 데 도움을 주었다는 점에서(Kurdek, 1989) 재혼가족 적응의 긍정적 요인임을 알 수 있다.

재혼가족 구성원별로 중요한 사회적 지지 자원은 다르게 나타났다. 그중 청소년 자녀는 사회적 지지 자원이 다른 가족구성원에 비해 중요한 영향을 미친다(고은영 · 서영석, 2012; 김효순, 2010). 특히 청소년 자녀는 학교에서 오랜 시간을 보내기에 교사와의 애착과 또래와의 긍정적인 학교 경험이 중요한 지지 자원이 되는데, 이는 가정에서의 스트레스를 완화시켜 주고 심리사회적 적응에 도움을 주었다(Emery & Dillon, 1994; Masten, Best, & Garmezy, 1990). 또한 학교 밖에서 함께하는 친구의 지지 또한 심리사회적 적응에 도움을 주었다(김효순, 2007; 김효순 · 하춘광, 2010; Hetherington, 1999). 이처럼 또래관계, 교사 등과 같은 사회적 지지 자원은 재혼가족 학령기 자녀들의 적응에 도움을 줄 수 있다. 초혼재혼모의 중요한 사회적 지지 자원으로는 시댁 친척들의 인정과 지지였다. 시댁으로부터의 인정과 지지는 재혼에서 오는 스트레스를 완화시키고 계자녀와의 관계 형성에도 도움을 주었다(임춘희, 1996). 반면 재혼모의 중요한 사회적 지지 자원은 배우자의 지지였다. 배우자의 지지는 재혼가족 내에서 변화된 역할을 수행에서 발생하는 긴장감을 해결하는 데 도움을 주었다(차연실, 2003).

3) 재혼가족 관련 이론 연구

재혼가족과 관련된 이론 연구로 발달론적 관점을 중심으로 하는 가족 FIRO 모델, 생태체계관점의 Bronfenbrenner를 적용한 내용을 살펴보고자 한다.

우선 발달론적 관점을 중심으로 하는 가족 FIRO(Fundamental Interpersonal Relations Orientation) 모델이다(현은민, 1998, 2002). 이 모델에서는 재혼가족이 경험하는 복합적인 문제를 포용, 통제, 친밀감의 가족상호작용을 거쳐 해결하고 적응하는 과정에 대해 설명한다. 포용(inclusion)은 가족 하위체계의 정의와 구성원 자격, 조직, 가족의 역할 부여, 유대와 관련된 작용을, 통제(attempts)는 가족 내에 갈등이 생겼을 때 투쟁을 통한 세력행사와 관련된 상호작용을 의미한다. 그리고 친밀감(intimacy)은 가족구성원들의 개방적인 자아노출과 진실한 감정교환 같은 상호작용을 의미한다. 특히 재혼가족의 형성 단계나 재결합 단계에서는 포용영역이 가장 중요한 쟁점이 되며, 이를 시작으로 통제, 친밀감 영역으로 상호작용하게 된다. 재혼가족발달은 이와 같은 상호작용을 통해 순환적으로 이루어지며 개별적으로 다루어지기보다 재순환한다는 측면을 설명한다.

다음으로 Bronfenbrenner의 생태체계관점을 통해 재혼가족의 체계를 살펴볼 수 있다(김효순, 2005). Bronfenbrenner의 개인-과정-맥락모형(the person-process-context model of human development)에 따라 재혼가족을 둘러싼 개인 변인, 적응과 가족 과정 변인, 사회적 맥락 변인으로 나누어 살펴볼 수 있다. 재혼가족의 적응에 영향을 미치는 개인 변인으로는 계자녀의 성별과 연령, 부모 재혼 시 계자녀의 연령을 들 수 있다. 가족 변인으로는 가족경계, 역할수행상의 문제들, 양육태도, 부부관계, 공동자녀 여부, 계자녀의 형제관계 등을 들 수 있으며, 사회적 맥락 변인으로는 사회적 지지, 재혼가족의 유형, 경제적 문제 등을 살펴볼 수 있다. 이는 개인과 가족을 둘러싼 내부의 변화와 외부 환경과의 상호영향을 미치는 통합적 관점을 보여준다. 이와 같은 관점을 적용해 재혼가족을 둘러싼 다양한 변인들의 통합적 개입은 재혼가족 적응에 긍정적인 영향을 미칠 수 있을 것이다.

4) 추후 개입

(1) 재혼가족 적응 프로그램

재혼가족 적응 프로그램은 재혼을 준비하고 있거나 재혼을 한 사람들을 대상으로 재혼가족 형성에 도움을 줄 수 있는 프로그램을 의미한다. 이는 재혼준비교육, 재혼교육, 재혼가족의 가족관계 증진을 위한 프로그램으로 나누어 볼 수 있다. 먼저 재혼을 준비하고 있는 사람을 대상으로 한 재혼준비교육 프로그램을 들 수 있다(정현숙 외, 2000a; 현은민, 2002). 재혼준비교육은 재혼할 계획이 있는 예비부부나 개인들에게 재혼가족이 어떤 것인지 이해하게 하며 현실적인 기대를 갖도록 하는 데 도움을 줄 수 있으며, 재혼가족 생활에서 발생할 수 있는 문제에 대해 사전 논의를 하여 스스로 합리적이고 바람직한 결정을 하도록 돕는다. 최근 개발된 재혼준비교육 프로그램은 재혼을 생각하는 한부모를 대상으로 역경 후 성장, 사회적 지지, 현실적 사랑관으로 변화, 재혼준비도와 같은 내용을 포함하고 있어 재혼가족의 적응에 도움을 줄 수 있다(강윤중 · 박미하, 2019).

다음으로 재혼교육 프로그램이다. 재혼교육 프로그램은 성공적인 부부적응, 부모-자녀간 효과적인 대화, 부모-자녀의 건강한 관계형성에 도움을 줄 수 있는 내용으로 구성된다. 서로에 대한 이해가 선행되어야 한다는 점에서 재혼가족이 갖는 서로 다른 욕구와 재혼가족 역동을 이해하고 대처방법을 살펴본다. 또한 가족 간 의사소통 능력 향상과 자존감을 증진할 수 있는 내용과 재혼가족 양육기능의 지지 및 강화와 관련한 내용을 포함하여 부부와 부모-자녀 모두에게 적응적인 가족으로 기능할 수 있도록 한다(김지영, 2007).

재혼가족의 가족관계 증진을 위한 프로그램으로는 재혼가족 생활적응 향상 부모교육 프로그램을 살펴볼 수 있다. 이는 부모교육이라는 점에서 다른 프로그램에 비해 부모로서 경험할 수 있는 내용을 포함하고 있다. 재혼부모의 역할긴장, 양육 스트레스와 더불어 부모자녀관계 및 심리적 안녕감을 높일 수 있는 내용으로 구성되어 있다(김미옥 · 천성문, 2014). 또한 재혼가족관계 향상 프로그램은 청소년기 자녀를 둔 재혼부모를 대상으로 재혼가족 결속 증진을 위해 부부만족도, 역할긴장, 의사소통 및 문제해결 능력 향상과 관련된 내용으로 구성된다(김효순, 2016). 재혼가족 적응 프로그램의 효과 검증 결과 재혼가족의 결속, 부부만족도, 부모자녀관계 만족도, 심리적 안녕감이 증진되었고 의사소통, 문제해결 능력이 향상되었다. 그리고 재혼부모의 역할긴장 및 양육 스트레스는 감소하였음을 확인할 수 있었다(김미옥 · 천성문, 2014; 김효순, 2016). 즉 재혼가족 가족관계 증진 프로그램을 통해 부모-자녀 간의 의사소통기능의 향상 및 재혼가족의 안정화에 긍정적인 영향을 줄 수 있다.

(2) 치료적 개입

재혼가족의 치료적 개입으로 놀이치료를 살펴볼 수 있다. 놀이치료는 치료과정에 놀이적 요소를 포함해 가족관계의 내면에 존재한 감정, 태도, 동맹 등을 비언어적으로 이해하는 것이다. 치료과정에서 다양한 활동, 은유적 언어, 상징적 의사소통 등을 사용한다. 특히 아동들은 언어보다 은유라는 놀이를 통해 감정을 표현하는 것에 덜 위협을 느끼며, 재혼가족의 다른 구성원들은 가족으로서의 역사가 짧기 때문에 서로의 감정을 언어로 전달하는 것보다 은유적인 놀이를 통한 개입이 더 적절하다.

먼저 재혼가족에 대한 단기가족놀이치료는 위축되고 공격적인 감정표현을 놀이라는 은유로 표현할 수 있는 장을 제공한다. 가족구성원의 상징물을 선택하여 가족역동을 은유적으로 살펴보고 원하는 가족의 모습을 연극으로 표현해 본다. 또한 치료 후반부로 갈수록 함께 연극을 보고 참여하기도 하며 가족 간 상호작용이 활발해지는 모습도 보이게 된다(김유숙, 2006). 즉, 단기 가족놀이치료를 통해 원하는 가족의 모습을 함께 연극으로 표현하고 감정의 정화를 이끌어낼 수 있었으며, 부모의 참여로 인해 가족응집력을 높이는 데도 도움을 주었다. 이처럼 놀이를 치료의 도구로 사용하여 자녀의 문제행동 개선과 가족관계 증진에 도움을 줄 수 있다.

6. 미래연구전망

최근 국내 재혼가족의 수적 증가 추세에도 불구하고 재혼가족과 관련한 연구는 부족한 실정이다. 이는 여전히 재혼가족에 대한 편견과 고정관념이 우리 사회에 만연해 있어 재혼가족 사례 확보가 어렵기 때문으로 볼 수 있다. 재혼가족이 기능적으로 적응하기 위해서는 재혼가족과 관련한 다양한 연구가 진행되어야 하며, 연구결과는 개입전략 및 가족지원 서비스나 관련 제도의 기초가 될 수 있을 것이다. 이후 미래연구전망과 관련한 내용은 다음과 같다.

첫째, 연구대상을 다양화할 필요성이 있다. 현재 재혼가족과 관련된 연구에서는 여성 및 어머니를 대상으로 살펴본 연구가 대다수이다. 하지만 재혼가족의 역동을 이해하기 위해서는 가족구성원 모두의 관계를 살펴볼 필요가 있다. 이는 재혼가족으로 분류되었더라도 계모가족과 계부가족에서 친부와 계모, 친모와 계부로 묶여진 부모-자녀관계는 다른 양상을 보일 수 있기 때문이다. 이처럼 어머니뿐만 아니라 아버지와 자녀를 함께 살펴봄으로써 가족구조의 역동과 형태의 변화를 이해하는 데 도움을 줄 수 있을 것이다.

둘째, 재혼관련 인식과 관련한 연구의 활성화가 필요하다. 과거의 정상과 비정상을 나누는 이분법적이고 편견을 가진 인식과 관련한 연구가 어느 정도 이어지고 있는지 살펴보는 연구가 필요하다. 예로는 정상가족과 관련된 이데올로기, 초혼가족에 관한 이데올로기, 현재 사회에서 계부모 · 계자녀에 대한 편견이 어떻게 작동하고 있는가에 대한 것 등이다. 이와 같은 인식 연구를 통해 재혼가족을 둘러싼 사회구성원들의 인식이 어떤지 탐색해볼 수 있으며, 나아가 앞으로는 어떤 방향으로 바라보아야 할지, 구성원들의 어떠한 노력이 필요한지를 생각해볼 수 있을 것이다.

셋째, 재혼가족의 적응을 위한 프로그램 개발이 필요하다. 재혼가족은 특히 가정을 형성하는 과정에서 부부와 자녀 모두 삶의 구조에 커다란 변화를 겪고 상실을 경험한다는 점에서 적응적인 대처가 필수적이지만 재혼 적응과 관련한 프로그램은 턱없이 부족한 실정이다. 특히 최근에 프로그램 개발 연구는 진행되지 않고 있으며, 이전에 나온 연구도 효과 검증에 그친다는 점에서 최근 재혼가족을 위한 프로그램 적용에도 한계점을 가진다. 따라서 추후 연구에서는 재혼가족 유형을 고려하여 가족의 경계 및 발달과업의 어려움을 극복할 수 있는 재혼가족 적응 프로그램 개발이 필요하다고 볼 수 있다. 또한 프로그램 개발에 그치지 않고 가족센터와 같은 유관기관과 협력하여 효과성 검증이 이루어진다면 재혼가족 적응에 실질적인 도움을 주는 데 기여할 수 있을 것이다.

참고문헌

강윤중, 박미하 (2019). 한부모가정을 위한 재혼준비교육 프로그램의 효과. **상담심리교육복지, 6**(3), 35-46.

고은영, 서영석 (2012). 재혼가정 청소년의 스트레스와 가족생활적응의 관계. **한국심리학회지: 상담 및 심리치료, 24**(2), 397-419.

구자경 (2015). 재혼가정 이십대 성인자녀의 단기통합상담 사례연구. **독서치료연구, 7**(1), 1-19.

권예원 (2016). 재혼가족 청소년 자녀의 갈등 경험에 대한 현상학적 연구. 경성대학교 박사학위논문.

김다애 (2019). 재혼가족 계부모의 역할긴장과 우울의 관계에서 부부 의사소통의 매개효과 연구. 상명대학교 석사학위논문.

김다애, 조은숙 (2019). 재혼가족 계부모의 역할긴장과 우울의 관계에서 계부모-배우자 간 의사소통의 매개효과 연구. **가족과 가족치료, 27**(4), 599-620.

김미옥 (2014). 재혼가족의 생활적응 향상을 위한 부모교육프로그램 개발 및 효과. 경성대학교 박사학위논문.

김미옥, 천성문 (2014). 재혼가족의 생활적응향상을 위한 부모교육 프로그램 개발 및 효과. **한국심리학회지: 상담 및 심리치료, 26**(4), 903-928.

김승익 (2014). 노년기 재혼자의 결혼만족도에 미치는 요인에 관한 연구. 목포대학교 대학원 박사학위논문.

김연옥 (2002). 재혼가정 내 모의 심리적 디스트레스의 예측요인에 관한 연구. **한국 사회복지학, 49**, 319-342.

김유숙 (2006). 재혼가정에 대한 단기가족 놀이치료의 적용사례. **한국심리학회지: 여성, 11**(3), 311-325.

김유정 (2012). 재혼가족의 레질리언스 강화를 위한 실천모형 기초연구. **가정과삶의질연구, 30**(4), 147-161.

김인정 (2017). 이복형제와 가족 되어 살아가기. 숭실대학교 석사학위논문.

김종숙 역 (2003). **재혼 가족관계**. Ganong, L. H., & Coleman, M. (1994). Remarried family relationships. 한국문화사.

김지영 (2007). 再婚家族 機能 向上을 위한 教育的 支持 프로그램 開發 研究. 서울신학대학교 석사학위논문.

김혜선 (2015). 재혼모의 계자녀 양육 좌절 경험 연구. 백석대학교 박사학위논문.

김효순 (2005). 재혼 가족의 적응에 관한 문헌고찰-Bronfenbrenner 의 모형을 중심으로. **가족과 문화, 17**(1), 191–230.

김효순 (2006). 재혼가족 청소년 자녀의 역할긴장이 적응에 미치는 영향에 관한 연구. **청소년학연구, 13**(2), 187–213.

김효순 (2007). 재혼가족 청소년 자녀의 적응과정에 관한 탐색적 연구. **人間發達研究, 14**(4), 65–86.

김효순 (2010). 새부모의 양육태도유형과 재혼가족 청소년자녀의 심리사회적 적응에 관한 연구: 사회적 지지의 조절효과를 중심으로. **한국가족복지학, 30**, 245–268.

김효순 (2015). 재혼가족관계향상을 위한 프로그램 개발방향-새부모 · 새자녀관계를 중심으로. **한국콘텐츠학회논문지, 15**(2), 262–280.

김효순 (2016). 재혼가족관계 향상을 위한 프로그램 효과: 청소년기 자녀를 둔 재혼자녀를 중심으로. **보건사회연구, 36**(3), 239–269.

김효순, 엄명용 (2007). 재혼가족의 가족결속에 영향 미치는 요인연구: 역할긴장 변수를 중심으로. **가족과 문화, 18**, 127–155.

김효순, 엄명용 (2007). 청소년 자녀가 있는 재혼부부의 결혼 만족도에 영향을 미치는 요인에 관한 연구. **한국 사회복지학, 21**, 75–102.

김효순, 하춘광 (2010). 재혼가족 청소년 자녀의 심리적 적응 및 사회적 적응에 영향을 미치는 요인에 관한 연구. **청소년학연구, 17**(4), 67–101.

박경례, 박재연 (2021). 재구성 가족의 삶의 질에 영향을 미치는 요인에 관한 연구 –재혼을 경험한 성인의 관점에서–. **가족과 가족치료, 29**(1), 191–220.

박영애, 전귀연 (2009). **형제관계. 兒童學會誌, 30**(6), 43–59.

변복수, 박승민 (2015). 재혼 가정 성인자녀들의 적응 과정. **한국심리학회지: 상담 및 심리치료, 27**(3), 721–748.

송말희, 이정우, 김수진 (2011). 도시 부부의 커뮤니케이션 이해도와 결혼만족도간의 관계연구: 서울시 주부를 중심으로. **대한가정학회지, 4**(1), 55–67.

송효진, 김은지, 배인구, 김연재 (2017). 재혼가족 부부의 재산상 평등권 제고 방안. 한국여성정책연구원 연구보고서.

안순옥 (2008). 가족탄력성이 재혼가족 부부 적응에 미치는 영향. 중앙대학교 석사학위논문.

안혜연 (1999). 계부모가족 상담을 위한 연구–계부모가족의 갈등을 중심으로. 총신대 석사학위논문.

윤주애 (2002). 재혼가족 청소년 자녀의 스트레스와 대처에 관한 연구. 대구가톨릭대학교 석사학위논문.

이소희 (2004). **계부모의 아이들**. 양서원.

이영숙, 박경란, 전귀연 (2008). **가족문제와 복지**. 신정.

임춘희 (1996). 재혼가족내 계모의 스트레스와 적응에 관한 질적연구. 고려대학교 박사학위논문.

임춘희, 정옥분 (1997). 초혼계모의 재혼가족생활 스트레스와 적응에 대한 경험적 연구. **대한가정학회지, 35**(5), 73–102.

장혜경, 민가영 (2002). 재혼가족의 적응실태와 지원방안에 관한 연구. **여성연구, 62**, 153–179.

전귀연, 임주영 (2006). **형제관계**. 신정.

정현숙 (2000). 부부관계교육 프로그램의 교육내용안. **한국가정관리학회, 18**(1), 17–29.

정현숙, 유계숙, 임춘희, 전춘애, 천혜정 (2000a). 재혼준비교육프로그램 개발 및 평가. **대한가정학회지, 38**(5), 1–13.

정현숙, 전춘애, 천혜정, 유계숙 (2000). 성공적인 재혼을 위한 준비교육 프로그램의 개발배경 및 이론적 기초. 한국가족관계학회 2000년 춘계학술대회 및 워크샵.

차연실 (2003). 재혼모의 역할긴장이 결혼만족에 미치는 영향에 관한 연구. 연세대학교 석사학위논문.

최영아 (2002). 재혼자의 노년기 결혼 만족에 영향을 미치는 요인들. 동국대학교 박사학위논문.

통계청 (2024). 2023년 혼인 이혼 통계.

하수정 (2018). 재혼의 지속성에 영향을 미치는 요인에 관한 연구: 황혼재혼을 중심으로. 고려대학교 박사학위논문.

현은민 (1998). 재혼가족 발달을 위한 가족 FIRO 모델. **가정과삶의질연구, 16**(3), 53–65.

현은민 (2002). 재혼준비교육 프로그램 모형 개발. **한국가족관계학회지, 7**(3), 153–172.

Berg, E. C. (2004). The effects of perceived closeness to custodial parents, stepparents and non-resident parents on adolescent self-esteem. *Journal of Divorce & Remarriage, 40*(1–2), 69–86.

Bernstein, A. C. (1989). *Yours, Mine and Ours: How Familes Change When Remarried Parents have a Child Together*. Scribners.

Boss, P., & Green, J. (1984). Family boundary ambiguity: A new variable in family stress theory. *Family Process, 23*, 535–546.

Bray, J. (1992). Family relationships and children's adjustment in clinical annonclinical stepfather families. *Journal of Family Psychology, 6*, 60–68.

Bray, J. H., & Berger, S. H. (1993). Developmental Issues in Step Families Research Project: Family relationships and parent-child interactions. *Journal of family psychology, 7*(1), 76.

Brown, S. L., Manning, W. D., & Stykes, J. B. (2015). Family structure and child well being: Integrating family complexity. *Journal of Marriage and Family, 77*, 177-190.

Carole, K. H., & Charles, J. H. (1987). Self-efficacy, social support, and depression in aging: A longitudinal analysis. *Journal of Gerontology, 42*(1), 65–68.

Clingempeel, W. G., Ievoli, R., & Brand, E. (1984). Structural complexity and the quality of stepfather-stepchild relationships. *Family Process, 23*(4), 547–560.

Cohen, S., & Hoberman, H. M. (1983). Positive events and social supports as buffers of life change stress. *Journal of applied social psychology, 13*(2), 99–125.

Coleman, M., Ganong, L., & Fine, M. (2000). Reinvestigating remarriage: Another decade of progress. *Journal of Marriage and Family, 62*(4), 1288–1307.

Crosbie–Burnett, M., & Giles–Sims, J. (1994). Adolescent adjustment and stepparenting styles. *Family Relations, 43*, 394–399.

Emery, R. E., & Dillon, P. (1994). Conceptualizing the divorce process: Renegotiating boundaries of intimacy and power in the divorced family system. *Family Relations*, 374–379.

Fine M. A., & Kurdek L. A. (1994). Ameta–analytic comparison of the self–esteem and behavior problems of stepchildren to children in other family structures. *Journal of Divorce and Remarriage, 19*(3/4), 143–163.

Finn, J. D., & Owings, M. F. (1994). Family structure and school performance in eighth grade. *Journal of Research & Development in Education, 27*(3), 176–187.

Fishman, B. (1983). The Economic Behavior of Stepfamilies. *Family Relations, 32*, 359–366.

Gatins, D., Kinlaw, C. R., & Dunlap, L. L. (2013). Do the kids think they're okay? Adolescents' views on the impact of marriage and divorce. *Journal of Divorce & Remarriage, 54*, 313–328.

Golderner, V. (1982). Remarriage family: Structure, System, Future. In Hansen, J. C., & Messinger, L. (Eds.), *Therapy with Remarried Families* (pp. 187–206). Aspen.

Grinwald, S. (1996). Communication–family characteristics: A comparison between stepfamilies (formed after death or divorce) and biological families. *Journal of Divorce & Remarriage, 24*(1–2), 183–196.

Gross, P. (1987). Defining post–divorce remarriage families: A typology based on the subjective perceptions of children. *Journal of Divorce, 10*(1–2), 205–217.

Hetherington, E. M. (1987). Family relations six years after divorce. In K. Pasley & M. Ihinger–Tallman. (Eds.), *Remarriage and stepparenting today: Current research and theory* (pp.185–205). Guilford.

Hetherington, E. M. (1993). An overview of the Virginia Longitudinal Study of Divorce and Remarriage with a focus on early adolescence. *Journal of family psychology, 7*(1), 39–56.

Hetherington, E. M. (1999). Family functioning and the adjustment of adolescent siblings in diverse types of families. *Monographs of the Society for Research in Child Development*, 1–25.

Hetherington, E. M., & Clingeempeel, W. G. (1992). Coping with marital transitions: A family systems perspective. *Monographs of the Society for Research in Child Development, 57*(2), 129–143.

Hetherington, E. M., Stanley–Hagan, M., & Anderson, E. R. (1989). Marital transitions: A child's perspective. *American psychologist, 44*(2), 303–312.

Kurdek, L. A. (1989). Relationship quality for newly married husbands and wives: Marital history, stepchildren, and individual–difference predictors. *Journal of Marriage and the Family*, 1053–1064.

Kurdek, L. A., & Fine, M. A. (1993). The relation between family structure and young adolescents' appraisals of family climate and parenting behavior. *Journal of Family Issues, 14*(2), 279–290.

Lee, V. E., Burkam, D. T., Zimiles, H., & Ladewski, B. (1994). Family structure and its effect on behavioral and emotional problems in young adolescents. *Journal of Research on Adolescence, 4*(3), 405–437.

Lutz, C. (1983). Parental goals, ethnopsychology, and the development of emotional meaning. *Ethos, 11*(4), 246–262.

Martin, D., Martin, M., & Jeffers, P. (1993). *Stepfamilies in therapy.* Jossey–Bass.

Masten, A. S., Best, K. M., & Garmezy, N. (1990). Resilience and development: Contributions from the study of children who overcome adversity. *Development and Psychopathology, 2*, 425–444.

Papernow, P. (1993). *Becoming a stepfamily: Patterns of development in remarried families.* Gardner.

Pasley, B. K., & Ihinger–Tallman, M. (1989). Boundary ambiguity in remarriage: Does ambiguity differentiate degree of marital adjustment and integration?. *Family Relations*, 46–52.

Pearlin, L. I. (1983). Role strains and personal stress. In H. B. Kaplan. (Ed.), *Psychosocial stress: Trends in theory and research.* Academic Press.

Peterson, J. L., & Zill, N. (1986). Marital disruption, parent–child relationships, and behavior problems in children. *Journal of Marriage and the Family*, 295–307.

Santrock, J. W., & Sitterle, K. A. (1987). Parent–child relationships in stepmother families. In K. Pasley & M. Ihinger–Tallman. (Eds.), *Remarriage and stepparenting: Current research and theory* (pp. 273-299). The Guilford Press.

Visher, E. B., & Visher, J. S. (1988). *Old Loyalties, New Ties: Therapeutic Strategies with Stepfamilies.* Brunner/Mazel.

Visher, E. B., & Visher, J. S. (1990). Dynamics of successful stepfamilies. *Journal of divorce & remarriage, 14*(1), 3–12.

Walsh, W. M. (1992). Twenty major issues in remarriage families. *Journal of Counseling and Development, 70*, 709–715.

CHAPTER 13
동성애가족

1. 동성애가족의 개념과 사회 변화
2. 동성애가족의 가족생활
3. 성소수자의 권리 논쟁
4. 동성애와 성정체성
5. 동성혼의 법제화 및 평등법(시안)
6. 국내 동성애 관련 연구동향
7. 미래연구전망

2010년에 방송된 '인생은 아름다워'라는 SBS 드라마는 가족 드라마를 주로 쓰는 작가의 작품으로 동성애를 다루어 화제가 되었다. 유튜브 크리에이터나 방송인으로 트랜스젠더와 동성애자들이 활동하고 있음에도 드라마의 소재로 동성애를 조금만 다루면 종교단체와 학부모의 민원과 불만이 폭주하는 것은 현재도 여전하다. 이러한 논란의 이면에는 특정 집단이나 구성원에 대한 선입견이 한몫한다고 볼 수 있다. 선입견은 경험이 없거나 지식이 부족한 경우에 많이 발생하고 사회화과정을 통해서 획득되고 다져지고 전수된다(연구모임 사회 비판과 대안, 2019).

하지만 인간의 의식 및 생활양식의 변화와 이에 뒤따르는 법과 제도의 변화는 시간이 필요한 것도 사실이다. 이러한 사실은 과거 역사와 경험을 통해 우리는 알고 있다. 이미 우리 주변에 동성애자와 같은 성소수자들이 있으므로 다양한 사람들이 서로 다른 생각을 하고 사는 오늘날, 동성애가족에 대해 한번쯤 생각해 보는 것이 필요한 시점이다.

1. 동성애가족의 개념과 사회 변화

1) 동성애가족의 개념

동성애를 지칭하는 용어는 시대의 변화를 거쳐왔다. 동성애는 어원학적으로 이성애(heterosexuality)의 반대어이며, 그리스어 homosexualis의 합성어이다. 동성애라는 용어는 독일의 성 과학자들에 의해 정식으로 채택되었고, 동성 간의 실제적인 성행위를 넘어 반규범적 성행위 전반을 가리키는 문화적 개념으로 활용되고 있다(이상섭, 2009). 퀴어(queer)는 1920년대 초부터 동성애자 지칭어로 사용되었고, 게이(gay)는 퀴어에 비해 긍정적인 단어로 여겨지며, 2011년 뉴욕시가 동성 간 결혼을 합법화했을 때 동성애자들이 시내를 돌며 벌인 퍼레이드 이름은 '게이 퍼레이드(gay parade)'였다. 우리나라에서는 매년 6월에 열리는 '퀴어문화축제'의 명칭에서 보듯 퀴어라는 용어를 널리 사용하고 있지만 일반적으로 '동성애'라는 표현 대신 '성적 소수자', '성소수자'라는 표현이 더 적절하다고 여겨지며 사용되고 있다(박금자, 2012).

성소수자란 〈성적소수자사전〉에 따르면, LGBT(Lesbian, Gay, Bisexual, Transgender)라고 불리는 레즈비언(Lesbian), 게이(Gay), 양성애자(Bisexual), 트랜스젠더(Transgender)와, 간성[2], 무성애자, 정체성을 탐색하는 이들 등 성적 소수자 전체를 지칭하는 용어로 통용되고 있다(박소영, 2018). 즉 시스젠더(cisgender)[3]이자 이성애자를 제외한 모두를 일컫는 용어라고 할 수 있다. 트랜스인권 운동가인 Aidan Key는 "젠더는 내가 누구인가의 문제이고, 성적 취향은 내가 무엇에 반응하는 사람인가를 보여준다"고 하였다(Andrew Solomon, 2012, 고기탁 역, 2015).

동성애가족은 동성의 커플로만 이루어지거나, 동성의 커플 두 사람 또는 한 사람이 생물학적인 자녀이거나 입양에 의한 자녀, 친족, 의붓자녀, 이전 연인으로부터 형성된 구성원과 함께 사는 가족이다. 이러한 정의는 결혼이나 혈연, 법에 의해 조직된 개념이 아닌 헌신에 의해 맺어져 오랜 기간 동안 같이 살며 미래의 상호관계를 기대하는 사람들을 가족이라고 정의내리는 포괄적 가족 정의에 입각한 것이다(전귀연 · 구순주, 1998).

2) 간성(間性)이란 염색체, 생식샘, 성호르몬, 성기 등에서 전형적인 남성이나 여성의 신체 정의에 규정되지 않는 성징을 가진 사람을 의미한다. (위키백과)

3) 시스젠더(cisgender)는 자신이 태어날 때 지정받은 성별이 자신이 인식하는 성별이나 성별 표현과 일치한다는 의미를 가진 용어이다(American Psychological Association, 2012a).

2) 사회 변화와 동성애

과거부터 우리나라는 유교사상을 바탕으로 한 단일민족이라는 생각이 지배적이었다. 그러나 최근 들어 국제결혼가족, 외국인이주노동자, 북한이탈주민 등 다국적, 다인종 사람들의 증가로 다문화주의에 대한 논의가 시작되었다. 다문화주의에 대한 논의는 다양한 민족과 인종, 종교와 성적 지향, 장애 등의 요인으로 사회주류와는 다른 문화에 해당하는 소수자에 대한 담론으로 확대되었다(남궁미 · 박정은, 2020).

다양한 문화를 가진 사람들에 대한 관심과 더불어 성소수자에 대한 미디어의 변화도 볼 수 있다. 인터넷방송 OTT(Over-The-Top: 미디어 콘텐츠를 인터넷을 통해 소비자에게 제공하는 서비스)는 자유로운 표현과 수위가 가능하여 다양한 콘텐츠를 제공하는데 퀴어 콘텐츠 역시 증가하고 있다. 퀴어 콘텐츠의 선두주자인 넷플릭스(Netflix)는 성소수자 제작진과 배우를 기용하고 성소수자 캐릭터를 등장시키며 다양성을 토대로 모두를 위한 엔터테인먼트를 선보이고자 노력하고 있다고 밝혔다(데일리안, 2022.8.8).

이러한 퀴어 콘텐츠 미디어는 성소수자에 대한 인식에 영향을 미치는데, 1920년부터 2017년까지 언론기사에 소개된 성소수자에 대한 담론을 분석한 연구에서 잘 나타난다. 미디어가 제공하는 성소수자에 대한 콘텐츠는 직접 경험해 보지 않은 대상을 입체적으로 체험할 수 있게 함으로써 문화콘텐츠가 시위나 항의와 같은 방법을 동원하지 않고도 자연스럽게 성소수자에 대한 투사적 혐오에 대항하는 강력한 도구가 됨을 보고하였다(이혜미 · 유승호, 2018).

이 밖에도 서울에서 시작된 퀴어문화축제는 지방으로 확산되었고, 대학성소수자모임연대도 2019년 기준 전국 66개 대학에 74개의 모임이 있으며(홍성수, 2019), 대학 내 인권센터에서는 성소수자와 관련된 인권특강을 개최하여 학내 구성원의 의식 전환을 위해 노력하고 있다. 그럼에도 불구하고 우리가 가까운 이웃에서 성소수자를 직접 만나본 적이 없는 경우가 더 많다는 것은 성소수자들이 아직은 우리 사회에서 차별과 편견 없이 받아들여지지 않음을 의미한다. 과거보다는 성소수자에 대한 인식이 덜 부정적인 방향으로 변화했다고 보여지나 해결해야 할 문제가 더 많은 것이 우리 사회의 현실이다.

2. 동성애가족의 가족생활

1) 동성 간 혼인

혼인제도는 사회제도인 동시에 법제도이다. 현행 「헌법」은 "혼인과 가족생활은 개인의 존엄과 양성의 평등을 기초로 성립되고 유지되어야 한다."(제34조 제1항)고 규정하고 또 "모든 국민은 보건에 관하여 국가의 보호를 받는다."(제2항)라고 혼인과 가족생활에 대한 양성평등과 개인의 존엄을 확인하고 동시에 국가의 보건의무를 강조하고 있다(정영화, 2017). 혼인은 재생산과 양육의 기초가 됨으로써 국가구성원의 안정적 공급처이자 국가공동체 유지의 필수적 기반이다(이은정, 2006). 따라서 자녀의 출산이 가능한 이성 간의 결합은 혼인 개념의 본질적 요소라고 할 수 있다(이준일, 2009).

이와는 달리 동성혼은 여전히 많은 국가에서 법적, 도덕적 논란이 되고 있다. 동성혼(same-sex marriage)이란 동성 간의 혼인을 의미하는데 20세기 후반에 법적 보호를 받지 못하는 동성 사이의 혼인이 점차 증가하였다. 2001년 네덜란드가 최초로 동성혼인을 인정하는 입법을 시행한 이후, 2017년 8월 1일 기준으로 동성혼인을 법적으로 인정하는 국가들은 다음과 같다. 아르헨티나, 벨기에, 브라질, 캐나다, 콜롬비아, 덴마크, 핀란드, 프랑스, 아이슬란드,

아일랜드, 룩셈부르크, 멕시코, 네덜란드, 뉴질랜드, 노르웨이, 포르투갈, 남아프리카공화국, 스페인, 스웨덴, 영국, 미국, 우루과이, 독일, 오스트리아, 대만이다. 미국의 경우 혼인의 개념에 대하여 동성애자의 자율성을 근거로 동성 간의 혼인까지로 확장함으로써 결과적으로 남녀혼인과 동성혼인을 평등하게 보고 있다(정영화, 2017).

국내의 동성혼에 대한 인식은 2016년 한국종합사회조사데이터의 18세 이상 1,036명을 대상으로 한국인의 동성혼에 대한 인식을 살펴본 연구에서 알 수 있는데, 여성이 남성보다 동성혼에 대해 긍정적이며, 젊은 세대일수록 동성혼에 대한 인식이 긍정적인 것으로 나타났다(유은혜, 2021). 그러나 현재 우리나라가 동성혼에 대하여 남녀(양성)혼인과 동일한 의미로 수용할 만큼 사회적 합의가 이루어진 것은 아니므로 완전한 합의를 위한 과제가 남아 있다고 볼 수 있다(정영화, 2017).

2) 생활동반자관계

가족은 시대가 변화함에 따라 그 의미와 형태 역시 다양하게 변화하고 있다. 물론 가족만의 고유한 특성이나 성격도 가지고 있다. 여성가족부의 '가족다양성에 대한 국민인식조사' 결과에 따르면 생계와 주거를 공유한다면 가족으로 보아야 한다는 데에 전체 응답자의 61.7%가 동의하였고, 반드시 함께 살지 않더라도 정서적 유대를 가진 친밀한 관계라면 가족이 될 수 있다는 데에도 응답자의 45.3%가 동의한 것으로 조사되었다(여성가족부, 2021). 이처럼 우리나라의 구성원들은 가족구성원에 대해 개방된 의식을 가지고 있고 이러한 변화 속에서 다양한 형태의 생활공동체가 생겨났다.

다양한 형태의 생활공동체가 출현함에 따라 2014년에 「생활동반자법(생활동반자관계에 관한 법률)」, 2020년 「차별금지법」 제정을 위한 입법이 진행되었으나, 임기만료로 폐기된 바 있다.

생활동반자관계란 그 실질에 있어서 동성 간의 준혼관계를 의미하며 동성혼에 이르는 일종의 과도적인 상태의 결합이라고 할 수 있다. 독일에서 2001년에 「생활동반자관계에 관한 법률」이 시행되면서 처음으로 동성 간의 결합에 가족법상의 지위가 인정되었고, 2017년 10일 1일부터 동성혼이 허용되면서 동성부부의 법률상의 지위는 이성 간의 부부관계와 동일하게 되었다(김상용 · 안문희, 2022).

유럽인권재판소는 이러한 생활동반자관계에 있는 사람들이 어떤 방식으로든 법적인 가족을 형성할 권리를 보장해야 한다는 입장이다. 이로 인해 서구사회는 아직까지 동성커플을 법으로 보호하거나, 부부관계를 허용하는 문제에 대해서는 통일된 입장을 보이지 않는다(김보람, 2023).

독일을 비롯한 덴마크, 스웨덴, 노르웨이 등의 몇몇 나라에서 생활동반자관계는 동성 사이에서만 성립되며, 프랑스, 벨기에, 네덜란드는 동성 및 이성도 생활동반자관계가 성립한다. 일반적으로 생활동반자관계는 혼인과 마찬가지로 일생에 걸친 법적 공동체의 성격을 갖는다. 이에 따라 생활동반자는 서로에게 협조, 돌봄의 의무를 부담할 뿐만 아니라 공동으로 생활을 영위할 의무, 부양의무, 상속 등 혼인관계와 같은 효력이 발생한다(김상용 · 안문희, 2022).

네덜란드의 '등록파트너십(The Dutch Registered Partnership)'은 신분등록관이 작성하는 등록파트너십증서에 의해 성립되는데, 동성이든 이성이든 모두 성립한다. 실제로 2020년에 등록된 24,136건의 동반자관계 중 23,366건은 이성 간의 결합이었고, 동성 간의 결합은 770건으로 전체의 3.2%를 차지하는 데 그쳤다. 이러한 등록형식은 혼인과 유사하지만 혼인과 동일한 효력이 인정되지는 않는다. 동거기간 동안 부양의무와 연금분할 등은 법률혼과 유사하나 벨기에와 프랑스에서는 관계 해소 시 일방이 신청하는 것만으로도 가능하여 법률혼과 차이가 있다(김상용 · 안문희, 2022).

우리나라의 경우 혼인제도의 본질상 동성 간 생활공동체를 혼인으로 포함하는 것은 어렵다고 하더라도, 동성커플의 생활동반자관계에 법적 지위 부여 및 최소한의 보장은 필요하다는 주장도 있다(정애령, 2020). 그러나 혼인제도를 비롯한 가족법은 현실을 법이 형성해 가는 것이 아니라 법이 현실을 따라가야 하는 특성을 가지고 있다(신은주, 2019). 동성 간 혼인의 합법화를 둘러싼 갈등은 사회 내에서 개인의 가치충돌이면서 크게는 문화와 신념 간의 갈등이므로 사회적 합의에 많은 시간이 걸릴 것으로 예상된다. 따라서 급하게 동성혼 합법화를 이루려고 하기보다는 현재 우리나라에 생활공동체를 형성하고 있는 동성커플이 있다는 사실을 먼저 받아들이고, 이들에게 맞는 사회보장적 측면의 법적 보호를 부여하는 방법에 대해 논의하는 것이 보다 현실적인 대안이 될 것으로 보인다.

3) 동성커플의 관계 특성

국내 동성애커플 15쌍을 대상으로 가족을 형성하고 어떻게 살아가는지에 대한 한빛나(2015)의 연구를 살펴보면 동성커플의 삶을 보다 잘 이해할 수 있다.

먼저, 동성애커플의 동거관계 형성을 위해서는 동성커플 각자가 성별 정체성을 인식하고 수용하면서, 이성애자의 결혼적령기 즈음 이성애결혼과 거리두기와 스스로의 지리적 · 정서적 · 경제적 자립공간을 확보하려는 노력을 통해 이루어진다. 이러한 과정을 거쳐 동성커플이 동거를 하게 되면 가족실천(family practice)이 행해진다. Morgan(1999)에 따르면, 가족실천의 개념은 가족일상의 경험으로 가족에 참여하는 행위자들에 의해 의미가 만들어지는 일련의 주관적이고 관계적인 상호작용이다. 여기에는 파트너십, 친족관계, 부모됨 등에 대한 관념의 토대가 되는 인지, 이해, 감정, 가치관, 활동, 그리고 이와 관련된 기대와 책임감, 그리고 가족구성원들에 의한 실제적인 행위와 이러한 행위에 대한 다른 사람들의 평가와 판단 등이 포함된다(McCarthy, Ribbens, & Edwards, 2011, 전영주 외 역, 2013, 한빛나, 2015 재인용).

동성애 동거커플의 가족실천은 가사실천, 친족망실천, 의례실천으로 이루어진다. 가사실천은 공동의 가정공간을 꾸려가는 것인데, 여기에 전형적인 성별분업에 대한 기대는 없고 가사노동과 경제적 자원의 운영을 개별적으로 협상하는 원칙적 실용주의의 실천을 만들어간다. 친족망실천은 선별적으로 커밍아웃의 층위를 조정하여 가족관계를 인정받는 것과 가족생활을 안전하게 지키는 것을 말한다. 즉 동성애 동거커플은 동성애 동거관계가 드러나기를 원하지 않는 상황에서는 패싱(passing)[4)]과 여러 방어전략을 구사함으로써 적대적일 수 있는 반응으로부터 가족생활의 안전을 도모한다. 의례실천은 '부부'로서의 정체성을 확증하고 이를 기존 관계망에 표명하고 자리매김하기 위한 것으로 결혼식으로 표현된다. 이는 주로 전통적인 낭만적 상징과 절차를 통해 부부라는 이름의 '정상성'을 부각하는 동시에, 기존의 이성애적인 결혼식 문화에 변경을 주는 방식으로 이루어진다.

4) 동성애자의 가족 및 학교 경험

성소수자들의 가족과 관련된 경험을 주제로 한 연구물을 질적 메타분석을 실시한 결과, '가족이 알기 이전의 성소수자 당사자 경험', '가족구성원의 반응과 경험'과 '가족이 알고 난 이후의 성소수자 당사자 경험'으로 나누어졌는데 다음과 같다(김정숙 · 송은화 · 김명찬, 2023).

4) 패싱(passing)은 사회의 한 구성원이 외관, 언어, 행동 등의 요소를 통해 특정범주로 받아들여지게 하는 것을 말한다. 트랜스젠더 커뮤니티에서는 주로 자신의 성별 정체성에 맞게 인식되고 받아들여지는 것을 말한다. 그러나 패싱은 트랜스젠더에게만 국한되는 용어는 아니며, 인종, 민족, 성적 지향, 장애 등 여러 범주에도 통용된다(국가인권위원회, 2020).

가족이 알기 이전의 동성애자들은 자신의 성정체성에 대해 인식하고 수용하는 과정에서 많은 혼란과 갈등의 과정을 거친다. 일부 동성애자는 자신의 성정체성으로 인해 보통의 생애과정인 결혼과 출산을 할 수 없는 삶을 수용하고 동성의 파트너와 동거생활을 하기도 하였다(오현주, 2020; 한빛나, 2015). 이들은 상호 평등한 독립적인 사랑의 주체, 관계의 주체로서 동성애의 친밀성을 실천하였다.

성소수자 자녀를 수용하기 이전에 부모들은 혼란의 시간을 겪는데 이는 자녀가 성소수자일 수 있다는 의심과 가능성을 고려하지 못하였고, 성소수자에 대한 사회가 규정해 놓은 거부와 편견이 몸에 밴 결과이다(김정숙 · 김명찬, 2021; 이은지, 2021). 그럼에도 동성애자들은 사회적 편견과 차별 속에서도 가족 지지와 수용을 경험할 때 삶의 만족도를 느낀다(강병철, 2011). 자신이 성소수자인지 아닌지에 대해 가족의 인지와 상관없이 가족의 지지와 결속은 삶의 만족에 중요한 요소로 작용한다.

학교에 다니는 성소수자 청소년은 대략 10% 정도로 보고된다(장서연, 2014). 2017년에 실시된 '학생의 성 권리 인식 및 경험 실태조사'에 따르면 성적 지향에 대해 고민한 학생들도 전체의 13.3%에 달한다(서울특별시교육청, 2017). 성소수자 청소년의 학교 안에서의 경험을 보고한 연구를 보면, 학내 교육과정에서 성소수자 관련 내용이 전혀 다루어지지 않고 있다고 했다. 성평등 관련 교육 시간에도 성소수자에 대한 이해를 돕는 내용이 충분히 다루어지지 않기 때문에 자신의 정체성을 확립하는 데 도움을 받지 못하는 것으로 나타났다. 청소년 성소수자들은 온라인이나 SNS를 통해서 정보를 공유하고 자신의 정체성을 확인해 나가는 것이 현실이다. 또한 교내에서 교사나 친구들로부터 암묵적으로 성소수자에 대한 차별과 혐오가 있어 자신의 성정체성을 드러내기 어렵다고 한다(주재홍, 2019).

아직은 우리 사회가 이성애 중심적이고 성별 이분법적인 교육이 대부분인

데, 교육계에서 성소수자 교육이 어느 시기부터 이루어져야 하는지에 대해서는 논쟁이 되고 있다. 동성혼이 합법화된 미국에서도 교과과정에 LGBTI (Lesbian, Gay, Bisexual, Transgender, Intersex) 교육과정을 정규과정에 포함시키는 문제는 찬반이 엇갈리고 있다(Koreatimes, 2023.6.8). 아직 정체성 확립이 이루어지지 않은 학생들에게 이러한 교육이 혼란을 야기한다는 주장과 성소수자 청소년을 위해서 교육이 필요하다고 주장하는 측으로 나누어져 있다. 이와 같은 논쟁은 새로운 것을 받아들이는 과정에서 흔히 나타나는 현상이다. 그러나 시대의 변화에 맞게 교사의 성소수자 인권감수성은 필요하나 모두에게 포용적인 학교를 만들기 위해서는 시간이 더 필요하다고 보여진다.

3. 성소수자의 권리 논쟁

1) 성소수자의 권리

우리 사회는 과거에 비해 국제이주가 증가하여 인종 · 민족 · 문화의 다양성이 증가하였음에도 불구하고 한국인의 다문화 수용성은 답보상태이다. 특히 개발도상국 출신 이민자들에 대한 배타적인 태도와 차별행위는 여전하고 성소수자에 대해서는 온라인과 오프라인에서 혐오표현이 자주 발생하고 있다. 사회적 약자와 소수자에 대한 인권감수성은 빈약한 수준으로 인권 친화적인 행동을 추동하는 데 한계가 있다(윤인진 · 송영호, 2018).

사회적 약자는 사회적 강자에 비해 자기발전과 자기보전 능력이나 여건이 열악한 계층으로서 사회적 배려가 필요한 사람들을 말한다. 여기에는 근로아동, 청소년, 노인, 한부모가정, 빈곤계층, 국민기초생활수급자 등이 속한다.

사회적 소수자는 인종, 민족, 언어, 피부색, 성별, 문화, 국적 등에 의해 사회적 다수나 주류사회의 일원으로 편입되지 못하고 차별적인 대우를 받는 집단이나 개인을 의미한다. 소수민족, 이주노동자, 북한이탈주민, 전과자, 성소수자 등이 이에 속한다(김일수, 2019).

이 가운데 성소수자들은 인간존엄성과 자유로운 삶을 구현하기 위해 정치적, 사회적 운동으로 자신의 권리를 주장하는데 퀴어문화축제와 커밍아웃이 여기에 해당한다. 성소수자들이 정치적, 사회적 운동을 통해 주장하는 권리는 대체로 다음과 같다.

(1) 가족생활을 할 권리

2015년 미국 연방대법원은 혼인에 대한 권리를 자유권의 일종으로 전제하였으며, 이성커플뿐만 아니라 동성커플에게도 동일한 권리가 인정된다고 판결하였다. 유럽인권협약(European Convention on Human Rights) 제8조 제1항에서는 개인 및 가족생활을 권리로써 보호하고 있으며(조은희, 2022) 동성의 커플 역시 가족생활에 포함되는 개념으로 보았다(이현정, 2021). 서구의 입법자들은 혼인이라는 한 가지 형태의 가족 유형만을 강요하지 않고, 개인 각자에게 가족의 유형을 자유롭게 선택할 수 있도록 배려하고자 하였다(이상욱, 2019).

(2) 평등하게 대우받을 권리

현재 동성커플의 생활공동체는 혼인공동체와 다를 것이 없음에도 불구하고 이들의 혼인신고가 거부되고 있으며, 이로 인해 당사자가 가족으로서의 권리의무관계는 물론 세제해택, 건강보험, 사회보장법, 국민연금의 수급권자에서 제외되고 상대방에 대한 의료과정의 의사결정 그리고 가정폭력에 대한 특별보호 등 법적 지원 및 보호에서 배제되고 있다.

동성결혼에 반대하는 사람들은 동성의 두 사람이 자녀를 출산할 수 없고 이 점이 이성커플과 다른 점이라고 강조한다. 그러나 대만헌법재판소는 동성커플의 그러한 능력의 부족은 자녀를 낳을 수 없거나 자녀를 원하지 않는 이성커플과 동일하다고 보고 동성혼을 허용하였다(이현정, 2021). 즉, 자녀를 출산할 수 없거나 자녀를 출산하지 않는 이성커플을 자녀가 있는 이성커플과 다르게 대우하지 않듯이 이러한 이유로 동성커플을 차별대우하는 것은 인정될 수 없다고 보았다.

(3) 혼인할 자유

대만헌법재판소는 친밀하고 독점적인 성질의 영구적 결합인 혼인을 맺고자 하는 것은 신체적, 정신적 의미 모두에서 이성애자뿐만 아니라 동성애자에게도 똑같이 필수적으로 존재하는 필요성, 능력, 의지 및 갈망이라고 강조하였다. 또한 결혼할 자격이 있는 모든 독신자들은 그들의 성적 지향에 관계없이 혼인할 자유가 있음을 명확히 밝히고 있다. 게다가, 혼인할 자유의 내용에는 혼인을 할지 말지에 관한 결정뿐만 아니라, 누구와 결혼할지를 결정하는 자유도 당연히 포함된다고 본다(이현정, 2021).

2) 동성혼의 법제화

혼인은 과거에는 가족의 사건이었으나 오늘날 배우자를 선택하는 행위는 개인의 사적인 영역으로 개인의 자유에 맡겨야 한다는 인식이 강해져 동성혼의 금지에 대해서도 동성애자에 대한 강한 억압이라는 주장이 제기되고 있다. 이뿐만 아니라 동성혼을 합법화하려는 움직임도 활발히 진행되고 있지만 여전히 논란이 되고 있다.

우리나라 사람들에게 가족은 혼인이나 혈연중심에서 생활 및 관계중심으로 그 의미가 점차 변화하고 있으며, 정부 차원에서도 다양한 가족을 포용하기 위한 제도 개선의 필요성에 동의하여 가족정책의 변화를 도모하고 있는 상황이다. 그러므로 오늘날 어떠한 결합을 가족이라고 칭할 수 있는지 또는 무엇이 가족생활에 해당하는지 그 개념은 재정립될 수 있어야 하고 또한 재정의되어야 하는 것이며, 현실에 존재하는 생활공동체를 사회가 용인하는 한 이는 가족생활의 개념에 포함되는 것으로 보아야 한다(정영화, 2009).

혼인을 통해 법과 제도는 가족과 가족생활을 보호하게 되는데 혜택이나 권리뿐만 아니라 가족구성원의 서로에 대한 책임과 의무도 있다는 것을 간과해서는 안 된다. 법이나 제도로 가족의 범주에 속한 사람은 가족으로서 권리도 누리지만 더불어 책임도 함께 져야 한다. 여기에는 법적 지위, 채무에 대한 것, 의료행위 시 보호자 역할, 부양자 역할, 주거문제 등 다양한 책임이 따른다.

특히 동성혼의 경우 두 커플 간 출산이 불가능하므로 생식의료의 방법으로 출산이 이루어지거나 입양을 통해 자녀를 가족구성원으로 받아들이게 된다. 이때도 여러 복잡한 법적, 윤리적 문제가 발생할 수 있다. 예를 들어 정자 제공이나 난자 제공으로 태어난 자녀들로 인한 근친의 우려와 이런 생식의료의 등장으로 인한 여러 법적 다툼 등은 나타날 수밖에 없다. 그 외에도 동성커플 밑에서 자란 청소년이 이성애부부 아래서 자란 이들에 비해 우울감, 자살시도율, 비만율 등에서 월등히 높게 나타난다는 2016년 한국국립보건연구소의 자료는 동성커플 가정의 자녀복리를 고려해야 함을 보여준다(김일수, 2019 재인용).

3) 성소수자의 차별과 건강

(1) 성소수자에 대한 차별

성소수자들은 차별과 혐오에 노출되어 있다. 단순히 불편하거나 불쾌하다는 정도를 너머 정상적인 사회생활에도 지장을 받는 경우가 많다. 2014년에 대규모 조사인 한국 LGBTI 커뮤니티 사회적 욕구조사에 따르면 자신의 정체성이 드러날까 봐 구직을 포기하거나 직장에서 성역할 수행에 대해 압박을 받는 경우도 많다. 게이의 경우 남성 동성사회인 군생활에서 이성애자로 간주되어 대화에 스트레스와 부담을 느끼거나 커밍아웃을 한 사람이 하지 않은 사람보다 차별과 폭력을 더 많이 경험하는 것으로 나타났다(한국게이인권운동단체 친구사이, 2014).

성소수자 청소년은 자신이 성소수자란 이유로 괴롭힘이나 차별을 경험했고, 부모와 가족의 거부로 가족과의 단절을 선택하는 경우가 있다. 생활 전반에 가족의 돌봄이 필요한 상황에서 가출로 인해 위험한 환경에 노출될 뿐만 아니라 진학과 진로 등 미래를 설계하는 데도 어려움을 경험하게 된다. 이들은 모텔, 찜질방, 친구 집 등에서 지내는 불안정한 거주 경험을 하게 되어 정착할 수 없는 삶을 살게 되는 경우도 많다(청소년주거권네트워크, 2019).

(2) 트랜스젠더에 대한 혐오와 차별

'한국 LGBTI 커뮤니티 사회적 욕구조사'(2014)에서는 동성애나 양성애자 등 다른 성소수자에 비해서도 트랜스젠더의 사회경제적 상황이 더욱 열악한 것으로 나타났다. 2020년 초 트랜스젠더 군인의 강제전역 사건과 트랜스젠더 학생의 여대 입학 문제 등은 사회적으로 트랜스젠더가 받는 혐오와 차별의 문제를 잘 보여주는 예라고 하겠다.

2020년 국가인권위원회에서 실시한 '트랜스젠더 혐오차별 실태조사'에 따르면 우리나라는 아직 많은 트랜스젠더들이 법적 성별과 성별 정체성이 다르다는 이유로, 혹은 성별 이분법적인 젠더 규범에서 벗어난 경우 혐오와 차별을 경험하고 있다. 트랜스젠더가 가진 고유한 문제로 인해 이들이 경험하는 혐오차별은 다른 성소수자보다 더 크고 다음과 같다.

첫째, 신분증 및 법적 성별 정정과 관련된 차별이다. 여기에는 트랜스젠더의 성별 정체성을 반영하지 못하는 신분증상 성별 표기와 이로 인해 신분증을 제시해야 하는 과정에서 겪는 어려움, 생식능력 제거, 외과수술, 혼인 중이 아닐 것 등을 요구하는 법적 성별 정정에 있어 가혹한 요건과 성별 정정 과정에서의 인권침해 등이 있다.

둘째, 건강권과 의료접근권에서의 차별이다. 호르몬요법, 외과수술 등 트랜지션을 위한 의료적 조치에 대한 건강보험 적용 제외와 트랜스젠더에 대한 의학교육의 부재, 그리고 의료인들의 혐오차별로 인한 의료접근권의 침해 문제가 있다.

셋째, 성별 정체성을 포함한 포괄적 차별금지법의 부재와 이로 인한 고용, 교육 등에서의 차별이다. 학교 및 직장에서의 괴롭힘, 혐오발언, 트랜스젠더인 것을 이유로 한 취업의 어려움과 해고, 사직 강요, 학교와 직장 등에서의 지원제도의 부재 등의 문제가 있다.

넷째, 시설 이용 및 재화 · 용역 이용에서의 차별이다. 화장실 등 성별에 따라 구분된 시설을 이용할 때 겪는 어려움과 체육관, 광장 등 공공시설의 대관, 이용, 주거시설 및 상업시설 이용 등에 있어 성소수자에 대한 혐오로 인해 차별을 받는 문제들이 있다.

다섯째, 군대, 형사사법, 행정 등 국가기관에서의 차별이다. 특히 징병제하에서 트랜스여성의 징병문제와 군 복무 중에 겪는 혐오와 차별의 문제가 있고, 구금시설 내에서 성별 정체성에 따른 처우를 받지 못하는 문제가 있다. 그밖에 일반적인 행정영역에서 공무원들의 혐오로 인해 발생하는 차별도 있다.

여섯째, 방송, 신문 등 언론, 드라마, 영화 등 영상매체, 그리고 인터넷에서 전파되는 트랜스젠더에 대한 혐오표현 등의 문제이다.

일곱째, 가족과 파트너 등 일상적인 관계에서 정체성을 거부당하거나 이를 이유로 한 괴롭힘, 폭력 등 혐오차별이 있다.

(3) 성소수자의 건강문제

성소수자의 건강과 관련된 연구는 질병관리본부가 주관하는 '한국 HIV/AIDS 코호트(2006)'에 성소수자가 일부 포함되어 있지만, 성소수자만을 대상으로 하는 조사는 없다. 또한 지속적인 대규모 코호트 연구가 없었기 때문에, 성소수자를 대상으로 한 양질의 임상적 건강 연구 또한 부재한 상황이다(이혜민 · 박주영 · 김승섭, 2014).

그러나 5명의 레즈비언의 심층면접으로 이루어진 '레즈비언의 산부인과'에서는 성소수자인 대상자들이 중학생 때 질염을 앓았지만 부모에게 말할 수 없었기 때문에 혼자서 감당했다는 사례가 있다. 이들은 부모에게 자신의 질병에 대해 말할 수 없었고 주변의 친구들 역시 다양한 이유로 성인이 될 때까지 산부인과를 한 번도 가지 않는 경우가 많다고 밝혔다(이은해, 2022).

임상적 연구에서도 성전환 수술과 호르몬 관리 및 검사 등에 국한되어 다루고 우리나라에서 진행된 임상적 연구의 대부분(N=96, 95.0%)은 트랜스젠더와 간성을 대상으로 한 사례 보고 또는 성전환 수술 관련 연구이다(이혜민 · 박주영 · 김승섭, 2014).

한국 성소수자의 성 · 생식건강의 경험에 대한 질적연구에서 대상자들은 성소수자로서 올바른 의료정보지원의 부족과 성적 행위로 인해 발생할 수 있는 건강문제 등 다양한 불편함과 어려움을 경험하면서도 자신의 성별 정체성을 인정받을 수 있는 현 상황이 자신의 삶에 더 중요한 우선순위로 자리매김하고 있어 성 · 생식건강 문제에 관한 스스로의 평가는 오히려 긍정적인 것으로 나타났다(이윤정 · 김주희, 2021).

성소수자의 정신건강은 이성애자와 비교하였을 때 취약하다. 국내 성소수자를 대상으로 한 연구에서 성소수자 남성이 이성애자와 비교했을 때 7배 높은 우울증상을 보였다(이호림 외, 2017). 자살과 자해시도는 위험한 수준에 있다. 3,159명의 성소수자를 대상으로 한 '한국 LGBTI 커뮤니티 욕구조사'(2014)를 보면 전체 28.4%가 자살을, 35.0%는 자해를 시도한 적이 있다. 특히 연령이 낮은 18세 이하 청소년인 경우는 45.7%가 자살을, 53.3%가 자해를 시도한 적이 있어 거의 두 명 중 한 명꼴로 그 비율이 심각하게 높다.

이와 같이 성소수자들은 사회적 편견과 차별로 인한 신체적, 정신적 건강을 위협받고 실제로 건강이 악화되어도 제대로 된 진료를 받기 어려운 상황에 처해 있다. 성소수자들은 성소수자들의 성 · 생식건강 및 성적 행위 등과 관련하여 전문 의료지식을 가진 의료진을 만나기 쉽지 않아 제대로 된 진료를 받지 못하거나 오히려 성소수자들의 프라이버시에 해당하는 성과 관련된 상황들에 호기심을 더한 질문을 던지는 무지한 의료진의 반응에 병원을 기피하게 된다고 밝혔다(이윤정 · 김주희, 2021).

4. 동성애와 성정체성

성소수자 집단은 성적 지향(sexual orientation) 혹은 성별 정체성(gender identity)에 근거하여 정의된다. 성적 지향이란 상대에 대한 애틋함과 설렘,

특별한 관계를 맺고 싶다는 열망, 신체적, 정신적 접촉에 대한 기대를 포괄적으로 일컫는 말이다. 성적 지향은 역사적, 문화적으로 다양하게 나타나며, 그 자체로 해롭거나 문제적이라고 할 수 없는 중립적인 성격을 띤다. 성적 지향은 생애 전반에 걸쳐 안정적이고 지속적으로 유지되기에 강제적으로 바뀌지는 않지만, 계속적인 성장과 자율적인 탐색을 통해 변화되는 경우도 존재한다. 자신의 성적 지향을 이해하는 과정은 사람마다 다르게 나타난다(한국성적소수자사전). 즉, 다른 사람에 대한 지속적인 정서적, 애정적, 성적 끌림으로, 이는 완전한 동성애 지향부터 완전한 이성애 지향 사이에서 양성애 지향을 포함한 다양한 형태로 나타날 수 있다.

성적 정체성(sexual identity)이란 스스로 어떤 사람에게 연애감정이 생기는지, 혹은 성적으로 끌리는지 자신이 판단한 것이다. 성적 정체성은 더 정확히 말해 성적 지향 정체성으로 자신의 성적 지향의 인정 또는 내재화를 뜻하기도 한다(American Psychological Association. 2009). 반면 성별 정체성(gender identity)은 스스로 인식하는 자신의 성별로 이는 자신의 생물학적 성(sex)과 일치할 수도 있지만 그렇지 않을 수도 있으며 성별에 대해 어떤 사람이 깊이 느끼는 내면적이고 개인적인 경험을 의미한다(UNESCO).

이러한 정의와 별개로 성적 정체성이 누구나 확고히 시간의 흐름에 따라 변함없이 정립되어 있는가는 생각해볼 문제다. 자신의 정체성을 탐색하는 사람들도 성소수자에 해당하기 때문에 정체성 확립이 완전한 경우에 법적 성별의 변화나 군문제 등 성소수자로서 제도의 혜택이나 권리를 논할 수 있기 때문이다.

2002년 한국성과학연구소가 수도권 남성 2,000명을 대상으로 조사한 결과, 동성애 경험자 1.1% 중에서 0.6%가 자발적으로 동성애를 중단한 것으로 확인되었다(김일수, 2019 재인용). 이러한 연구결과를 볼 때, 성적 정체감은 탐색 과정에서 호기심으로 일회성으로 경험하기도 하고 변화될 수 있음을 보여준다. 자신의 정체성이 때에 따라 변화한다면 법의 테두리 안에서 보호를 받는 것은 더욱 어려울 것이다.

동성애와 관련된 성적 정체성 발달이론 중에서 이론적, 경험적 타당도가 높은 것으로 평가받는 Cass(1979)의 6단계 동성애 정체성 발달 모델 각 단계는 다음과 같다(표소휘 외, 2022 재인용).

1단계는 정체성 혼란(identity confusion) 단계이다. 이 단계에서 개인들은 동성애로 명명된 감정을 경험하고, 그것이 이성애자로서의 정체성에 균열을 내어 혼란을 경험하게 된다. 그들은 동성애의 가능성을 거부하며 혼란을 해결하기도 하지만, 동성애 지향에 대해 더 탐색해 보기로 결정하고 다음 단계로 옮겨갈 수 있다.

2단계는 정체성 비교(identity comparison) 단계로, 개인들은 자신의 행동을 다른 사람들의 반응이나 일반적인 동성애 정체성과 비교하여 평가한다. 만약 동성애 지향을 지나치게 부정적으로 지각한다면 탐색을 중단할 수 있다.

3단계는 정체성 관용(identity tolerance) 단계이다. 이 단계의 사람들은 자신을 동성애 지향으로 명명하고 같은 지향의 사람들과 접촉하고자 한다.

4단계는 정체성 수용(identity acceptance) 단계이다. 이 단계에 속하는 성소수자들은 다른 동성애자들과 동성애 커뮤니티에서 긍정적으로 교류한 경험이 있는 경우, 자신의 정체성을 빠르게 수용하는 상태로 넘어갈 수 있게 된다. 또한 이 단계에서는 친구와 가족에게 선택적으로 성적 지향을 개방하기 시작한다.

5단계는 정체성 자긍심(identity pride) 단계이다. 이 단계에 속하는 성소수자들은 동성애 지향에 대한 자부심을 가지고 더 많은 사람들에게 커밍아웃할 수 있다. 또한, 세상을 동성애와 이성애로 양분하여 바라보기도 하며, 지배적인 이성애 문화를 거부하고 분노를 표현할 수 있다.

6단계는 정체성 통합(identity synthesis) 단계이다. 이 단계에 속한 성소수자들은 자신의 성적 정체성에 대한 온전한 수용이 이뤄지며, 이성애자와 동성애자를 분리하는 태도에서 벗어나게 된다. 공적인 영역과 사적인 영역으로 나뉘었던 정체성이 통합되고, 전반적으로 타인에 대해 더 공감적이고 관용의 태도를 가지게 된다.

국내의 성정체성 형성과 관련된 9개의 연구물과 34개의 축약진술문을 활용해 질적 메타요약한 성소수자의 성정체성 형성에 영향을 미치는 요인을 알아본 결과, 성소수자의 정체성 형성에는 심리적 요인과 사회적 요인이 함께 작동하며 이를 통해 정체성 발달이 촉진되거나 저해받는 것으로 나타났다(표소휘 외, 2022). 심리적 요인과 사회적 요인 두 가지를 비교하면, 사회적 요인이 더 많은 영향을 주는 것으로 알려졌으며, 가족과 친구와 같은 친밀한 관계에서의 수용이 성정체성 형성에 중요한 긍정적 요소였고, 혐오나 차별의 경험은 부정적 요소로 작용하였다.

5. 동성혼의 법제화 및 평등법(시안)

동성혼의 법제화 문제는 세계 대다수 국가에서 논란이 되고 있는 정책 중 하나다. 동성혼 합법화의 과도기적 대안으로 제시되는 「생활동반자법」과 「평등 및 차별금지에 관한 법률(평등법)」도 마찬가지다. 2021년 5월 한국갤럽 조사에 따르면 동성결혼 찬성 비율은 38%, 반대 비율은 52%, 모름 · 응답거절은 11%로 나타나 아직은 우리나라의 경우는 반대 비율이 높은 것으로 나타났다(데일리 오피니언, 2021.5).

동성혼 합법화를 주장하는 입장을 보면 동성혼을 받아들이게 되면 성소수자의 삶에 늘 함께했던 차이와 소외에 대한 부정적 감정이 감소하고 사회적 · 심리적 수용의 분위기를 형성하게 된다는 것이다. 또한 법적 혼인을 통해 동성커플은 원가족으로부터 더 많은 인정과 지지를 받게 되고 관계 해소 시에도 법적 비용이 발생하여 비혼동성커플보다 관계를 더 오래 지속시킬 수 있다고 본다. 즉 이성애자의 결혼과 마찬가지로 동성애자도 결혼으로 관계가 안정되는 것이다(Lee Badgett, 2010, 김현경 · 한빛나 역, 2016).

우리나라의 법은 미성년의 혼인을 제한하고, 근친혼과 중혼은 금지하고 있다. 혼인이 사회와 국가를 존속시키는 가족공동체의 형성에 결정적인 역할을 하는 사회적, 헌법적 기능으로 말미암아 그에 상응한 법적 보호를 받는다는 것이다(신은주, 2019).

동성혼이 합법화 되었을 때 예상되는 문제점들에는 동성커플의 정자와 난자 기증을 통하여 가족을 구성하는 것도 허용되게 된다는 것이다. 게이 커플의 난자 구매, 대리모 출산, 레즈비언 커플의 정자 구매, 인공수정 출산, 동성커플의 입양 등도 허용될 가능성이 높다고 지적했다. 이로 인한 동성커플과 자녀와의 법적인 관계도 복잡해질 우려가 있다. 그 밖에 신분관계에 미치는 영향도 있다. 우리나라는 생물학적인 성별을 기반으로 한 제반 법과 제도들이 있는데, 국가인권위가 제안하는 「평등 및 차별금지에 관한 법률」(시안)이 생겨나면 병역법, 주민등록번호, 가족관계등록법, 화장실과 탈의실, 목욕탕 등 성별 이용시설을 어떻게 재구성할 것인지, 호칭과 용어는 어떻게 해야 하는지 등 많은 측면에서 혼란을 피하기 어렵다고 지적했다(크리스천투데이, 2023.6.21).

「생활동반자법」은 동성커플에게 동거, 부양, 협조 의무에 따른 재산상 효력을 발생하지만 이성 간 혼인과는 다르고 계약으로 형성된 관계이므로 때에 따라서는 악용의 여지가 있다. 건강보험의 적용이나 아파트 청약을 받기 위해 신혼부부 특별공급을 노리는 경우도 있을 것이고, 관계 해소가 일방으로 가능하므로 결혼과 같은 안정성이 약해서 여러 문제를 야기할 수 있으므로 이에 대한 보완이 함께 이루어져야 한다.

▌참고자료▌

평등 및 차별금지

국가인권위원회(인권위)는 2020년 6월 30일 국회에 대하여 인권위가 제시하는 「평등 및 차별금지에 관한 법률」 시안을 참조하여 조속히 입법을 추진할 필요가 있다는 의견을 표명하였다. 그러나 이러한 법을 만들기만 하면 성적소수자의 차별과 혐오가 사라지고 다양한 성별 정체성을 가진 사람들이 함께 자유롭고 존중받으며 살 수 있을 것인지는 차별금지법이 먼저 시행된 영국의 다음 사례를 통해 함께 고민해 봐야 할 것이다.

차별금지법 시행 후에는 어떤 일들이 벌어질 것인가?

맥아더(McArthur) 부부는 1992년부터 영국과 아일랜드에서 아세르(Ashers) 상호 아래 제과점을 운영해왔고 'Ashers'라는 상호는 성경 구절에서 따온 것이다. 맥아더 부부는 성경의 가르침에 일치하고 하느님께서 받아들이는 유일한 형태의 결혼은 남자와 여자 사이의 결혼이라는 믿음을 가진 기독교인이다. 2014년 5월 동성애자 Lee는 Ashers 제과점에 들러 북아일랜드의 동성결혼 지원행사에 가져갈 케이크를 주문하면서 케이크에 '동성결혼 지원'이라는 문양을 새겨주기를 부탁하였다. 맥아더 부인은 처음에 주문을 받았지만 기독교인의 양심상 그런 케이크를 제작할 수 없다는 이유로 케이크 대금을 환급하였다. Lee는 맥아더 부부를 상대로 성적 지향을 이유로 차별을 받았다고 소송을 제기했고, 케이크 주문 거절은 평등법(SORs)과 평등고용명령(FETO)에서 금지하는 직접차별이라고 지방법원은 이를 지지하는 판결을 하였다. 그러나 영국 대법원은 어떤 사람이 가지지 않은 믿음을 표현하도록 법적 강제를 하는 것은 안 된다고 보았고, 성적 지향 차별금지와 종교의 자유, 표현의 자유가 충돌할 때 어디에 우위를 두어야 하는 문제에 대해 종교의 자유, 표현의 자유가 우선한다는 직접적인 판단을 하였다.

출처: 서헌제 (2020). pp. 11-13.

6. 국내 동성애 관련 연구동향

국내 동성애 관련 연구는 2009년도 이후 점차 증가하기 시작했고 연구주제, 연구대상, 연구방법으로 나누어 보면 다음과 같다.

1) 연구주제별

성소수자의 건강을 탐색한 연구, 성소수자의 고유한 경험 연구, 성소수자 상담 관련 연구, 종교적 관점에서 본 성소수자 연구, 성소수자에 대한 전반적인 개관 연구, 동성혼 관련법과 차별금지법에 대한 연구 등으로 나누어 볼 수 있다.

가장 많이 진행된 연구는 성소수자의 건강 및 관련 변인을 탐색한 연구이다. 먼저 한국 성소수자의 건강 연구 128편을 체계적으로 검토한 연구를 보면, 임상적 연구의 경우 트랜스젠더의 성전환 수술이나 간성의 사례 보고에, 사회적 건강 연구의 경우 동성애자 정체성과 관련한 스트레스에 제한적으로 초점이 맞추어져 있었으며, 만성질환을 비롯한 다른 건강 결과에 대한 연구는 매우 드물었다. 또한 성소수자의 규모와 건강상태를 파악하기 위한 국가단위의 연구가 부재하고 성소수자들의 의료접근성과 관련하여 겪게 되는 차별에 대한 연구는 부족했다. 성소수자들이 겪을 수 있는 차별, 낙인 등의 부정적인 사회 경험이 건강에 대해 미치는 영향에 대한 연구가 부족하다고 밝혔다(이혜민 · 박주영 · 김승섭, 2014).

성소수자의 정신건강과 관련한 연구를 보면, 우울, 불안, 자살위험, 스트레스 등의 부정적 정신건강 변인을 중심으로 이루어진 연구가 다수이다. 성소수자 집단의 우울, 불안, 자살위험 수준 측정 및 확인을 주제로 한 연구(김성연, 2013; 배진화, 2008; 임수연, 2017), 성소수자로서 경험하는 소수자 스트레스와 자살사고의 관계(박수진, 2018; 손주연, 2019), 우울, 불안과의 관계(이호림, 2015), 우울, 자살사고와의 관계(허정은, 2004), 심리적 스트레스와의 관계를 탐색한 연구(윤수진, 2019) 등이 있었다. 다수의 연구에서 성소수자 집단은 비성소수자에 비해 우울, 불안, 자살사고 등을 경험하는 비율이 높은 것으로 드러났으며, 이는 성소수자로서 경험하는 소수자 스트레스와 밀접한 관련이 있는 것으로 나타났다.

성소수자의 고유한 경험을 탐색한 연구로 한빛나(2015)는 동성애 동거커플의 '가족 실천'과 의미에 관한 연구, 박지수(2018)는 남성 동성애자의 정체성 발달을, 정용림(2021)은 탈가정한 청소년 성소수자의 경험을, 윤성옥과 성승연(2011)은 여성 동성애자가 자신의 성적 지향을 어떻게 받아들이고 수용하는지 그 과정을 살펴보았다.

성소수자 상담 관련 연구로 공춘옥, 정윤경, 박수영(2018)과 유환과 권경인(2020), 이주영, 이아라, 윤은희(2020)은 성소수자 내담자 대상 상담에서 상담자가 인식하는 어려움과 도움 요인, 정체성에 대한 현상학적 연구를 하였다. 상담자 역량을 탐색한 윤은희(2020)에 의하면 성소수자를 상담한 상담자들의 개입에 대한 수준의 결정과 확신에 대한 지식, 기술 부족과 같은 어려움을 경험했으나, 그 후 관련 지식과 기술 습득으로 내담자를 비판단적인 시각으로 스스로 내부자적 관점을 배양하며, 자신의 역량을 증진하였다. 이와 같이 성소수자 상담자들은 성소수자에 대한 편견을 해체하고, 상담역량을 강화하기 위해 자신의 가치관을 수정할 필요가 있으며, 슈퍼바이저와 동료상담자들의 교육과 교류를 적극적으로 이어가야 한다(이현진 · 김명찬, 2021).

성소수자에 대해 종교적 관점에서 살펴본 연구로 신경희(2017)는 보수적 종교 성향이 강한 예비교사를 대상으로 성소수자 인식을 살펴본 결과, 예비교사들이 성소수자에 대해 정확한 정보를 듣거나 진지하게 생각해 보지 못한 채 선입견과 부정적 인식을 갖고 있었다고 지적했다. 이들은 종교적 신념으로 인해 혼란과 갈등을 겪으며 자신이 교사가 되었을 때 모든 학생의 인권을 보호해야 할 책임감과 의무감이 있음을 인지하고, 개인적 종교적 신념으로 인해 동성애를 찬성하지 못한다 하더라도 왜곡된 시각으로 교육하진 않을 것이며 성소수자 인권지침서를 따를 것이라고 하였다. 김나나(2018)는 종교가 성소수자의 정체성 형성과정에 미치는 영향을 생애사적 방법으로 탐색하고 사회적 낙인뿐 아니라 종교적 낙인이 성소수자의 정체성 발달을 지연시킬 수 있다는 결과를 제시했다.

동성혼 관련법을 탐색한 연구는 대만, 독일, 네덜란드, 미국, 영국의 동성혼이 법적으로 허용되는 과정의 판례와 헌법조항을 분석한 연구들(이정훈, 2016; 이현정, 2021; 정영화, 2017)과 국내 포괄적 차별금지법(시안)과 관련된 연구들(서헌제, 2020; 이지수, 2022; 한상희, 2020)이 있다.

음선필(2020)은 동성혼 허용이 우리나라의 결혼제도, 병역제도, 가족제도에 불러올 파장을 언급하였고, 현재 군형법에서도 동성 간 성행위를 금지하고 있다고 제시하였다. 서헌제(2020)는 차별금지법이 '차별'이라는 모호하고 주관적인 잣대로 국민들이 누리는 자유를 침해할 가능성이 크다고 지적했다. 특히 표현의 자유, 종교의 자유, 기업활동의 자유를 심각하게 훼손할 것을 우려하였다. 김상용과 안문희(2022)는 덴마크, 노르웨이, 스웨덴, 독일 등 유럽의 여러 나라들이 동성 간의 등록동반자관계를 도입한 것과 우리나라의 사실혼과 비교하면서 우리 사회에도 도입이 가능할 것인지에 대해 탐색하였다. 조은희(2022)는 생활동반자법 제정의 필요성을 입법적 관점에서 살펴보았는데, 남녀만이 아닌 누구든 2인은 서로 애정과 신뢰를 바탕으로 부양하고 신뢰하며, 공동의 가정경제를 통해 생활을 유지하고 있다면 이들 공동체는 법제도적으로 인정받아야 한다고 주장했다.

2) 연구대상별

성소수자를 대상으로 한 연구(신동열, 2010; 이윤정 · 김주희, 2021)와 비성소수자를 대상으로 인식이나 경험에 대한 연구들(김민경, 2021; 김선영, 2020; 김주희 외, 2021)이 있다. 김주희 등(2021)은 한국 여성의 생애주기별 남녀평등의식과 성소수자에 대한 인식을 살펴보았다. 성소수자에 대한 연구 대부분이 범주로 나누지 않고 동성애자나 성소수자로 통합하여 연구가 진행되고 있다.

3) 연구방법별

크게 양적연구와 질적연구로 나눌 수 있는데, 전체적으로 양적연구가 더 많으며, 성소수자를 대상으로 한 연구는 소수를 대상으로 한 질적연구(김정숙 · 김명찬, 2021; 김진이, 2017; 한빛나, 2015)가 많다. 성소수자를 대상으로 한 연구 가운데 2014년 한국게이인권운동단체 '친구사이'가 온오프라인으로 실행한 3,159명의 욕구조사가 가장 대규모 조사라고 할 수 있다. 성소수자들은 자신의 성별 정체성을 드러내기를 주저하기 때문에 대규모 양적연구에 어려움이 따르는 것이 현실이다. 또한 성소수자 범주별로 경험이 다양하여 양적연구와 질적연구를 혼합한 연구가 필요하다고 하겠다.

7. 미래연구전망

동성혼의 법적 인정 이후에 나타날 다양한 개인적, 사회적 현상에 대한 연구는 아직 미흡한 실정이므로 앞으로 더 많은 연구들이 진행될 필요성이 제기된다. 특히 동성혼 법제화로 인한 여러 분야의 영향에 대한 연구결과들은 아직 동성혼을 합법화하지 않은 국가들의 동성혼 법제화 도입에 영향을 줄 것으로 예상된다.

과학기술의 발달로 전 세계적으로 난자 및 정자 공여, 대리출산 등 보조생식기술(assisted reproductive technology)을 통한 출생이 급속히 증가하는 추세이다. 우리나라의 경우 「체외수정 등에 관한 법률안」에서 "미혼의 남 · 여는 의료보조생식을 이용하여 부나 모가 될 수 없음"(제5조 제4항)을 명시하고 있다. 즉 결혼한 부부가 아닌 경우 보조생식기술을 통한 출생신고가 받아들여지지 않으므로 동성애커플들이 자녀를 원할 경우 해외출생을 할 가능성이 높아 해외출생자 중 이러한 보조생식기술을 통한 출생 사례가 앞으로 더욱 늘어날 것으로 전망된다.

보조생식기술은 생식능력 증가를 목표로 난자, 정자, 혹은 난자와 정자 모두를 체외에서 다루는 시술로 대표적인 예로 체외수정(in vitro fertilization)이나 인공수정(intrauterine insemination) 등이 있다. 이런 과정을 통해 모/부는 자신의 유전자를 사용하거나 사용하지 않고 자녀를 가질 수 있다. 또한 난자 및 정자 공여로 자신과 유전적 관계가 성립하지 않는 아이를 출산하는 것도 가능하다. 이러한 경우 임신, 출산을 한 출산대리모/부(gestational parent)[5)]는 태어난 자녀와 유전적 관계는 없지만 임신과 출산으로 생물학적 관계가 성립한다(이내연, 2022).

5) 출산대리모는 임신한 아이와 유전적인 관련성이 없다는 점에서 전통적 대리모(Traditional Surrogacy)와 구별된다. 전통적 대리모의 경우 직접적인 성관계 혹은 인공수정을 통해서 임신이 이루어지기 때문에 임신과 출산을 수행하는 대리모의 난자가 재생산에 사용된다. 하지만 출산대리모의 경우 보통 의뢰인의 정자와 난자로 수정된 배아가 출산대리모의 자궁에 이식되며, 출산대리모는 임신과 분만의 전 과정을 담당하게 된다. 현재 대부분의 국가에서 이루어지고 있는 상업화된 대리 임신출산계약은 출산대리모의 형태이다(김선혜, 2019).

동성혼을 법적으로 인정하는 나라가 늘어남에 따라 각국의 국적제도 안에서 다양한 가족구성의 형태를 어떻게 다룰 것인지 전반적인 논의도 필요한 상황이다. 혈통주의를 따르는 대부분의 국가에서 자녀는 출생과 동시에 부모의 국적을 자동취득한다. 이때 자녀에게 국적을 물려줄 수 있는 모/부를 어떻게 규정할 것인가? 동성혼의 법적 인정과 더불어 다양한 성소수자가 가족을 구성할 경우 이들의 출생 및 입양자녀를 어떻게 인정하고 부모-자녀관계를 규정할 것인지, 동성혼부부가 아니더라도 보조생식기술을 통한 출생의 경우 부모-자녀관계를 어떻게 규정할 것인지의 문제는 동성혼을 법제화하였거나 대리출산을 법적으로 인정하는 일부 국가만의 문제가 아니다. 이는 앞으로 우리 국적제도 안에서도 함께 논의해야 할 사항이다.

참고문헌

강별철 (2011). 사회적 낙인 인식이 성소수자의 삶의 만족도에 미치는 영향. **사회복지연구 42**(2), 381-417.

고기탁 역 (2015). **부모와 다른 아이들 2**. Andrew Solomon (2012). Far from the Tree: Parents, Children, and the Search for Identity. 열린책들.

공춘옥, 정윤경, 박수영 (2018). 성소수자(LGB)의 상담 경험에 대한 현상학적 연구: 성정체성을 중심으로. **질적탐구, 4**(4), 197-232.

김나나 (2018). 성소수자의 정체성 형성과정에 미치는 종교의 영향에 관한 생애사 연구. **한국기독교상담학회지, 32**(3), 9-34.

김명찬, 박경자 (2023). 성소수자를 상담한 상담자의 경험에 관한 질적 메타요약. **질적탐구, 9**(2), 165-197.

김민경 (2021). 성소수자 문화역량 중재와 관련된 간호 연구의 통합적 고찰: 간호사와 간호학생 중심으로. **인문사회**, 12(6), 2963-2977

김보람 (2023). 법적 친자관계 확대를 위한 소고: 친자관계 형성의 다양성에 대한 프랑스 민법의 대응. **강원법학**, 71, 275-317.

김상용, 안문희 (2022). 등록동반자관계는 혼인제도의 대안이 될 수 있는가?. **중앙법학**, 24(3), 7-52

김선영 (2020). 성소수자에 대한 대학생들의 인식과 태도. **문화교류와 다문화교육**, 9(4), 297-319.

김선혜 (2019). '제3자 생식' 규제를 둘러싼 한국의 재생산 정치-난자 · 정자공여와 대리모는 왜 문제가 되었는가. **여성학연구**, 29(1). 65-102.

김일수 (2019). **성소수자의 권리 논쟁: 동성애는 올바른 인권이 될 수 있는가**. 세창.

김정숙, 김명찬 (2021). 트랜스젠더 자녀를 둔 어머니의 자문화기술지 -무지에서 인식의 확장으로의 자기성찰. **질적탐구**, 7(1), 433-467.

김정숙, 송은화, 김명찬 (2023). 성소수자의 가족경험에 대한 질적 메타분석. **질적탐구**, 9(2), 29-58.

김주희, 이윤정, 문나래, 강현진, 강대용 (2021). 한국 여성의 생애주기별 남녀평등의식과 성소수자에 대한 인식. **한국모자보건학회 학술대회 연제집**, 2021(2), 127-127.

김진이 (2017). 가족의 거부로 인한 성소수자의 정신건강에 관한 연구: 합의적 질적연구(CQR). **한국심리학회지: 문화 및 사회문제**, 23(4), 605-634.

김현경, 한빛나 역 (2016). **동성결혼은 사회를 어떻게 바꾸는가**. Lee Badgett (2010). When Gay People Get Married: What Happens When Societies Legalize Same-Sex Marriage. 민음사.

남궁미, 박정은 (2020). 성소수자에 관한 국내 연구동향. **한국심리학회지: 상담 및 심리치료**, 32(3), 1469-1498.

데일리 오피니언 (2021.5). 제448호(2021년 5월 3주) 코로나19 정부 대응 평가-동성결혼 법제화, 동성애 관련 인식. 한국갤럽조사연구소.

데일리안 (2022.8.8.). "성소수자 제작진 포진"…넷플릭스가 퀴어 콘텐츠 다루는 태도로 본 가치의진정성https://www.dailian.co.kr/news/view/1140288/?sc=Naver 류지윤 기자.

박금자 (2012). **(폴리티컬 코렉트니스)정의롭게 말하기**. 커뮤니케이션북스.

박수진 (2018). 성소수자의 소수자스트레스가 자살사고에 미치는 영향: 정서적 고립의 매개효과와 자기수용의 조절된 매개효과 분석을 중심으로. 한신대학교 석사학위논문.

박지수 (2018). 남성동성애자가 경험하는 성 정체감 형성과정에 대한 내러티브 탐구. 순천향대학교 대학원 석사학위논문.

배진화 (2008). 동성애자의 자살 관련 행동의 특성. 고려대학교 대학원 석사학위논문.

서울특별시교육청 (2017). 학생의 성 권리 인식 및 경험 실태조사.

서헌제 (2020). 국가인권위원회의 「평등법(시안)」에 대한 비판적 검토 - 성소수자 차별금지와 종교의 자유를 중심으로. **교회와 법**, 10(1), 156-184.

손주연 (2019). 소수자 스트레스가 동성애자 및 양성애자의 자살사고에 미치는 영향: 속박감을 통한 긍정적 정체성의 조절된 매개효과. 가톨릭대학교 석사학위논문.

신경희 (2017). 종교적 정체성에 따른 여성 예비교사들의 성소수자 인식에 관한 연구. **한국여성학, 33**(2), 245–279.

신동열 (2010). 성소수자의 성인식 · 성태도 · 성행동에 관한 연구. **에니어그램연구, 7**(2), 111–141.

신은주 (2019). 우리나라에 있어서 동성혼의 법적 수용에 관한 고찰. **원광법학, 35**(1), 239–265.

여성가족부 (2021). 가족 다양성에 대한 국민인식조사.

연구모임 비판과 대안 (2019). **호모포비아: 그들은 왜 동성애를 두려워하는가?**. 사월의책.

오현주 (2020). 차별금지법, 이제는 정치적 결단의 시간. **여성이론, 43**, 260–268.

유은혜 (2021). 한국인의 동성혼에 대한 인식 연구: 개신교의 역할과 생존 vs. 자기표현가치를 중심으로. **현상과 인식, 45**(1), 165–188.

유환, 권경인 (2020). 성소수자(LGBT) 상담에서 상담자가 경험하는 어려움에 대한 현상학적 연구. **인간이해, 41**(1), 91–115.

윤성옥, 성승연 (2011). 성적지향에 수용적인 레즈비언의 젠더 경험에 대한 현상학적 연구. **한국심리학회지: 상담 및 심리치료, 23**(4), 1017–1049.

윤수진 (2019). 성소수자(LGB)가 겪는 성적지향 마이크로어그레션이 심리적 디스트레스에 미치는 영향: 스트레스 대처 전략을 통한 긍정적 정체성의 조절된 매개효과. 가톨릭대학교 석사학위논문.

윤은희 (2020). 성소수자 내담자 대상 상담에서 상담자가 인식하는 어려움과 도움요인. **아시아교육연구, 21**(2), 577–612.

윤인진, 송영호 (2018). 사회적 약자와 소수자의 사회정의와 인권에 대한 한국인의 인식. **한국 사회, 19**(1), 95–131.

음선필 (2020). 포괄적 차별금지법에 대한 헌법적 평가. **홍익법학, 21**(3), 125–163.

이내연 (2022). 해외출생자의 국적 취득으로 본 미국 국적 제도의 변화: 동성혼 법제화와 보조생식기술의 영향을 중심으로. **이화젠더법학, 14**(3), 171–201.

이상섭 (2009). **문학비평용어사전**. 민음사.

이상욱 (2019). **프랑스 민법상의 PACS(동거계약)**. 서울가정법률상담소

이윤정, 김주희 (2021). 한국 성소수자의 성 · 생식건강의 경험. **동서간호학연구소, 27**(2), 195-204.

이은정 (2006). 가족의 범위. **한국가족법학회, 20**(1), 193–220.

이은지 (2021). 성소수자 부모–되기의 교육적 의미. **가족과 문화, 33**(4), 130–163.

이은해 (2022). **레즈비언의 산부인과**. 이프북스.

이정훈 (2016). 동성혼의 합법화 여부와 입법모델에 관한 연구. **한양법학, 29**(3), 287-314.

이주영, 이아라, 윤은희 (2020). 성소수자 내담자 대상 상담에서 상담자가 인식하는 어려움과 도움 요인. **아시아교육연구, 21**(2), 577–612.

이준일 (2009). **섹슈얼리티와 법**. 세창.

이지수 (2022). 정체성의 교차와 포괄적 차별금지법. **한국장애인복지학, 58**, 249–279.

이현정 (2021). 아시아에서의 성소수자 권리의 발전 – 인도와 대만의 최신 판례 분석을 중심으로. **유럽헌법연구, 37**, 271–304

이현진, 김명찬 (2021). 성소수자관련 질적연구동향 분석. **학습자중심교과교육연구, 21**(11), 407–418.

이혜미, 유승호 (2018). 문화콘텐츠의 인정 효과: 성소수자에 대한 인식변화를 중심으로(1920–2017). **한국콘텐츠학회논문지, 18**(7), 84–94.

이혜민, 박주영, 김승섭 (2014). 한국 성소수자 건강연구. **보건과 사회과학, 36**, 43–76.

이호림 (2015). 소수자 스트레스가 한국 성소수자(LGB)의 정신건강에 미치는 영향. 서울대학교 석사학위논문.

이호림, 이혜민, 박주영, 최보경, 김승섭 (2017). 한국 동성애자 · 양성애자의 건강불평등:레인보우 커넥션프로젝트. **한국역학회, 39**, 1–11.

임수연 (2017). 남성 동성애자의 부정적 암묵적 태도가 심리적 불편감에 미치는 영향. 중앙대학교 심리서비스대학원 석사학위논문.

장서연 (2014). 성적지향 · 성별 정체성에 따른 차별 실태조사. 국가인권위원회.

전귀연, 구순주 (1998). 동성애가족에 대한 연구 고찰. **가족과 문화, 10**(2), 165–188.

전영주, 원성희, 황경란, 양무희, 배덕경, 송정숙, 이복숙, 정수빈 역 (2013). **가족학의 핵심 개념**. McCarthy, Ribbens, J., & Edwards, R. (2011). Key Concepts in Family Studies. 시그마프레스.

정애령 (2020). 동성 간 생활공동체의 법적 보장을 통한 현행 헌법상 혼인제도의 보완. **헌법학연구, 26**(2), 143–177.

정영화 (2009). "헌법상의 혼인 및 가족에 관한 비판적 해석의 고찰". **토지공법연구, 43**(3), 576–577.

정영화 (2017). '동성혼' 도입을 위한 헌법개정의 위헌성 –미국 연방대법원 '동성혼' 판례의 '인간존엄' 해석의 분석–. **홍익법학, 18**(3), 121–150.

정용림 (2021). 청소년 성소수자의 탈가정 경험 연구. 중앙대학교 대학원 석사학위논문.

조은희 (2022). 혼인외 자녀의 출생등록제도의 문제점과 개선방안. **법학논총, 35**(2), 151–188.

주재홍 (2017). 한국의 청소년 성소수자들로부터 알게 된 그들의 삶의 이야기들: 질적사례 연구. **교육문화연구, 23**(1), 175–215.

청소년주거권네트워크 연구보고서 (2019). 청소년과 주거권의 만남–청소년주거지원 현재와 대안탐색.

크리스천투데이 (2023.6.21). 한동훈 법무부 장관 "생활동반자법, 동성혼 법제화 시도".

표소휘, 이슬아, 장애경, 이준우, 이은비, 양은주 (2022). 국내 성소수자의 성정체성 형성에 영향을 미치는 요인에 관한 질적 메타요약. **한국심리학회지: 문화 및 사회문제, 28**(2), 241–272.

한국게이인권운동단체 친구사이 (2014). 한국 LBGTI 커뮤니티 사회적 욕구조사 최종보고서.

한국성적소수자사전. 한국성적소수자문화인권센터.

한빛나 (2015). 동성애 동거커플의 '가족 실천'과 의미에 관한 연구. 이화여자대학교 대학원 석사학위논문

한상희 (2020). 헌법의 눈으로 본 차별금지법–혐오표현의 문제와 함께–. **민주법학, 74**, 149–194.

허정은 (2004). 동성애자의 동성애 관련 스트레스 및 우울과 자살사고 간의 관계. 서울여자대학교 대학원 석사학위논문.

홍성수 (2019). 우리 곁에 있는 이웃, 성소수자. **가톨릭 평론, 21**, 47–54.

American Psychological Association. (2009). Report of the American Psychological Association Task Force on Appropriate Therapeutic Responses to Sexual Orientation. Retrieved from http://www.apa.org/pi/lgbc/publications/therapeutic-resp.html

Cass, V. (1979). Homosexual identity formation: A theoretical model. Journal of Homosexuality, 4, 219–235.

Koreatimes (2023.6.8.). LA교육구 '교육과정에 동성애 포함' 파문. LA로컬. http://www.koreatimes.com/article/1468523

Morgan, David. H. J. (1999). Risk and family practices: Accounting for change and fluidity in family life. In E. B. Silva & C. Smart. (Eds.), *The new family?* (pp. 13–30). Sage.

United Nations Educational, Scientific and Cultural Organization (UNESCO) (2012). *Good Policy and Practice in HIV and Health Education Booklet 8: Education Sector Responses to Homophobic Bullying.*

저/ 자/ 소/ 개

전귀연 경북대학교 가정학 박사(아동가족학 전공)
현재 : 경북대학교 생활과학대학 아동학부 아동가족학 전공교수

전세송 경북대학교 이학 박사(아동가족학 전공)
Iowa State University 박사(HDFS 전공)
현재 : 경북대학교 생활과학대학 아동학부 아동가족학 전공교수

배문조 경북대학교 이학 박사(아동가족학 전공)
현재 : 경북대학교 생활과학대학 아동학부 강사

임주영 경북대학교 이학 박사(아동가족학 전공)
(전) 경북대학교 생활과학대학 아동학부 강사

권희선 경북대학교 이학 박사(아동가족학 전공)
현재 : 경북대학교 생활과학대학 아동학부 강사

곽경주 경북대학교 아동가족학 박사과정
현재 : 경북대학교 생활과학대학 아동학부 강사

신현정 경북대학교 이학 박사(아동가족학 전공)
현재 : 경북대학교 생활과학대학 아동학부 강사

권혜민 경북대학교 이학 박사(아동가족학 전공)
현재 : 경북대학교 생활과학대학 아동학부 강사

박인아 경북대학교 아동가족학 박사과정
현재 : 병설유치원 교사

송진아 경북대학교 아동가족학 박사과정

결혼과 가족

초판발행 2025년 2월 20일 **1판 1쇄 인쇄** | 2025년 2월 25일 **1판 1쇄 발행**

지은이 전귀연 전세송 배문조 임주영 권희선 곽경주 신현정 권혜민 박인아 송진아
펴낸이 최용구 | **펴낸곳 도서출판 신정**
주 소 (04316) 서울시 용산구 원효로 89길 19 (원효로1가)
전 화 02)3211-4782, 0266(영업부), 3211-4783(편집부), 3211-4784(팩스)
이메일 shinjeong72@naver.com | **홈페이지** www.sjbook.co.kr
등 록 2001년 5월 11일 제13-702호
마케팅 최용구 장만동 최충구 송대용 | **책임편집** 석기은 황가연

ISBN 978-89-5912-936-2 93590
정가 **30,000원**